普通高等教育"十二五"重点规划教材配套辅导

国家工科数学教学基地　国家级精品课程使用教材配套辅导

Nucleus
新核心
理工基础教材

概率统计
解题方法与技巧

上海交通大学数学系　组编

冯卫国　武爱文　编

上海交通大学出版社
SHANGHAI JIAO TONG UNIVERSITY PRESS

内 容 提 要

本书系作者根据长期教学经验,并参考国内外有关资料,把概率统计中常用的解题方法加以归纳总结而成。

全书根据当前通用教材的结构,按章给出了每章的基本概念、基本性质、习题分类、解题方法和示例。全书精选286道典型例题,大部分附有解题思路和方法的详尽分析。

本书可供各高等理工科院校讲授和学习概率统计的师生参考,也可作为读者自学时的辅助读物。

图书在版编目(CIP)数据

概率统计解题方法与技巧/冯卫国. 武爱文编. — 上海:上海交通大学出版社,2011(2018 重印)

ISBN 978-7-313-07095-1

Ⅰ.① 概… Ⅱ.① 冯… ② 武… Ⅲ.① 概率论—高等学校—解题② 数理统计—高等学校—解题 Ⅳ.① 021-44

中国版本图书馆 CIP 数据核字(2011)第 014241 号

概率统计解题方法与技巧

冯卫国 武爱文 编

上海交通大学出版社出版发行

(上海市番禺路 951 号 邮政编码 200030)

电话:64071208 出版人:谈 毅

苏州市越洋印刷有限公司 印刷 全国新华书店经销

开本:787mm×960mm 1/16 印张:20.75 字数:389 千字

2011 年 7 月第 1 版 2018 年 8 月第 4 次印刷

ISBN 978-7-313-07095-1/O 定价:36.00 元

前　言

　　概率论与数理统计是高等院校工学、医学、农学、经济管理和财经类各专业的一门公共必修课程。它是学生首次接触的以随机现象为研究对象的数学课程，与研究确定性现象的数学课程有较大不同，它有自己的一整套崭新理论和方法。

　　"概率统计题目难做"，一些初学者常发出这样的感叹。面对习题不是缺乏思路、难以下手，就是道理有点明白，不知如何表达，做完一道题也不敢肯定是否对。这些都反映了初学者不习惯概率统计独有的思维方式。

　　概率统计的教科书中尽管介绍了很多概念、定义、定理、公式，但是由于篇幅和课时的限制，不可能对所有的问题都面面俱到，往往只能对最重要的内容作详尽的叙述，次要的一带而过。而许多相关知识、应用实例在正文中体现不出来，当然也不可能介绍很多解题方法、技巧以及解题中常会遇到哪些问题。

　　概率统计的教学现状告诉我们：仅靠一本教材，一星期两三个课时，再加课后少量练习，是很难学好、学深、学扎实的。

　　编写本书的目的，一是对概率统计教科书进行补充，拟从各个角度给出示范，告诉学生如何思考、分析和表达，使学生一进门就能抓住问题的本质，探求到大千世界各种随机现象的规律；二是通过对典型例题分析，帮助学生正确理解基本理论、基本概念，掌握解题方法和技巧，提高分析问题和解决问题的能力；三是开阔学生眼界，启迪思维，为今后深入学好用好本门课程打下坚实的基础。

　　编者根据多年来积累的教学经验，并参考国内外有关资料，把概率统计中常用的解题方法与技巧加以归纳总结，撰写成本书。精心挑选的 286 个典型例题几乎涵盖了本科概率统计（非数学专业）教学大纲中的所有知识点，因此本书可作为概率统计的一本题典，平时同步学习，期末考试复习，均可参考。

　　需要强调的是，翻看本书，绝不能自己不动脑筋，不独立思考，完全照搬照抄，这样就不会"丰收"。因为没有春天的播种就不会有秋天的收获，没有经过大脑思考的东西，永远不会成为自己的知识。

　　本书分为两部分，第一部分为概率论，第二部分为数理统计，每部分都按照教材内容分章详细讨论。为使读者方便和节省时间，在每章开头均列出本章的基本概念和基本性质，对一些基本公式一般不作证明；然后将每章的习题加以分类，对各类问题的解题方法分别作详细介绍,并举例说明之。

本书前五章概率论部分由冯卫国执笔,后四章数理统计部分由武爱文执笔,全书由冯卫国统稿。在本书的编写与出版过程中,得到了上海交通大学出版社的大力支持和帮助,在此表示深切感谢。

由于编者水平有限,书中错误与不当之处,很希望听到大家的批评和建议,让我们为不断提高概率统计的教与学的质量而共同努力。

编　者
于上海交通大学
2011 年 5 月

目　录

第一部分　概率论

总　　论

一、解题的目的

有学者说:未来的文盲不再是不识字的人,而是没有学会怎样学习的人.

学习能力的培养,解题无疑是重要手段之一.

著名数学家华罗庚曾经说过:"学习数学如果不做习题,就等于入宝山而空返."

在概率论与数理统计教学过程中,解题是一个很重要的环节.

首先要端正做题目的.有的学生误认为学数学就是做数学题,故而对课程内容不加复习,对基本概念、基本性质不图理解,一头扎在题目堆里,乱套公式拼凑答案.做习题主要是检查自己对基本概念、基本性质掌握的情况,也可以启发自己将已学的理论用于分析和解决实际问题.所以做习题完全是为理解和掌握课程内容服务的,更是为今后能将理论应用于实践而服务的.

解题的过程,也就是应用所掌握的知识进行分析、判断和逻辑思维的过程.解题须根据题中所给的条件,经过分析找出正确的解题线索.

解题的过程还能培养正确的思维习惯和良好的工作习惯.所谓思维习惯,就是指独立思考、善于估计、周到全面、有条有理、步步有据等;所谓工作习惯,就是认真、细心、负责、顽强等.

概率统计研究的是现实世界中各种随机现象的一般规律,由于有很多不确定因素,使概率统计中的许多问题显得比较复杂,难以解决.为此编者根据长期教学经验把概率统计中常用的思维方法、解题方法和技巧加以归纳总结,并针对不同的内容分章讨论,希冀能帮助读者学好概率统计这门学问.

二、解题的要求和建议

为帮助读者顺利地求解概率统计习题,以下提出一些要求和建议,供参考.

1. 认真复习

做题前必须认真复习教学内容,钻研和理解其基本概念.必须纠正先做题后看书的颠倒顺序以及死记硬背、乱套公式的错误做法.只有在认真复习的基础上做题,才能取得"事半功倍"的学习效果.

2. 仔细审题

做题时一定要逐字逐句仔细审题,真正理解题意;简要列出题目中的已知条件、隐含条件和待求结果;必要时可画示意图,有助于梳理解题思路,或画出几何图形,使数形结合,便于理解.

3. 寻找规律

抓住问题的本质,找出解题的正确途径和适合解同类型题的一般规律.注意弄清所用公式或定理的适用范围和成立条件.有时一道题往往可用不同的方法求解,解题后则要加以比较其简繁,以分清方法的优劣.

4. 列式求解

一般根据题意列出方程式或解析式,有时可采用作图或画表的方式帮助列出解析式,有时还须文学叙述与解析推导结合进行,有时则先列出文字式,再转化成解析式.

5. 检验讨论

对结果要检验讨论.这里的检验并不是从头至尾再演算一遍,而是粗略地估计答案的准确程度;通过对结果的讨论可以加深对问题的理解,起到举一反三的效果,有时还需要讨论结果的合理性、结果还能否拓展等问题.对解法也要讨论,看看能否改进,是否还有别的更好的解法.

要做适当数量的习题,并不是说做得越多越好,而是重在分析,务求透彻,讲究质量,提炼出解题规律和技巧,启迪思维,打开思路,触类旁通,这是培养和提高解题能力的关键.

要掌握正确解题方法,针对不同的问题,采用不同的解题方法,包括思维方法.不得其法,则事倍功半.

以上建议也是解题的一般顺序.只有坚持高标准、严要求,认真做好每一道题,才能提高数学素养,培养出严谨的科学作风.

三、学习方法探讨

对历届工科学生考研数学成绩进行分析,会发现高等数学与概率统计有如下差异:

(1) 概率统计平均得分率低于高等数学平均得分率.

(2) 高等数学成绩分布呈现两头小、中间大,概率统计成绩分布呈现两头大、中间小.

概率统计是借助微积分理论发展起来的一门随机数学学科,高等数学没学好,概率统计也不会学好,所以后者得分率低于前者.

概率统计有自己一套独特的概念、理论,考虑问题常用"不确定性"思维方法,如果套用"确定性"思维方法就会出错.基本概念没搞懂,即使遇到简单的题目也犯惑,从而出现低分多的现象;除了古典概型、二维随机变量函数的分布及证明题外,概率统计中的难点不是很多,如果概念清楚,解题往往很顺利,这正是高分较多的原因.

上面的分析启示我们,不能把高等数学的学习方法照搬到概率统计的学习上来,必须根据概率统计自身特点提出学习方法,才能取得事半功倍的效果.

下面对概率统计的学习提出一些值得注意的地方.

1. 学习概率论需注意的要点

(1) 把对基本概念的理解放在首位. 概念不理解,懵懵懂懂做题目是毫无意义的.

比如有人问"孔夫子出生于公元前某年某月某日的概率是多少?"某个人若回答出概率是多少,则会被笑掉牙的. 此人一定不理解什么是随机试验,什么是随机事件. 随机试验必须满足 3 个条件,其中一个条件是:在相同条件下试验可以重复进行. 孔夫子妈妈生孔夫子,显然不能重复进行,所以"孔夫子出生于公元前某年某月某日"不是随机事件,从而无概率可求!

又比如根据公式,参数 μ 的置信度为 95% 的置信区间为 $\left(\overline{X}-z_{0.25}\dfrac{\sigma}{\sqrt{n}}, \overline{X}+z_{0.25}\dfrac{\sigma}{\sqrt{n}}\right)$,$\sigma$ 已知. 将样本数据代入,得置信区间 $(2.85, 3.19)$,这是否意味着参数 μ 落在区间 $(2.85, 3.19)$ 的概率为 0.95? 即是否有 $P(2.85 < \mu < 3.19) = 0.95$? 若回答"是"的话,这就属于概念不清. 事实上,参数 μ 是客观真值,它不是随机变量,2.85 与 3.19 都是定数,所以事件 $\{2.85 < \mu < 3.19\}$ 非随机,故不可能有概率 0.95. 换言之,μ 要么落在区间 $(2.85, 3.19)$ 内,要么不落在区间 $(2.85, 3.19)$ 内.

(2) 在学习中,对概念的引入,要问些为什么,这样可以加深对概念的理解. 比如为什么要引入随机变量? 不引入行不行? 原先随机事件是定性描述的,即以文字叙述. 例如事件 $A=\{$抽查一件产品发现是次品$\}$,引入随机变量 X 后,$A=(X=1)$(规定发现次品 X 取 1,发现正品 X 取零),即能定量描述随机事件了,进而能将事件的概率定义为分布函数 $P(X\leqslant x)=F(x)$,于是

$$P(A)=P(X=1)=P(X\leqslant 1)-P(X<1)=F(1)-F(1-0),$$

概率的计算变成了函数值 $F(1)$ 和极限 $F(1-0)=\lim\limits_{x\to 1^-}F(x)$ 的计算. 若随机变量 X 是连续的,则它落在区间 (a,b) 内的概率

$$P(a<X<b)=\int_a^b \mathrm{d}F(x)=F(x)\Big|_a^b=F(b)-F(a),$$

从而经典的微积分有了用武之地. 可以想象,若不引入随机变量,概率永远停留在概率上,不可能发展成概率论这门学科.

(3) 学习中,既要注意概念的引入和背景,也要注意概念的内涵和相互间的联系及异同. 比如随机事件的相互独立和互不相容是两个容易混淆的概念,前者是事件的概率性质,后者是事件的运算性质,两者之间有一定联系. 若概率非零的两事件 A,B 相互独立,则 A,B 一定相容. 类似地,两个随机变量 X,Y 的相互独立和不相关也是两个容易混淆的概念,前者表示 X(或 Y) 取值的概率如何,毫不受 Y(或 X) 的影响,后者表示 X,Y 之间没有线性相关的关系,两者之间有一定联系. 若 X,Y 相互独立,则 X,Y 一定不相关,反之不真.

(4) 弄清概率计算的难点,一维情形相对较容易,主要难在二维情形,即概率第三章的内容.

① 概率分布的计算

虽然公式都给出了,具体计算却常会出错. 比如已知 $(X,Y)\sim f(x,y)(f(x,y)$ 为分段函数,要求 (X,Y) 的联合分布函数 $F(x,y)$,或者求 $Z=g(X,Y)$ 的分布函数 $F_Z(z)$ 此时用的公式是

$$F(x,y)=P(X\leqslant x,Y\leqslant y)=\int_{-\infty}^x\int_{-\infty}^y f(u,v)\mathrm{d}u\mathrm{d}v,$$

$$F_Z(z)=P(g(X,Y)\leqslant z)=\iint\limits_{G:g(x,y)\leqslant z} f(x,y)\mathrm{d}x\mathrm{d}y.$$

由于 $f(x,y)$ 是分段函数,所以 $F(x,y)$ 和 $F_Z(z)$ 一般也是分段函数,计算时先后会遇到两个难点:

一是分段点如何确定. 对于 $F(x,y)$ 来说,就是二维平面分成几块;对于 $F_Z(z)$ 来说,就是轴上插入几个分界点,而这些都不是一眼能看出的.

二是重积分如何化为累次积分,即积分限如何确定. 在每一个分段区间内,积分限自然是不同的,有一个积分限定错,计算结果就不会对.

② 含极大、极小、绝对值的期望、方差以及概率分布的计算

比如已知 $(X,Y)\sim f(x,y)$，计算 $E[\min(X,Y)]$，$E[\max(|X|,|Y|)]$，$D(|X-Y|)$ 以及已知 $X\sim F(x)$，求 $Y=\max(X,2008)$ 和 $Y=X+|X|$ 的概率分布等.

（5）每一章学完后要善于小结归纳，一是内容的小结归纳，二是方法的小结归纳. 不要搞题海战术，为做题而做题. 要把精力放在理解不同题型涉及的概念及解题的思路上，真正实现"事半功倍".

2. 学习数理统计需注意的要点

（1）数理统计是一门实用性很强的学科. 故首先要了解数理统计能解决哪些实际问题，解决的过程是怎样的，这样学起来就不会觉得抽象枯燥.

（2）学好统计方法，除了要掌握与问题有关的专业知识外，还必须对统计概念有直观的理解以及对统计方法的理论基础的认识，这样才能学得扎实、记得牢靠.

（3）通过求解各种类型的统计习题，既可进一步理解数理统计的基本概念、基本方法，又可训练自己的统计思维. 数理统计的核心内容是统计推断，而统计推断通常建立在抽样分布的基础上，因此了解和掌握常用概率分布的性质和关系是非常重要的.

（4）数理统计的方法是归纳式的，并不是传统意义上的归纳法.

数理统计的基本方法是：先收集相关资料，然后对收集到的资料进行"加工处理"，最后经过"归纳"作出相应结论；而不是从一些假设命题、公理和已知事实出发，按一定的逻辑推理得到的.

例如我们发现，吸烟者和不吸烟者的肺癌发病率有差异. 为证实这一想法，首先应收集相关资料，也就是取得数据，经过整理归纳，来证实这一想法是否正确，这就是归纳式的方法.

（5）初学者往往抱怨数理统计中公式太多，尤其是参数的置信区间和假设检验的表格有好几页，背起来太费劲. 事实上，只要善于总结概括，要硬记的公式并不多.

比如参数的置信区间和假设检验恰好形成一种对偶关系：

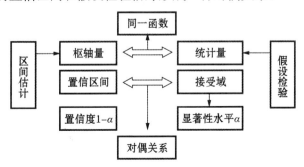

记住了参数估计要用的枢轴量,相当于记住了假设检验要用的统计量;记住了参数的置信区间,相当于记住了假设检验的拒绝域(接受域的对立区域),这样需记的公式就减少二分之一,达到"事半功倍"的效果. 进一步,如果能够理解和掌握求置信区间的一般步骤和方法,那么所有的公式都可以推导出来而不需要死背.

第一部分　概率论

第一章　随机事件及其概率

一、基本概念和基本性质

基本事件——随机试验中的每一个结果,亦称样本点,用 ω 表示.

样本空间——随机试验中全部结果的集合,即样本点全体,用 Ω 表示.

随机事件——若干基本事件的组合或样本空间的子集,用 A,B,C 等表示.

随机事件运算顺序:逆、交、并、差,括号优先.

特殊运算公式:$A-B=A-AB=A\bar{B}$(差化积).

反演律:$\overline{A\cup B}=\bar{A}\bar{B}$,$\overline{AB}=\bar{A}\cup\bar{B}$.

随机事件的概率采用概率的公理化定义,由此得概率的如下性质:

(1) 不可能事件概率为零　$P(\varnothing)=0$.

(2) 对立事件概率公式　$P(A)=1-P(\bar{A})$.

(3) 有条件减法公式　$P(B-A)=P(B)-P(A)$,其中 $A\subset B$.

(4) 有条件加法公式　$P(\bigcup_{i=1}^{n}A_i)=\sum_{i=1}^{n}P(A_i)$,其中

$$A_iA_j=\varnothing;i\neq j;i,j=1,2,\cdots,n.$$

(5) 广义加法公式　$P(A\cup B)=P(A)+P(B)-P(AB)$.

$$P(A\cup B\cup C)=P(A)+P(B)+P(C)-P(AB)-P(AC)-P(BC)+P(ABC).$$

推广　$P(\bigcup_{i=1}^{n}A_i)=\sum_{i=1}^{n}P(A_i)-\sum_{1\leqslant i<j\leqslant n}P(A_iA_j)+\sum_{1\leqslant i<j<k\leqslant n}P(A_iA_jA_k)-\cdots+$

$$(-1)^{n-1}P(A_1A_2\cdots A_n).$$

以下为概率不等式:

(1) $\max\{P(A),P(B)\}\leqslant P(A\bigcup B)\leqslant P(A)+P(B)$.

(2) $P(AB)\leqslant\min\{P(A),P(B)\}$.

(3) $P(A-B)\leqslant P(A)$.

事件独立

若对任意 $1\leqslant i_1<i_2\leqslant n$,有

$$P(A_{i_1}A_{i_2})=P(A_{i_1})P(A_{i_2}),$$

则称事件 $A_1,A_2,\cdots,A_n$ 两两独立.

若对任意 $k(1<k\leqslant n)$,任意 $1\leqslant i_1<i_2<\cdots<i_k\leqslant n$,有

$$P(A_{i_1}A_{i_2}\cdots A_{i_k})=P(A_{i_1})P(A_{i_2})\cdots P(A_{i_k}),$$

则称事件 $A_1,A_2,\cdots,A_n$ 相互独立.

可见 n 个事件 $A_1,A_2,\cdots,A_n$ 相互独立,必须有 2^n-n-1 个等式全成立. 显然, $A_1,A_2,\cdots,A_n$ 相互独立 $\Rightarrow A_1,A_2,\cdots,A_n$ 两两独立,其逆不真.

古典概型(特点:有限、等概)

随机试验有 n 个等可能的结果,事件 A 恰包含其中 k 个结果,则事件 A 的概率称为古典概率,定义为

$$P(A)=\frac{k}{n}.$$

几何概型(特点:无限、等概)

事件 A 为样本点落在有限区域 Ω 内任何区域 G 中,且事件 A 的概率与区域 G 的测度成正比,则称此概率为几何概率,定义为

$$P(A)=\frac{G\text{ 的测度}}{\Omega\text{ 的测度}}.$$

若 Ω 分别为一维、二维和三维空间的区域,则相应的 Ω 的测度分别是长度、面积和体积.

伯努利(Bernoulli)概型

做 n 次随机试验,每次试验的结果为 A 或 $\overline{A}$ 且 $P(A)=p$,各次试验的结果相互独立,则称此概型为伯努利概型. 伯努利概型中, n 次试验中事件 A 恰发生 k 次的概率

$$P_n(k)=\mathrm{C}_n^k p^k(1-p)^{n-k}.$$

条件概率

在事件 B 已经发生的情况下,事件 A 的概率称为条件概率,记成 $P(A|B)$.

条件概率公式为 $P(A|B)=P(AB)/P(B)$,其中 $P(B)>0$.

乘法公式为 $P(AB)=P(A)P(B|A)$,其中 $P(A)>0$.

推广　$P(A_1A_2\cdots A_n)=P(A_1)P(A_2|A_1)P(A_3|A_1A_2)\cdots P(A_n|A_1A_2\cdots$

A_{n-1}),其中

$$P(A_1 A_2 \cdots A_{n-1}) > 0.$$

全概率公式为 $P(A) = \sum\limits_{i=1}^{n} P(B_i) P(A \mid B_i)$,其中

$$\bigcup_{i=1}^{n} B_i = \Omega, P(B_i) > 0, A_i A_j = \varnothing \ (i \neq j; i,j = 1,2,\cdots,n).$$

贝叶斯(Bayes)公式为 $P(B_i \mid A) = \dfrac{P(B_i) P(A \mid B_i)}{\sum\limits_{j=1}^{n} P(B_j) P(A \mid B_j)}$,其中

$$P(A) > 0, P(B_i) > 0 \ (i = 1,2,\cdots,n).$$

二、习题分类、解题方法和示例

本章的习题可分为以下几类:

(1) 古典概型.

(2) 几何概型.

(3) 条件概率(包括乘法公式、全概率公式、贝叶斯公式).

(4) 独立事件的概率.

(5) 伯努利概型.

(6) 概率恒等式和不等式的证明.

下面分别讨论各类问题的解题方法,并举例加以说明.

1. 古典概型

古典概率的定义只需记住"有限"、"等概"四个字,即样本空间中基本事件总数有限,每个基本事件发生的可能性相同(简称等概). 计算的关键是搞清楚基本事件总数以及所求事件包含的基本事件数.

解题步骤:

(1) 设计试验所对应的等概的样本空间.

(2) 应用排列组合及加法、乘法原理计算 n, k 的数值.

这类问题往往一题多解,原因是随机试验的样本空间可以设计的不一样,导致计算五花八门.

先看如下两例:

【例 1-1】 设一次投掷 2 颗骰子,求出现点数之和为奇数的概率.

分析 本题样本空间基本事件总数显然有限,即 $2 \leqslant n \leqslant 36$,从而 $1 \leqslant k < n$.

解 方法一 设随机事件 $A=\{$出现的点数之和为奇数$\}$. 以点数 (i,j) 表示基本事件,$i,j=1\sim 6$,则基本事件总数 $n=36$,这 36 个基本事件组成等概样本空间,其中包含的基本事件数 $k=18$,由古典概率计算公式,可得

$$P(A)=\frac{k}{n}=\frac{18}{36}=\frac{1}{2}.$$

方法二 每次试验可能出现的结果为:(奇,奇),(奇,偶),(偶,奇),(偶,偶). 这 4 个基本事件构成等概样本空间,显然基本事件总数 $n=4$,事件 A 包含的基本事件数 $k=2$,故

$$P(A)=\frac{2}{4}=\frac{1}{2}.$$

方法三 每次试验可能出现的结果为:$\omega_1=\{$点数之和为奇数$\}$,$\omega_2=\{$点数之和为偶数$\}$,ω_1,ω_2 构成等概样本空间,显然基本事件总数 $n=2$,事件 A 包含的基本事件数 $k=1$,故

$$P(A)=\frac{1}{2}.$$

注 3 种解法所设计的样本空间一个比一个小,解法三的样本空间是最小的(因为再小就不能保证等概性),因而是最佳解法.

若以(两个奇),(一奇一偶),(两个偶)为基本事件组成样本空间,容易误得

$$P(A)=\frac{1}{3},$$

错误原因是此样本空间不等概. 事实上 $P(两个奇)=\frac{1}{4}\neq\frac{1}{2}=P(一奇一偶)$,不满足古典概型中"等概"的条件.

【例 1-2】 袋中有 a 个黑球,b 个白球,依次不放回地将球一个个摸出,求第 k 次摸出黑球(设为事件 A)的概率.

解 方法一(全排列) 将所有的球摸出排列在 $a+b$ 个位置上,基本事件总数为全排列数 $(a+b)!$. 要求在第 k 个位置上放黑球,据乘法原理得有利的基本事件数为 $a(a+b-1)!$,由古典概率计算公式:

$$P(A)=\frac{a(a+b-1)!}{(a+b)!}=\frac{a}{a+b}.$$

方法二(选排列) 将球从 1 至 $a+b$ 编号,基本事件总数为选排列数 P_{a+b}^{k},据乘法原理得有利的基本事件数为 $\mathrm{P}_a^1\mathrm{P}_{a+b-1}^{k-1}$,由古典概率计算公式:

$$P(A)=\frac{\mathrm{P}_a^1\mathrm{P}_{a+b-1}^{k-1}}{\mathrm{P}_{a+b}^{k}}=\frac{a}{a+b}.$$

方法三(组合) 构造的随机试验是将 $a+b$ 个球放在一直线的 $a+b$ 个位置

上,现只需考虑黑球的放法,把 a 个黑球放在 $a+b$ 个位置上的所有不同的放法总数为 C_{a+b}^a,有利的基本事件数为 C_{a+b-1}^{a-1},由古典概率计算公式,可得

$$P(A)=\frac{C_{a+b-1}^{a-1}}{C_{a+b}^a}=\frac{a}{a+b}.$$

方法四　构造的随机试验只考虑第 k 次摸出的是何种颜色的球,把所有的可能结果作为基本事件全体,显然总数为 $a+b$.要求第 k 次摸出黑球,有利的基本事件数为 a,由古典概率计算公式,可得

$$P(A)=\frac{a}{a+b}.$$

显然,方法四设计的样本空间是最小的,因而是最佳解法.

怎样能设计出最小的样本空间,而使计算简化呢?关键在于抓住所求概率的事件的本质特点,而把无关的因素都丢掉不予考虑.

例 1-2 中摸到黑球的概率与摸球次序 k 无关,与放回不放回也无关.这一结论可作为常识记住和应用,比如彩票能否中大奖与购买时间先后无关,世界杯足球分组抽签结果好坏与先抽还是后抽无关.

记住经典问题的结论,对解题会有帮助,比如古典概型中"分房问题"有如下结论:

设有 s 个人和 t 间房($s\leqslant t$),每个人都等可能地分配到 t 间房的任一间房内,则

(1) $P(恰有\ s\ 间房各有一人)=\dfrac{C_t^s s!}{t^s}$;

(2) $P(指定的\ s\ 间房各有一人)=\dfrac{s!}{t^s}$;

(3) $P(指定的一间房恰有\ k\ 人)=\dfrac{C_s^k (t-1)^{s-k}}{t^s}$ 　$(k\leqslant s)$.

有许多问题如生日问题、信封问题、质点入盒问题等都可以归结为人在房中的分布问题.在处理具体问题时,必须分清问题中什么是"人",什么是"房",不可弄错.以下再举一例:

生物系二年级有 64 名学生,其中至少有 2 人生日相同的概率可通过(1)算出:

$$P(至少\ 2\ 人生日相同)=1-P(64\ 人生日全不相同)=1-\frac{C_{365}^{64}64!}{365^{64}}=0.997.$$

【例 1-3】　5 人共钓到 3 条鱼,每条鱼被各人钓到的可能性相同,求:

(1) 3 条鱼由不同的人钓到的概率;

(2) 有一人钓到 2 条鱼的概率;

(3) 3 条鱼由同一人钓到的概率.

分析　本题的基本事件总数是 5^3 还是 3^5?即是人钓鱼还是鱼钓人?初学者

有时会对此困惑.

如果我们把钓鱼问题视作"分房问题",即把鱼视作"人",把人视作"房",则基本事件总数就不难算出.

解 设事件 $A = \{3$ 人每人钓到 1 条鱼$\}$,事件 $A_i = \{5$ 人中有 1 人钓到 i 条鱼$\}$ $(i = 2, 3)$,样本空间基本事件总数为 5^3.

(1) 有利的基本事件数为 $C_5^3 3!$,于是

$$P(3 \text{ 条鱼由不同的人钓到}) = P(A) = \frac{C_5^3 3!}{5^3} = \frac{12}{25} = 0.48.$$

(2) 有利的基本事件数为 $C_5^1 C_3^2 (5-1)^{3-2}$,于是

$$P(\text{有 1 人钓到 2 条鱼}) = P(A_2) = \frac{C_5^1 C_3^2 (5-1)^{3-2}}{5^3} = \frac{12}{25} = 0.48.$$

(3) 有利的基本事件数为 C_5^1,于是

$$P(3 \text{ 条鱼由同一人钓到}) = P(A_3) = \frac{C_5^1}{5^3} = \frac{1}{25} = 0.04.$$

或者 $P(3 \text{ 条鱼由同一人钓到}) = P(A_3) = 1 - P(A) - P(A_2) = 0.04.$

"或者"后的解法利用了完备事件组的概念. 即 $A \cup A_2 \cup A_3 = \Omega$,且 A, A_2 和 A_3 两两互斥,则称 A, A_2 和 A_3 为一个完备事件组,亦称 A, A_2 和 A_3 为样本空间 Ω 的一个划分.

前面分房问题中的"人",一般是可以区分的,如果"人"为球,"房"为盒,且球是不可区分的,则有如下结论:

设有 s 个球和 t 只盒子$(s \leqslant t)$,每个球落入到各只盒子中是等可能内,则

(1) $P(\text{恰有 } s \text{ 只盒子中各有 1 个球}) = \dfrac{C_t^s}{C_{s+t-1}^s}$;

(2) $P(\text{指定的 } s \text{ 只盒子中各有 1 个球}) = \dfrac{1}{C_{s+t-1}^s}$;

(3) $P(\text{指定的一只盒子中恰有 } k \text{ 个球}) = \dfrac{C_{s+t-2}^{s-k}}{C_{s+t-1}^s}$ $(k \leqslant s)$.

有人会问:s 个不可区分的球随机地放入 t 只盒子中,不同放法的总数为什么是 C_{s+t-1}^s? 如何得出?

我们用"插板法"来计算.

用 s 个符号"$*$"代表 s 个球,用 $t+1$ 个符号"$|$"代表 $t+1$ 块板,将这些板插入一维空间就形成 t 只盒. 如记号

$$| * * | \quad | \quad | * | * | \quad | * |.$$

表示这样一种放法:5 个球放入 8 只盒子中,第一只盒子中放 2 个球,第五、六、八只盒子中各放 1 个球,其余盒子为空. 这样的记号其开始与末尾处都固定放"$|$",

其余 s 个符号"$*$"和 $t-1$ 个符号"$|$"可按任意次序出现.

所以 s 个不可区分的球随机地放入 t 只盒子中,不同放法的总数相当于从 $s+t-1$ 个位置中任取 s 个位置的不同取法数,即为 C_{s+t-1}^s.

如果对"插板法"理解了,那就能求出 s 个不可区分的球随机地放入 $t(t \leqslant s)$ 只盒子中,并要求没有一只盒子是空的,则不同放法的总数是 C_{s-1}^{t-1}.

【例 1-4】 电信学院 5 位督导随机地到 3 个系听课,求每系至少有 1 位督导听课的概率.

分析 这也属于古典概型中的"分房问题". 督导是人,系是"房子".

解 方法一 设事件 $A=\{$每系至少有 1 位督导听课$\}$,基本事件的总数 $n=3^5=243$,5 位督导分成 3 组,有两种情况:

(1) 3-1-1 此时基本事件数为 $C_3^1 C_5^3 \cdot C_2^1=60$.

(2) 1-2-2 此时基本事件数为 $C_3^1 C_5^1 \cdot C_4^2=90$.

A 包含的基本事件数 $k=60+90=150$,于是

$$P(A)=\frac{k}{n}=\frac{150}{243}=\frac{50}{81} \approx 0.617.$$

方法二 设事件 $A=\{$每系至少有 1 位督导听课$\}$,则 $\overline{A}=\{$每系至少有 1 个系无督导听课$\}$,再设 $A_i=\{$第 i 系无督导听课$\}(i=1,2,3)$,则

$$P(A_i)=\frac{2^5}{3^5}, P(A_i A_j)=\frac{1}{3^5}(1 \leqslant i < j \leqslant 3), P(A_1 A_2 A_3)=0.$$

由广义加法定理,可得

$$P(\overline{A})=P(A_1 \bigcup A_2 \bigcup A_3)=\frac{3 \times 2^5-3}{3^5}=\frac{31}{81},$$

所以

$$P(A)=1-P(\overline{A})=\frac{50}{81} \approx 0.617.$$

【例 1-5】 设甲袋中有 9 个白球和 1 个黑球,乙袋中有 10 个白球. 每次从甲、乙袋中随机地同时各取 1 球,作交换后放入各自对方袋中,这样进行 3 次,求:

(1) 作第 2 次交换后黑球出现在甲袋中的概率;

(2) 作第 3 次交换后黑球出现在甲袋中的概率.

分析 本题解法很多,既可直接用古典概型计算,又可按每次交换黑球在甲袋是留下、离开、返回三种情况计算,也可采用逐次讨论方法计算.

除此外还可用全概率公式和二项分布(见例 2-5)求解.

解 方法一(古典概型).

(1) 2 次交换基本事件总数 $n_2=10 \times 10 \times 10 \times 10=10^4$,有利基本事件数

$$k_2 = \underbrace{9 \times 10 \times 9 \times 10}_{\text{(黑白球未交换)}} + \underbrace{1 \times 10 \times 10 \times 1}_{\text{(黑白球交换)}} = 8\,200,$$

$$P(\text{第 2 次交换后黑球在甲袋中}) = \frac{k_2}{n_2} = \frac{8\,200}{10^4} = 0.82.$$

(2) 3 次交换基本事件总数 $n_3 = 10^6$，有利基本事件数

$$k_3 = k_2 \times 9 \times 10 + (10^4 - k_2) \times 10 \times 1 = 756\,000,$$

$$P(\text{第 3 次交换后黑球在甲袋中}) = \frac{k_3}{n_3} = \frac{756\,000}{10^6} = 0.756.$$

方法二 每次交换只需关注黑球在甲袋是留下、离开还是返回这三种情况.

(1) $P(\text{第 2 次交换后黑球在甲袋中}) = \underbrace{\frac{9}{10} \times \frac{9}{10}}_{\text{(留 留)}} + \underbrace{\frac{1}{10} \times \frac{1}{10}}_{\text{(离 返)}} = 0.82.$

(2) $P(\text{第 3 次交换后黑球在甲袋中}) = \underbrace{\frac{9}{10} \times \frac{9}{10} \times \frac{9}{10}}_{\text{(留 留 留)}} + \underbrace{\frac{9}{10} \times \frac{1}{10} \times \frac{1}{10}}_{\text{(留 离 返)}} +$

$\underbrace{\frac{1}{10} \times \frac{9}{10} \times \frac{1}{10}}_{\text{(离 留 返)}} + \underbrace{\frac{1}{10} \times \frac{1}{10} \times \frac{9}{10}}_{\text{(离 返 留)}} = 0.756.$

方法三（逐次讨论）.

(1) 第 1 次交换后，黑球在甲袋中的概率为 $\frac{9}{10}$，在乙袋中的概率为 $\frac{1}{10}$.

第 2 次交换后，黑球在甲袋中的概率为 $\frac{9}{10} \times \frac{9}{10} + \frac{1}{10} \times \frac{1}{10} = 0.82.$

(2) 第 2 次交换后：黑球在甲袋中的概率为 0.82，在乙袋中的概率为 0.18.

第 3 次交换后：黑球在甲袋中的概率为 $0.82 \times \frac{9}{10} + 0.18 \times \frac{1}{10} = 0.756.$

注 方法三的叙述可简化如下：

设 p_i 为第 i 次交换后黑球在甲袋中的概率，则 $p_1 = 0.9.$

(1) $p_2 = 0.9 \times \frac{9}{10} + (1 - 0.9) \times \frac{1}{10} = 0.82.$

(2) $p_3 = 0.82 \times \frac{9}{10} + (1 - 0.82) \times \frac{1}{10} = 0.756.$

按方法三的思路可得 n 次交换后黑球在甲袋中的概率的递推公式：

$$p_n = p_{n-1} \times \frac{9}{10} + (1 - p_{n-1}) \times \frac{1}{10}.$$

方法三本质上是与用全概率公式求解无区别，事实上设事件

$A_i = \{\text{第 } i \text{ 次交换后黑球出现在甲袋中}\}$ $(i = 1, 2, 3)$，可得：

(1) $P(A_2) = P(A_1)P(A_2 | A_1) + P(\overline{A_1})P(A_2 | \overline{A_1}) = \frac{9}{10} \times \frac{9}{10} + \frac{1}{10} \times \frac{1}{10} = 0.82.$

（2）$P(A_3)=P(A_2)P(A_3|A_2)+P(\overline{A_2})P(A_3|\overline{A_2})=0.82\times\dfrac{9}{10}+0.18\times\dfrac{1}{10}=0.756.$

2. 几何概型

如果在 6 万平方公里的海域里有表面积达 30 平方公里的大陆架中储藏着石油,在这海域里随机选定一点钻探,问钻到石油的概率是多少? 显然答案是万分之五,但这问题已不属于古典概型,因为在 6 万平方公里的海域上有无数个点,即样本空间中样本点有无限个.

古典概率的局限性是:它只能用于样本空间中等概的样本点有限的情形,但在某些情形下,这概念可引申到样本点有无限多的情形,这就是几何概率.

几何概率是基于几何图形的长度、面积、体积等算出的,重要之处在于把等可能性解释或引申为"等测度"、"等概率". 其他一些可用几何概率处理的问题,都要作类似的引申.

任何一个具体的几何概率问题都可以被视为在一个有界区域 Ω 内随机投点,点落在 Ω 中的某区域 G 的概率与 G 的测度成正比,而与 G 的位置和形状无关.

解题步骤:

（1）根据题意作出几何图形.

（2）用数学式子表达 Ω 和 G 的区域.

（3）计算 Ω 和 G 的测度.

【例 1-6】 平面上画着一组平行线,它们之间的距离都为 a,向此平面任投一长度为 $l(l<a)$ 的针,求此针与任一平行线相交的概率.

分析　如何用数学语言描述针与平行线相交是解本题的关键.

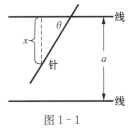

图 1-1

由于有交角,自然会想到用三角函数式描述. 设针与任一平行线相交的交角为自变量 θ,则有 $x=kl\sin\theta(x<l<a)$,$k(\leqslant 1)$ 是比例系数. 取因变量 x 是针的中点到最近的一条平行线的距离,则

$$x=\frac{l}{2}\sin\theta,$$

由图 1-1 可知,当 $x\leqslant\dfrac{l}{2}\sin\theta$ 时,针与平行线必相交.

解　以 x 表示针的中点到最近的一条平行线的距离,θ 表示针与平行线的交角. 显然有 $0\leqslant x\leqslant a/2,0\leqslant\theta\leqslant\pi$,以 Ω 表示边长为 π 和 $a/2$ 的长方形,为使针与平

行线相交,必须 $x \leqslant \dfrac{l}{2}\sin\theta$. 满足此关系式的区域记为

G,在图 1-2 中用阴影表出. 于是所求概率

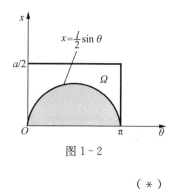

$$p = \dfrac{G \text{ 的面积}}{\Omega \text{ 的面积}}$$

$$= \dfrac{\dfrac{1}{2}\displaystyle\int_0^\pi l\sin\theta \mathrm{d}\theta}{\dfrac{1}{2}a\pi}$$

$$= \dfrac{2l}{a\pi}. \tag{$*$}$$

图 1-2

上面是早在 1777 年法国科学家蒲丰(Buffon)提出的"投针问题". 由于最后答案与圆周率 π 有关,故可用它来计算 π 的数值,其方法是投针 N 次,计算针与线相交的次数 n,再以频率值 n/N 作为概率 p 之值代入($*$)式,得

$$\pi = \dfrac{2lN}{an}.$$

【例 1-7】 甲、乙两艘货船欲停靠同一个码头,设两船到达码头的时间各不相干,而且到达码头的时间在一昼夜内是等可能的. 如果两船到达码头后需在码头停留的时间分别是 2 小时与 3 小时,试求在一昼夜内,任一船到达时,需要等待空出码头的概率.

分析 由于有两船,所以这是平面上的几何概率问题.

甲、乙两船到达码头的时刻分别为 x 和 y,则需要等待空出码头有两种情形,其数学表达式如下:

(1) 甲船先到,乙船要等待的时间为 $0 \leqslant y-x \leqslant 2$;

(2) 乙船先到,甲船要等待的时间为 $0 \leqslant x-y \leqslant 3$.

在以原点为顶点,边长为 24 的正方形内作两条直线 $y=x+2$,$y=x-3$,便能方便地确定区域 Ω 和 G 了.

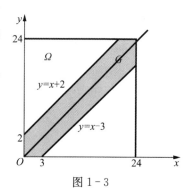

解 设甲船和乙船到达码头的瞬时分别为 x 和 y,由题意有 $0 \leqslant x < 24$,$0 \leqslant y < 24$,于是 $\Omega = \{(x, y) \mid 0 \leqslant x < 24, 0 \leqslant y < 24\}$.

为使任一船到达码头时需要等待,必须有

$$0 \leqslant y-x \leqslant 2, \quad 0 \leqslant x-y \leqslant 3.$$

满足这组不等式的区域为 G,即图 1-3 中阴影部分. 于是所求概率

图 1-3

$$p = \frac{G \text{ 的面积}}{\Omega \text{ 的面积}} = 1 - \frac{\frac{1}{2}(22^2 + 21^2)}{24^2}$$

$$= \frac{227}{1\,152} \approx 0.197.$$

【例 1-8】 在区间线段 $(0,1)$ 上任意取两个数,求下列事件的概率:

(1) $p_1 = P\{\text{两数之和小于 } 1.3\}$;

(2) $p_2 = P\{\text{两数之积小于 } 1/3\}$.

分析 本题可视为二维平面上的几何概率,有界区域 Ω 均是边长为 1 的正方形,有利于两个事件发生的区域分别为 $G_1 = $ 矩形 + 梯形 和 $G_2 = $ 矩形 + 曲边梯形(见图 1-4 和图 1-5).

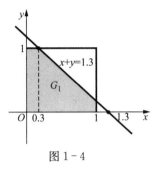

图 1-4

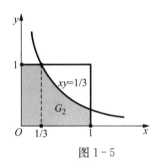

图 1-5

解 (1) 图 1-4 中矩形面积为 $1 \times 0.3 = 0.3$,梯形面积为 $(1+0.3) \times \frac{0.7}{2} = 0.455$,$G_1$ 面积为 $0.3 + 0.455 = 0.755$,所以

$$p_1 = P\{\text{两数之和小于 } 1.3\} = \frac{G_1 \text{ 面积}}{\Omega \text{ 面积}} = G_1 \text{ 面积} = 0.755.$$

(2) 图 1-5 中矩形面积为 $1 \times \frac{1}{3} = \frac{1}{3}$,曲边梯形面积为 $\int_{\frac{1}{3}}^{1} \frac{1}{3x} \mathrm{d}x = \frac{1}{3} \ln 3$,$G_2$ 面积为 $\frac{1}{3}(1 + \ln 3) \approx 0.699\,5$,所以

$$p_2 = P\left\{\text{两数之积小于 } \frac{1}{3}\right\} = \frac{G_2 \text{ 面积}}{\Omega \text{ 面积}} = G_2 \text{ 面积} \approx 0.699\,5.$$

注 本题还可以用二维均匀分布来计算,详见例 3-24.

【例 1-9】 在线段 AB 上任意取 3 点 x,y 和 z,求 Ax,Ay 和 Az 能构成一个三角形的概率.

分析 本题是空间上的几何概率问题.

样本空间 Ω 是边长为 $|AB|$(不妨记为 1)的正方体. 3 条线段 Ax,Ay 和 Az 能构成三角形的充分必要条件是

$$\begin{cases} x+y>z, \\ x+z>y, \quad (*) \\ y+z>x. \end{cases}$$

由图 1-6 可见，G 的区域是由 6 个平面

$$x=1, y=1, z=1, x+y-z=0,$$
$$x-y+z=0, -x+y+z=0$$

组成的六面体 $ABEDO$.

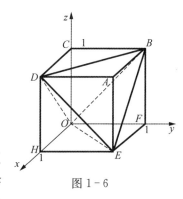

图 1-6

解 不妨设线段 AB 的起点为 0 终点为 1，在区间 $[0,1]$ 内任取 3 点 x, y 和 z，则线段 $0x, 0y$ 和 $0z$ 能构成三角形的充分必要条件是 $x+y>z, x+z>y, y+z>x, 0<x, y, z<1$，即有利事件发生的区域 G 是六面体 $ABEDO$. 样本空间的区域 Ω 是边长为 1 的正方体 $ABCDEFOH$.

由图 1-6 可见，六面体体积可通过正方体体积减去 3 个体积相同的四面体 $BEFO, BCDO, DHEO$ 体积得到，从而所求概率

$$p = \frac{G \text{ 的体积}}{\Omega \text{ 的体积}} = 1 - 3 \times \frac{1}{3} \times \frac{1}{2} \times 1 = \frac{1}{2}.$$

3. 条件概率

1) 条件概率的计算方法

(1) 公式法(亦称定义法)

若 $P(B)>0$，则 $P(A|B) = \dfrac{P(AB)}{P(B)}$.

(2) 缩减样本空间法

$$P(A|B) = \frac{A \text{ 在 } \Omega_B \text{ 中基本事件数}}{\Omega_B \text{ 中基本事件数}}.$$

缩减样本空间指在事件 B 发生的前提下，把事件 B 作为随机试验的先决条件，确定 A 的缩减了的样本空间，把这个新的样本空间称为 A 的缩减样本空间，记作 Ω_B.

【例 1-10】 鱼塘中有 $2n$ 条黑鱼和 $2n-1$ 条白鱼. 一次捕出 n 条，发现都是同一颜色的鱼，求捕出的是黑鱼的概率.

分析 从 $4n-1$ 条鱼中捕出 n 条，共有 C_{4n-1}^n 种不同捕法. 因此，样本空间 Ω 共有 C_{4n-1}^n 个样本点；在捕出 n 条同一颜色鱼(记为事件 B)的前提条件下，缩减的样本空间 Ω_B 仅含 Ω 中 $C_{2n}^n + C_{2n-1}^n$ 个样本点. 所以，本题有两种解法.

解 方法一 设事件 $A=\{$捕出 n 条黑鱼$\}$，$B=\{$捕出 n 条同一颜色的鱼$\}$，由

古典概率计算公式,得

$$P(AB) = \frac{C_{2n}^n}{C_{4n-1}^n}, \quad P(B) = \frac{C_{2n}^n + C_{2n-1}^n}{C_{4n-1}^n},$$

故由条件概率公式,得

$$P(A|B) = \frac{P(AB)}{P(B)} = \frac{C_{2n}^n}{C_{2n}^n + C_{2n-1}^n} = \frac{2}{3}.$$

方法二　由于 B 中的样本点构成 A 的缩减样本空间 Ω_B,于是 Ω_B 包含的样本点数为 $C_{2n}^n + C_{2n-1}^n$,A 包含的样本点数为 C_{2n}^n.故所求的概率

$$P(A|B) = \frac{C_{2n}^n}{C_{2n}^n + C_{2n-1}^n} = \frac{2}{3}.$$

【例 1-11】　从 $1 \sim 100$ 共 100 个自然数中任取一数,已知取出的数不大于 49,求此数是 5 的倍数的概率.

解　**方法一**　设事件 $A = \{$取出的数为 5 的倍数$\}$,$B = \{$取出的数不大于 49$\}$,则

$$P(AB) = \frac{9}{100}, \quad P(B) = \frac{49}{100},$$

于是

$$P(A|B) = \frac{P(AB)}{P(B)} = \frac{\dfrac{9}{100}}{\dfrac{49}{100}} = \frac{9}{49}.$$

方法二　设事件 B 发生时,$\Omega_B = \{1, 2, \cdots, 49\}$.此时 A 在 Ω_B 中的基本事件数为

$$\left[\frac{49}{5}\right] = \left[9\,\frac{4}{5}\right] = 9,$$

所以

$$P(A|B) = \frac{9}{49}.$$

需要说明:缩减样本空间法并不适用于所有条件概率题的求解,而公式法则不然.

【例 1-12】　小天鹅洗衣机能正常工作 8 000 小时的概率为 0.75,正常工作 10 000 小时的概率为 0.15.现有一台已正常工作 8 000 小时的小天鹅洗衣机,求它能再正常工作 2 000 小时的概率.

分析　本题无法用缩减样本空间法求解,而只能用公式法.

解　设事件 $A = \{$此台洗衣机正常工作 10 000 小时$\}$,

　　　　　　$B = \{$此台洗衣机正常工作 8 000 小时$\}$,

由于 $A \subset B$,故 $AB = A$,从而 $P(AB) = P(A) = 0.15$,于是

$$P(A|B) = \frac{P(AB)}{P(B)} = \frac{0.15}{0.75} = 0.2.$$

一般情况下,条件概率与无条件概率不相等,即 $P(A|B) \neq P(A)$;两者也不能比大小. 例如:

例 1-9 中,$P(A|B) = \frac{9}{49} < \frac{33}{100} = P(A)$.

例 1-10 中,$P(A|B) = 0.2 > 0.15 = P(A)$.

若 $A \subset B$,则 $P(A|B) \geqslant P(A)$(证略).

【例 1-13】 某长途汽车中转站每隔 10 分钟左右有一辆班车到达,设班车在 $(0,10)$ 时段内到达的概率是 0.95,并且在这时段内任意时刻到达是等可能的. 已知在时段 $(0,3)$ 内没有班车到达,求在剩余时段内班车到达的概率.

分析 这是与几何概率相结合的条件概率问题,本题求解只能用公式

$$P(A|\bar{B}) = \frac{P(A\bar{B})}{P(\bar{B})}.$$

其中 $A = \{$班车在剩余时段 $[3,10)$ 内到达$\}$,$\bar{B} = \{$班车在时段 $(0,3)$ 内未到达$\}$,

$\quad\quad A\bar{B} = \{$班车在时段 $(0,3)$ 内未到达,而在 $[3,10)$ 内到达$\}$.

由题设易得 $P(\bar{B}) = 1 - P(B) = 1 - \frac{3}{10} \times 0.95$,再注意到 $P(A\bar{B}) + P(B) = 0.95$,问题便可解决.

解 设事件 $A = \{$班车在剩余时段 $[3,10)$ 内到达$\}$,事件 $B = \{$班车在时段 $(0,3)$ 内到达$\}$,则

$$P(B) = \frac{3}{10} \times 0.95 = 0.285, P(\bar{B}) = 1 - P(B) = 0.715,$$

$$P(A\bar{B}) = \frac{10-3}{10} \times 0.95 = 0.665,$$

$$P(A|\bar{B}) = \frac{P(A\bar{B})}{P(\bar{B})} = \frac{0.665}{0.715} \approx 0.93.$$

【例 1-14】 某炮台有 3 门炮,每门炮的中靶率分别为 0.5,0.4,0.5. 现 3 门炮各自独立发射一发炮弹,结果有 2 门炮命中靶子,求其中有一门炮为第二门炮的概率.

分析 这是只能用公式求解的条件概率问题,用文字表述的事件改用数学符号表达是解题的基本功.

设事件 $A = \{$有 2 门炮命中$\}$,$B_i = \{$第 i 门炮命中靶子$\}$($i = 1, 2, 3$),于是

$$A = B_1 B_2 \bar{B}_3 \bigcup B_1 \bar{B}_2 B_3 \bigcup \bar{B}_1 B_2 B_3,$$

$$AB_2 = B_1 B_2 \bar{B}_3 \bigcup \bar{B}_1 B_2 B_3.$$

解 所设事件同上,则

$$P(B_1)=P(B_3)=0.5, \quad P(B_2)=0.4,$$

由于三事件 $B_1B_2\overline{B_3},B_1\overline{B_2}B_3,\overline{B_1}B_2B_3$ 两两互斥,故

$$P(A)=P(B_1B_2\overline{B_3})+P(B_1\overline{B_2}B_3)+P(\overline{B_1}B_2B_3)$$

$$=0.5\times0.4\times0.5+0.5\times0.6\times0.5+0.5\times0.4\times0.5=0.35,$$

$$P(AB_2)=P(B_1B_2\overline{B_3})+P(\overline{B_1}B_2B_3)=0.2,$$

由条件概率,得

$$P(B_2|A)=\frac{P(AB_2)}{P(A)}=\frac{0.2}{0.35}=\frac{4}{7}.$$

【例 1-15】 10 件产品中有 3 件次品,从中任取 2 件.已知其中有 1 件次品,求另一件也是次品的概率.

解　方法一　设事件 $A=\{2$ 件都是次品$\}$,$B=\{2$ 件中至少有 1 件次品$\}$.由于 $A\subset B$,故 $AB=A$,据题设

$$P(A)=\frac{C_3^2}{C_{10}^2},P(B)=\frac{C_3^2+C_3^1C_7^1}{C_{10}^2},$$

于是

$$P(A|B)=\frac{P(AB)}{P(B)}=\frac{P(A)}{P(B)}=\frac{1}{8}=0.125.$$

方法二　设事件 $A=\{$发现两件中有一件次品$\}$,$B=\{$另一件也是次品$\}$,$C_i=\{$第 i 次取出的是次品$\}$($i=1,2$),则

$$A=C_1\overline{C_2}\bigcup\overline{C_1}C_2\bigcup C_1C_2, \quad AB=C_1C_2,$$

$$P(A)=P(C_1\overline{C_2})+P(\overline{C_1}C_2)+P(C_1C_2)=\frac{3\times7}{10\times9}+\frac{7\times3}{10\times9}+\frac{3\times2}{10\times9}=\frac{8}{15},$$

$$P(AB)=P(C_1C_2)=\frac{3\times2}{10\times9}=\frac{1}{15},$$

$$P(B|A)=\frac{P(AB)}{P(A)}=\frac{1}{8}.$$

2) 用乘法公式求解的问题

【例 1-16】 参加乒乓决赛的 16 名选手中有 4 名是种子选手,现随机地将 16 人分成 4 组,每组 4 人,求每组各有 1 名种子选手的概率.

分析　本题属于古典概型,但也可以用如下乘法公式求解:

$$P(A_1A_2A_3A_4)=P(A_1)P(A_2|A_1)P(A_3|A_1A_2)P(A_4|A_1A_2A_3),$$

上式右端连乘积中的每项概率都是超几何分布的概率:

$$P(A_i|\cdots)=\frac{C_{4-(i-1)}^1 C_{12-3(i-1)}^3}{C_{16-4(i-1)}^4},$$

其中 $A_i=\{$第 i 组恰好分到 1 名种子选手$\}$($i=1,2,3,4$).

解　方法一(用乘法公式)　事件 A_i 同上所设,由乘法公式,得

$$P(每组各有 1 名种子选手) = P(A_1 A_2 A_3 A_4)$$
$$= P(A_1) P(A_2 \mid A_1) P(A_3 \mid A_1 A_2) P(A_4 \mid A_1 A_2 A_3)$$
$$= \frac{C_4^1 C_{12}^3}{C_{16}^4} \times \frac{C_3^1 C_9^3}{C_{12}^4} \times \frac{C_2^1 C_6^3}{C_8^4} \times 1 = \frac{64}{455} \approx 0.140\ 7.$$

方法二（古典概型） 16 人平均分到 4 个组的可能分法总数 $n = C_{16}^4 C_{12}^4 C_8^4 C_4^4 = \dfrac{16!}{4!\ 4!\ 4!\ 4!}$，每组各有 1 名种子选手的分法有 4! 种. 对于这样的每一种分法，其余 12 人平均分到 4 个组的分法共有 $\dfrac{12!}{3!\ 3!\ 3!\ 3!}$ 种，于是有利事件的可能分法共有 $k = \dfrac{4!}{3!}\ \dfrac{12!}{3!\ 3!\ 3!\ 3!}$ 种，从而所求概率

$$P(每组各有 1 名种子选手) = \frac{k}{n} = \frac{12!}{16!}\ 4^5 = \frac{64}{455} \approx 0.140\ 7.$$

【**例 1 - 17**】 某戏院售票处有 20 人排队买票，其中 10 人仅持有一张 100 元的纸币，另 10 人仅持有 50 元的纸币. 每人限购 1 张票，每张票 50 元. 假定刚开始售票时无零钱可找，求 20 人全不用因找不出钱而等候的概率.

分析 先把问题化简，由于持 50 元纸币者都不需要等候，所以可撇开这 10 人不予考虑，这样问题转化求 10 个持 100 元纸币者都不需等候的概率.

解 设事件 $A_i = \{$第 i 个持 100 元纸币者不用等候$\}$ $(i = 1, 2, \cdots, 10)$. 由乘法公式，得

$$P(20 人全不用等候) = P(10 个持 100 元纸币者都不用等候)$$
$$= P(A_1, A_2 \cdots A_{10})$$
$$= P(A_1) P(A_2 \mid A_1) P(A_3 \mid A_1 A_2) \cdots P(A_{10} \mid A_1 A_2 \cdots A_9)$$
$$= \frac{10}{11} \times \frac{9}{10} \times \frac{8}{9} \times \cdots \times \frac{1}{2} = \frac{1}{11}.$$

本例有一定难度，能如此顺利解出，关键是 A_i 要设得好. 若不这样考虑，将会走弯路. 本例体现了乘法公式化难为易的作用. 一般情况下，当直接求积事件的概率比较困难，而各事件的条件概率易求时，便可考虑使用乘法公式.

【**例 1 - 18**】 小王忘了朋友家电话号码的最后一位数，他只能随意拨最后一个号并连拨了 3 次，求第三次才拨通的概率.

分析 首先必须搞清楚本题要求的是条件概率 $P(A_3 \mid \overline{A_1} \overline{A_2})$，还是无条件概率 $P(\overline{A_1} \overline{A_2} A_3)$？

要准确回答这个问题，得回顾条件概率是如何定义的. 我们知道记号 $P(A \mid B)$ 表示：已知事件 B 发生了，事件 A 的概率. 现在题中并未提到有什么事件先发生，而是直接要求事件"第三次才拨通"的概率，所以本题是求无条件概率 $P(\overline{A_1} \overline{A_2} A_3)$.

解　设事件 $A_i=\{$第 i 次拨通$\}$($A=1,2,3$). 由乘法公式,得

$$P(\overline{A}_1\overline{A}_2A_3)=P(\overline{A}_1)P(\overline{A}_2\mid\overline{A}_1)P(A_3\mid\overline{A}_1\overline{A}_2)=\frac{9}{10}\times\frac{8}{9}\times\frac{1}{8}=\frac{1}{10}.$$

3）全概率公式与贝叶斯公式的应用

全概率公式 $P(A)=\sum\limits_{i=1}^{n}P(B_i)P(A\mid B_i)$ 的结构类似于高等数学中函数的泰

勒(Taylor) 展开式 $f(x)=\sum\limits_{n=0}^{\infty}\frac{f^{(n)}(x_0)}{n!}(x-x_0)^n$,它左边形式简单,但本质复杂;

右边形式复杂,但本质简单. 可见全概率公式是含一定哲理的数学公式.

这种结构告诉我们,全概率公式是专门用来化难为易的,当遇到求复杂事件的概率而束手无策时,首先应该想到能否用全概率公式予以解决.

全概率公式中,$n=1$ 时 $A=B$,公式便无意义,因此 $n\geqslant 2$ 才有意义. 这又告诉我们:当题中直接或间接给出成对数据(至少两对)时,可考虑应用全概率公式.

全概率公式的本质是把复杂事件 A 的概率分解成若干个容易计算的概率之和,用全概率公式解题的关键是要找到一个完备事件组 $B_1,B_2,\cdots,B_n$. 直观上,把 $B_1,B_2,\cdots,B_n$ 视作事件 A 发生的原因,A 是结果,即 A 必伴随着 $B_1,B_2,\cdots,B_n$ 之一发生.

贝叶斯公式 $P(B_i\mid A)=\dfrac{P(B_i)P(A\mid B_i)}{\sum\limits_{j=1}^{n}P(B_j)P(A\mid B_j)}$ 是在已知结果 A 发生的情况

下,寻求导致结果 A 的某种原因 B_i 的条件概率.

【例1-19】　大学自主招生面试由考生抽签答题,每 10 个考签组成一组,内含 3 个难签,用过的考签不再放回. 现有甲、乙、丙 3 人先后应考,求 3 人抽到难签的概率.

分析　显然,排在第一的甲抽到难签的概率是 0.3. 乙和丙抽到难签的概率均可由全概率公式算出. 设 A,B 和 C 分别表示甲、乙、丙 3 人抽到难签的事件,求 $P(B)$ 时,A 与 $\overline{A}$ 构成一个完备事件组;求 $P(C)$ 时,D_0,D_1 和 D_2 构成一个完备事件组,其中事件 D_i 表示丙的前面有 i 个人抽到难签($i=0,1,2$).

解　设事件 A,B 和 C 分别表示甲、乙、丙 3 人抽到难签,则 $P(A)=\dfrac{3}{10}.$ 为求 $P(B)$,注意到 A 与 $\overline{A}$ 构成一个完备事件组,故由全概率公式,得

$$P(B)=P(A)P(B|A)+P(\overline{A})P(B|\overline{A})$$
$$=\frac{3}{10}\times\frac{2}{9}+\frac{7}{10}\times\frac{3}{9}=\frac{3}{10}.$$

为求 $P(C)$,设事件 $D_i=\{$丙的前面有 i 个人抽到难签$\}$($i=0,1,2$),则

$$P(D_0)=P(\overline{A}\,\overline{B})=P(\overline{A})P(\overline{B}\mid\overline{A})=\frac{7}{10}\times\frac{6}{9}=\frac{7}{15},$$

$$P(D_1) = P(\overline{A}B \bigcup A\overline{B}) = P(\overline{A}B) + P(A\overline{B})$$
$$= P(\overline{A})P(B|\overline{A}) + P(A)P(\overline{B}|A)$$
$$= \frac{7}{10} \times \frac{3}{9} + \frac{3}{10} \times \frac{7}{9} = \frac{7}{15},$$

$$P(D_2) = P(AB) = P(A)P(B|A) = \frac{3}{10} \times \frac{2}{9} = \frac{1}{15},$$

可见 D_0, D_1 和 D_2 也构成一个完备事件组,故由全概率公式,得

$$P(C) = P(D_0)P(C|D_0) + P(D_1)P(C|D_1) + P(D_2)P(C|D_2)$$
$$= \frac{7}{15} \times \frac{3}{8} + \frac{7}{15} \times \frac{2}{8} + \frac{1}{15} \times \frac{1}{8} = \frac{3}{10}.$$

所以 $P(A) = P(B) = P(C) = 0.3$.

【例 1 - 20】 多项选择题是各类考试中时常采用的一种题型,它要求考生在答题时对所列出的 4 个备选答案中至少选出 2 个作为答案,并且只有全部选对的才算正确答案而得分,其他的情况均算错.据统计考生中能选择某多项选择题正确答案而得分的比例为 30%,而其余的考生是通过乱猜而得分的.

(1) 求考生答对该多项选择题的概率;

(2) 已知某考生答对了多项选择题,求他能选择正确答案的概率.

分析 题 1 是无条件概率,用全概率公式;题 2 是条件概率,用贝叶斯公式.事件"考生能选择正确答案"与"考生不能选择正确答案"可构成完备事件组.

解 设事件 $A = \{$考生答对该题$\}$,事件 $B = \{$考生能选择正确答案$\}$,则 B 与 $\overline{B}$ 构成完备事件组.由题设,可知

$$P(B) = 0.3, \quad P(A|B) = 1, \quad P(A|\overline{B}) = \frac{1}{C_4^2 + C_4^3 + C_4^4} = \frac{1}{11}.$$

(1) 由全概率公式,可得

$$P(A) = P(B)P(A|B) + P(\overline{B})P(A|\overline{B}) = 0.3 \times 1 + 0.7 \times \frac{1}{11} = \frac{4}{11}.$$

(2) 由贝叶斯公式,可得

$$P(B|A) = \frac{P(B)P(A|B)}{P(A)} = \frac{\frac{3}{10}}{\frac{4}{11}} = \frac{33}{40} = 0.825.$$

【例 1 - 21】 如图 1 - 7 所示,1,2,3,4,5 表示继电器接点.假设每一继电器接点闭合的概率为 p,且设各继电器接点闭合与否相互独立,求 L 至 R 是通路的概率(即线路的可靠性).

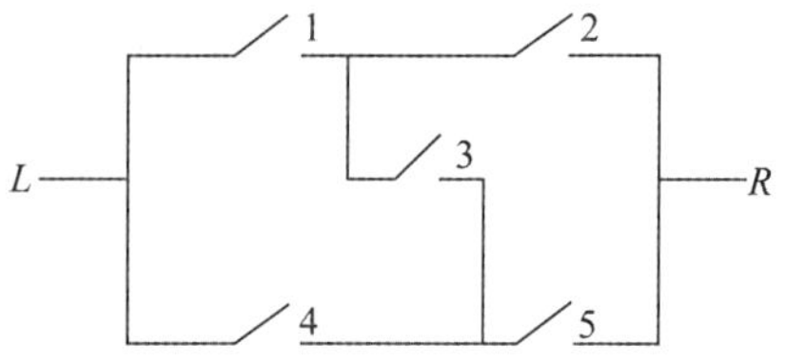

图 1 - 7

分析　初学者一般会用广义加法公式求解，即计算
$$P(A_1A_2 \cup A_4A_5 \cup A_1A_3A_5 \cup A_2A_3A_4).$$
其中事件 $A_i=\{$第 i 个继电器闭合$\}$　$(i=1,2,3,4,5)$. 显然，这样求解计算过程冗长且毫无数学美感，用全概率公式求解感觉就大不一样了. 至于完备事件组，可以取"继电器 3 闭合"和"继电器 3 打开".

解　我们知道，由两个元件串联而成的线路的可靠性为 p^2，若为并联其可靠性为
$$1-(1-p)^2=2p-p^2.$$
设事件 $A=\{L$ 至 R 为通路$\}$，$B=\{$继电器 3 闭合$\}$，则

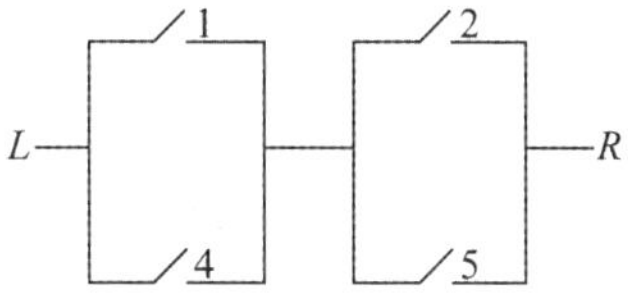

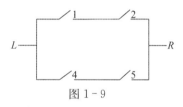

图 1-8

$$B \cup \overline{B}=\Omega, \quad P(B)=p, \quad P(\overline{B})=1-p.$$

若事件 B 发生，线路为先并联后串联，如图 1-8 所示，则 $P(A|B)=(2p-p^2)^2$；

若事件 $\overline{B}$ 发生，线路为先串联后并联，如图 1-9 所示，则 $P(A|\overline{B})=2p^2-p^4$. 由全概率公式 L 至 R 是通路的概率

图 1-9

$$P(A)=P(B)P(A|B)+P(\overline{B})P(A|\overline{B})$$
$$=p^2(2+2p-5p^2+3p^3).$$

从本例可以看出，全概率公式是一种"化整为零"、化难为易的方法，它不仅计算简单规范，而且使解题的思路变得十分清晰.

【例 1-22】　已知某油田钻井队打的井出油的概率为 0.06，而出油的井在有储油地质结构位置上打的概率为 0.85，不出油的井在有储油地质结构位置上打的概率为 0.4.

(1) 求钻井队在有储油地质结构位置上打的井出油的概率；

(2) 已知钻井队在有储油地质结构位置上打井，求此井能出油的概率.

分析　若本题无第 2 题，初学者会把第 1 题当作条件概率来求，这是由于没搞清楚条件概率的定义. 为加深对这一问题的印象，不妨引入中科院院士陈希孺在其编著的教材中写下的话："当说到'条件概率'时，总是指另外附加的条件，其形式总可以归结为'已知某事件发生了'（《概率论与数理统计》，中国科学技术大学出版社，1992 年 5 月，第一版，P.26）."

设事件 $A=\{$在有储油地质结构位置上打井$\}$，$B=\{$打的井出油$\}$，则：

第 1 题求的是无条件概率 $P(AB)$，第 2 题求的是条件概率 $P(B|A)$.

解　事件 A,B 同分析中所设，则由题设知
$$P(B)=0.06, \quad P(A|B)=0.85, \quad P(A|\overline{B})=0.4.$$

（1）由乘法公式得所求概率

$$P(AB)=P(B)P(A|B)=0.06\times0.85=0.051.$$

（2）由贝叶斯公式得所求概率

$$P(B|A)=\frac{P(B)P(A|B)}{P(B)P(A|B)+P(\overline{B})P(A|\overline{B})}$$

$$=\frac{0.06\times85}{0.06\times0.85+0.94\times0.4}=\frac{51}{427}\approx0.119.$$

通过以上 4 例，似乎可以得出一个结论：用全概率公式或贝叶斯公式求解的题目，题中给出的已知数据比较多，一般至少有两对，即 $P(B)$，$P(\overline{B})$；$P(A|B)$，$P(A|\overline{B})$. 反之，若题中有两对以上这样的数据，是否一定要用全概率公式或贝叶斯公式来求解呢？回答是否定的，请看下例：

【例 1－23】 某厂卡车运送防"非典"医药用品下乡，顶层装 10 个纸箱，其中 5 箱民用口罩、2 箱医用口罩、3 箱消毒棉花. 到目的地时发现丢失一箱，不知丢失哪一箱. 现从剩下 9 箱中任意打开 2 箱，结果都是民用口罩，求丢失的一箱也是民用口罩的概率.

分析 粗看本题情况复杂数据多，要求的是条件概率，故一定可以用贝叶斯公式求得

$$P(B|A)=\frac{P(B_1)P(A|B_1)}{P(B_1)P(A|B_1)+P(B_2)P(A|B_2)+P(B_3)P(A|B_3)}=\frac{3}{8}.$$

其中事件 $A=\{$任意打开 2 箱都是民用口罩$\}$，事件 $B_k=\{$丢失的一箱为 $k\}$（$k=1,2,3$）分别表示民用口罩、医用口罩、消毒棉花.

然而不要忘记：求离散情况下的条件概率，还有一个缩减样本空间的简便方法.

解 去掉打开的 2 箱民用口罩，基本事件总数 $n=10-2=8$，有利事件发生的基本事件数 $k=5-2=3$，所以 $P(B|A)=\frac{3}{8}$.

这个例子告诉我们，要善于抓住问题的本质，灵活运用各种方法，不要拘泥于某些固定的解题套路.

4. 独立事件的概率

1）判断事件独立性的方法

（1）用定义判断. 若 $P(AB)=P(A)P(B)$，则事件 A，B 相互独立.

（2）直观判断. 即从事件的实际角度去分析判断或凭常识推断，只要两事件无关联，就认为它们相互独立. 例如一个人的收入与其姓氏笔划毫无关系，可认为两者相互独立；两人打靶各自成绩的好坏互不影响，也可认为相互独立.

【**例 1 - 24**】　一个家庭中有若干小孩,假定生男生女是等可能的,令

　　$A=\{$一个家庭中有男孩也有女孩$\},B=\{$一个家庭中最多有一个男孩$\}$,
对下述两种情形,讨论 A 和 B 的独立性:

(1) 家庭中有 2 个小孩;

(2) 家庭中有 3 个小孩.

分析　这问题直观是较难判断的,一般用独立定义判断.

解　(1) 家庭中有 2 个小孩,其样本空间

$$\Omega=\{(男,男),(男,女),(女,男),(女,女)\}.$$

此时

$$A=\{(男,女),(女,男)\}=AB,B=\{(男,女),(女,男),(女,女)\},$$

由古典概型,得

$$P(A)=P(AB)=\frac{1}{2},P(B)=\frac{3}{4}.$$

由于

$$P(AB)=\frac{1}{2}\neq\frac{3}{8}=P(A)P(B),$$

所以事件 A 和 B 不独立.

(2) 家庭中有 3 个小孩,其样本空间

$$\Omega=\{(男,男,男),(男,男,女),(男,女,男),(女,男,男),$$
$$(男,女,女),(女,男,女),(女,女,男),(女,女,女)\},$$

此时 A 中含 6 个基本事件,B 中含 4 个基本事件,AB 中含 3 个基本事件,由古典概型,得

$$P(A)=\frac{6}{8}=\frac{3}{4},P(B)=\frac{4}{8}=\frac{1}{2},P(AB)=\frac{3}{8},$$

由于

$$P(AB)=\frac{3}{8}=\frac{3}{4}\times\frac{1}{2}=P(A)P(B),$$

所以事件 A 和 B 相互独立.

2) 事件独立的有关性质

(1) 乘法定理

n 个相互独立事件 $A_1,A_2,\cdots,A_n$ 之积的概率等于 n 个事件概率的积,即

$$P(A_1A_2\cdots A_n)=P(A_1)P(A_2)\cdots P(A_n).$$

(2) 独立条件下并事件概率公式

$$P(A_1\bigcup A_2\bigcup\cdots\bigcup A_n)=1-\prod_{i=1}^{n}[1-P(A_i)].$$

由独立性定义可得到如下推论:

① 若 $A_1, A_2, \cdots, A_n$ 相互独立,则其中一部分改为对立事件后仍相互独立.

② 相互独立事件的任意一部分也相互独立(其逆不真).

③ 相互独立事件决定的事件也相互独立(即若 n 个事件 $A_1, A_2, \cdots, A_n$ 相互独立,将这 n 个事件任意分成 k 组,同一个事件不能同时属于两个不同的组,则对每组的事件进行求和、积、差、对立等运算所得到的 k 个事件也相互独立).

比如事件 A, B, C, D, E 和 F 相互独立,则六事件 $A, B, \overline{C}, \overline{D}, E$ 和 $\overline{F}$ 相互独立;四事件 A, B, D 和 F 相互独立;三事件 $\overline{A} \cup B, C-E, DF$ 也相互独立.

【例 1-25】 一个人的血型为 A,B,AB 和 O 型的概率分别为 0.37,0.21,0.08 和 0.34. 现任意挑选 4 人,求:

(1) 4 人血型全不相同的概率;

(2) 4 人血型全相同的概率.

分析 从一个大范围内任意挑选出来的人之间,他们的血型是无关联的,即是相互独立的,这种情况只能根据常识判断.

4 人血型全不相同有 24 种不同情况,其中每一种特定情况的计算都要用到概率乘法定理,比如:

$$P(甲为 A 型,乙为 B 型,丙为 AB 型,丁为 O 型)$$
$$=P(甲为 A 型)P(乙为 B 型)P(丙为 AB 型)P(丁为 O 型)$$
$$=0.37 \times 0.21 \times 0.08 \times 0.34 \approx 0.002\,113.$$

4 人血型全相同有 4 种不同情况,其中每一种特定情况的计算也要用到概率乘法定理,比如:

$$P(甲、乙、丙、丁均为 A 型)$$
$$=P(甲为 A 型)P(乙为 A 型)P(丙为 A 型)P(丁为 A 型)$$
$$=0.37^4 \approx 0.018\,7$$

解 (1) 4 人血型全不相同. 共有 $4! = 24$ 种不同情况,由概率乘法定理得每种情况出现的概率都是 $0.37 \times 0.21 \times 0.08 \times 0.34 \approx 0.002\,113$,于是

$$P(4 人血型全不相同) \approx 24 \times 0.002\,113 \approx 0.050\,7.$$

(2) 由概率乘法定理得

$$P(4 人血型全相同)$$
$$=P(全为 A 型)+P(全为 B 型)+P(全为 AB 型)+P(全为 O 型)$$
$$=0.37^4 + 0.21^4 + 0.08^4 + 0.34^4$$
$$\approx 0.034\,1.$$

【例 1-26】 某学生想借一本书,决定到 3 个图书馆去借. 每个图书馆有无此书是等可能的,如有,是否已借出也是等可能的,求该学生借到此书的概率.

分析 设事件 $A_i=\{$在第 i 个图书馆借到此书$\}(i=1,2,3)$. 则所求概率的事件可表示为

$$\{该学生借到此书\}=\{A_1\bigcup A_2\bigcup A_3\}.$$

由常识知 3 个图书馆有无此书,是否已借出是相互独立的,因此 A_1,A_2 和 A_3 相互独立.

解 同上所设,由独立性得

$$P(A_i)=\frac{1}{2}\times\frac{1}{2}=\frac{1}{4}, \quad P(A_iA_j)=\frac{1}{4}\times\frac{1}{4}=\frac{1}{16} \quad (i,j=1,2,3).$$

$$P(A_1A_2A_3)=\frac{1}{4}\times\frac{1}{4}\times\frac{1}{4}=\frac{1}{64}.$$

方法一 由广义加法公式,可得

$$P(A_1\bigcup A_2\bigcup A_3)=P(A_1)+P(A_2)+P(A_3)-P(A_1A_2)-$$

$$P(A_2A_3)-P(A_3A_1)+P(A_1A_2A_3)=\frac{37}{64}.$$

方法二 由并事件概率公式,可得

$$P(A_1\bigcup A_2\bigcup A_3)=1-(1-P(A_i))^3=1-\frac{27}{64}=\frac{37}{64}.$$

5. 伯努利概型

伯努利概型的定义只需记住"稳定"、"独立"4 个字,即每次试验的条件是稳定的. 这保证了事件 A 的概率 p 在每次试验中保持不变;各次试验结果相互独立.

伯努利概型适用于只有两个结果的独立重复试验场合,其计算公式

$$P_n(k)=C_n^k p^k(1-p)^{n-k} \quad (k=0,1,\cdots,n).$$

上式亦称为二项概率公式,它表示 n 重伯努利试验中事件 A 恰发生 k 次的概率.

伯努利概型的最可能值:

若 $P_n(j)\geqslant P_n(i)(i=0,1,\cdots,n)$,则称 j 为伯努利概型的最可能值. 求最可能值公式:

$$j=\begin{cases}(n+1)p-1 \text{ 和}(n+1)p & [当(n+1)p \text{ 为整数时}],\\ [(n+1)p] & [当(n+1)p \text{ 为非整数时}],\end{cases}$$

其中 $[x]$ 表示不超过 x 的最大整数.

【**例 1 - 27**】 设某射手每次射击命中目标的概率为 0.6,求:

(1) 他射击 9 次至少命中 2 次的概率;

(2) 9 次射击他最可能命中的次数及相应的概率.

分析 这是 9 重伯努利试验,题 1 是求 $P(M \geqslant 2) = \sum_{k=2}^{9} P_9(k)$,$M$ 为命中次数. 为避免较大的计算量,可先计算对立事件的概率 $P(M < 2)$.

解 设 9 次射击的命中次数为 M,最可能命中次数为 N.

(1) $P(M < 2) = P(M = 0) + P(M = 1) = P_9(0) + P_9(1)$

$$= C_9^0 \cdot 0.6^0 (1 - 0.6)^{9-0} + C_9^1 \cdot 0.6^1 (1 - 0.6)^{9-1} \approx 0.004\,8,$$

$$P(M \geqslant 2) = \sum_{k=2}^{9} P_9(k) = 1 - P(M < 2) \approx 0.995\,2.$$

(2) 由于 $(9+1) \times 0.6 = 6$,所以最可能命中的次数 $N = 5$ 或 6,且

$$P(N = 5) = P_9(5) = C_9^5 \cdot 0.6^5 (1 - 0.6)^{9-5} \approx 0.250\,8,$$

$$P(N = 6) = P(N = 5) \approx 0.250\,8.$$

【例 1-28】 设某种新农药研制成功的概率为 0.345 2%,问科研人员至少进行多少次独立试验,才能使新农药研制成功的概率不小于 90%?

分析 新药的每次研制,其结果只有成功和不成功两种,且每次研制是独立进行的,故本题的试验属于伯努利试验.

设 n 次试验中成功 k 次,则事件{新农药研制成功}相当于事件{$k \geqslant 1$},于是可通过 $P(k \geqslant 1) \geqslant 0.9$,求出试验次数 n.

解 设 n 次试验中成功 k 次,则

$$P(k \geqslant 1) = 1 - P(k < 1) = 1 - P(k = 0) = 1 - P_n(0)$$

$$= 1 - C_n^0 \cdot 0.003\,452^0 (1 - 0.003\,452)^{n-0} = 1 - (1 - 0.003\,452)^n$$

$$= 1 - (1 - 0.003\,452)^n \geqslant 0.9$$

$$\Rightarrow 0.996\,548^n \leqslant 0.1 \Rightarrow n \geqslant \frac{\ln 0.1}{\ln 0.996\,548} \approx 665.88.$$

取 $n = 666$,即至少要进行 666 次独立试验,才能使新农药研制成功的概率不小于 90%.

【例 1-29】 一个平面上的质点从原点出发作随机游动,它每秒走一步,步长为 1,向右走的概率为 p,向上走的概率 $q = 1 - p (0 < p < 1)$. 已知它 7 秒钟走到点 $M(4, 3)$,求它前 3 步均向上走,后 4 步均向右走到达点 $M(4, 3)$ 的概率.

分析 由于质点游动只有向右和向上两个方向,且每次游动相互独立,所以本题为 7 重伯努利试验.

解 设事件 $A = \{$质点 7 秒钟到达点 $M(4, 3)\}$,由二项概率公式,得

$$P(A) = P_7(4) = C_7^4 p^4 q^3 = 35 p^4 q^3.$$

设事件 $B = \{$前 3 步向上,后 4 步向右$\}$,则 $B \subset A$,由独立性,得

$$P(B) = p^4 q^3.$$

由条件概率公式,可得

$$P(B|A) = \frac{P(AB)}{P(A)} = \frac{P(B)}{P(A)} = \frac{1}{35}.$$

6. 概率恒等式和不等式的证明

【例1-30】 设 $P(A)=0.6, P(B)=0.4$,证明: $P(A|\bar{B}) \geqslant \frac{1}{3}$.

分析 由条件概率公式

$$P(A|\bar{B}) = \frac{P(A\bar{B})}{P(\bar{B})},$$

接着考虑把分子 $P(A\bar{B})$ 适当缩小.

其一用积化差公式:

$$P(A\bar{B}) = P(A-B) = P(A-AB) = P(A) - P(AB);$$

其二用概率性质:

$$-P(AB) \geqslant -P(B).$$

证 $P(AB) \leqslant P(B) = 0.4 \Rightarrow -P(AB) \geqslant -0.4$,

$$P(A|\bar{B}) = \frac{P(A\bar{B})}{P(\bar{B})} = \frac{P(A)-P(AB)}{1-P(B)} = \frac{0.6-P(AB)}{0.6} \geqslant \frac{0.6-0.4}{0.6} = \frac{1}{3}.$$

【例1-31】 设 A, B 为随机事件,证明: $P(A\cup B)P(AB) \leqslant P(A)P(B)$.

分析 我们知道任一随机事件都可分解为若干互斥事件的并,即有

$$A = A\Omega = A(\bar{B}\cup B) = A\bar{B}\cup AB,$$
$$B = B\Omega = B(\bar{A}\cup A) = \bar{A}B\cup AB,$$

由图1-10易得 $A\cup B = A\bar{B}\cup AB\cup \bar{A}B$,且 $A\bar{B}, AB, \bar{A}B$ 两两互斥.

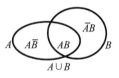

图1-10

只要将不等式右边中的 $P(A\cup B)$ 展开放大,凑成乘积

$$[P(A\bar{B})+P(AB)][P(\bar{A}B)+P(AB)],$$

命题便得证.

证
$$\begin{aligned}
P(A\cup B)P(AB) &= P(A\bar{B}\cup AB\cup \bar{A}B)P(AB) \\
&= [P(A\bar{B})+P(AB)+P(\bar{A}B)]P(AB) \\
&\leqslant [P(A\bar{B})+P(AB)+P(\bar{A}B)]P(AB)+P(A\bar{B})P(\bar{A}B) \\
&= [P(A\bar{B})+P(AB)][P(\bar{A}B)+P(AB)] \\
&= P(A)P(B).
\end{aligned}$$

【例1-32】 设 A, B, C 为随机事件,若 $P(A\cup B|C) = P(A|C)+P(B|C)$, $P(C)>0$,则

$$P(C(A\cup B)) = P(AC)+P(BC).$$

分析 此等式证明可用如下两个方法：

(1) 从左(或右)式出发直接推出右(左)式；

(2) 由条件出发,推出结论.

证 方法一 由乘法公式可得

$$左式 = P(C(A \cup B)) = P(C)P(A \cup B|C)$$
$$= P(C)[P(A|C) + P(B|C)] = P(C)P(A|C) + P(C)P(B|C)]$$
$$= P(AC) + P(BC) = 右式.$$

方法二 在题给等式两边同乘以 $P(C)$,得

$$P(C)P(A \cup B|C) = P(C)P(A|C) + P(C)P(B|C),$$

再由乘法公式,得

$$P(C(A \cup B)) = P(AC) + P(BC).$$

【例 1-33】 设 $0 < P(A) < 1, 0 < P(B) < 1$. 已知 $P(B|A) > P(B|\overline{A})$,证明：
$$P(A|B) > P(A|\overline{B}).$$

分析 由于 A, B 地位对等,所以结论显然成立. 证明方法是从已知不等式出发,化到最简,然后稍加改变地逆行,化到欲证不等式.

证 由 $P(B|A) > P(B|\overline{A}) \Rightarrow \dfrac{P(AB)}{P(A)} > \dfrac{P(\overline{A}B)}{P(\overline{A})} = \dfrac{P(B) - P(AB)}{1 - P(A)}$

$$\Rightarrow P(AB) - P(A)P(AB) > P(A)P(B) - P(A)P(AB)$$
$$\Rightarrow P(AB) > P(A)P(B)$$
$$\Rightarrow P(AB) - P(B)P(AB) > P(A)P(B) - P(B)P(AB)$$
$$\Rightarrow \frac{P(AB)}{P(B)} > \frac{P(A) - P(AB)}{1 - P(B)} = \frac{P(A\overline{B})}{P(\overline{B})}$$
$$\Rightarrow P(A|B) > P(A|\overline{B}).$$

【例 1-34】 设 A, B 是任意两事件,且 $P(A) \neq 0$ 和 1,证明：A 与 B 相互独立的充分必要条件是

$$P(B|A) = P(B|\overline{A}).$$

分析 必要性的证明用到前面提到的由独立定义得到的推论①：若 $A_1,$ $A_2, \cdots A_n$ 相互独立,则其中一部分改为对立事件后仍相互独立. 充分性的证明用到积化差公式

$$P(\overline{A}B) = P(B) - P(AB).$$

证 由于 $P(A) \neq 0$ 和 1,故题中两个条件概率都存在.

必要性：由事件 A 与 B 相互独立⇒事件 $\overline{A}$ 与 B 也相互独立,即有

$$P(B|A) = P(B), P(B|\overline{A}) = P(B),$$

从而有

$$P(B|A) = P(B|\overline{A});$$

充分性:由 $P(B|A) = P(B|\overline{A})$,得

$$\frac{P(AB)}{P(A)} = \frac{P(\overline{A}B)}{P(\overline{A})} = \frac{P(B) - P(AB)}{1 - P(A)},$$

$$P(AB)[1 - P(A)] = P(A)P(B) - P(A)P(AB),$$

$$P(AB) = P(A)P(B),$$

从而 A 与 B 相互独立.

【例 1-35】 设事件 A,B,C 同时发生必导致事件 D 发生,证明:

$$P(A) + P(B) + P(C) \leqslant 2 + P(D).$$

分析　由 $ABC \subset D \Rightarrow P(ABC) \leqslant P(D)$,事实上需证明

$$P(A) + P(B) + P(C) \leqslant 2 + P(ABC) \tag{1}$$

或

$$P(A) + P(B) + P(C) - P(ABC) \leqslant 2. \tag{2}$$

由于概率的性质很多,所以本题的证明方法也很多.比如:

式(1)可变形为

$$P(A) + P(B) + P(C) \leqslant 3 - P(\overline{ABC}),$$

则对立事件概率公式有用武之地,详见证明的方法一.

式(2)可变形为

$$P(A \cup B \cup C) + P(AB \cup AC \cup BC) \leqslant 2,$$

则广义加法公式有用武之地,详见证明的方法二.

当然,用反证法也是可以的.

证　**方法一**　由对立事件概率公式及概率不等式 $P(A) + P(B) \geqslant P(A \cup B)$,可得

$$\begin{aligned}
P(A) + P(B) + P(C) &= 3 - P(\overline{A}) - P(\overline{B}) - P(\overline{C}) \\
&\leqslant 3 - P(\overline{A} \cup \overline{B} \cup \overline{C}) = 3 - P(\overline{ABC}) \\
&= 2 + P(ABC) \leqslant 2 + P(D).
\end{aligned}$$

方法二　由广义加法公式,可得

$$P(A \cup B \cup C) = P(A) + P(B) + P(C) - P(AB) - P(AC) - P(BC) + P(ABC)$$

$$P(AB \cup AC \cup BC) = P(AB) + P(AC) + P(BC) - 2P(ABC),$$

上面两式相加,得

$$P(A) + P(B) + P(C) - P(ABC) = P(A \cup B \cup C) + P(AB \cup AC \cup BC) \leqslant 2$$

$$P(A) + P(B) + P(C) \leqslant 2 + P(ABC) \leqslant 2 + P(D).$$

注　显然,题中条件修改为 $A \subset D$ 或 $AB \subset D$ 都可得到结论.

【例 1-36】 设 $P(A) = x$,$P(B) = 2x$,$P(C) = 3x$,且 $P(AB) = P(BC)$,证明:

$$x \leqslant \frac{1}{4}.$$

分析 本题主要考察广义加法公式 $P(BC)=P(B)+P(C)-P(B\bigcup C)$，无论是正面证明还是反面证明.

证 方法一 由广义加法公式，可得

$$P(BC)=P(B)+P(C)-P(B\bigcup C)$$
$$=5x-P(B\bigcup C)=P(AB)\leqslant P(A)=x$$
$$\Rightarrow 4x\leqslant P(B\bigcup C)\leqslant 1\Rightarrow x\leqslant\frac{1}{4}.$$

方法二（反证法） 设 $x>\frac{1}{4}$，则有 $4x-1>0$，从而

$$P(BC)=P(B)+P(C)-P(B\bigcup C)\geqslant P(B)+P(C)-1$$
$$=5x-1=x+(4x-1)>x,$$

这与 $P(BC)=P(AB)\leqslant P(A)=x$ 矛盾，得证.

【例 1-37】 设事件 A,B,C 两两独立但不能同时发生，且 $P(A)=P(B)=P(C)=\rho$，证明：ρ 可取的最大值为 $\frac{1}{2}$.

分析 要证 $\rho\leqslant\frac{1}{2}$，即证 $2\rho-1\leqslant 0$，即证 $\rho(2\rho-1)\leqslant 0$ （＊）

因为若式（＊）成立，由 $\rho\geqslant 0$ 即可得 $\rho\leqslant\frac{1}{2}$.

式（＊）提示我们要建立关于 $\rho=P(A)=P(B)=P(C)$ 的一元二次不等式，这样问题便可迎刃而解.

证 由 $AB\subset A\Rightarrow(AB\bigcup C)\subset(A\bigcup C)\Rightarrow P(AB\bigcup C)\leqslant P(A\bigcup C)$，由广义加法公式，可得

$$P(AB)+P(C)-P(ABC)\leqslant P(A)+P(C)-P(AC),$$

由 $ABC=\varnothing\Rightarrow P(ABC)=0$，以及 A,B,C 两两独立，得

$$P(A)P(B)+P(C)\leqslant P(A)+P(C)-P(A)P(C),$$

将 $P(A)=P(B)=P(C)=\rho$ 代入上式，整理得

$$2\rho^2-\rho=\rho(2\rho-1)\leqslant 0.$$

又 $\rho\geqslant 0$，得 $2\rho-1\leqslant 0$，即 $\rho\leqslant\frac{1}{2}$，所以 ρ 可取的最大值为 $\frac{1}{2}$.

【例 1-38】 对于三事件 A,B 和 C，若 $P(AB|C)=P(A|C)P(B|C)$，则称 A 与 B 关于条件 C 独立. 现已知 A 和 B 关于条件 C 和 $\bar{C}$ 独立，且 $P(C)=0.5$，$P(A|C)=P(B|C)=0.9$，$P(A|\bar{C})=0.2$，$P(B|\bar{C})=0.1$，证明：事件 A 与 B 不独立.

分析 要证 A 与 B 不独立，根据定义仅需证明 $P(AB)\neq P(A)P(B)$，而

$P(A)$, $P(B)$ 和 $P(AB)$ 都可以应用全概率公式求出.

证 由全概率公式,有

$$P(A)=P(C)P(A|C)+P(\overline{C})P(A|\overline{C})=0.5\times0.9+0.5\times0.2=0.55,$$

$$P(B)=P(C)P(B|C)+P(\overline{C})P(B|\overline{C})=0.5\times0.9+0.5\times0.1=0.50,$$

$$P(AB)=P(C)P(AB|C)+P(\overline{C})P(AB|\overline{C})$$

$$=P(C)P(A|C)P(B|C)+P(\overline{C})P(A|\overline{C})P(B|\overline{C})$$

$$=0.5\times0.9\times0.9+0.5\times0.2\times0.1=0.415,$$

因为

$$P(AB)=0.415\neq0.275=P(A)P(B),$$

所以事件 A 与 B 不独立.

【例 1-39】 设在独立试验序列中,每次试验事件 A 发生的概率为 p,证明:在 n 次试验中事件 A 发生偶数次的概率

$$p_n=\frac{1}{2}[(1-2p)^n+1].$$

分析 显然,有自然数 n 参与的命题,可用数学归纳法证明(证明的方法一),这是依赖于结果的证明.另一个是不依赖于结果的证明,即构造性证明,先建立递推式,再导出结果(证明的方法二).

在证明中,想到设事件 A_k 为"在 k 次试验中事件 A 发生偶数次",既是自然的也是重要的一步,由此不难计算事件 A_{k+1} 的概率或得到含 p_k 和 p_{k-1} 的递推式.

证 方法一 数学归纳法:

一次试验中事件 A 发生偶数次,即零次的概率

$$p_1=1-p=\frac{1}{2}[(1-2p)^1+1],$$

两次试验中事件 A 发生偶数次的概率

$$p_2=(1-p)^2+p^2=\frac{1}{2}[(1-2p)^2+1],$$

可见 $n=1,2$ 时,命题成立.

假设 $n=k$ 时,命题成立,即

$$p_k=\frac{1}{2}[(1-2p)^k+1],$$

考察 $n=k+1$ 时的情况:

记 A_{k+1} 表示"在 $k+1$ 次试验中事件 A 发生偶数次"的事件,则

$$A_{k+1}=A_k\overline{A}\bigcup\overline{A}_kA,$$

其中 A 和 $\overline{A}$ 表示事件 A 在第 $k+1$ 次试验中出现和不出现,故

$$p_{k+1}=P(A_{k+1})=P(A_k\overline{A}\bigcup\overline{A}_kA)=P(A_k\overline{A})+P(\overline{A}_kA)$$

$$= P(A_k)P(\overline{A}) + P(\overline{A_k})P(A) = p_k(1-p) + (1-p_k)p$$

$$= \frac{1}{2}\left[(1-2p)^k+1\right](1-p) + \left\{1 - \frac{1}{2}\left[(1-2p)^k+1\right]\right\}p$$

$$= \frac{1}{2}\left[(1-2p)^{k+1}+1\right],$$

可见 $n=k+1$ 时,命题仍成立,由归纳假设对任意自然数 n,恒有

$$p_n = \frac{1}{2}\left[(1-2p)^n+1\right].$$

方法二 设 A_k 表示"在 k 次试验中事件 A 发生偶数次"的事件,其概率

$$P(A_k) = p_k \quad (k=1,2,\cdots,n).$$

又

$$A_k = A_{k-1}\overline{A} \bigcup \overline{A_{k-1}}A,$$

其中 A 和 $\overline{A}$ 表示事件 A 在第 k 次试验中出现和不出现,故

$$P(A_k) = P(A_{k-1}\overline{A} \bigcup \overline{A_{k-1}}A) = P(A_{k-1}\overline{A}) + P(\overline{A_{k-1}}A)$$

$$= P(A_{k-1})P(\overline{A}) + P(\overline{A_{k-1}})P(A),$$

即

$$p_k = p_{k-1}(1-p) + (1-p_{k-1})p = p_{k-1}(1-2p) + p.$$

上式中,若 $p=\frac{1}{2}$,则

$$p_k = \frac{1}{2} \quad (k=1,2,\cdots,n);$$

若 $p\neq\frac{1}{2}$,则有

$$p_k - \frac{1}{2} = p_{k-1}(1-2p) + p - \frac{1}{2}$$

$$= (1-2p)\left(p_{k-1} - \frac{1}{2}\right) \quad (k=2,3,\cdots,n),$$

即有

$$p_2 - \frac{1}{2} = (1-2p)\left(p_1 - \frac{1}{2}\right),$$

$$p_3 - \frac{1}{2} = (1-2p)\left(p_2 - \frac{1}{2}\right),$$

$$\cdots\cdots\cdots\cdots$$

$$p_n - \frac{1}{2} = (1-2p)\left(p_{n-1} - \frac{1}{2}\right),$$

等式边边相乘,得

$$\left(p_2-\frac{1}{2}\right)\left(p_3-\frac{1}{2}\right)\cdots\left(p_n-\frac{1}{2}\right)=(1-2p)^{n-1}\left(p_1-\frac{1}{2}\right)\left(p_2-\frac{1}{2}\right)\cdots\left(p_{n-1}-\frac{1}{2}\right),$$

化简

$$p_n-\frac{1}{2}=(1-2p)^{n-1}\left(p_1-\frac{1}{2}\right).$$

因为 p_1 表示在一次试验中事件 A 发生偶数次（即零次）的概率，故

$$p_1=P(A_1)=1-P(\overline{A}_1)=1-p,$$

于是 n 次试验中事件 A 发生偶数次的概率

$$P(A_n)=p_n=(1-2p)^{n-1}\left(1-p-\frac{1}{2}\right)+\frac{1}{2}$$

$$=(1-2p)^{n-1}\left(\frac{1}{2}-p\right)+\frac{1}{2}$$

$$=\frac{1}{2}\left[(1-2p)^n+1\right].$$

注 （1）单从证明角度看，方法一稍优于方法二. 如果题目改为计算题，结果未知，方法一无用武之地，方法二由于是构造性证明，完全可用于计算题.

（2）若本例改为计算题，下面的解法是不可取的：

设随机变量 X 为 n 次独立试验中事件 A 发生的次数，则

$$X\sim B(n,p),$$

$$P(X\text{ 取偶数})=\begin{cases}\displaystyle\sum_{k=1}^{m}P_{2m}(2k)=\sum_{k=1}^{m}C_{2m}^{2k}p^{2k}(1-p)^{2m-2k} & (n=2m),\\[3mm]\displaystyle\sum_{k=1}^{m}P_{2m+1}(2k)=\sum_{k=1}^{m}C_{2m+1}^{2k}p^{2k}(1-p)^{2m+1-2k} & (n=2m+1).\end{cases}$$

第二章　随机变量及其分布

一、基本概念和基本性质

随机变量——其值随机会而定的变量,有离散型和连续型之分,用 X,Y 和 Z 等表示.

随机变量 X 的分布函数 ——$F(x) = P(X \leqslant x)$

$$= \begin{cases} \sum\limits_{x_k \leqslant x} p_k & (X \text{ 为离散型随机变量}), \\ \int_{-\infty}^{x} f(x)\mathrm{d}x & (X \text{ 为连续型随机变量}). \end{cases}$$

其中 $p_k = P(X = x_k)(k = 1,2,\cdots)$,称为离散型随机变量 X 的分布律,$f(x)$ 称为连续型随机变量 X 的分布密度函数.

分布函数 $F(x)$ 有如下 3 个性质:

(1) 单调不减　$F(x_1) \leqslant F(x_2)$,当 $x_1 < x_2$.

(2) 归零归一　$F(-\infty) = 0, F(+\infty) = 1$.

(3) 右连续性　$F(x+0) = \lim\limits_{t \to x^+} F(t) = F(x)$.

上述 3 个性质有一个不成立,$F(x)$ 便不能充当分布函数.

矩阵 $\begin{bmatrix} x_1 & x_2 & \cdots & x_k & \cdots \\ p_1 & p_2 & \cdots & p_k & \cdots \end{bmatrix}$ 能成为分布律的充分必要条件如下:

(1) 非负性　$p_k \geqslant 0$;

(2) 归一性　$\sum\limits_{k} p_k = 1$.

函数 $f(x)$ 能成为分布密度函数的充分必要条件如下:

(1) 非负性　$f(x) \geqslant 0$;

(2) 归一性　$\int_{-\infty}^{+\infty} f(x)\mathrm{d}x = 1$.

随机变量的函数——$Y = g(X)$ 是一维随机变量.

二、习题分类、解题方法和示例

本章的习题可分为以下几类：
(1) 离散型随机变量的分布律和分布函数.
(2) 连续型随机变量的密度函数和分布函数.
(3) 正态分布的应用.
(4) 随机变量的函数的分布.
(5) 既不离散也不连续的随机变量.
(6) 证明题.
下面分别讨论各类问题的解题方法，并举例加以说明.

1. 离散型随机变量的分布律和分布函数

1）分布律

分布律可以全面地反映离散型随机变量取哪些值，以及取这些值的机会的大小，所以必须要掌握分布律的求法.

求分布律的步骤：
(1) 确定随机变量的所有可能取值.
(2) 计算出取每个值的相应的概率.
(3) 按规范形式(一般为表格式或解析式)写出分布律.

【例 2-1】　一批零件有 9 个正品和 3 个次品. 安装设备时从中任取 1 个，若是次品不再放回，继续任取 1 个，直至取到正品时为止，求在取到正品以前已取得次品数的分布律.

分析　设取到正品以前已取得次品数为 X，由题意知 X 可能取值为 $0,1,2,3$，即 X 服从四点分布，事件 $(X=k)$ 表示前 k 次取到次品，第 $k+1$ 次取到正品.

设事件 $A_n=\{$第 n 次取零件取到正品$\}(n=1,2,3,4)$，则
$$P(X=m)=P(\overline{A}_1\cdots\overline{A}_mA_{m+1})\quad(m=1,2,3),$$
这些概率都可由乘法公式求得，$P(X=0)$ 直接易算.

解　同上所设，由古典概率可知 $P(X=0)=\dfrac{9}{12}=\dfrac{3}{4}$，由乘法公式可得
$$P(X=1)=P(\overline{A}_1A_2)=P(\overline{A}_1)P(A_2\,|\,\overline{A}_1)=\frac{3}{12}\times\frac{9}{11}=\frac{9}{44},$$
$$P(X=2)=P(\overline{A}_1\overline{A}_2A_3)=P(\overline{A}_1)P(\overline{A}_2\,|\,\overline{A}_1)P(A_3\,|\,\overline{A}_1\overline{A}_2)$$
$$=\frac{3}{12}\times\frac{2}{11}\times\frac{9}{10}=\frac{9}{220},$$

$$P(X=3)=P(\overline{A}_1\overline{A}_2\overline{A}_3A_4)=P(\overline{A}_1)P(\overline{A}_2\mid\overline{A}_1)P(\overline{A}_3\mid\overline{A}_1\overline{A}_2)P(A_4\mid\overline{A}_1\overline{A}_2\overline{A}_3)$$

$$=\frac{3}{12}\times\frac{2}{11}\times\frac{1}{10}\times\frac{9}{9}=\frac{1}{220},$$

$$（或由归一性 P(X=3)=1-\sum_{k=0}^{2}P(X=k)=\frac{1}{220}），$$

于是次品数的分布律为

$$\left\{\begin{matrix} 0 & 1 & 2 & 3 \\ \frac{3}{4} & \frac{9}{44} & \frac{9}{220} & \frac{1}{220} \end{matrix}\right\}.$$

一般地，随机变量的可能取值由实际题意直接写出，关键是第二步计算 X 取每个可能值的概率. 对于本题我们将求 $P(X=k)$ 的问题转化为求有关 A_1,A_2,A_3 和 A_4 组合成的随机事件的概率，这是一种常用的方法. 当然，对较简单的题目可不必转化而直接计算.

【例 2 - 2】 设随机变量 X 只取自然数 $1,2,\cdots$，且 $P(X=n)$ 与 n^2 成反比，求 X 的分布律.

分析 据题设有 $P(X=n)=\dfrac{k}{n^2}(n=1,2,\cdots)$，其中比例系数 k 可由分布律的归一性求得.

解 由归一性知

$$\sum_{n=1}^{\infty}P(X=n)=\sum_{n=1}^{\infty}\frac{k}{n^2}=k\sum_{n=1}^{\infty}\frac{1}{n^2}=1.$$

由傅里叶级数，求得 $\sum\limits_{n=1}^{\infty}\dfrac{1}{n^2}=\dfrac{\pi^2}{6}$（见附证），代入上式，得 $k=\dfrac{6}{\pi^2}$，所以 X 的分布律为

$$P(X=n)=\frac{6}{\pi^2 n^2}\quad(n=1,2,\cdots).$$

[**附证**] 将 $f(x)=x^2$ 在 $[-\pi,\pi]$ 上展成傅里叶级数

$$x^2=\frac{\pi^2}{3}+4\sum_{n=1}^{\infty}(-1)^n\frac{\cos nx}{n^2},$$

令 $x=\pi$，得

$$\pi^2=\frac{\pi^2}{3}+4\sum_{n=1}^{\infty}(-1)^n\frac{\cos n\pi}{n^2}=\frac{\pi^2}{3}+4\sum_{n=1}^{\infty}\frac{1}{n^2},$$

从而得

$$\sum_{n=1}^{\infty}\frac{1}{n^2}=\frac{\pi^2}{6}.$$

直接利用常见的离散型的分布求分布律也是常用方法之一,这就要求熟记若干常见分布律以及它们的应用场合:

(1)(0-1)分布,简记为 $X \sim B(1,p)$,其分布律为

$$P(X=k)=p^k(1-p)^{1-k} \quad (k=0,1,0<p<1).$$

应用场合:只有两个结果的一次试验.

(2)二项分布,简记为 $X \sim B(n,p)$,其分布律为

$$P(X=k)=C_n^k p^k(1-p)^{n-k} \quad (k=0,1,\cdots,n;0<p<1).$$

应用场合:每次试验只有两个结果的 n 次独立重复试验.比如有放回的产品质量检验.

(3)超几何分布,简记为 $X \sim H(n,M,N)$,其分布律为

$$P(X=k)=\frac{C_M^k C_{N-M}^{l-k}}{C_N^n} \quad (k=0,1,2,\cdots,\min\{M,n\}).$$

应用场合:无放回的产品质量检验,其中

$N-$产品总数,$M-$次品总数,$n-$抽样数.

(4)泊松分布,简记为 $X \sim P(\lambda)$ 或 $\pi(\lambda)$,其分布律为

$$P(X=k)=\frac{\lambda^k}{k!}e^{-\lambda} \quad (k=0,1,2,\cdots;\lambda>0).$$

应用场合:当 X 表示在一定的时间或空间内出现的事件的个数这种场合.比如在一定时间内某交通路口所发生的事故次数、母鸡的年产蛋量、商店每月出售某种非紧俏商品的数量,都服从泊松分布.

(5)几何分布,简记为 $X \sim G(p)$,其分布律为

$$P(X=k)=p(1-p)^{k-1} \quad (k=1,2,\cdots;0<p<1).$$

应用场合:试验首次成功(或失败)就停止的场合.

(6)帕斯卡分布,简记为 $X \sim P(r,p)$,其分布律为

$$P(X=k)=C_{k-1}^{r-1} p^r(1-p)^{k-r} \quad (k=r,r+1,r+2,\cdots;0<p<1).$$

应用场合:试验成功(或失败)r 次就停止的场合.

在帕斯卡分布中作变量代换 $i=k-r$,则其分布律变形为

$$P(X=i)=C_{i+r-1}^{r-1} p^r(1-p)^i \quad (i=0,1,2,\cdots;0<p<1),$$

称此分布为负二项分布,简记为 $X \sim B^-(r,p)$.

上述 6 个分布有如下关系:

二项分布是(0-1)分布的推广,二项分布是超几何分布的极限分布,帕斯卡分布(或负二项分布)是几何分布的推广,泊松分布是二项分布的极限分布(此结论称为泊松定理).

对实际问题,要善于分析描述该问题的随机变量服从什么分布,分布的参数是

什么,从而用相应的分布公式写出要求的分布律.

【例 2-3】 一批产品共 100 个,其中有 6 个次品.随机抽取 10 个产品,求其中次品数 X 的分布律.

分析 本题的答案有两个,因为检验分放回抽样和不放回抽样两种.放回抽样表明每次试验的条件不变,是独立试验,它对应二项分布;不放回抽样对应的是超几何分布.

解 (1) 放回抽样:将每抽取 1 个产品视作进行一次伯努利试验,所以本题是 10 重伯努利试验,故 $X \sim B(10,0.06)$,其分布律为

$$P(X=k) = C_{10}^k \times 0.06^k \times 0.94^{10-k} \quad (k=0,1,\cdots,10).$$

(2) 不放回抽样:X 服从超几何分布,即 $X \sim H(100,6,10)$,其分布律为

$$P(X=k) = \frac{C_6^k C_{94}^{10-k}}{C_{100}^{10}} \quad (k=0,1,2,\cdots,6).$$

【例 2-4】 某食品店有 4 名售货员,据统计每名售货员平均在 1 小时内使用电子秤 15 分钟.问该店配置几台电子秤较为合理(需说明理由)?

分析 可视 4 名售货员使用电子秤为 4 重伯努利试验,如果配置 n 台电子秤,能使

$$P(使用电子秤的售货员数 \leqslant n) \geqslant 0.95,$$

我们便可认为 n 就是较为合理的电子秤台数.

解 设事件 $A = \{售货员使用电子秤\}$,则

$$P(A) = \frac{15}{60} = \frac{1}{4}.$$

记 X 为 1 小时内同时使用电子秤的人数,则 $X \sim B\left(4, \frac{1}{4}\right)$,于是

$$P(X \geqslant 3) = P_4(3) = P_4(4) = C_4^3 p^3(1-p) + C_4^4 p^4$$

$$= \frac{12}{256} + \frac{1}{256} < 0.051,$$

$$P(X \leqslant 2) = 1 - P(X \geqslant 3) = \frac{243}{256} > 0.949.$$

可见有 3 名及 4 名售货员同时使用电子秤的可能性较小,其概率不超过 5.1%,所以配置 2 台电子秤较为合理.

【例 2-5】 设甲袋中有 9 个白球和 1 个黑球,乙袋中有 10 个白球.每次从甲、乙袋中随机地同时各取 1 球,作交换后放入各自对方袋中,这样进行 3 次,求:

(1) 作第 2 次交换后黑球出现在甲袋中的概率;

(2) 作第 3 次交换后黑球出现在甲袋中的概率.

分析 见例 1-5 的分析

解 设黑球交换的次数为随机变量 X,则 $X \sim B\left(n, \frac{1}{10}\right), n = 2$ 或 3.

(1) P(第 2 次交换后黑球在甲袋中) $= P(X = 0) + P(X = 2)$

$$= C_2^0 \left(\frac{1}{10}\right)^0 \left(\frac{9}{10}\right)^2 + C_2^2 \left(\frac{1}{10}\right)^2 \left(\frac{9}{10}\right)^0 = 0.82.$$

(2) P(第 3 次交换后黑球在甲袋中) $= P(X = 0) + P(X = 2)$

$$= C_3^0 \left(\frac{1}{10}\right)^0 \left(\frac{9}{10}\right)^3 + C_3^2 \left(\frac{1}{10}\right)^2 \left(\frac{9}{10}\right)^1 = 0.756.$$

【例 2 - 6】 一盒子中装有 10 个乒乓球,其中 8 个新球,2 个旧球。现不放回地任取 3 个球,设 X 为所取球中的新球个数,试写出 X 的分布律.

分析 由于是不放回抽取,所以 X 服从超几何分布 $H(10, 2, 3)$.

解 $X \sim H(10, 2, 3)$,则

$$P(X = k) = \frac{C_8^k C_2^{3-k}}{C_{10}^3} \quad (k = 1, 2, 3),$$

$$P(X = 1) = \frac{C_8^1 C_2^2}{C_{10}^3} = \frac{1}{15},$$

$$P(X = 2) = \frac{C_8^2 C_2^1}{C_{10}^3} = \frac{7}{15},$$

$$P(X = 3) = \frac{C_8^3 C_2^0}{C_{10}^3} = \frac{7}{15},$$

所以

$$X \sim \begin{pmatrix} 1 & 2 & 3 \\ \frac{1}{15} & \frac{7}{15} & \frac{7}{15} \end{pmatrix}.$$

【例 2 - 7】 已知运载火箭在飞行中进入其仪器舱的宇宙粒子数服从参数为 2 的泊松分布,而进入仪器舱的粒子随机落到仪器重要部位的概率为 0.1,求落到仪器重要部位的粒子数的概率分布.

分析 设进入仪器舱的宇宙粒子数为随机变量 X,落到仪器重要部位的粒子数为随机变量 Y. 设事件 $A = \{Y = m\}, B_k = \{X = k\}(k = 0, 1, 2, \cdots)$. 本题要求的是随机变量 Y 的概率分布,它可通过如下全概率公式

$$P(Y = m) = P(A) = \sum_{k=0}^{\infty} P(B_k) P(A \mid B_k) \quad (m = 0, 1, 2, \cdots)$$

得到.

解 同上所设,由题设知 $X \sim \pi(2)$,并在 $X = k$ 的条件下,$Y \sim B(k, 0.1)$,即有

$$P(X = k) = \frac{2^k}{k!} e^{-2} \quad (k = 0, 1, 2, \cdots)$$

和

$$P(Y=m \mid X=k)=\mathrm{C}_k^m \times 0.1^m \times 0.9^{k-m} \quad (m=0,1,2,\cdots,k).$$

由全概率公式

$$P(Y=m)=\sum_{k=0}^{\infty} P(X=k)P(Y=m \mid X=k)$$

$$=\sum_{k=m}^{\infty} P(X=k)P(Y=m \mid X=k)$$

$$=\sum_{k=m}^{\infty} \mathrm{e}^{-2} \frac{2^k}{k!} \mathrm{C}_k^m \times 0.1^m \times 0.9^{k-m}$$

$$=\mathrm{e}^{-2} \frac{(0.2)^m}{m!} \sum_{k=m}^{\infty} \frac{2^{k-m}}{(k-m)!}(0.9)^{k-m}$$

$$\xrightarrow{\diamondsuit k-m=s} \mathrm{e}^{-2} \frac{(0.2)^m}{m!} \sum_{s=0}^{\infty} \frac{2^s}{s!}(0.9)^s = \mathrm{e}^{-2} \frac{(0.2)^m}{m!} \mathrm{e}^{2(0.9)}$$

$$=\mathrm{e}^{-0.2} \frac{(0.2)^m}{m!} \quad (m=0,1,2,\cdots),$$

故落到仪器重要部位的粒子数仍服从泊松分布,参数变为 0.2.

【例 2-8】 自动生产线在调整之后出现次品的概率为 0.4%,生产过程中只要一出现次品,便立即进行调整,求在两次调整之间生产的正品数 X 的分布律.

分析 把生产一个产品看成是做一次试验,出现次品立即进行调整,相当于试验首次失败就停止,所以本题属于"首次失败"这一概率模型,即 X 服从几何分布.

解 由题设知事件$(X=k)$表示共生产了 $k+1$ 个产品,第 $k+1$ 个产品是次品,前面 k 个产品都是正品,故 $X \sim G(0.004)$,其分布律为

$$P(X=k)=0.004(1-0.004)^k \quad (k=0,1,2,\cdots).$$

【例 2-9】 售报员在报摊上卖报,已知每个过路人在报摊上买报的概率为 $\frac{1}{3}$ (假定每个买报人只买 1 份报纸). 令 X 是出售了 100 份报时过路人的数目,求 X 的分布律.

分析 把卖报纸看成是做试验,每卖出 1 份报纸看成是试验成功 1 次,卖出 100 份报纸,就相当于试验成功 100 次,所以本题属于帕斯卡分布.

解 由题设知事件$(X=k)$表示共进行了 k 次试验,第 k 次试验成功,即卖出了第 100 份报纸,而前面 $k-1$ 次试验中分别有 99 次成功和 $k-100$ 次失败,故 X 服从帕斯卡分布,即 $X \sim P\left(100, \frac{1}{3}\right)$,其分布律为

$$P(X=k)=\mathrm{C}_{k-1}^{99}\left(\frac{1}{3}\right)^{100}\left(\frac{2}{3}\right)^{k-100} \quad (k=100,101,102,\cdots).$$

【例 2-10】 设 X 的分布律如下:

X	-3	0	3	4	7
P	0.2	0.3	0.2	0.1	0.2

求:(1) $P(|X|<3),P(-3<X\leqslant3)$;

(2) $P(X\geqslant2|X\neq4),P(X<4|X=0)$.

分析　(1) 当 X 只取 $-3,0,3,4,7$ 五个值时,事件 $\{|X|<3\}=\{X=0\}$.

(2) 记事件 $A=\{X\geqslant2\},B=\{X\neq4\}$,则 $P(X\geqslant2|X\neq4)=P(A|B)$ 可用条件概率公式计算.

解　(1) 由分布律得

$$P(|X|<3)=P(-3<X<3)=P(X=0)=0.3,$$
$$P(-3<X\leqslant3)=P(X=0)+P(X=3)=0.3+0.2=0.5.$$

(2) 由条件概率公式得

$$P(X\geqslant2|X\neq4)=\frac{P(\{X\geqslant2\}\bigcap\{X\neq4\})}{P(X\neq4)}=\frac{P(X=3)+P(X=7)}{1-P(X=4)}$$

$$=\frac{0.2+0.2}{1-0.1}=\frac{4}{9},$$

$$P(X<4|X=0)=\frac{P(\{X<4\}\bigcap\{X=0\})}{P(X=0)}=\frac{P(X=0)}{P(X=0)}=1,$$

或当事件 $\{X=0\}$ 发生条件下,事件 $\{X<4\}=\Omega$,所以 $P(X<4|X=0)=1$.

2) 分布函数

对离散型随机变量而言,分布函数和分布律在一定意义上是等价的,即知道其一就可决定另一个.事实上

$$F(x)=P(X\leqslant x)=\sum_{x_k\leqslant x}P(X=x_k)=\sum_{x_k\leqslant x}p_k;$$
$$p_k=P(X=x_k)=F(x_k)-F(x_{k-1})\quad(x_k>x_{k-1}).$$

计算 X 落在区间上的概率公式如下:

(1) 半开半闭　$P(a<X\leqslant b)=F(b)-F(a)$;

$\qquad\qquad P(a\leqslant X<b)=F(b-0)-F(a-0)$.

(2) 全开全闭　$P(a<X<b)=F(b-0)-F(a)$;

$\qquad\qquad P(a\leqslant X\leqslant b)=F(b-0)-F(a-0)$.

X 服从 n 点分布,求其分布函数的步骤:

(1) 先求出随机变量 X 的分布律.

(2) 将 n 个点插入数轴形成 $n+1$ 个左闭右开的子区间,计算各子区间上 $F(x)$ 的值.

(3) 按由小到大的次序写出 $n+1$ 段的分段函数 $F(x)$.

【例 2 - 11】 一袋中装有编号为 1,3,5,7,9 的 5 个形状相同的球. 在袋中同时取出 3 个球,以随机变量 X 表示取出的 3 个球中最大的号码,写出 X 的分布函数 $F(x)$,并求 $P(X \leqslant 7)$.

分析 本题要直接写出 X 的分布函数有难度,一般需先求出 X 的分布律,然后按照上面介绍的方法求分布函数. 有了分布律或分布函数求概率 $P(X \leqslant 7)$ 就很容易了.

解 一次取 3 个球,则 X 的可能取值为 5,7 和 9,且取这些值的概率分别如下:

$$P(X=5)=\frac{1}{C_5^3}=\frac{1}{10}=0.1,$$

$$P(X=7)=\frac{C_3^2}{C_5^3}=\frac{3}{10}=0.3,$$

$$P(X=9)=\frac{C_4^2}{C_5^3}=\frac{6}{10}=0.6,$$

所以
$$X \sim \begin{bmatrix} 5 & 7 & 9 \\ 0.1 & 0.3 & 0.6 \end{bmatrix}.$$

5,7 和 9 三个点将数轴划分为四个子区间 $(-\infty,5)$,$[5,7)$,$[7,9)$ 和 $[9,+\infty)$. 下面逐个求出各子区间上的值:

当 $x \in (-\infty,5)$ 时,$F(x)=P(X \leqslant x)=P(\varnothing)=0$.

当 $x \in [5,7)$ 时,$F(x)=P(X \leqslant x)=P(X=5)=0.1$.

当 $x \in [7,9)$ 时,$F(x)=P(X \leqslant x)=P(X=5)+P(X=7)=0.1+0.3=0.4$.

当 $x \in [9,+\infty)$ 时,$F(X)=P(X \leqslant x)=P(\Omega)=1$.

从而 X 的分布函数

$$F(x)=P(X \leqslant x)=\sum_{x_k \leqslant x} p_k = \begin{cases} 0 & (x<5), \\ 0.1 & (5 \leqslant x<7), \\ 0.4 & (7 \leqslant x<9), \\ 1 & (x \geqslant 9), \end{cases}$$

于是
$$P(X \leqslant 7)=P(X=5)+P(X=7)=0.1+0.3=0.4.$$

或
$$P(X \leqslant 7)=F(7)=0.4.$$

【例 2 - 12】 设随机变量 X 的分布函数

$$F(x)=\begin{cases} 0 & (x<-1), \\ 0.3 & (-1 \leqslant x<2), \\ 0.9 & (2 \leqslant x<5), \\ 1 & (x \geqslant 5), \end{cases}$$

求 X 的分布律及 $P(-1 \leqslant X \leqslant 2)$.

  分析 离散随机变量 X 的分布函数 $F(x)$ 是分段阶梯函数, 若 $F(x)$ 分成 n 段, 则 X 可能取 $n-1$ 个值, 即 X 服从 $n-1$ 点分布, X 取各个值的概率由下式求得:

$$p_k = P(X = x_k) = F(x_k) - F(x_{k-1}).$$

  解 X 可能取 $-1, 2$ 和 5, 取这 3 个值的概率为 p_1, p_2 和 p_3:

$$p_1 = P(X = -1) = F(-1) - F(-\infty) = 0.3 - 0 = 0.3,$$
$$p_2 = P(X = 2) = F(2) - F(-1) = 0.9 - 0.3 = 0.6,$$
$$p_3 = P(X = 5) = F(5) - F(2) = 1 - 0.9 = 0.1.$$

X 的分布律为

$$\begin{bmatrix} -1 & 2 & 5 \\ 0.3 & 0.6 & 0.1 \end{bmatrix},$$

于是
$$P(-1 \leqslant X \leqslant 2) = F(2) - F(-1-0)$$
$$= 0.9 - 0 = 0.9$$

或
$$P(-1 \leqslant X \leqslant 2) = P(X = -1) + P(X = 2)$$
$$= 0.3 + 0.6 = 0.9.$$

2. 连续型随机变量的密度函数和分布函数

  密度函数 $f(x)$ 与分布函数 $F(x)$ 一样, 都可以全面地反映连续型随机变量取值情况, 通过 $f(x)$ 或 $F(x)$ 都可以方便地计算随机变量位于某区间内的概率. 密度函数 $f(x)$ 与分布函数 $F(x)$ 的关系, 如同微分与积分互为逆运算的关系. 需强调的是连续型随机变量取固定值的概率为零, 从而

$$P(a < X < b) = P(a < X \leqslant b) = P(a \leqslant X < b) = P(a \leqslant X \leqslant b)$$
$$= \int_a^b f(x) \mathrm{d}x = F(b) - F(a).$$

1) 密度函数

确定密度函数的基本方法

(1) 验证函数是否满足密度函数的两个基本性质: 非负性和归一性.

(2) 直接利用如下常见的分布密度函数.

① 正态分布 $N(\mu, \sigma^2)$ [亦称高斯 (Gauss) 分布] 的密度函数

$$f(x) = \frac{1}{\sqrt{2\pi}\sigma} \mathrm{e}^{-\frac{(x-\mu)^2}{2\sigma^2}} \quad (\sigma > 0; -\infty < x < +\infty);$$

特例: 标准正态分布 $N(0,1)$ 的密度函数

$$\varphi(x) = \frac{1}{\sqrt{2\pi}} \mathrm{e}^{-\frac{x^2}{2}} \quad (-\infty < x < +\infty);$$

② 均匀分布 $U(a,b)$ 的密度函数

$$f(x) = \begin{cases} \dfrac{1}{b-a} & (a < x < b), \\ 0 & (\text{其 他}); \end{cases}$$

③ 指数分布 $E_{xp}(\lambda)$ 的密度函数

$$f(x) = \begin{cases} \lambda e^{-\lambda x} & (x > 0), \\ 0 & (x \leqslant 0) \end{cases} \quad (\lambda > 0).$$

【例 2 - 13】 甲、乙和丙 3 人计算一连续型随机变量 X 的密度函数,结果分别如下:

$$f_1(x) = \begin{cases} \sin x & (0 < x < \pi), \\ 0 & (\text{其 他}); \end{cases}$$

$$f_2(x) = \begin{cases} -\sin x & \left(\pi < x < \dfrac{3\pi}{2}\right), \\ 0 & (\text{其 他}); \end{cases}$$

$$f_3(x) = \begin{cases} \sin x & \left(\pi < x < \dfrac{3\pi}{2}\right), \\ 0 & (\text{其 他}), \end{cases}$$

问这些计算结果是否正确?

分析 由于连续型随机变量的密度函数 $f(x)$ 必须同时具备非负性和归一性,有一个不具备就不能是密度函数.

解 对于 $f_1(x)$,虽有 $\sin x \geqslant 0, x \in (0,\pi)$,但

$$\int_{-\infty}^{+\infty} f_1(x)\mathrm{d}x = \int_0^{\pi} \sin x \, \mathrm{d}x = 2 \neq 1,$$

即 $f_1(x)$ 不满足归一性,所以甲计算结果不正确;

对于 $f_2(x)$,$-\sin x \geqslant 0, x \in \left(\pi, \dfrac{3\pi}{2}\right)$,且

$$\int_{-\infty}^{+\infty} f_2(x)\mathrm{d}x = \int_{\pi}^{\frac{3\pi}{2}} -\sin x \, \mathrm{d}x = 1,$$

即 $f_2(x)$ 是密度函数,所以乙计算结果正确;

对于 $f_3(x)$,$\sin x \leqslant 0, x \in \left(\pi, \dfrac{3\pi}{2}\right)$,非负性不满足,所以丙计算结果不正确.

【例 2 - 14】 求常数 c,使 $f(x) = c e^{1 + x - x^2}$ 成为某连续型随机变量 X 的密度函数.

分析 由非负性可知常数 c 必须大于零,具体数值计算有两种方法:一是通过归一性;二是直接与正态分布的密度函数进行比较.

解　**方法一**　由归一性,有

$$\int_{-\infty}^{+\infty} f(x)\mathrm{d}x = \int_{-\infty}^{+\infty} c\mathrm{e}^{1+x-x^2}\mathrm{d}x = c\int_{-\infty}^{+\infty} \mathrm{e}^{\frac{5}{4}}\mathrm{e}^{-\left(x-\frac{1}{2}\right)^2}\mathrm{d}x$$

$$\xlongequal{\ \diamondsuit\, t = x - \frac{1}{2}\ } c\mathrm{e}^{\frac{5}{4}}\int_{-\infty}^{+\infty} \mathrm{e}^{-t^2}\mathrm{d}t$$

$$= c\mathrm{e}^{\frac{5}{4}}\sqrt{\pi} = 1,$$

所以

$$c = \frac{\mathrm{e}^{-\frac{5}{4}}}{\sqrt{\pi}}.$$

[**附证**]　$W = \displaystyle\int_{-\infty}^{+\infty} \mathrm{e}^{-t^2}\mathrm{d}t = \sqrt{\pi}.$

由二重积分极坐标变换,可得

$$W^2 = \left(\int_{-\infty}^{+\infty} \mathrm{e}^{-t^2}\mathrm{d}t\right)^2 = \int_{-\infty}^{+\infty} \mathrm{e}^{-x^2}\mathrm{d}x \cdot \int_{-\infty}^{+\infty} \mathrm{e}^{-y^2}\mathrm{d}y$$

$$= \int_{-\infty}^{+\infty}\int_{-\infty}^{+\infty} \mathrm{e}^{-(x^2+y^2)}\mathrm{d}x\mathrm{d}y = \int_{0}^{2\pi}\mathrm{d}\theta\int_{0}^{+\infty} \mathrm{e}^{-r^2} r\,\mathrm{d}r$$

$$= 2\pi \cdot \frac{1}{2} = \pi,$$

从而

$$W = \int_{-\infty}^{+\infty} \mathrm{e}^{-t^2}\mathrm{d}t = \sqrt{\pi}.$$

方法二　将题给函数变形:

$$f(x) = c\mathrm{e}^{1+x-x^2} = c\mathrm{e}^{\frac{5}{4}}\mathrm{e}^{-\left(x-\frac{1}{2}\right)^2} = c\mathrm{e}^{\frac{5}{4}}\mathrm{e}^{-\frac{\left(x-\frac{1}{2}\right)^2}{2\left(\frac{1}{\sqrt{2}}\right)^2}},$$

与正态分布的密度函数 $f(x) = \dfrac{1}{\sqrt{2\pi}\sigma}\mathrm{e}^{-\frac{(x-\mu)^2}{2\sigma^2}}$ 对照,可知 $\mu = \dfrac{1}{2}$, $\sigma = \dfrac{1}{\sqrt{2}}$,于是有

$$c\mathrm{e}^{\frac{5}{4}} = \frac{1}{\sqrt{\pi}},$$

所以

$$c = \frac{\mathrm{e}^{-\frac{5}{4}}}{\sqrt{\pi}}.$$

【例 2-15】　设 $f(x) = \dfrac{1}{ax^2+bx+c}$,为使 $f(x)$ 成为某连续型随机变量 X 在 $(-\infty, +\infty)$ 上的密度函数,系数 a, b 和 c 必须且只需满足什么条件?

分析　由 $f(x) \geqslant 0$ 得抛物线方程 $h(x) = ax^2 + bx + c > 0$,即抛物线开口向上,

则必须有 $a>0$；抛物线在 x 轴上方，还要求 $h(x)$ 的最小值 >0，这可以通过求导得到关于 a,b 和 c 的不等式，再通过 $f(x)$ 的归一性得到关于 a,b 和 c 的等式．最后综合前面讨论得到结论．

解 记 $h(x)=ax^2+bx+c$，由非负性 $f(x)\geqslant 0$，得

$$h(x)=ax^2+bx+c>0\Rightarrow a>0, \tag{1}$$

从而 $h''(x)=2a>0$ 时 $h(x)$ 有最小值，且要求此最小值也大于零：

$$h_{\min}(x)=c-\frac{b^2}{4a}>0. \tag{2}$$

再由归一性，则有

$$\int_{-\infty}^{+\infty}f(x)\mathrm{d}x=\int_{-\infty}^{+\infty}\frac{1}{ax^2+bx+c}\mathrm{d}x=\frac{1}{a}\int_{-\infty}^{+\infty}\frac{1}{\left(x+\frac{b}{2a}\right)^2+\frac{4ac-b^2}{4a^2}}\mathrm{d}x$$

$$=\frac{1}{a\sqrt{\frac{4ac-b^2}{4a^2}}}\arctan\frac{x+\frac{b}{2a}}{\sqrt{\frac{4ac-b^2}{4a^2}}}\Bigg|_{-\infty}^{+\infty}$$

$$=\frac{2\pi}{\sqrt{4ac-b^2}}=1,$$

得

$$4ac-b^2=4\pi^2. \tag{3}$$

由式(3)成立可推出式(2)也成立，所以系数 a,b 和 c 必须且只需满足

$$a>0,\ 4ac-b^2=4\pi^2.$$

【例 2－16】 设 $Y\sim U(a,5)$，方程 $4x^2+4Yx+3Y+4=0$ 无实根的概率为 0.25，求常数 a．

分析 随机变量 Y 服从均匀分布，由一元二次方程无实根的判别式得 $-1<Y<4$，此时最易犯的错误是不加思考直接由

$$P(-1<Y<4)=\int_{-1}^4 f(y)\mathrm{d}y=\int_{-1}^4\frac{1}{5-a}\mathrm{d}y=0.25\Rightarrow a=-15,$$

这只求出了一个解，遗漏了另一个解．事实上 a 是个未确定的数，在求得 $-1<Y<4$ 后，需要在 3 个区间 $(-\infty,-1)$，$[-1,4)$ 和 $[4,5)$ 上分别对 a 进行考察．

解 Y 的密度函数

$$f(y)=\begin{cases}\dfrac{1}{5-a} & (a<y<5),\\[2mm] 0 & (其\ 他).\end{cases}$$

题设一元二次方程无实根，则由其判别式

$$\Delta=16Y^2-4\times 4(3Y+4)<0\Rightarrow -1<Y<4$$

可知:

(1) 当 $a < -1$ 时,由

$$P(\text{方程无实根}) = P(-1 < Y < 4) = \int_{-1}^{4} \frac{1}{5-a} dy = \frac{5}{5-a} = 0.25 \Rightarrow a = -15.$$

(2) 当 $-1 \leqslant a < 4$ 时,由

$$P(\text{方程无实根}) = P(-1 < Y < 4) = \int_{-1}^{a} 0 \, dy + \int_{a}^{4} \frac{1}{5-a} dy$$

$$= \frac{4-a}{5-a} = 0.25 \Rightarrow a = \frac{11}{3}.$$

(3) 当 $4 \leqslant a < 5$ 时,则与题设矛盾,因为

$$P(\text{方程无实根}) = P(-1 < Y < 4) = 0 \neq 0.25.$$

综上所述,$a = -15$ 或 $a = \frac{11}{3}$.

【例 2 - 17】 在高为 h 的 $\triangle ABC$ 中任取一点 M,点 M 到 AB 的距离为随机变量 X,求其密度函数 $f(x)$.

分析 直接求 $f(x)$ 不容易,利用平面几何的有关定理先求出 X 的分布函数 $F(x)$,再通过关系式得 $f(x) = F'(x)$.

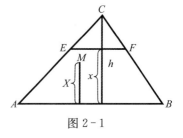

图 2 - 1

解 如图 2 - 1 所示作 $EF \parallel AB$,使 EF 到 AB 的距离为 x,当 $0 \leqslant x \leqslant h$ 时

$$F(x) = P(X \leqslant x) = \frac{\text{梯形 } EFBA \text{ 的面积}}{\triangle ABC \text{ 的面积}} = 1 - \frac{\triangle CEF \text{ 的面积}}{\triangle ABC \text{ 的面积}}$$

$$= 1 - \left(\frac{h-x}{h}\right)^2,$$

于是

$$F(x) = \begin{cases} 0 & (x < 0), \\ 1 - \left(\dfrac{h-x}{h}\right)^2 & (0 \leqslant x \leqslant h), \\ 1 & (x > h), \end{cases}$$

所求密度函数

$$f(x) = F'(x) = \begin{cases} \dfrac{2(h-x)}{h^2} & (0 < x < h) \\ 0 & (\text{其 他}). \end{cases}$$

例 2 - 17 属于几何问题中密度函数的构造,一般步骤如下:

(1) 根据问题的实际意义求出分布函数.

（2）利用关系式 $f(x)=F'(x)$ 得密度函数.

2）分布函数

连续随机变量的分布函数 $F(x)$ 是 $(-\infty,+\infty)$ 上的连续函数,它可能在有限个点或可列个点上不可导,除此外都有 $F'(x)=f(x)$.

求分布函数有 3 种方法:

其一,若密度函数已知,通过变上限积分求得分布函数.

其二,若密度函数未知,从定义出发推出分布函数.

其三,若能判定随机变量服从某个常见分布,则可直接写出分布函数.

常见分布的分布函数如下:

（1）正态分布 $N(\mu,\sigma^2)$ 的分布函数

$$F(x)=\int_{-\infty}^{x}\frac{1}{\sqrt{2\pi}\,\sigma}\mathrm{e}^{-\frac{(t-\mu)^2}{2\sigma^2}}\mathrm{d}t \quad (\sigma>0;-\infty<x<+\infty).$$

标准正态 $N(0,1)$ 的分布函数

$$\Phi(x)=\int_{-\infty}^{x}\frac{1}{\sqrt{2\pi}}\mathrm{e}^{-\frac{t^2}{2\sigma^2}}\mathrm{d}t \quad (-\infty<x<+\infty).$$

$\Phi(x)$ 的性质:

$$\Phi(-x)=1-\Phi(x),\Phi(0)=\frac{1}{2}.$$

当 $X\sim N(\mu,\sigma^2)$ 时

$$F(x)=\Phi\left(\frac{x-\mu}{\sigma}\right).$$

（2）均匀分布 $U(a,b)$ 的分布函数

$$F(x)=\begin{cases} 0 & (x<a), \\ \dfrac{x-a}{b-a} & (a\leqslant x<b), \\ 1 & (x\geqslant b). \end{cases}$$

（3）指数分布 $E(\lambda)$ 的分布函数

$$F(x)=\begin{cases} 1-\mathrm{e}^{-\lambda x} & (x>0), \\ 0 & (x\leqslant 0) \end{cases} \quad (\lambda>0).$$

【例 2－18】 设连续随机变量 X 的密度函数

$$X\sim f(x)=\begin{cases} x & (0\leqslant x<1), \\ 2-x & (1\leqslant x\leqslant 2), \\ 0 & (其\quad 他), \end{cases}$$

求 X 的分布函数 $F(x)$,并作出其图形.

分析　已知 $f(x)$ 求 $F(x)$ 需计算积分,若 $f(x)$ 是分段函数,则 $F(x)$ 也为分段函数,其图形是一条单调不减的连续曲线.

解　当 $x<0$ 时

$$F(x)=0.$$

当 $0\leqslant x<1$ 时

$$F(x)=\int_{-\infty}^{x}f(t)\mathrm{d}t=\int_{0}^{x}t\,\mathrm{d}t=\frac{x^2}{2}.$$

当 $1\leqslant x<2$ 时

$$F(x)=\int_{0}^{1}t\,\mathrm{d}t+\int_{1}^{x}(2-t)\mathrm{d}t=2x-\frac{x^2}{2}-1.$$

当 $x\geqslant2$ 时

$$F(x)=1.$$

所以

$$F(x)=\begin{cases}0 & (x<0),\\[2mm]\dfrac{x^2}{2} & (0\leqslant x<1),\\[2mm]2x-\dfrac{x^2}{2}-1 & (1\leqslant x<2),\\[2mm]1 & (x\geqslant2).\end{cases}$$

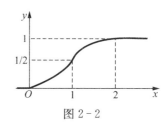

图 2-2

根据 $F(x)$ 的表达式作出如图 2-2 所示的图形.

【例 2-19】　设连续型随机变量 X 的密度函数

$$f(x)=\begin{cases}A & (-2\leqslant x<1),\\ Bx & (1\leqslant x<2),\\ 0 & (其\quad他),\end{cases}$$

且 $P(-2<X<1)=P(1<X<2)$,求 X 的分布函数 $F(x)$.

分析　A,B 是待定系数,根据密度函数的归一性及题给的概率等式,可建立关于 A,B 的二元一次方程组并解之,然后利用变限积分 $\int_{-\infty}^{x}f(t)\mathrm{d}t$ 求出 $F(x)$.

解　因 $\int_{-\infty}^{+\infty}f(x)\mathrm{d}x=\int_{-2}^{1}A\,\mathrm{d}x+\int_{1}^{2}Bx\,\mathrm{d}x=3A+\frac{3}{2}B=1,$ 　　(1)

和 $P(-2<X<1)=P(1<X<2)\Rightarrow\int_{-2}^{1}A\,\mathrm{d}x=\int_{1}^{2}Bx\,\mathrm{d}x$ 即 $3A=\frac{3}{2}B,$ 　(2)

联立式(1)和式(2),可得 $A=\frac{1}{6}$,$B=\frac{1}{3}$,从而密度函数

$$f(x) = \begin{cases} \dfrac{1}{6} & (-2 \leqslant x < 1), \\ \dfrac{x}{3} & (1 \leqslant x < 2), \\ 0 & (\text{其} \quad \text{他}). \end{cases}$$

当 $x < -2$ 时

$$F(x) = 0;$$

当 $-2 \leqslant x < 1$ 时

$$F(x) = \int_{-\infty}^{x} f(t)\,\mathrm{d}t = \int_{-2}^{x} \frac{1}{6}\,\mathrm{d}t = \frac{1}{6}(x+2);$$

当 $1 \leqslant x < 2$ 时

$$F(x) = \int_{-2}^{1} \frac{1}{6}\,\mathrm{d}t + \int_{1}^{x} \frac{1}{3}t\,\mathrm{d}t = \frac{1}{6}(x^2 + 2);$$

当 $x \geqslant 2$ 时

$$F(x) = 1.$$

所以

$$F(x) = \begin{cases} 0 & (x < -1), \\ \dfrac{1}{6}(x+2) & (-2 \leqslant x < 1), \\ \dfrac{1}{6}(x^2 + 2) & (1 \leqslant x < 2), \\ 1 & (x \geqslant 2). \end{cases}$$

【例 2-20】 一电路装有 5 个同类电气元件,其工作状态相互独立且无故障工作时间均服从参数为 λ 的指数分布.当 5 个元件都无故障时,电路正常工作,否则整个电路不能正常工作,求电路正常工作时间 T 的分布函数 $F(t)$.

分析 设第 i 个电气元件无故障工作时间为随机变量 $T_i(i=1\sim5)$,根据定义 T 的分布函数 $F(t) = P(T \leqslant t)$,而 $P(T \leqslant t)$ 不容易求,故可改求对立事件的概率 $P(T > t)$.

因各电气元件工作状态相互独立,可知事件 $\{T_1 > t\}$,$\{T_2 > t\}$,…,$\{T_5 > t\}$ 相互独立,从而事件 $\{T > t\} = \bigcap_{i=1}^{5} \{T_i > t\}$.

解 由题设 $T_i \sim E(\lambda)$,T_i 的分布函数

$$F_i(t) = P(T_i \leqslant t) = \begin{cases} 1 - \mathrm{e}^{-\lambda t} & (t > 0), \\ 0 & (t \leqslant 0) \end{cases} \quad (i = 1 \sim 5).$$

当 $t > 0$ 时

$$P(T_i > t) = 1 - P(T_i \leqslant t) = \mathrm{e}^{-\lambda t} \quad (i = 1 \sim 5),$$

$$P(T > t) = P(\bigcap_{i=1}^{5} \{T_i > t\}) = \prod_{i=1}^{5} P(T_i > t) = \mathrm{e}^{-5\lambda},$$

所以 T 的分布函数

$$F(t) = P(T \leqslant t) = 1 - P(T > t) = \begin{cases} 1 - \mathrm{e}^{-5\lambda} & (t > 0), \\ 0 & (t \leqslant 0). \end{cases}$$

【例 2 - 21】 在区间 $[0, a]$ 上任意投掷一个质点,以 X 表示此质点的坐标.设质点落在 $[0, a]$ 中任意小区间内的概率,与这个小区间的长度成正比,求 X 的分布函数.

分析 本题可用两种方法求解,一是用分布函数的定义,二是直接利用常见分布.

解 **方法一** 当 $x < 0$ 时,$F(x) = P(X \leqslant x) = P(\Phi) = 0$;当 $x \geqslant a$ 时,$F(x) = P(X \leqslant x) = P(\Omega) = 1$;当 $0 \leqslant x < a$ 时,设 $F(x) = P(X \leqslant x) = kx$,$k$ 为比例系数.由于 X 仅在区间 $[0, a]$ 上取值,所以 $F(a) = P(X \leqslant a) = ka = 1$,得 $k = \dfrac{1}{a}$.从而得 X 的分布函数

$$F(x) = \begin{cases} 0 & (x < 0), \\ \dfrac{x}{a} & (0 \leqslant x < a), \\ 1 & (x \geqslant a). \end{cases}$$

方法二 在 $[0, a]$ 上随机取值的 X 落在 $[0, a]$ 中任意小区间的概率与此小区间的长度成正比,这说明 X 服从 $[0, a]$ 上的均匀分布,故其分布函数

$$F(x) = \begin{cases} 0 & (x < 0), \\ \dfrac{x}{a} & (0 \leqslant x < a), \\ 1 & (x \geqslant a). \end{cases}$$

注 有读者问均匀分布是怎么得到的,本例可被视作均匀分布的实际背景.

【例 2 - 22】 某电脑显示器的使用寿命 X(单位:kh)服从参数 $\lambda = \dfrac{1}{50}$ 的指数分布.生产厂家承诺:购买者使用 1 年内显示器损坏将免费予以更换.

(1) 假设用户每年使用电脑 2 000 h,求厂家免费为其更换显示器的概率;

(2) 求显示器至少可以使用 10 000 h 的概率及 X 的分布函数;

(3) 已知某台显示器已经使用了 10 000 h,求至少还能再使用 10 000 h 的概率.

分析 本题直接用分布函数计算概率比较简单,特别要注意的是电脑寿命 X 的单位是 h,比如(1)求的概率是 $P(X < 2)$,而不是 $P(X < 2\,000)$.

解 由题设 $X \sim E_{xp}\left(\dfrac{1}{50}\right)$ 可知其分布函数

$$F(x) = \begin{cases} 1 - e^{-\frac{x}{50}} & (x > 0), \\ 0 & (x \leqslant 0). \end{cases}$$

(1) $P(免费更换) = P(X < 2) = F(2) = 1 - e^{-0.04} \approx 0.039\,2$.

(2) $P(X \geqslant 10) = 1 - P(X < 10) = 1 - F(10) = e^{-0.2} \approx 0.818\,7$.

(3) 由指数分布的"无记忆性"可得

$$P(X \geqslant 20 \mid X \geqslant 10) = P(X \geqslant 10) \approx 0.039\,2.$$

3. 正态分布的应用

正态分布是概率统计中最重要的分布,这不仅因为分布本身有广泛的应用,而且它几乎是所有其他分布的极限分布.

什么样的随机变量可被称为正态变量? 若随机变量 X

(1) 受众多相互独立的随机因素影响;

(2) 每一因素的影响都是微小的;

(3) 且这些正、负影响可以叠加,则可称 X 为正态随机变量.

可用正态随机变量描述的实例很多,例如:

各种测量的误差,人体生理的特征,工厂产品的尺寸,农业作物的产量,海洋波浪的高度,金属拉杆的强度,噪声电流的强度,学生考试的成绩……

下面举两个应用例子.

【例 2 - 23】 用正态分布设计公交大巴车门的高度.

设计要求:男子与车门顶端碰头的机会必须控制在 1% 以下.

参数提供:通过较大范围的抽样调查,得到中国男性的平均身高为 173 cm,标准差为 9 cm.

分析 由于人的身高受父母遗传、营养状况和后天是否锻炼等诸多因素的影响,且每个因素都不起主要决定作用,而正影响与负影响又会相互抵消,所以人的身高这一随机变量服从正态分布(至少是近似服从正态分布).

解 取 $\mu = 173, \sigma = 9$,则男子身高 $X \sim N(173, 9^2)$,据题设有

$$P(X < h) = \Phi\left(\frac{h - 173}{9}\right) > 0.99,$$

查表知 $\Phi(2.33) = 0.990\,1 > 0.99$,故 $\dfrac{h - 173}{9} = 2.33$,得

$$h = 193.97 \text{ cm}, \quad 即$$

所以满足设计要求的大巴车门高度可定为 194 cm.

【例 2 - 24】 用正态分布估计高考录取最低分. 某市有 9 万名高中毕业生参加高考, 结果有 5.4 万名被各类高校录取. 已知满分为 600 分, 540 分以上者有 2 025 人, 360 分以下者有 13 500 人, 试估计高考录取最低分.

分析 考生的高考成绩为随机变量 X, 它一般会受先天遗传、后天努力、心理素质、考试期间身体状态、求学期间班级学风及有无请家教等诸多随机因素的影响, 而各因素的影响是有限的, 但正、负影响会相互抵消, 故 X 服从参数为 μ, σ^2 的正态分布.

由于 μ, σ^2 均未知, 所以解决问题可分两步:

(1) 通过高考结果的两个信息, 建立关于未知参数 μ, σ^2 的两个方程, 并解之.

(2) 通过已公布的录取率, 求得录取的最低分.

解 取设学生高考成绩 $X \sim B(\mu, \sigma^2)$, 据题设有

$$P(X \leqslant 540) = 1 - P(X > 540) = 1 - \frac{2\ 025}{90\ 000} = 0.977\ 5,$$

$$P(X \leqslant 540) = \Phi\left(\frac{540 - \mu}{\sigma}\right) = 0.977\ 5,$$

$$P(X < 360) = \frac{13\ 500}{90\ 000} = 0.15 = \Phi\left(\frac{360 - \mu}{\sigma}\right),$$

$$\Phi\left(\frac{\mu - 360}{\sigma}\right) = 1 - 0.15 = 0.85,$$

查正态分布表, 得

$$\frac{540 - \mu}{\sigma} = 2.05, \quad \frac{\mu - 360}{\sigma} = 1.04,$$

解上述方程组:

$$\mu \approx 421, \quad \sigma \approx 58,$$

所以

$$X \sim N(421, 58^2).$$

已知录取率 $\frac{54\ 000}{90\ 000} = 0.6$, 设被录取者最低分为 a, 则

$$P(X \geqslant a) = 0.6 = 1 - P(X < a) = 1 - \Phi\left(\frac{a - 421}{58}\right) = \Phi\left(\frac{421 - a}{58}\right),$$

查正态分布表, 即得

$$\frac{421 - a}{58} = 2.53, \quad a \approx 406,$$

所以该次高考最低录取分为 406 分.

4. 随机变量的函数的分布

随机变量的函数——$Y = g(X)$, X 的分布已知.

求 Y 的分布的方法与公式如下.

(1) 离散型

$$q_j = P(Y=y_j) = \sum_{g(x_i)=y_j} P(X=x_i) = \sum_{g(x_i)=y_j} p_i \quad (j=1,2,\cdots),$$

其中 $\sum\limits_{g(x_i)=y_j}$ 是对所有满足 $g(x_i)=y_j$ 的对应 X 取 x_i 的概率 p_i 求和.

(2) 连续型 X 的密度函数为 $f_X(x)$,求 Y 的密度函数 $f_Y(y)$.

方法一 分布函数法.

先求 Y 的分布函数:

$$F_Y(y) = P(Y \leqslant y) = P(g(X) \leqslant y),$$

两边求导,得

$$f_Y(y) = F_Y'(y).$$

方法二 公式法.

$$f_Y(y) = f_X(x)|x'|, \tag{1}$$

其中 $y=g(x)$ 严格单调,其反函数 $x=g^{-1}(y)$ 有连续导数,在使反函数无意义的点 y 处,定义 $f_Y(y)=0$.

$$f_Y(y) = f_X(x_1)|x_1'| + f_X(x_2)|x_2'| + \cdots, \tag{2}$$

其中 $y=g(x)$ 在不相重叠的区间 $I_1, I_2, \cdots$ 上逐段严格单调,其反函数 $x_i=g^{-1}(y_i)$ 有连续导数 $(i=1,2,\cdots)$,在使各反函数无意义的点 y 处,定义 $f_Y(y)=0$.

【例 2-25】 设随机变量 X 的分布律为

$$\begin{bmatrix} -2 & -1 & 0 & 1 \\ 0.18 & 0.23 & 0.33 & 0.26 \end{bmatrix},$$

求:

(1) $Y=4-2X^3$ 的分布律;

(2) $Z=X^2+1$ 的分布律.

分析 (1) X 为四点分布,由于 $y=4-2x^3$ 为严格单调减函数,故 x_i 不等时,y_j 也不等,从而 Y 仍为四点分布.

(2) 由于 $z=x^2+1$ 为偶函数、非单调,Z 的可能取值为 $1,2$ 和 5,故 Z 是三点分布.

解 由题设有

p	0.18	0.23	0.33	0.26
X	-2	-1	0	1
$Y=4-2X^3$	20	6	4	2
$Z=X^2+1$	5	2	1	2

所以

(1) $Y \sim \begin{pmatrix} 2 & 4 & 6 & 20 \\ 0.26 & 0.33 & 0.23 & 0.18 \end{pmatrix}$.

(2) $Z \sim \begin{pmatrix} 1 & 2 & 5 \\ 0.33 & 0.49 & 0.18 \end{pmatrix}$.

【例 2 - 26】 设随机变量 X 的分布律为

$$P\left(X = \frac{k\pi}{2}\right) = pq^k \quad (k = 0, 1, 2, \cdots; 0 < p = 1 - q < 1),$$

求 $Y = 2 - \sin X$ 的分布律.

分析 尽管 X 可取无限个值,但它所取的每个值都是特殊值,即 $\frac{\pi}{2}$ 的倍数,所以 $Y = 2 - \sin X$ 的分布只能是三点分布.

解 由题设有

$$\sin \frac{k\pi}{2} = \begin{cases} 1 & (k = 4m+1), \\ 0 & (k = 2m), \\ -1 & (k = 4m+3) \end{cases} \quad (m = 0, 1, 2, \cdots),$$

故 Y 只有 3 个可能取值:1,2 和 3,取这些值的概率分别如下:

$$P(Y=1) = P(\sin X = 1) = P\left[\bigcup_{m=0}^{+\infty}\left(X = \frac{4m+1}{2}\pi\right)\right] = \sum_{m=0}^{+\infty} pq^{4m+1} = \frac{pq}{1-q^4}.$$

$$P(Y=2) = P(\sin X = 0) = P\left[\bigcup_{m=0}^{+\infty}\left(X = \frac{2m}{2}\pi\right)\right] = \sum_{m=0}^{+\infty} pq^{2m} = \frac{p}{1-q^2}.$$

$$P(Y=3) = P(\sin X = -1) = P\left[\bigcup_{m=0}^{+\infty}\left(X = \frac{4m+3}{2}\pi\right)\right] = \sum_{m=0}^{+\infty} pq^{4m+3} = \frac{pq^3}{1-q^4}.$$

所以 $Y = 2 - \sin X$ 的分布律为

$$\begin{pmatrix} 1 & 2 & 3 \\ \dfrac{pq}{1-q^4} & \dfrac{p}{1-q^2} & \dfrac{pq^3}{1-q^4} \end{pmatrix}.$$

由上面两例可看出离散型随机变量函数 $Y = g(X)$ 的分布类型,可以与随机自变量 X 的分布类型相同或不同. 若 $g(x_i)(i=1,2,\cdots)$ 的值全不相等,则分布类型相同;若 $g(x_i)$ 的值有相等的,则分布类型便不同. 这是因为在把那些相等的值予以合并的同时把对应的概率 p_i 也相加了.

【例 2 - 27】 设随机变量 X 的分布函数为 $F(x)$,求 $Y = -2X + 1$ 的分布函数 $F_Y(y)$.

分析 由于随机变量 X 未必连续,所以等式 $P\left(X < \dfrac{1-y}{2}\right) = F\left(\dfrac{1-y}{2}\right)$ 不一定成

立. 对于非连续随机变量必须"斤斤计较",其概率与分布函数间的基本关系如下:

(1) $P(X \leqslant a) = F(a)$.

(2) $P(X = a) = F(a) - F(a - 0)$ $\left[F(a - 0) = \lim\limits_{x \to a^-} F(x) \right]$.

据此可推出其他关系式,比如:

$$P(a < X \leqslant b) = P(X \leqslant b) - P(X \leqslant a) = F(b) - F(a).$$
$$P(X < a) = P(X \leqslant a) - P(X = a) = F(a - 0).$$

解 由分布函数定义,可得

$$F_Y(y) = P(Y \leqslant y) = P(-2X + 1 \leqslant y) = P\left(X \geqslant \frac{1-y}{2} \right)$$

$$= 1 - P\left(X < \frac{1-y}{2} \right) = 1 - F\left(\frac{1-y}{2} - 0 \right),$$

其中 $F\left(\dfrac{1-y}{2} - 0 \right) = \lim\limits_{x \to \left(\frac{1-y}{2} \right)^-} F(x)$.

【例 2 - 28】 设随机变量 $X \sim U(0,1)$,$Y = \mathrm{e}^{X+2}$,求 Y 的概率密度函数 $f_Y(y)$.

分析 本题可用分布函数法和公式法两种方法求解.

解 方法一 分布函数法.

由题设可知 X 的分布函数

$$F_X(x) = \begin{cases} 0 & (x < 0), \\ x & (0 \leqslant x \leqslant 1), \\ 1 & (x > 1). \end{cases}$$

Y 的分布函数

$$F_Y(y) = P(Y \leqslant y) = P(\mathrm{e}^{X+2} \leqslant y)$$

$$= \begin{cases} 0 & (y < \mathrm{e}^2), \\ P(X \leqslant \ln y - 2) & (y \geqslant \mathrm{e}^2) \end{cases} = \begin{cases} 0 & (y < \mathrm{e}^2), \\ F_X(\ln y - 2) & (y \geqslant \mathrm{e}^2) \end{cases}$$

$$= \begin{cases} 0 & (y < \mathrm{e}^2), \\ \ln y - 2 & (\mathrm{e}^2 \leqslant y \leqslant \mathrm{e}^3), \\ 1 & (y > \mathrm{e}^3). \end{cases}$$

求导得 Y 的概率密度函数

$$f_Y(y) = F_Y'(y) = \begin{cases} \dfrac{1}{y} & (\mathrm{e}^2 \leqslant y \leqslant \mathrm{e}^3), \\ 0 & (\text{其 他}). \end{cases}$$

方法二 公式法.

由题设可知 X 的密度函数

$$f_X(x) = \begin{cases} 1 & (0 \leqslant x \leqslant 1), \\ 0 & (\text{其　他}). \end{cases}$$

当 $x \in [0,1]$ 时，$y = e^{x+2} \in [e^2, e^3]$，反函数 $x = \ln y - 2$ 严格单调且有连续导数 $x' = \dfrac{1}{y}$，由公式法的公式（1）即得 Y 的密度函数

$$f_Y(y) = f_X(x)|x'| = \begin{cases} f_X(\ln y - 2)\left|\dfrac{1}{y}\right| & (e^2 \leqslant y \leqslant e^3), \\ 0 & (\text{其　他}) \end{cases}$$

$$= \begin{cases} \dfrac{1}{y} & (e^2 \leqslant y \leqslant e^3), \\ 0 & (\text{其　他}). \end{cases}$$

【例 2-29】　设随机变量 $X \sim N(0,1)$，求 $Y = 2X^2 - 1$ 的概率密度函数 $f(y)$ 和分布函数 $F(y)$.

分析　函数 $y = 2x^2 - 1$ 的图象是一条开口向上的抛物线，在 $(-\infty, +\infty)$ 上非严格单调. 将区间在原点处一分为二，便形成严格单调区间，即函数 $y = 2x^2 - 1$ 在 $(-\infty, 0)$ 上严格单调减，在 $(0, +\infty)$ 上严格单调增（见图 2-3），于是可直接由公式法的公式（2）求得密度函数.

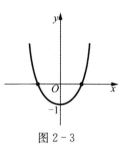

图 2-3

解　X 的密度函数

$$f_X(x) = \frac{1}{\sqrt{2\pi}} e^{-\frac{x^2}{2}} \quad (-\infty < x < +\infty),$$

当 $y > -1$ 时，$y = 2x^2 - 1$ 的反函数 $x_1 = -\dfrac{1}{\sqrt{2}}\sqrt{y+1}$ 及 $x_2 = \dfrac{1}{\sqrt{2}}\sqrt{y+1}$ 均严格单调（减与增），且反函数均有连续导数 $x_1' = -\dfrac{1}{2\sqrt{y+1}}$ 和 $x_2' = \dfrac{1}{2\sqrt{y+1}}$，则由公式法的公式（2），可得

$$f(y) = f_X(x_1)|x_1'| + f_X(x_2)|x_2'|$$

$$= f_X\left(-\frac{\sqrt{y+1}}{\sqrt{2}}\right)\left|-\frac{1}{2\sqrt{y+1}}\right| + f_X\left(\frac{\sqrt{y+1}}{\sqrt{2}}\right)\left|\frac{1}{2\sqrt{y+1}}\right|$$

$$= \frac{1}{\sqrt{2\pi(y+1)}} e^{-\frac{y+1}{4}}.$$

在反函数和导函数无定义的点，即 $y \leqslant -1$ 处定义 $f(y) = 0$，故所求密度函数

$$f(y)=\begin{cases} \dfrac{\mathrm{e}^{-\frac{y+1}{4}}}{\sqrt{2\pi(y+1)}} & (y>-1),\\[2mm] 0 & (y\leqslant-1). \end{cases}$$

【例 2 - 30】 通过点 $(0,1)$ 任意作直线与 x 轴相交成 α 角 $(0<\alpha<\pi$,见图2-4$)$,求直线在 x 轴上的截距的分布密度函数.

分析 由于直线是任意作的,所以直线与 x 轴的交角 α 是随机自变量,而直线在 x 轴上的截距 X 是随机因变量,它是 α 的函数.由三角函数知识便可建立 X 与 α 的函数关系式.

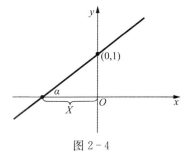

图 2 - 4

解 如图 2-4 所示,设直线在 x 轴上的截距为 X,则

$$X=\cot\alpha,\alpha\in(0,\pi).$$

显然,$\alpha\sim U(0,\pi)$,其密度函数

$$f_\alpha(\alpha)=\begin{cases} \dfrac{1}{\pi} & (0<\alpha<\pi),\\[2mm] 0 & (\text{其 他}), \end{cases}$$

$$\alpha=\operatorname{arccot}x,\alpha'=-\frac{1}{1+x^2},$$

由公式法的公式(1)得 X 的分布密度函数

$$f_X(x)=f_\alpha(\alpha)|\alpha'|=\frac{1}{\pi(1+x^2)}\quad x\in(-\infty,+\infty).$$

注 本例可被视为柯西(Cauchy)分布的几何背景.

若 $X\sim f(x)=\dfrac{1}{\pi[1+(x-\theta)^2]}$,则称 X 服从参数为 θ 的柯西分布.

【例 2 - 31】 设随机变量 X 的分布函数 $F(x)$ 为单调连续函数,求 $Y=F(X)$ 的分布函数 $F_Y(y)$.

分析 分布函数 $F_Y(y)$ 定义在 $(-\infty,+\infty)$ 上,$Y=F(X)$ 取值于 $[0,1]$ 区间,故需分三段区间 $(-\infty,0)$,$[0,1)$,$[1,+\infty)$,讨论 $F_Y(y)$ 在各段区间上的取值情况.

解 当 $y<0$ 时,$F_Y(y)=P(Y\leqslant y)=P(F(X)\leqslant y)=P(\varphi)=0$;

当 $y\geqslant1$ 时,$F_Y(y)=P(Y\leqslant y)=P(F(X)\leqslant y)=P(\Omega)=1$;

当 $0\leqslant y<1$ 时,根据"单调连续函数 $y=F(x)$,必有反函数 $x=F^{-1}(y)$,且反函数也单调连续"的定理,有

$$F_Y(y)=P(Y\leqslant y)=P(F(X)\leqslant y)=P(X\leqslant F^{-1}(y))$$

$$= F[F^{-1}(y)] = y,$$

于是 $Y = F(X)$ 的分布函数

$$F_Y(y) = \begin{cases} 0 & (y < 0), \\ y & (0 \leqslant y < 1), \\ 1 & (y \geqslant 1), \end{cases}$$

可见

$$Y = F(X) \sim U[0,1].$$

5. 既不离散也不连续的随机变量

在实际应用中还存在既非离散型又非连续型的随机变量,即它的分布函数既不是阶梯函数又不是连续函数,它们大多数可表示为离散型和连续型随机变量的加权和.

【例 2-32】 设连续型随机变量 $X \sim U[0,2]$,设函数

$$g(x) = \begin{cases} x & (0 \leqslant x < 1), \\ 1 & (1 \leqslant x \leqslant 2), \end{cases}$$

求随机因变量 $Y = g(X)$ 的分布函数,并问:Y 是否是连续型随机变量,为什么?

分析 本题是问连续型随机变量 X 的函数,即随机因变量 Y 是否仍连续. 关键是要看 Y 的分布函数 $F(y)$ 是否连续,若不连续,则 Y 取某固定值的概率可以不为零,从而可判断 Y 不是连续型随机变量.

解 $X \sim U[0,2]$,其分布函数

$$F_X(x) = \begin{cases} 0 & (x < 0), \\ \dfrac{x}{2} & (0 \leqslant x < 2), \\ 1 & (x \geqslant 2), \end{cases}$$

并由题设知 $Y = g(X)$ 的值域为 $[0,1]$. 故当 $y < 0$ 时

$$F(y) = 0;$$

当 $y \geqslant 1$ 时

$$F(y) = 1;$$

当 $0 \leqslant y < 1$ 时

$$F(y) = P(Y \leqslant y) = P(g(X) \leqslant y) = P(X \leqslant y) = F_X(y) = \frac{y}{2}.$$

所以

$$F(y) = \begin{cases} 0 & (y < 0), \\ \dfrac{y}{2} & (0 \leqslant y < 1), \\ 1 & (y \geqslant 1). \end{cases}$$

由于 $F(y)$ 在 $y=1$ 处间断(见图 2-6),因此

$$P(Y=1)=F(1)-F(1-0)=1-\frac{1}{2}=\frac{1}{2}\neq 0,$$

所以 Y 不是连续型随机变量,因为连续型随机变量取固定值的概率为零.同时 Y 也不是离散型随机变量,因为 Y 在区间 $[0,1]$ 上可取无穷多个不可列的值,不符合离散型随机变量的定义,故随机因变量 Y 既非连续型也非离散型.

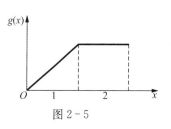

图 2-5

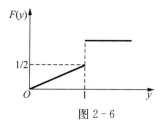

图 2-6

注 本例说明即使 X 连续,$g(x)$ 连续(见图 2-5),也不能保证 $Y=g(X)$ 是连续型随机变量.

【例 2-33】 设随机变量 X 的分布函数

$$F(x)=\begin{cases} 0 & (x<0), \\ x+\dfrac{1}{3} & \left(0\leqslant x<\dfrac{1}{2}\right), \\ 1 & \left(x\geqslant\dfrac{1}{2}\right), \end{cases}$$

计算:(1) $P\left(X=\dfrac{1}{4}\right),P\left(X=\dfrac{1}{2}\right)$;

(2) $P\left(0<X\leqslant\dfrac{1}{3}\right),P\left(0\leqslant X\leqslant\dfrac{1}{3}\right).$

问:X 是离散型随机变量还是连续型随机变量? 为什么?

分析 尽管本题未告诉 X 是离散型还是连续型随机变量,但只要给出分布函数,就可用如下两个基本公式来计算概率:

$$P(X=a)=F(a)-F(a-0),\quad P(a<X\leqslant b)=F(b)-F(a).$$

解 (1) $P\left(X=\dfrac{1}{4}\right)=F\left(\dfrac{1}{4}\right)-F\left(\dfrac{1}{4}-0\right)=\dfrac{1}{4}+\dfrac{1}{3}-\dfrac{1}{4}-\dfrac{1}{3}=0,$

$$P\left(X=\dfrac{1}{2}\right)=F\left(\dfrac{1}{2}\right)-F\left(\dfrac{1}{2}-0\right)=1-\dfrac{1}{2}-\dfrac{1}{3}=\dfrac{1}{6}.$$

(2) $P\left(0<X\leqslant\dfrac{1}{3}\right)=F\left(\dfrac{1}{3}\right)-F(0)=\dfrac{1}{3}+\dfrac{1}{3}-\dfrac{1}{3}=\dfrac{1}{3}.$

$$P\left(0\leqslant X\leqslant\dfrac{1}{3}\right)=F\left(\dfrac{1}{3}\right)-F(0-0)=\dfrac{2}{3}.$$

由于 $F(x)$ 不是分段阶梯函数,所以 X 不是离散型随机变量;又从(1)的两个结果可知,随机变量 X 取固定值的概率不一定为零,所以 X 也不是连续型随机变量,因为连续型随机变量取固定值的概率必为零.

【例 2 - 34】 设随机变量 X 的绝对值不大于 1,$P(X=-1)=\dfrac{1}{8}$,$P(X=1)=\dfrac{1}{4}$,在事件 $\{-1<X<1\}$ 发生的条件下,X 在区间 $(-1,1)$ 内的任一子区间上取值的条件概率与该子区间的长度成正比,求 X 的分布函数 $F(x)$.

分析 本题的关键是要求出 $F(x)$ 在区间 $[-1,1)$ 上的表达式,它可通过分布函数的性质 $F(x)-F(-1)=P(-1<X\leqslant x)$ 及题设条件概率 $P(-1<X\leqslant x|-1<X<1)=k(x+1)$ 求得(k 为比例系数).

解 由题设 $P(|X|\leqslant1)=P(-1\leqslant X\leqslant1)=1$,可得

$$P(-1<X<1)=P(-1\leqslant X\leqslant1)-P(X=-1)-P(X=1)$$
$$=1-\frac{1}{8}-\frac{1}{4}=\frac{5}{8};$$

$$F(-1)=P(X\leqslant-1)=P(X<-1)+P(X=-1)=0+\frac{1}{8}=\frac{1}{8}.$$

再设条件概率 $P(-1<X\leqslant x|-1<X<1)=k(x+1)$,$k$ 为比例系数.

当 $x<-1$ 时

$$F(x)=P(X\leqslant x)=P(\Phi)=0;$$

当 $x\geqslant1$ 时

$$F(x)=P(X\leqslant x)=P(\Omega)=1;$$

当 $-1\leqslant x<1$ 时,由分布函数性质及乘法公式,得

$$F(x)-F(-1)=P(-1<X\leqslant x)=P(-1<X\leqslant x,-1<x<1)$$
$$=P(-1<X<1)P(-1<X\leqslant x|-1<X<1)$$
$$=\frac{5k(x+1)}{8},$$

于是

$$F(x)=\frac{5k(x+1)}{8}+\frac{1}{8}=\frac{5k(x+1)+1}{8},$$

从而有

$$F(x)=\begin{cases}0 & (x<-1),\\ \dfrac{5k(x+1)+1}{8} & (-1\leqslant x<1),\\ 1 & (x\geqslant1).\end{cases}$$

由题设 $P(X=1)=F(1)-F(1-0)=\dfrac{1}{4}$,可得 $1-\dfrac{10k+1}{8}=\dfrac{1}{4}$,解得 $k=\dfrac{1}{2}$,所以

$$F(x)=\begin{cases} 0 & (x<-1), \\ \dfrac{5x+7}{16} & (-1\leqslant x<1), \\ 1 & (x\geqslant 1). \end{cases}$$

注 本题还可通过取极限的方法先求出比例系数 k,则之后的书写会简单些.

设条件概率 $\qquad P(-1<X\leqslant x\mid -1<X<1)=k(x+1)$,

上式中令 $x\rightarrow 1^-$,左式 $=1$,右式 $=2k$,从而 $k=\dfrac{1}{2}$.

6. 证明题

【例 2-35】 设 $G(x)$ 和 $H(x)$ 都是分布函数,正数 a,b 满足 $a+b=1$,证明:
$$F(x)=aG(x)+bH(x)$$
也是分布函数.

分析 只要验证 $F(x)$ 满足分布函数三性质即可.

解 (1) $\forall x_1<x_2$,由题设有 $G(x_1)\leqslant G(x_2)$,$H(x_1)\leqslant H(x_2)$,从而有
$$F(x_1)=aG(x_1)+bH(x_1)\leqslant aG(x_2)+bH(x_2)=F(x_2),$$
即 $F(x)$ 单调不减.

(2) $F(-\infty)=\lim\limits_{x\rightarrow-\infty}F(x)=\lim\limits_{x\rightarrow-\infty}\big[aG(x)+bH(x)\big]$
$$=a\lim\limits_{x\rightarrow-\infty}G(x)+b\lim\limits_{x\rightarrow-\infty}H(x)=aG(-\infty)+bH(-\infty)$$
$$=a\times 0+b\times 0=0$$

$F(+\infty)=\lim\limits_{x\rightarrow+\infty}F(x)=\lim\limits_{x\rightarrow+\infty}\big[aG(x)+bH(x)\big]$
$$=a\lim\limits_{x\rightarrow+\infty}G(x)+b\lim\limits_{x\rightarrow+\infty}H(x)=aG(+\infty)+bH(+\infty)$$
$$=a\times 1+b\times 1=a+b=1,$$
即 $F(x)$ 满足归零归一性.

(3) $\forall x\in(-\infty,+\infty)$,
$$F(x+0)=\lim\limits_{t\rightarrow x^+}F(t)=\lim\limits_{t\rightarrow x^+}\big[aG(t)+bH(t)\big]$$
$$=a\lim\limits_{t\rightarrow x^+}G(t)+b\lim\limits_{t\rightarrow x^+}H(t)=aG(x)+bH(x)$$
$$=F(x),$$
即 $F(x)$ 满足右连续.综合(1),(2)和(3),$F(x)$ 也是分布函数.

【例 2-36】 设 $F(x)$ 是连续型随机变量 X 的分布函数,证明:对于任意实数 $a,b(a<b)$,下面等式成立:

$$\int_{-\infty}^{+\infty} [F(x+b) - F(x+a)] \mathrm{d}x = b - a.$$

分析 连续型随机变量 X 的密度函数 $f(x)$ 的一个原函数是分布函数 $F(x)$，而 $F(x)$ 的原函数是什么？即什么函数的导函数是分布函数？这就难以回答了，因而等式左边的积分难以直接算出.

我们知道分布函数 $F(x)$ 是密度函数的变上限积分，即

$$F(x) = \int_{-\infty}^{x} f(t) \mathrm{d}t,$$

故通过将一元积分变为二元积分，以及利用重积分积分次序的交换，可将左边积分算出.

证 设 X 的密度函数为 $f(x)$，则

$$F(x+b) - F(x+a) = \int_{x+a}^{x+b} f(t) \mathrm{d}t,$$

令 $t = x + u$，则

$$\int_{x+a}^{x+b} f(t) \mathrm{d}t = \int_{a}^{b} f(x+u) \mathrm{d}u,$$

于是

$$\int_{-\infty}^{+\infty} [F(x+b) - F(x+a)] \mathrm{d}x = \int_{-\infty}^{+\infty} \left[\int_{a}^{b} f(x+u) \mathrm{d}u \right] \mathrm{d}x.$$

由于 $\int_{-\infty}^{+\infty} f(x+u) \mathrm{d}x \xrightarrow{\text{令}\, x+u=v} \int_{-\infty}^{+\infty} f(v) \mathrm{d}v = 1$，上式右端交换积分次序后，得

$$\int_{-\infty}^{+\infty} \left[\int_{a}^{b} f(x+u) \mathrm{d}u \right] \mathrm{d}x = \int_{a}^{b} \left[\int_{-\infty}^{+\infty} f(x+u) \mathrm{d}x \right] \mathrm{d}u$$

$$= \int_{a}^{b} 1 \, \mathrm{d}u = b - a,$$

所以

$$\int_{-\infty}^{+\infty} [F(x+b) - F(x+a)] \mathrm{d}x = b - a.$$

【例 2 - 37】 设随机变量 $X \sim N(0,1)$，$\Phi(x)$ 表示 X 的分布函数，证明：随机因变量 $Y = X + |X|$ 的分布函数

$$F_Y(y) = \begin{cases} \Phi\left(\dfrac{y}{2}\right) & (y \geqslant 0), \\ 0 & (y < 0). \end{cases}$$

分析 证明本题首先会想到 $F_Y(y) = P(Y \leqslant y) = P(X + |X| \leqslant y)$，如何将有关 Y 的事件 $\{Y \leqslant y\}$ 转化成 X 的事件 $\{X \leqslant a\}$，从而利用已知条件 $P(X \leqslant a) = \Phi(a)$ 得到结果是证明的关键. 由于 $Y = X + |X|$ 的反函数不易解出，所以需要先用分段形式表达 Y 以去掉绝对值符号.

证 用分段形式表达随机因变量

$$Y = X + |X| = \begin{cases} 2X & (X > 0), \\ 0 & (X \leqslant 0), \end{cases}$$

即 Y 非负,从而 Y 的分布函数

$$F_Y(y) = P(Y \leqslant y) = \begin{cases} P(Y=0) + P(0 < Y \leqslant y) & (y \geqslant 0), \\ P(\varphi) & (y < 0) \end{cases}$$

$$= \begin{cases} P(X \leqslant 0) + P\left(0 < X \leqslant \dfrac{y}{2}\right) & (y \geqslant 0), \\ 0 & (y < 0) \end{cases}$$

$$= \begin{cases} \Phi(0) + \Phi\left(\dfrac{y}{2}\right) - \Phi(0) & (y \geqslant 0), \\ 0 & (y < 0) \end{cases}$$

$$= \begin{cases} \Phi\left(\dfrac{y}{2}\right) & (y \geqslant 0), \\ 0 & (y < 0). \end{cases}$$

【例 2 - 38】 设随机变量 X 服从指数分布 $E(\lambda)$,证明:$Y = \max(X, 2\,008)$ 的分布函数 $F_Y(y)$ 恰好有一个间断点.

分析 本题先要求出 Y 的分布函数 $F_Y(y)$,方法与例 2 - 37 类似,为此要先用分段形式表达 Y 以去掉"max"这个函数符号.

证 由题设知 X 的分布函数

$$F(x) = \begin{cases} 1 - e^{-\lambda x} & (x \geqslant 0), \\ 0 & (x < 0), \end{cases}$$

Y 的分段形式表达式为

$$Y = \max(X, 2\,008) = \begin{cases} X & (X \geqslant 2\,008), \\ 2\,008 & (X < 2\,008), \end{cases}$$

即恒有 $Y \geqslant 2\,008$,从而 Y 的分布函数

$$F_Y(y) = P(Y \leqslant y) = \begin{cases} P(X \leqslant y) & (y \geqslant 2\,008), \\ P(\Phi) & (y < 2\,008) \end{cases}$$

$$= \begin{cases} F(y) & (y \geqslant 2\,008), \\ 0 & (y < 2\,008) \end{cases} = \begin{cases} 1 - e^{-\lambda y} & (y \geqslant 2\,008), \\ 0 & (y < 2\,008). \end{cases}$$

当 $y \neq 2\,008$ 时,$F_Y(y)$ 处处连续,因为

$$\lim_{y \to 2\,008^-} F_Y(y) = 0 \neq 1 - e^{-2\,008\lambda} = F_Y(2\,008),$$

所以 $F_Y(y)$ 仅在 $y = 2\,008$ 这一点处间断.

【例 2 - 39】 向任意 $\triangle ABC$ 中随机地抛掷一点 P,并将 AP 延长交 CB 于 Q,

证明:Q 点服从 CB 上的均匀分布.

分析 如图 2-7 所示,建立直角坐标系,将 $\triangle ABC$ 的顶点 C 作为坐标原点. 记点 Q、点 D 和点 B 的坐标分别为 $(Z,0)$、$(z,0)$ 和 $(b,0)$,关键只需证明当 $0 \leqslant z < b$ 时,Z 的分布函数

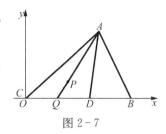

图 2-7

$$F_Z(z) = P(Z \leqslant z) = P(CQ \leqslant CD)$$
$$= P(P \text{ 点} \in \triangle ACD) = \frac{z}{b},$$

其中点 P 落在 $\triangle ACD$ 内等价于 AP 的延长线与 CB 交点落在 CD 上.

证 记 P 点的坐标为随机变量 (X,Y),则 (X,Y) 服从 $\triangle ABC$ 上的均匀分布,记 $S_{\triangle ABC}$ 为 $\triangle ABC$ 的面积,即 (X,Y) 的联合密度函数

$$f(x,y) = \begin{cases} \dfrac{1}{S_{\triangle ABC}} & ((x,y) \in \triangle ABC), \\ 0 & (\text{其 他}), \end{cases}$$

分别记点 Q、点 D 和点 B 的坐标为 $(Z,0)$、$(z,0)$ 和 $(b,0)$.

当 $z < 0$ 时

$$F_Z(z) = P(Z \leqslant z) = P(CQ \leqslant CD) = P(\varphi) = 0;$$

当 $z \geqslant b$ 时

$$F_Z(z) = P(Z \leqslant z) = P(CQ \leqslant CD) = P(\Omega) = 1;$$

当 $0 \leqslant z < b$ 时

$$F_Z(z) = P(Z \leqslant z) = P(CQ \leqslant CD) = P(P \text{ 点} \in \triangle ACD)$$
$$= \frac{S_{\triangle ACD}}{S_{\triangle ABC}} = \frac{CD}{CB} = \frac{z}{b},$$

即

$$F_Z(z) = \begin{cases} 0 & (z < 0), \\ \dfrac{z}{b} & (0 \leqslant z < 1), \\ 1 & (z \geqslant 1), \end{cases}$$

从而 $Z \sim U(0,b)$,即 Q 点服从 CB 上的均匀分布.

第三章 多维随机变量及其分布

一、基本概念和基本性质

1. 二维随机变量——(X, Y)的联合分布函数

$$F(x,y) = P(X \leqslant x, Y \leqslant y) = \begin{cases} \sum\limits_{x_i \leqslant x} \sum\limits_{y_j \leqslant y} p_{ij} & (X,Y) \text{ 为离散型随机变量,} \\ \int_{-\infty}^{x} \int_{-\infty}^{y} f(u,v) \mathrm{d}u \mathrm{d}v & (X,Y) \text{ 为连续型随机变量,} \end{cases}$$

其中 $P_{ij} = P(X=x_i, Y=y_j)(i,j=1,2,\cdots)$,称为离散型随机变量$(X,Y)$的联合分布律,$f(x,y)$称为连续型随机变量$(X,Y)$的联合分布密度函数.

联合分布函数 $F(x,y)$ 有如下 4 个性质:

(1) 单调不减 对任意固定 y,当 $x_1 < x_2$ 时,有 $F(x_1,y) \leqslant F(x_2,y)$;
对任意固定 x,当 $y_1 < y_2$ 时,有 $F(x,y_1) \leqslant F(x,y_2)$.

(2) 归零归一 $0 \leqslant F(x,y) \leqslant 1$,对任意固定的 x 和 y,有
$$F(x,-\infty)=0, F(-\infty,y)=0,$$
$$F(-\infty,-\infty)=0, F(+\infty,+\infty)=1.$$

(3) 右连续性 关于 x 右连续,$F(x,+0,y)=F(x,y)$,
关于 y 右连续,$F(x,y+0)=F(x,y)$.

(4) 对于任意(x_1,y_1)和$(x_2,y_2)(x_1<x_2,y_1<y_2)$,有
$$F(x_2,y_2)-F(x_1,y_2)-F(x_2,y_1)+F(x_1,y_1) \geqslant 0.$$

上述 4 个性质有一个不成立,$F(x,y)$便不能充当联合分布函数.

矩阵
$$\begin{bmatrix} (x_1,y_1) & \cdots & (x_1,y_j) & (x_2,y_1) & \cdots & (x_2,y_j) & \cdots & (x_i,y_1) & \cdots & (x_i,y_j) & \cdots \\ p_{11} & \cdots & p_{1j} & p_{21} & \cdots & p_{2j} & \cdots & p_{i1} & \cdots & p_{ij} & \cdots \end{bmatrix}$$

能成为联合分布律的充分必要条件为

(1) 非负性 $p_{ij} \geqslant 0$;

(2) 归一性 $\sum\limits_{i} \sum\limits_{j} p_{ij} = 1$ $(i,j=1,2,\cdots)$.

函数 $f(x,y)$ 成为联合密度函数的充分必要条件为

(1) 非负性 $f(x,y) \geqslant 0$；

(2) 归一性 $\displaystyle\int_{-\infty}^{+\infty}\int_{-\infty}^{+\infty} f(x)\mathrm{d}x = 1$.

多维随机变量的函数 $Y = g(X_1, X_2, \cdots, X_n)$ 是一维随机变量.

2. 边际分布函数

$$F_X(x) = F(x, +\infty) = P(X \leqslant x, Y \leqslant +\infty)$$

$$= \begin{cases} \displaystyle\sum_{x_i \leqslant x} p_{i\cdot} & ((X,Y) \text{ 为离散型随机变量}), \\ \displaystyle\int_{-\infty}^{x} f_X(u)\mathrm{d}u & ((X,Y) \text{ 为连续型随机变量}). \end{cases}$$

$$F_Y(y) = F(+\infty, y) = P(X \leqslant +\infty, Y \leqslant y)$$

$$= \begin{cases} \displaystyle\sum_{y_j \leqslant y} p_{\cdot j} & ((X,Y) \text{ 为离散型随机变量}), \\ \displaystyle\int_{-\infty}^{y} f_Y(v)\mathrm{d}v & ((X,Y) \text{ 为连续型随机变量}). \end{cases}$$

边际分布律和边际密度函数

$$p_{i\cdot} = \sum_j p_{ij} \quad (i = 1, 2, \cdots); \quad p_{\cdot j} = \sum_i p_{ij} \quad (j = 1, 2, \cdots);$$

$$f_X(x) = \int_{-\infty}^{+\infty} f(x,y)\mathrm{d}y; \quad f_Y(y) = \int_{-\infty}^{+\infty} f(x,y)\mathrm{d}x.$$

二、习题分类、解题方法和示例

本章的习题可分为以下几类：

(1) 联合分布函数的确定.

(2) 离散型随机变量的联合分布与边际分布.

(3) 连续型随机变量的联合分布和边际分布.

(4) 条件概率分布.

(5) 随机变量的独立性.

(6) 多维随机变量的函数的分布.

(7) 证明题.

下面分别讨论各类问题的解题方法,并举例加以说明.

1. 联合分布函数的确定

【例 3 - 1】 设 $F(x,y)=\begin{cases} 0 & (x+y<1), \\ 1 & (x+y\geqslant 1), \end{cases}$ 讨论 $F(x,y)$ 能否成为某二维随机变量的分布函数?

分析 只要逐条验证 $F(x,y)$ 是否满足联合分布函数的 4 个性质. 显然 $F(x,y)$ 满足联合分布函数的性质 1～3,但不满足性质 4.

解 取定平面上两点 $(x_1,y_1)=(0,0),(x_2,y_2)=(2,2)$,由于

$$F(2,2)-F(2,0)-F(0,2)+F(0,0)=1-1-1+0=-1<0,$$

所以 $F(x,y)$ 不能成为某二维随机变量的分布函数.

【例 3 - 2】 确定系数 a,b,c,使二元函数

$$F(x,y)=a\left(b+\arctan\frac{x}{2}\right)\left(c+\arctan\frac{y}{2}\right) \quad (-\infty<x,y<+\infty)$$

成为某二维随机变量 (X,Y) 的联合分布函数.

分析 利用联合分布函数的归零归一性,建立关于 a,b 和 c 的 3 个方程.

解 由联合分布函数性质 2,有

$$F(-\infty,y)=a\left(b-\frac{\pi}{2}\right)\left(c+\arctan\frac{y}{2}\right)=0,$$

$$F(x,-\infty)=a\left(b+\arctan\frac{x}{2}\right)\left(c-\frac{\pi}{2}\right)=0,$$

$$F(+\infty,+\infty)=a\left(b+\frac{\pi}{2}\right)\left(c+\frac{\pi}{2}\right)=1,$$

将 3 个式子联立,解得

$$a=\frac{1}{\pi^2}, \quad b=c=\frac{\pi}{2}.$$

2. 离散型随机变量的联合分布和边际分布

1) 联合分布律和边际分布律

若 X 和 Y 分别取 n 个及 m 个值,则 (X,Y) 共取 $n\times m$ 对值,联合分布律中共有 $n\times m$ 个联合概率 $p_{ij}=P(X=x_i,Y=y_j)$,一般通过如下两种方法计算联合概率.

(1) 乘法公式 $p_{ij}=P(X=x_i)P(Y=y_j|X=x_i)$.

(2) 古典概型.

将所得联合概率按相应的 X 和 Y 由小到大依次列出便是联合分布律,将联合概率按行或按列相加便得边缘分布律.

【例 3 - 3】 某校新选出的学生会 6 名女委员中,文、理、工科各占 $\frac{1}{6}$, $\frac{1}{3}$ 和 $\frac{1}{2}$, 现从中随机指定 2 人为学生会主席候选人. 令 X,Y 分别为候选人中来自文、理科的人数,求 (X,Y) 的联合分布律和边际分布律.

分析 X 和 Y 分别取 $0,1$ 和 $0,1,2$,所以 (X,Y) 共取 6 对值 $(0,0)$,$(0,1)$, $(0,2)$,$(1,0)$,$(1,1)$ 和 $(1,2)$,相应需求出 6 个联合概率.

解 由乘法公式得 (X,Y) 的联合概率

$$p_{00}=P(X=0,Y=0)=P(X=0)P(Y=0|X=0)$$
$$=\frac{C_5^2}{C_6^2}\times\frac{C_3^2}{C_5^2}=\frac{3}{15}=\frac{1}{5}$$

或由古典概型,得

$$p_{00}=P(X=0,Y=0)=\frac{C_3^2}{C_6^2}=\frac{1}{5},$$

相仿可得

$$p_{01}=P(X=0,Y=1)=\frac{C_2^1 C_3^1}{C_6^2}=\frac{2}{5},$$

$$p_{02}=P(X=0,Y=2)=\frac{C_2^2}{C_6^2}=\frac{1}{15},$$

$$p_{10}=P(X=1,Y=0)=\frac{C_1^1 C_3^1}{C_6^2}=\frac{1}{5},$$

$$p_{11}=P(X=1,Y=1)=\frac{C_1^1 C_2^1}{C_6^2}=\frac{2}{15},$$

$$p_{12}=P(X=1,Y=2)=0.$$

关于 X 的边际概率

$$p_{0\cdot}=\sum_{j=0}^{2}p_{0j}=p_{00}+p_{01}+p_{02}=\frac{2}{3},$$

$$p_{1\cdot}=\sum_{j=0}^{2}p_{1j}=p_{10}+p_{11}+p_{12}=\frac{1}{3}.$$

关于 Y 的边际概率

$$p_{\cdot 0}=\sum_{i=0}^{1}p_{i0}=p_{00}+p_{10}=\frac{2}{5},$$

$$p_{\cdot 1}=\sum_{i=0}^{1}p_{i1}=p_{01}+p_{11}=\frac{8}{15},$$

$$p_{\cdot 2}=\sum_{i=0}^{1}p_{i2}=p_{02}+p_{12}=\frac{1}{15}.$$

于是所求联合分布律与边际分布律如下：

X＼Y	0	1	2	$P_i.$
0	$\dfrac{1}{5}$	$\dfrac{2}{5}$	$\dfrac{1}{15}$	$\dfrac{2}{3}$
1	$\dfrac{1}{5}$	$\dfrac{2}{15}$	0	$\dfrac{1}{3}$
$P._j$	$\dfrac{2}{5}$	$\dfrac{8}{15}$	$\dfrac{1}{15}$	1

【例 3 - 4】 一盒子里装有 3 个黑球、2 个白球、2 个红球，现在其中任取 4 个球. 以 X 表示取到黑球的个数，以 Y 表示取到黑球的个数，求 (X,Y) 的联合分布律和边际分布律(结果用解析式表示).

分析 X 离散随机变量的分布律的表示有表格、解析、图像 3 种方法，随机变量取值个数较少时用表格法表示较简单直观，取值较多或无限时，用解析法表示较好. 当然，后者比前者难度高一些.

解 (X,Y) 的联合分布律为二维超几何分布：

$$P(X=i,Y=j)=\frac{C_3^i C_2^j C_2^{4-i-j}}{C_7^4} \quad (i=0,1,2,3;j=0,1,2;2\leqslant i+j\leqslant 4).$$

两个边际分布律分别如下：

$$P(X=i)=\frac{C_3^i C_4^{4-i}}{C_7^4} \quad (i=0,1,2,3),$$

$$P(Y=j)=\frac{C_2^j C_5^{4-j}}{C_7^4} \quad (j=0,1,2).$$

由本题可得结论：二维超几何分布的边际分布为一维超几何分布.

2) 由联合分布律求联合分布函数

这是一类计算量大且又容易做错的题目，通过下面具体例子介绍方法.

【例 3 - 5】 设 (X,Y) 的联合分布律如下：

X＼Y	1	3
−1	0.2	0.5
2	0.1	0.2

求 (X,Y) 的联合分布函数 $F(x,y)$，并计算 $P(0<X\leqslant 4,1<Y\leqslant 3)$.

分析 因为 $F(x,y)$ 定义在整个二维平面上，所以必须准确划分整个二维平面而没有一块遗漏. 划分区域的方法是过 (X,Y) 的各个可能取值点 (x_1,y_1)，$(x_2,$

$y_2),\cdots,(x_n,y_n)$,分别作平行于 x 轴和 y 轴的直线,这些直线将全平面分成多个子区域. 若 $F(x,y)$在若干个子区域上取值相同,则需要将这若干个子区域合并;否则不合并,最后得到用分段函数形式表达的 $F(x,y)$.

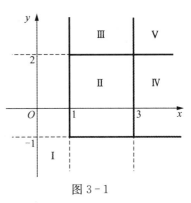

图 3-1

解　过(X,Y)的各个可能取值点$(1,-1)$,$(1,2)$,$(3,-1)$和$(3,2)$,分别作平行于 x 轴和 y轴的 4 条直线 $x=1,x=3,y=-1,y=2$,这 4 条直线将全平面分成 9 个子区域,而分布函数 $F(x,y)$取不同值的区域只有 5 个,如图 3-1 所示.

(1) 当 $x<1$ 或 $y<-1$ 时
$$F(x,y)=P(X\leqslant x,Y\leqslant y)=P(\varPhi)=0.$$

(2) 当 $1\leqslant x<3,-1\leqslant y<2$ 时
$$F(x,y)=P(X\leqslant x,Y\leqslant y)=P(X=1,Y=-1)=0.2$$

(3) 当 $1\leqslant x<3,y\geqslant 2$ 时
$$F(x,y)=P(X=1,Y=-1)+P(X=1,Y=2)=0.2+0.1=0.3$$

(4) 当 $x\geqslant 3,-1\leqslant y<2$ 时,
$$F(x,y)=P(X=1,Y=-1)+P(X=3,Y=-1)=0.2+0.5=0.7$$

(5) 当 $x\geqslant 3,y\geqslant 2$ 时,
$$F(x,y)=P(X\leqslant x,Y\leqslant y)=P(\varOmega)=1.$$

所以(X,Y)的联合分布函数
$$F(x,y)=\begin{cases} 0 & (x<1\text{ 或 }y<-1),\\ 0.2 & (1\leqslant x<3,-1\leqslant y<2),\\ 0.3 & (1\leqslant x<3,y\geqslant 2),\\ 0.7 & (x\geqslant 3,-1\leqslant y<2),\\ 1 & (x\geqslant 3,y\geqslant 2). \end{cases}$$

由分布函数性质 4,可得
$$P(0<X\leqslant 4,1<Y\leqslant 3)=F(4,3)-F(4,1)-F(0,3)+F(0,1)$$
$$=1-0.7-0+0=0.3.$$

注　多维离散型随机变量的概率分布一般不用联合分布函数描述,而用联合分布律描述,因为后者既简单又直观.

本题的概率也可通过联合分布律直接计算:
$$P(0<X\leqslant 4,1<Y\leqslant 3)=P(X=1,Y=2)+P(X=3,Y=2)$$
$$=0.1+0.2=0.3.$$

3. 连续型随机变量的联合分布和边际分布

1）已知密度函数求分布函数

$$F(x,y) = \int_{-\infty}^{x} \int_{-\infty}^{y} f(u,v)\,\mathrm{d}u\mathrm{d}v.$$

当 $f(x,y)$ 是分段函数时，$F(x,y)$ 也是分段函数. 至于分几段，则要视 $f(x,y)$ 取非零值的区域是何形状而定. 下面通过具体例子介绍方法.

【例 3 - 6】 设 (X,Y) 的联合密度函数

$$f(x,y) = \begin{cases} 2\mathrm{e}^{-(2x+y)} & (x>0, y>0), \\ 0 & (\text{其 他}), \end{cases}$$

求 (X,Y) 的联合分布函数 $F(x,y)$.

分析 由于 $f(x,y)$ 是分段函数，仅在第一象限取非零值，所以 $F(x,y)$ 也要分第一象限和非第一象限两个区域计算.

解 当 $x\leqslant 0$ 或 $y\leqslant 0$ 时，$f(x,y)=0$，于是

$$F(x,y) = \int_{-\infty}^{x} \int_{-\infty}^{y} 0\,\mathrm{d}u\mathrm{d}v = 0.$$

当 $x<0, y<0$ 时，

$$F(x,y) = \int_{-\infty}^{x} \int_{-\infty}^{y} f(u,v)\,\mathrm{d}u\mathrm{d}v = \int_{0}^{x}\mathrm{d}u \int_{0}^{y} 2\mathrm{e}^{-(2u+v)}\,\mathrm{d}v$$
$$= (1-\mathrm{e}^{-2x})(1-\mathrm{e}^{-y}).$$

所以 (X,Y) 的联合分布函数

$$F(x,y) = \begin{cases} (1-\mathrm{e}^{-2x})(1-\mathrm{e}^{-y}) & (x>0, y>0), \\ 0 & (\text{其 他}). \end{cases}$$

【例 3 - 7】 设 (X,Y) 的联合密度函数

$$f(x,y) = \begin{cases} \sin x \sin y & \left(0\leqslant x\leqslant\dfrac{\pi}{2}, 0\leqslant y\leqslant\dfrac{\pi}{2}\right), \\ 0 & (\text{其 他}), \end{cases}$$

求 (X,Y) 的联合分布函数 $F(x,y)$.

分析 由于 $f(x,y)$ 取非零值的区域是个矩形，则过矩形的 4 个顶点分别作平行于 x 轴和 y 轴的直线，这些直线把全平面分成 9 个区域，使 $F(x,y)$ 取不同值的区域只有 5 个，如图 3 - 2 所示.

解 （1）当 $x<0$ 或 $y<0$ 时，$f(x,y)=0$，于是

$$F(x,y) = \int_{-\infty}^{x} \int_{-\infty}^{y} 0\,\mathrm{d}u\mathrm{d}v = 0.$$

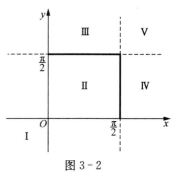

图 3 - 2

(2) 当 $0 \leqslant x < \dfrac{\pi}{2}, 0 \leqslant y < \dfrac{\pi}{2}$ 时

$$F(x,y) = \int_0^x \mathrm{d}u \int_0^y \sin u \sin v \, \mathrm{d}v$$
$$= (1 - \cos x)(1 - \cos y).$$

(3) 当 $0 \leqslant x < \dfrac{\pi}{2}, y \geqslant \dfrac{\pi}{2}$ 时

$$F(x,y) = \int_0^x \mathrm{d}u \int_0^{\frac{\pi}{2}} \sin u \sin v \, \mathrm{d}v$$
$$= 1 - \cos x.$$

(4) 当 $x \geqslant \dfrac{\pi}{2}, 0 \leqslant y < \dfrac{\pi}{2}$ 时

$$F(x,y) = \int_0^{\frac{\pi}{2}} \mathrm{d}u \int_0^y \sin u \sin v \, \mathrm{d}v = 1 - \cos y.$$

(5) 当 $x \geqslant \dfrac{\pi}{2}, y \geqslant \dfrac{\pi}{2}$ 时, $F(x,y) = \int_0^{\frac{\pi}{2}} \mathrm{d}u \int_0^{\frac{\pi}{2}} \sin u \sin v \, \mathrm{d}v = 1.$

所以 (X,Y) 的联合分布函数

$$F(x,y) = \begin{cases} 0 & (x < 0 \text{ 或 } y < 0), \\ (1-\cos x)(1-\cos y) & \left(0 \leqslant x < \dfrac{\pi}{2}, 0 \leqslant y < \dfrac{\pi}{2}\right), \\ 1 - \cos x & \left(0 \leqslant x < \dfrac{\pi}{2}, y \geqslant \dfrac{\pi}{2}\right), \\ 1 - \cos y & \left(x \geqslant \dfrac{\pi}{2}, 0 \leqslant y < \dfrac{\pi}{2}\right), \\ 1 & \left(x \geqslant \dfrac{\pi}{2}, y \geqslant \dfrac{\pi}{2}\right). \end{cases}$$

注　如果 $f(x,y)$ 取非零值的区域不是矩形域,则解题的过程更复杂一些,但基本思路与方法不变,具体例子见例 $3-8$.

【例 $3-8$】　设 (X,Y) 在区域 D 内服从均匀分布,求 (X,Y) 的联合分布函数 $F(x,y)$,其中 D 是由直线 $x+2y=2$ 与两个坐标轴所围的三角形区域.

分析　本题是二维均匀分布,不难得到联合密度函数 $f(x,y)$,求联合分布函数的计算量比较大.

首先过三角形的顶点作 5 条直线:$x=0, x=2, y=0, y=1$ 和 $y=1-\dfrac{x}{2}$,它们将 xOy 平面分成 12 个子区域,按 $F(x,y)$ 取值的不同 xOy 平面又可分为 6 个子区域如图 $3-3$ 所示,然后在 6 个子

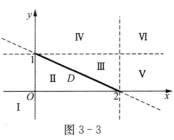

图 3-3

区域上分别求出 $F(x,y)$ 的表达式,最后按 x 和 y 逐步递升的次序写出分段函数 $F(x,y)$.

解 三角形的面积为 1,故 (X,Y) 的联合密度函数

$$f(x,y)=\begin{cases} 1 & ((x,y)\in D), \\ 0 & ((x,y)\notin D). \end{cases}$$

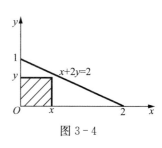

(1) 当 $x<0$ 或 $y<0$ 时,$f(x,y)=0$,故

$$F(x,y)=\int_{-\infty}^{x}\int_{-\infty}^{y}0\,\mathrm{d}u\mathrm{d}v=0.$$

(2) 当 $0\leqslant x<2,0\leqslant y<1$ 且 $y\leqslant 1-\dfrac{x}{2}$ 时,

图 3-4

$f(x,y)$ 仅在图 3-4 中的矩形域内取非零值,故

$$F(x,y)=\int_{-\infty}^{x}\mathrm{d}u\int_{-\infty}^{y}f(u,v)\mathrm{d}v=\int_{0}^{x}\mathrm{d}u\int_{0}^{y}1\,\mathrm{d}v=xy.$$

(3) 当 $0\leqslant x<2,0\leqslant y<1$ 且 $y>1-\dfrac{x}{2}$ 时,

$f(x,y)$ 仅在图 3-5 中的一个矩形域和一个梯形域内取非零值,故

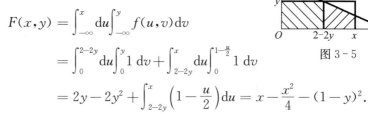

$$F(x,y)=\int_{-\infty}^{x}\mathrm{d}u\int_{-\infty}^{y}f(u,v)\mathrm{d}v$$

$$=\int_{0}^{2-2y}\mathrm{d}u\int_{0}^{y}1\,\mathrm{d}v+\int_{2-2y}^{x}\mathrm{d}u\int_{0}^{1-\frac{u}{2}}1\,\mathrm{d}v$$

图 3-5

$$=2y-2y^{2}+\int_{2-2y}^{x}\left(1-\frac{u}{2}\right)\mathrm{d}u=x-\frac{x^{2}}{4}-(1-y)^{2}.$$

(4) 当 $0\leqslant x<2,y\geqslant 1$ 时,$f(x,y)$ 仅在图 3-6 中的梯形域内取非零值,故

$$F(x,y)=\int_{-\infty}^{x}\mathrm{d}u\int_{-\infty}^{y}f(u,v)\mathrm{d}v=\int_{0}^{x}\mathrm{d}u\int_{0}^{1-\frac{u}{2}}1\,\mathrm{d}v=x-\frac{x^{2}}{4}.$$

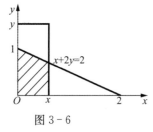

图 3-6

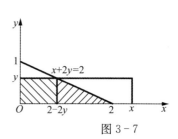

图 3-7

(5) 当 $x\geqslant 2,0\leqslant y<1$ 时,$f(x,y)$ 仅在图 3-7 中的一个矩形域和一个三角形域内取非零值,故

$$F(x,y) = \int_{-\infty}^{x} \mathrm{d}u \int_{-\infty}^{y} f(u,v) \mathrm{d}v$$

$$= \int_{0}^{2-2y} \mathrm{d}u \int_{0}^{y} 1 \, \mathrm{d}v + \int_{2-2y}^{2} \mathrm{d}u \int_{0}^{1-\frac{u}{2}} 1 \, \mathrm{d}v$$

$$= 2y - y^2.$$

(6) 当 $x \geq 2, y \geq 1$ 时，$f(x,y)$ 在三角形域 D 内取非零值，由联合密度函数的归一性得

$$F(x,y) = \int_{-\infty}^{x} \mathrm{d}u \int_{-\infty}^{y} f(u,v) \mathrm{d}v = \iint_{D} 1 \, \mathrm{d}u\mathrm{d}v = 1.$$

综合上述情况，得 (X,Y) 的联合分布函数

$$F(x,y) = \begin{cases} 0 & (x<0, \text{或 } y<0), \\ xy & \left(0 \leq x < 2, 0 \leq y < 1 \text{ 且 } y < 1 - \dfrac{x}{2}\right), \\ x - \dfrac{x^2}{4} & \left(0 \leq x < 2, 0 \leq y < 1 \text{ 且 } y \geq 1 - \dfrac{x}{2}\right), \\ x - \dfrac{x^2}{4} & (0 \leq x < 2, y \geq 1), \\ 2y - y^2 & (x \geq 2, 0 \leq y < 1), \\ 1 & (x \geq 2, y \geq 1). \end{cases}$$

注 值得强调的是使 $F(x,y)$ 取不同值的区域虽只有 6 个子区域，但这 6 个子区域也将全平面进行了划分而没有遗漏，例 3-6，3-7 中的 2 个和 5 个子区域都是如此.

2) 已知联合分布求边际分布

设 (X,Y) 的联合分布函数和联合密度函数为 $F(x,y)$ 及 $f(x,y)$，则有关 X 的边际分布函数和边际密度函数可通过如下公式得到

$$F_X(x) = F(x, +\infty) = \int_{-\infty}^{x} \left[\int_{-\infty}^{+\infty} f(u,v) \mathrm{d}v \right] \mathrm{d}u, \tag{1}$$

$$f_X(x) = \int_{-\infty}^{+\infty} f(x,y) \mathrm{d}y. \tag{2}$$

同理，有

$$F_Y(y) = F(+\infty, y) = \int_{-\infty}^{y} \left[\int_{-\infty}^{+\infty} f(u,v) \mathrm{d}u \right] \mathrm{d}v, \tag{3}$$

$$f_Y(y) = \int_{-\infty}^{+\infty} f(x,y) \mathrm{d}x. \tag{4}$$

【例 3-9】 已知 (X,Y) 的联合密度函数

$$f(x,y) = \begin{cases} Axy & ((x,y) \in D), \\ 0 & ((x,y) \notin D), \end{cases}$$

其中 $D=\{(x,y)\,|\,0\leqslant x\leqslant 4,0\leqslant y\leqslant\sqrt{x}\,\}$,求:

    (1) X 的边际分布函数 $F_X(x)$;

    (2) Y 的边际密度函数 $f_Y(y)$.

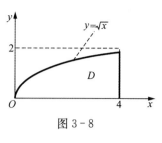

图 3-8

    分析 本题先由联合密度的归一性求出系数 A,然后直接用公式 1 和公式 4. 在用公式 4 计算时,积分变量为 x,积分上限为常数 4,下限不应为常数 0,而是由 $y\leqslant\sqrt{x}$ 解得,为变量 y^2,如图 3-8 所示.

    解 由 $\displaystyle\int_{-\infty}^{+\infty}\int_{-\infty}^{+\infty}f(x,y)\mathrm{d}x\mathrm{d}y=\int_0^4\mathrm{d}x\int_0^{\sqrt{x}}Axy\,\mathrm{d}y=1$,得 $A=\dfrac{3}{32}$.

    (1) 当 $x<0$ 时,$F_X(x)=0$;当 $x\geqslant 4$ 时,$F_X(x)=1$;当 $0\leqslant x<4$ 时,

$$F_X(x)=\int_{-\infty}^{x}\left[\int_{-\infty}^{+\infty}f(u,v)\mathrm{d}v\right]\mathrm{d}u=\frac{3}{32}\int_0^x u\,\mathrm{d}u\int_0^{\sqrt{u}}v\,\mathrm{d}v$$

$$=\frac{3}{64}\int_0^x u^2\,\mathrm{d}u=\frac{x^3}{64}.$$

故 X 的边际分布函数

$$F_X(x)=\begin{cases}0 & (x<0),\\[2mm]\dfrac{x^3}{64} & (0\leqslant x<4),\\[2mm]1 & (x\geqslant 4).\end{cases}$$

    (2) 当 $y<0$ 或 $y>2$ 时,$f_Y(y)=0$;当 $0\leqslant y\leqslant 2$ 时

$$f_Y(y)=\int_{-\infty}^{+\infty}f(x,y)\mathrm{d}x=\frac{3}{32}\int_{y^2}^4 xy\,\mathrm{d}x=\frac{3}{32}y\frac{x^2}{2}\Big|_{y^2}^4$$

$$=\frac{3}{32}y\left(8-\frac{y^4}{2}\right)=\frac{3y}{4}-\frac{3y^5}{64},$$

故 Y 的边际密度函数

$$f_Y(y)=\begin{cases}\dfrac{3y}{4}-\dfrac{3y^5}{64} & (0\leqslant y\leqslant 2),\\[2mm]0 & (\text{其 他}).\end{cases}$$

    注 若不小心积分下限用了 0,计算结果为

$$f_Y(y)=\int_{-\infty}^{+\infty}f(x,y)\mathrm{d}x=\frac{3}{32}\int_0^4 xy\,\mathrm{d}x=\frac{3}{32}y\frac{x^2}{2}\Big|_0^4=\frac{3y}{4},$$

用归一性检验,会发现

$$\int_{-\infty}^{+\infty}f_Y(y)\mathrm{d}y=\frac{3}{4}\int_0^2 y\,\mathrm{d}y=\frac{3}{2}\neq 1,$$

说明积分限出错了.

【例3-10】　设二维随机变量(X,Y)在边长为$\sqrt{2}$的正方形内服从均匀分布，该正方形的对角线为坐标轴，求边际密度函数.

分析　本题先要求(X,Y)的联合密度函数$f(x,y)$，显然它的非零值是$\dfrac{1}{2}$，而取非零值的区域能否用解析式精练地表达，是计算能否简捷的关键.借助几何图形是最好的解决方法.

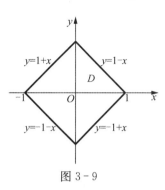

图3-9

解　联合密度函数$f(x,y)$取非零值的区域D由4条直线所围（见图3-9），则

$$D=\{(x,y)\mid -1<x<1,-1+|x|<y<1-|x|\},$$

于是

$$f(x,y)=\begin{cases}\dfrac{1}{2} & (x,y)\in D,\\ 0 & (x,y)\notin D.\end{cases}$$

由公式(2)，得

$$f_X(x)=\int_{-\infty}^{+\infty}f(x,y)\mathrm{d}y=\int_{-1+|x|}^{1-|x|}\frac{1}{2}f(x,y)\mathrm{d}y=1-|x|\quad(-1<x<1),$$

所以X的边际密度函数

$$f_X(x)=\begin{cases}1-|x| & (-1<x<1),\\ 0 & (其\quad他).\end{cases}$$

由对称性得Y的边际密度函数

$$f_Y(y)=\begin{cases}1-|y| & (-1<y<1),\\ 0 & (其\quad他).\end{cases}$$

【例3-11】　设二维随机变量(X,Y)和(U,V)的联合密度函数分布为

$$f(x,y)=\frac{1}{2\pi\sqrt{1-\rho^2}}\mathrm{e}^{-\frac{x^2-2\rho xy+y^2}{2(1-\rho^2)}}\quad(-\infty<x,y<+\infty),$$

$$f(u,v)=\frac{1}{2\pi}\mathrm{e}^{-\frac{u^2+v^2}{2}}(1+\sin u\sin v)\quad(-\infty<u,v<+\infty),$$

试分别求出其边际密度函数，并加以比较.

分析　显然$(X,Y)\sim N(1,0;1,0;\rho)$，$(U,V)$不是二维正态变量，通过公式(2)及对称性可求得4个边际密度函数，看看它们是否还是正态密度函数.

解　由公式(2)，有

$$f_X(x)=\int_{-\infty}^{+\infty}f(x,y)\mathrm{d}y=\frac{1}{2\pi}\mathrm{e}^{-\frac{x^2}{2}}\int_{-\infty}^{+\infty}\frac{1}{\sqrt{1-\rho^2}}\mathrm{e}^{-\frac{(y-\rho x)^2}{2(1-\rho^2)}}\mathrm{d}y,$$

令$\dfrac{y-\rho x}{\sqrt{1-\rho^2}}=t$，则得

$$f_X(x) = \frac{1}{2\pi} e^{-\frac{x^2}{2}} \int_{-\infty}^{+\infty} e^{-\frac{t^2}{2}} dt = \frac{1}{\sqrt{2\pi}} e^{-\frac{x^2}{2}} \quad (-\infty < x + \infty),$$

由对称性,可得

$$f_Y(y) = \frac{1}{\sqrt{2\pi}} e^{-\frac{y^2}{2}} \quad (-\infty < y < +\infty),$$

$$f_U(u) = \int_{-\infty}^{+\infty} f(u,v) dv = \frac{1}{2\pi} \int_{-\infty}^{+\infty} e^{-\frac{u^2+v^2}{2}} (1 + \sin u \sin v) dv,$$

$$\underline{\underline{\text{奇偶性}}} = \frac{1}{2\pi} \int_{-\infty}^{+\infty} e^{-\frac{u^2+v^2}{2}} dv = \frac{1}{\sqrt{2\pi}} e^{-\frac{u^2}{2}} \int_{-\infty}^{+\infty} \frac{1}{\sqrt{2\pi}} e^{-\frac{v^2}{2}} dv$$

$$\underline{\underline{\text{归一性}}} = \frac{1}{\sqrt{2\pi}} e^{-\frac{u^2}{2}} \quad (-\infty < u < +\infty),$$

由对称性

$$f_V(v) = \frac{1}{\sqrt{2\pi}} e^{-\frac{v^2}{2}} \quad (-\infty < v < +\infty).$$

从上面求出的结果可得如下结论:

(1) 二维正态分布的两个边际分布都是一维正态分布;

(2) 正态分布的联合密度函数与参数有关,而边际密度函数不依赖第 5 个参数 ρ,可见两个边际密度函数不能唯一确定联合密度函数;

(3) 二维非正态分布的联合密度函数的边际密度函数可以是一维正态密度函数;

(4) 有相同边际密度函数的两个二维随机变量,它们的联合密度可以完全不同.

4. 条件概率分布

1) 条件分布律的求法

在条件 $Y = y_j$ 下 X 的条件分布律为

$$p_{i|j} = P(X = x_i \mid Y = y_j) = \frac{P(X = x_i, Y = y_j)}{P(Y = y_j)} = \frac{p_{ij}}{p_{\cdot j}} \quad (i = 1, 2, \cdots; p_{\cdot j} \neq 0),$$

相应的条件分布函数

$$F(x \mid y_j) = \sum_{x_i \leqslant x} P(X = x_i \mid Y = y_j) = \sum_{x_i \leqslant x} p_{i|j};$$

在条件 $X = x_i$ 下 Y 的条件分布律为

$$p_{j|i} = P(Y = y_j \mid X = x_i) = \frac{P(X = x_i, Y = y_j)}{P(X = x_i)} = \frac{p_{ij}}{p_{i \cdot}} \quad (j = 1, 2, \cdots; p_{i \cdot} \neq 0),$$

相应的条件分布函数

$$F(y \mid x_i) = \sum_{y_j \leqslant y} P(Y = y_i \mid X = x_i) = \sum_{y_j \leqslant y} p_{j|i};$$

其中 p_{ij} 和 $p_{i\cdot}$, $p_{\cdot j}$ 分别被称为联合概率与边际概率.

【例 3-12】 某校新选出的学生会 6 名女委员中,文、理、工科各占 $\frac{1}{6}$, $\frac{1}{3}$ 和 $\frac{1}{2}$,现从中随机指定 2 人为学生会主席候选人. 令 X, Y 分别为候选人中来自文、理科的人数,在例 3-3 的基础上求 X 和 Y 各自的条件分布律.

分析 由例 3-3 得联合分布律和边际分布律如下:

X \ Y	0	1	2	$P_{i\cdot}$
0	$\frac{1}{5}$	$\frac{2}{5}$	$\frac{1}{15}$	$\frac{2}{3}$
1	$\frac{1}{5}$	$\frac{2}{15}$	0	$\frac{1}{3}$
$P_{\cdot j}$	$\frac{2}{5}$	$\frac{8}{15}$	$\frac{1}{15}$	1

由于 X 取 2 个值,Y 取 3 个值,所以共有 5 个条件分布律. 其中 X 的条件分布律有 3 个,Y 的条件分布律有 2 个.

解 用第一列各元素(即联合概率)分别除以 $\frac{2}{5}$(即边际概率),可得给定 $Y=0$ 下,X 的条件分布律为

$X\mid Y=0$	0	1
P	$\frac{1}{2}$	$\frac{1}{2}$

用第二列各元素分别除以 $\frac{8}{15}$,可得给定 $Y=1$ 下,X 的条件分布律为

$X\mid Y=1$	0	1
P	$\frac{3}{4}$	$\frac{1}{4}$

用第三列各元素分别除以 $\frac{1}{15}$,可得给定 $Y=2$ 下,X 的条件分布律为

$X\mid Y=2$	0	1
P	1	0

用第一行各元素分别除以 $\frac{1}{3}$,可得给定 $X=1$ 下,Y 的条件分布律为

$Y\mid X=0$	0	1	2
P	$\dfrac{3}{10}$	$\dfrac{6}{10}$	$\dfrac{1}{10}$

用第二行各元素分别除以 $\dfrac{2}{3}$,可得给定 $X=0$ 下,Y 的条件分布律为

$Y\mid X=1$	0	1	2
P	$\dfrac{3}{5}$	$\dfrac{2}{5}$	0

【例 3-13】 一射手进行射击,已知每次击中目标的概率为 $p(0<p<1)$,射击一直进行到击中目标 2 次为止. 令 X 表示他首次击中目标时所射击的次数,Y 表示总共射击的次数,求 (X,Y) 的联合分布律、边际分布律和条件分布律.

分析 由联合分布律可推出边际分布律和条件分布律,所以一般先求出联合分布律(见方法一),如果记得常见分布的话,可先求出边际分布,然后利用乘法公式求得联合分布律,这样求解比较简单(见方法二).

解 方法一 事件 $\{X=i,Y=j\}$ 发生,表示第 i 次和第 $j(j>i)$ 次射击均击中目标. 由于 j 次射击是独立进行的,故概率为 p^2,其余 $j-2$ 次射击未击中目标,概率为 $(1-p)^{j-2}$,所以 (X,Y) 的联合分布律为

$$P(X=i,Y=j)=p^2(1-p)^{j-2}$$
$$(i=1,2,\cdots,j-1;j=2,3,\cdots 或 i=1,2,\cdots;j=i+1,i+2,\cdots),$$

X 的边际分布律为

$$P(X=i)=\sum_{j=i+1}^{\infty}p_{ij}=\sum_{j=i+1}^{\infty}p^2(1-p)^{j-2}$$
$$=\frac{p^2(1-p)^{i-1}}{1-(1-p)}=p(1-p)^{i-1}\quad(i=1,2,\cdots),$$

可见关于 X 的边际分布是参数为 p 的几何分布,这与事实相符. Y 的边际分布律为

$$P(Y=j)=\sum_{i=1}^{j-i}p_{ij}=\sum_{i=1}^{j-i}p^2(1-p)^{j-2}$$
$$=(j-1)p^2(1-p)^{j-2}\quad(j=2,3,\cdots),$$

可见关于 Y 的边际分布是参数为 $(2,p)$ 的帕斯卡分布,这也与事实相符.

当 $Y=j(j=2,3,\cdots)$ 时,X 的条件分布律为

$$P(X=i\mid Y=j)=\frac{P(X=i,Y=j)}{P(Y=j)}$$
$$=\frac{p^2(1-p)^{j-2}}{(j-1)p^2(1-p)^{j-2}}=\frac{1}{j-1}\quad(i=1,2,\cdots j-1);$$

当 $X=i(i=1,2,\cdots)$ 时,Y 的条件分布律为

$$P(Y=j|X=i)=\frac{P(X=i,Y=j)}{P(X=i)}$$

$$=\frac{p^2(1-p)^{j-2}}{p(1-p)^{i-1}}=p(1-p)^{j-i-1} \quad (j=i+1,i+2,\cdots).$$

方法二 利用常见的分布直接写出边际分布律,再由乘法公式得出联合分布律.

由题设知 X 服从几何分布 $G(p)$,Y 服从帕斯卡分布 $P(2,p)$,故 (X,Y) 关于 X 及 Y 的边际分布律分别为

$$P(X=i)=p(1-p)^{i-1} \quad (i=1,2,\cdots);$$

$$P(Y=j)=(j-1)p^2(1-p)^{j-2} \quad (j=2,3,\cdots).$$

(X,Y) 的联合分布律为

$$P(X=i,Y=j)=P(X=i)P(Y=j|X=i)$$

$$=p(1-p)^{i-1}p(1-p)^{j-i-1}=p^2(1-p)^{j-2}$$

$$(i=1,2,\cdots j-1,j=2,3,\cdots 或 i=1,2,\cdots;j=i+1,i+2,\cdots).$$

当 $X=i(i=1,2,\cdots)$ 时,Y 的条件分布仍为几何分布,有

$$P(Y=j|X=i)=p(1-p)^{j-i-1} \quad (j=i+1,i+2,\cdots);$$

当 $Y=j(j=2,3,\cdots)$ 时,X 的条件分布律为

$$P(X=i|Y=j)=\frac{P(X=i,Y=j)}{P(Y=j)}=\frac{p^2(1-p)^{j-2}}{(j-1)p^2(1-p)^{j-2}}=\frac{1}{j-1} \quad (i=1,2,\cdots j-1).$$

2) 条件密度函数的求法

在条件 $Y=y$ 下,X 的条件密度函数

$$f_{X|Y}(x|y)=\frac{f(x,y)}{f_Y(y)}, \quad f_Y(y)\neq0,$$

相应的条件分布函数

$$F_{X|Y}(x\mid y)=P(X\leqslant x\mid Y=y)=\int_{-\infty}^{x}f_{X|Y}(x\mid y)\mathrm{d}x.$$

在条件 $X=x$ 下,Y 的条件密度函数

$$f_{Y|X}(y|x)=\frac{f(x,y)}{f_X(x)}, \quad f_X(x)\neq0,$$

相应的条件分布函数

$$F_{Y|X}(y\mid x)=P(Y\leqslant y\mid X=x)=\int_{-\infty}^{y}f_{Y|X}(y\mid x)\mathrm{d}y.$$

【例 3-14】 设 (X,Y) 的联合密度函数

$$f(x,y)=\begin{cases}\dfrac{21}{4}x^2y & (x^2\leqslant y\leqslant1),\\[2mm]0 & (其\ 他),\end{cases}$$

求：(1) 条件密度函数 $f_{X|Y}(x|y)$，$f_{X|Y}\left(x\left|\dfrac{1}{4}\right.\right)$；

    (2) 计算条件概率 $P\left(Y \geqslant \dfrac{1}{3}\left|X=\dfrac{1}{2}\right.\right)$.

分析 (1) 已知 (X,Y) 的联合密度，要求 X 的条件分布密度，需先求出 Y 的边际分布密度，然后得到条件分布密度 $f_{X|Y}(x|y)$（它并不是二元函数），这里的条件分布密度实质上是一族分布密度，将 $y=\dfrac{1}{4}$ 代入便得一个条件分布密度 $f_{X|Y}\left(x\left|\dfrac{1}{4}\right.\right)$，显然它是 x 的一元函数.

(2) 不能用下面式子计算条件概率

$$P\left(Y \geqslant \frac{1}{3}\left|X=\frac{1}{2}\right.\right)=\frac{P\left(Y \geqslant \dfrac{1}{3}, X=\dfrac{1}{2}\right)}{P\left(X=\dfrac{1}{2}\right)},$$

因为 X 是连续型随机变量，$P\left(X=\dfrac{1}{2}\right)=0$，上式无意义. 可用计算公式是

$$P(Y \geqslant b \mid X=a)=\int_b^{+\infty} f_{Y|X}(y \mid a)\mathrm{d}y.$$

解 (1) 先求 Y 的边际密度函数，$f(x,y)$ 的非零区域为图 3-10 的阴影部分，所以当 $y \leqslant 0$ 或 $y \geqslant 1$ 时，$f_Y(y)=0$；当 $0<y<1$ 时

$$f_Y(y) = \int_{-\infty}^{+\infty} f(x,y)\mathrm{d}x$$
$$= \int_{-\sqrt{y}}^{\sqrt{y}} \frac{21}{4}x^2 y \,\mathrm{d}x = \frac{7}{2}y^{\frac{5}{2}},$$

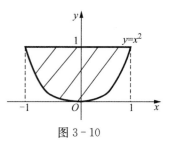

图 3-10

从而

$$f_Y(y)=\begin{cases} \dfrac{7}{2}y^{\frac{5}{2}} & (0<y<1), \\ 0 & (其\ \ 他). \end{cases}$$

故当 $0<y\leqslant 1$ 时

$$f_{X|Y}(x|y)=\frac{f(x,y)}{f_Y(y)}=\begin{cases} \dfrac{3}{2}x^2 y^{-\frac{3}{2}} & (-\sqrt{y}\leqslant x\leqslant \sqrt{y}), \\ 0 & (其\ \ 他). \end{cases}$$

于是

$$f_{X|Y}\left(x\,\Big|\,\frac{1}{4}\right)=\begin{cases}12x^2 & \left(-\dfrac{1}{2}\leqslant x\leqslant\dfrac{1}{2}\right),\\[2mm]0 & (\text{其 他}).\end{cases}$$

（2）当 $x\leqslant-1$ 或 $y>1$ 时，$f_X(x)=0$；当 $-1<x<1$ 时

$$f_X(x)=\int_{-\infty}^{+\infty}f(x,y)\mathrm{d}y=\int_{x^2}^{1}\frac{21}{4}x^2y\,\mathrm{d}x=\frac{21}{8}x^2(1-x^4),$$

从而

$$f_X(x)=\begin{cases}\dfrac{21}{8}x^2(1-x^4) & (-1<x<1),\\[3mm]0 & (\text{其 他}).\end{cases}$$

故当 $-1<x<1$ 时

$$f_{Y|X}(y\,|\,x)=\frac{f(x,y)}{f_X(x)}=\begin{cases}\dfrac{2y}{1-x^4} & (x^2<y\leqslant1),\\[3mm]0 & (\text{其 他}).\end{cases}$$

于是

$$f_{Y|X}\left(y\,\Big|\,\frac{1}{2}\right)=\begin{cases}\dfrac{32}{15}y & \left(\dfrac{1}{4}<y\leqslant1\right),\\[3mm]0 & (\text{其 他}).\end{cases}$$

故所求条件概率

$$P\left(Y\geqslant\frac{1}{3}\,\Big|\,X=\frac{1}{2}\right)=\int_{\frac{1}{3}}^{+\infty}f_{Y|X}\left(y\,\Big|\,\frac{1}{2}\right)\mathrm{d}y$$

$$=\int_{\frac{1}{3}}^{1}\frac{32}{15}y\,\mathrm{d}y=\frac{128}{135}\approx0.948\,1.$$

注　X 的条件密度函数写成如下形式是错误的：

$$f_{X|Y}(x\,|\,y)=\frac{f(x,y)}{f_Y(y)}=\begin{cases}\dfrac{3}{2}x^2y^{-\frac{3}{2}} & (-\sqrt{y}\leqslant x\leqslant\sqrt{y},0<y\leqslant1),\\[3mm]0 & (\text{其 他}).\end{cases}$$

与正确答案比较一下或注意本题 1 的分析便知错在哪里.

【**例 3-15**】　设 (X,Y) 的联合密度函数

$$f(x,y)=\begin{cases}3x & (0<x<1,0<y<x),\\0 & (\text{其 他}),\end{cases}$$

求在 $X=x$ 的条件下，Y 的条件分布函数 $F_{Y|X}(y\,|\,x)$.

分析　求 $F_{Y|X}(y\,|\,x)$ 有两种方法可选择：

（1）$F_{Y|X}(y\,|\,x)=\dfrac{F(x,y)}{F_X(x)}$；　　（2）$F_{Y|X}(y\,|\,x)=\int_{-\infty}^{y}f_{Y|X}(t\,|\,x)\mathrm{d}t.$

对于本题，显然第二种方法简单，因为求 $F(x,y)$ 的计算量很大.

解 因为 $f_{Y|X}(y|x) = \dfrac{f(x,y)}{f_X(x)}$，所以先求 X 的边际密度函数，则

$$f_X(x) = \int_{-\infty}^{+\infty} f(x,y)\mathrm{d}y = \begin{cases} \int_0^x 3x\,\mathrm{d}y & (0<x<1), \\ 0 & (其\quad他) \end{cases} = \begin{cases} 3x^2 & (0<x<1), \\ 0 & (其\quad他). \end{cases}$$

从而，当 $0<x<1$ 时，

$$f_{Y|X}(y\mid x) = \frac{f(x,y)}{f_X(x)} = \begin{cases} \dfrac{1}{x} & (0<y<x), \\ 0 & (其\quad他). \end{cases} \qquad (*)$$

所以当 $0<x<1$ 时，

$$F_{Y|X}(y\mid x) = \int_{-\infty}^y f_{Y|X}(t\mid x)\mathrm{d}t = \begin{cases} 0 & (y\leqslant 0), \\ \int_0^y \left(\dfrac{1}{x}\right)\mathrm{d}t & (0<y<x), \\ 1 & (y\geqslant x) \end{cases}$$

$$= \begin{cases} 0 & (y\leqslant 0), \\ \dfrac{y}{x} & (0<y<x), \\ 1 & (y\geqslant x). \end{cases}$$

注 还有如下的解法. 由得到的式 $(*)$ 知道 $Y|X=x \sim U(0,x)$，从而其条件分布函数：

当 $0<x<1$ 时

$$F_{Y|X}(y|x) = \begin{cases} 0 & (y\leqslant 0), \\ \dfrac{y}{x} & (0<y<x), \\ 1 & (y\geqslant x). \end{cases}$$

【例 3-16】 已知随机变量 X 的密度函数

$$f_X(x) = \begin{cases} 4x(1-x^2) & (0<x<1), \\ 0 & (其\quad他). \end{cases}$$

在给定 $X=x$ 的条件下，随机变量 Y 的条件密度函数

$$f_{Y|X}(y|x) = \begin{cases} \dfrac{2y}{1-x^2} & (x<y<1), \\ 0 & (其\quad他), \end{cases}$$

求概率 $P(Y\geqslant 0.5)$.

分析 求 $P(Y\geqslant 0.5)$ 有两种方法可选择：

(1) $P(Y\geqslant 0.5) = \iint\limits_{y\geqslant 0.5} f(x,y)\mathrm{d}x\mathrm{d}y$；

（2）$P(Y \geqslant 0.5) = \int\limits_{y \geqslant 0.5} f_Y(y)\mathrm{d}y.$

由于 $f(x,y)=f_X(x)f_{Y|X}(y|x)$，且等式右边两项题中已给出，所以用第一种方法计算较好. 二重积分化累次积分时的积分限可根据图 3-11 定出.

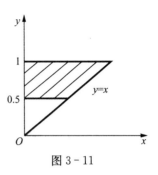

图 3-11

解　由乘法公式

$$f(x,y)=f_X(x)f_{Y|X}(y|x)$$
$$=\begin{cases} 8xy & (0<x<y,0<y<1), \\ 0 & （其　他）. \end{cases}$$
$$P(Y \geqslant 0.5) = \iint\limits_{y \geqslant 0.5} f(x,y)\mathrm{d}x\mathrm{d}y$$
$$=\int_{0.5}^{1}\mathrm{d}y\int_{0}^{y}8xy\,\mathrm{d}x = \int_{0.5}^{1}4y^3\mathrm{d}y$$
$$=\frac{15}{16}=0.937\,5.$$

5. 随机变量的独立性

1）离散型随机变量独立性的判定

判定方法 1　X 和 Y 相互独立 $\Leftrightarrow p_{ij}=p_{i.}\cdot p_{.j}$　（$\forall i,j=1,2,\cdots$），

即　　$P(X=x_i,Y=y_j)=P(X=x_i)P(Y=y_j)$　（$\forall i,j=1,2,\cdots$）.

判定方法 2　X 和 Y 相互独立 $\Leftrightarrow$ 联合概率矩阵 $(p_{ij})_{i \times j}$ 秩为 1（$\forall i,j=1,2,\cdots$）.

方法 2 是用线性代数的知识解决概率论中的问题，其特点是运算简便. 比如已知联合分布律为

$$P(X=x_i,Y=y_j)=p_{ij}　(i=1,2,\cdots,m;j=1,2,\cdots,n).$$

用方法 1 判定 X 和 Y 相互独立，需要做 $3mn-m-n$ 次加法和乘法运算，而方法 2 几乎是看一眼就可作出判定了. 具体例子请看例 3-17.

【例 3-17】　设 (X,Y) 的联合分布律为

Y＼X	0	2	4
1	a	$\frac{1}{24}$	$\frac{1}{12}$
3	$\frac{3}{8}$	$\frac{1}{8}$	b

求 a,b 的值，使 X 和 Y 相互独立.

分析 本题既可用离散型随机变量独立性的定义求,也可以用判定方法 2.

解 **方法一** 由判定方法 1,有

$$P(X=2,Y=1)=\frac{1}{24},P(X=2)=\frac{1}{24}+\frac{1}{8}=\frac{1}{6},$$

$$P(Y=1)=a+\frac{1}{24}+\frac{1}{12}=a+\frac{1}{8},$$

令 $P(X=2,Y=1)=P(X=2)P(Y=1)$,有 $\frac{1}{24}=\frac{1}{6}\left(a+\frac{1}{8}\right)$,解得 $a=\frac{1}{8}$;

由归一性,得 $b=1-\frac{1}{24}-\frac{1}{12}-\frac{3}{8}-2\times\frac{1}{8}=\frac{1}{4}$.

方法二 由联合概率矩阵 $\begin{bmatrix} a & \frac{1}{24} & \frac{1}{12} \\ \frac{3}{8} & \frac{1}{8} & b \end{bmatrix}$ 的秩等于 1,可知道矩阵任两行(或两

列)成比例. 由第 2 列知第 1 行是第 2 行的 $\frac{1}{3}$ 倍,所以

$$a=\frac{3}{8}\times\frac{1}{3}=\frac{1}{8};$$

由第 1 行知第 3 列是第 2 列的 2 倍,所以

$$b=\frac{1}{8}\times2=\frac{1}{4}.$$

【例 3-18】 设 (X,Y) 的联合分布律为

Y \ X	0	2	4
1	0.03	0.02	d
3	a	0.14	e
5	b	c	0.10

求字母 a,b,c,d 和 e 的值,使 X 和 Y 相互独立.

分析 若用判定方法 1 求解,需做 $3\times3\times3-3-3=21$ 次加法和乘法运算以及解一个含 5 个变量的非线性方程组,其计算量之大可想而知,所以用判定方法 2 求解较好.

要使 X 和 Y 相互独立,必须要求联合概率矩阵中任两行与任两列向量成比例,抓住这一规律,立刻可将 5 个变量减少为 2 个变量.

解 由题设知联合概率矩阵中第 1 列各元素是第 2 列各元素的 1.5 倍,第 2

行各元素是第 1 行各元素的 7 倍,故有

$$p_1. = 1.5p_2., \quad p_{.2} = 7p_{.1}$$

设第 2 列各元素是第 3 列各元素的 k 倍,即

$$p_2. = kp_3. \tag{1}$$

于是题设联合分布律仅含两个待求的字母,即

X Y	0	2	4
1	0.03	0.02	d
3	0.21	0.14	$7d$
5	$0.15k$	$0.1k$	0.10

由式(1),得

$$0.02 + 0.14 + 0.1k = k(d + 7d + 0.10),$$

从而

$$k = \frac{0.02}{d}, \tag{2}$$

由分布律的归一性,有

$$8d + 0.25k = 0.5, \tag{3}$$

联立式(2)和式(3),得 $d = 0.05, k = 0.4$,或 $d = 0.012\,5, k = 1.6$,
所以得两组解:

$$a = 0.21, b = 0.06, c = 0.04, d = 0.05, e = 0.35$$

$$a = 0.21, b = 0.24, c = 0.16, d = 0.012\,5, e = 0.087\,5.$$

经验证这两组数都是本题的解,即下面两个分布中的 X 和 Y 均相互独立.

X Y	0	2	4
1	0.03	0.02	0.05
3	0.21	0.14	0.35
5	0.06	0.04	0.10

X Y	0	2	4
1	0.03	0.02	0.012 5
3	0.21	0.14	0.087 5
5	0.24	0.16	0.10

【例 3-19】 已知 8 个电子管中有 2 个次品,每次从中任取 1 个,共取 2 次. 定义随机变量 X 和 Y 如下:

$$X = \begin{cases} 1 & (\text{第一次取次品}), \\ 0 & (\text{第一次取正品}). \end{cases}$$

$$Y = \begin{cases} 1 & (\text{第二次取次品}), \\ 0 & (\text{第二次取正品}). \end{cases}$$

试分别就放回抽样和不放回抽样两种情况讨论 X 和 Y 是否相互独立？

分析 对于放回抽样,每次抽取时样本空间保持不变,可推断 X 和 Y 相互独立,反之则不相互独立,用第 1 种判定方法判定随机变量相互独立需要验证 4 个等式(即联合概率等于边际概率的乘积)都成立,若 4 个等式有一个不成立就可判定 X 和 Y 不相互独立.用第 2 种判定方法判定则只需要验证二阶概率矩阵的两行(或两列)是否线性相关.

解 **方法一** (1) 放回抽样:

采用乘法公式,有 $P(X=0,Y=0)=P(X=0)P(Y=0|X=0)$

$$= \frac{6}{8} \times \frac{6}{8} = P(X=0)P(Y=0),$$

$$P(X=0,Y=1)=P(X=0)P(Y=1|X=0)$$

$$= \frac{6}{8} \times \frac{2}{8} = P(X=0)P(Y=1),$$

$$P(X=1,Y=0)=P(X=1)P(Y=0|X=1)$$

$$= \frac{2}{8} \times \frac{6}{8} = P(X=1)P(Y=0),$$

$$P(X=1,Y=1)=P(X=1)P(Y=1|X=1)$$

$$= \frac{2}{8} \times \frac{2}{8} = P(X=1)P(Y=1).$$

由判定方法 1 知 X 和 Y 相互独立.

(2) 不放回抽样:

$$P(X=0,Y=0)=P(X=0)P(Y=0|X=0)$$

$$= \frac{6}{8} \times \frac{5}{7} \neq \frac{6}{8} \times \frac{6}{8} = P(X=0)P(Y=0),$$

不满足判定方法 1,所以 X 和 Y 不相互独立.

方法二 (1) 放回抽样:

(X,Y) 的联合概率矩阵 $(p_{ij})_{i \times j} = \begin{pmatrix} \dfrac{9}{16} & \dfrac{3}{16} \\ \dfrac{3}{16} & \dfrac{1}{16} \end{pmatrix}$ 的第 1 列是第 2 列的 3 倍,即第 1

列与第 2 列线性相关,其秩为 1,由判定方法 2 知 X 和 Y 相互独立.

(2) 不放回抽样:

(X,Y)的联合概率矩阵$(p_{ij})_{i \times j} = \begin{pmatrix} \dfrac{15}{28} & \dfrac{6}{28} \\[2mm] \dfrac{6}{28} & \dfrac{1}{28} \end{pmatrix}$的第 1 列与第 2 列不成比例,即

第 1 列与第 2 列线性无关,其秩为 2,由判定方法 2 知 X 和 Y 不相互独立.

【例 3-20】 甲、乙两人独立地各进行两次射击,每次射击命中的概率分别为 0.6 和 0.7,以 X 和 Y 分别表示甲和乙的命中次数,求 $P(X \leqslant Y)$.

分析 由于 $P(X \leqslant Y) = \sum\limits_{k=0}^{2} P(X=k, Y \geqslant k)$,所以需先求出$(X,Y)$的联合分布律,而三阶联合概率矩阵中主对角线及主对角线以下的元素之和,便是所求事件$\{X \leqslant Y\}$的概率.

解 $X \sim B(2, 0.6)$,$Y \sim B(2, 0.7)$,且 X 和 Y 相互独立,则(X,Y)的联合分布律为

$$P(X=i, Y=j) = P(X=i)P(Y=j)$$
$$= C_i^2 \times 0.6^i \times 0.4^{2-i} \times C_j^2 \times 0.7^j \times 0.3^{2-j} \quad (i=0,1,2; j=0,1,2),$$

即

Y \ X	0	1	2
0	0.014 4	0.043 2	0.032 4
1	0.067 2	0.201 6	0.151 2
2	0.078 4	0.235 2	0.176 4

所求概率为

$$P(X \leqslant Y) = 0.014\ 4 + 0.067\ 2 + 0.201\ 6 + 0.078\ 4 + 0.235\ 2 + 0.176\ 4$$
$$= 0.773\ 2$$

或

$$P(X \leqslant Y) = 1 - P(X < Y) = 1 - 0.043\ 2 - 0.032\ 4 - 0.151\ 2 = 0.773\ 2.$$

【例 3-21】 设随机变量 X 和 Y 分别是投掷一颗骰子 2 次先后出现的点数,求一元二次方程 $x^2 + Xx + Y = 0$ 有实根的概率 p 和有重根的概率 q.

分析 记事件$\{$方程有实根$\} = \{X^2 \geqslant 4Y\} = A$,$\{$方程有重根$\} = \{X^2 = 4Y\} = B$,事件 B 容易化为两个互斥事件的并,即

$$B = \{X^2 = 4Y\} = \{X=2, Y=1\} \bigcup \{X=4, Y=4\},$$

于是

$$q = P(B) = P(X^2 = 4Y) = P(X=2, Y=1) + P(X=4, Y=4).$$

事件 A 比较复杂,为此构造一个完备事件组 $C_1, C_2, \cdots, C_6, \bigcup_{i=1}^{6} C_i = \Omega, C_i C_j = \varnothing$
$(i \neq j; i, j = 1, 2, \cdots, 6)$. 其中 $C_i = P(X=i)(i=1, 2, \cdots, 6)$. 由全概率公式,得

$$p = P(X^2 \geqslant 4Y) = P(A) = \sum_{i=1}^{6} P(C_i) P(A \mid C_i).$$

解　显然 X 和 Y 相互独立同分布,即

$$P(X=i) = P(Y=i) = \frac{1}{6} \quad (i=1, 2, \cdots, 6),$$

则 (X, Y) 的联合分布律为

$$P(X=i, Y=j) = P(X=i) P(Y=j) = \frac{1}{36} \quad (i, j = 1, 2, \cdots, 6).$$

由全概率公式可得方程有实根的概率

$$p = P(X^2 \geqslant 4Y) = \sum_{i=1}^{6} P(X=i) P(X^2 \geqslant 4Y \mid X=i)$$

$$= \frac{1}{6} \sum_{i=1}^{6} P(X^2 \geqslant 4Y \mid X=i) = \frac{1}{6} \sum_{i=1}^{6} P(4Y \leqslant i^2)$$

$$= \frac{1}{6} \left(0 + \frac{1}{6} + \frac{2}{6} + \frac{4}{6} + 1 + 1 \right) = \frac{19}{36};$$

由有限可加性则得方程有重根的概率

$$q = P(X^2 = 4Y) = P(X=2, Y=1) + P(X=4, Y=4)$$

$$= \frac{1}{36} + \frac{1}{36} = \frac{1}{18}.$$

2) 连续型随机变量独立性的判定

连续型随机变量独立性的判定方法如下:

设 (X, Y) 的分布函数和密度函数分别为 $F(x, y)$ 和 $f(x, y)$.

(1) X 和 Y 相互独立 $\Leftrightarrow F(x, y) = F_X(x) F_Y(y), \forall x, y \in (-\infty, +\infty)$.

(2) X 和 Y 相互独立 $\Leftrightarrow f(x, y) = f_X(x) f_Y(y)$,对任意实数 x, y,几乎处处成立.

(3) X 和 Y 相互独立 $\Leftrightarrow f(x, y) = g(x) h(y)$,即 $f(x, y)$ 可分离变量.

【例 3-22】　设随机变量 (X, Y) 的联合分布函数

$$F(x, y) = \begin{cases} 1 - e^{-x} - e^{-y} + e^{-(x+y)} & (x \geqslant 0, y \geqslant 0), \\ 0 & (其\quad 他), \end{cases}$$

问 X 和 Y 是否相互独立?

分析　直接用判定方法(1).

解　因为

$$F_X(x) = F(x, +\infty) = \begin{cases} 1 - e^{-x} & (x \geqslant 0), \\ 0 & (x < 0), \end{cases}$$

$$F_Y(y) = F(+\infty, y) = \begin{cases} 1 - e^{-y} & (y \geqslant 0), \\ 0 & (y < 0), \end{cases}$$

从而 $F(x,y) = F_X(x)F_Y(y)$, $\forall x, y \in (-\infty, +\infty)$, 所以 X 和 Y 相互独立.

【例 3 - 23】 设随机变量 (X,Y) 的联合分布函数

$$f(x,y) = \begin{cases} 3x & (0 < x \leqslant 1, 0 < y \leqslant x), \\ 0 & (\text{其 他}), \end{cases}$$

讨论 X 和 Y 的独立性.

分析 由于联合密度函数不可分离变量(因为区域 $0 < y \leqslant x$ 不能分离),所以 X 和 Y 不独立. 只要在平面上找到一点 (x_0, y_0),使

$$f(x_0, y_0) \neq f_X(x_0) f_Y(y_0)$$

即可.

解 当 $0 < x \leqslant 1$ 时

$$f_X(x) = \int_{-\infty}^{+\infty} f(x,y)\mathrm{d}x\mathrm{d}y = \int_0^x 3x\,\mathrm{d}y = 3x^2,$$

当 $x \leqslant 0$ 或 $x > 1$ 时, $f_X(x) = 0$,从而

$$f_X(x) = \begin{cases} 3x^2 & (0 < x \leqslant 1), \\ 0 & (\text{其 他}). \end{cases}$$

相仿可求得

$$f_Y(y) = \begin{cases} \dfrac{3}{2} - \dfrac{3}{2}y^2 & (0 < y \leqslant 1), \\ 0 & (\text{其 他}). \end{cases}$$

当 $x = \dfrac{1}{3}$, $y = \dfrac{1}{2}$ 时

$$f\left(\frac{1}{3}, \frac{1}{2}\right) = 0 \neq \frac{1}{3} \times \left(\frac{3}{2} - \frac{3}{8}\right) = f_X\left(\frac{1}{3}\right) f_Y\left(\frac{1}{2}\right),$$

所以 X 和 Y 不独立.

【例 3 - 24】 在区间 $(0,1)$ 中随机地取两个数,求下列事件的概率.

(1) 两数之和小于 1.3;

(2) 两数之积小于 $\dfrac{1}{3}$.

分析 本题的第一个解法见例 $1 - 8$. 分别记这两个数为 X 和 Y,则 X 和 Y 相互独立,且都服从 $(0,1)$ 上的均匀分布, (X,Y) 的联合密度函数

$$f(x,y) = f_X(x) f_Y(y) = \begin{cases} 1 & (0 < x \leqslant 1, 0 < y \leqslant 1), \\ 0 & (\text{其 他}), \end{cases}$$

于是可用公式计算概率：

$$P(g(X,Y) < a) = \iint\limits_{g(x,y) < q} f(x,y)\mathrm{d}x\mathrm{d}y.$$

解　方法二　在区间 $(0,1)$ 上任取的两个数，记为 X 和 Y，则 X 和 Y 独立同分布，且 (X,Y) 在正方形区域 $\Omega = \{(x,y) \mid 0 < x < 1, 0 < y < 1\}$ 上服从均匀分布，于是

(1) 由图 $1-4$，得

$$
\begin{aligned}
P(X+Y < 1.3) &= \iint\limits_{x+y < 1.3} f(x,y)\mathrm{d}x\mathrm{d}y \\
&= \int_0^{0.3}\mathrm{d}x\int_0^1\mathrm{d}y + \int_{0.3}^1\mathrm{d}x\int_0^{1.3-x}\mathrm{d}y = 0.3 + \int_{0.3}^1 (1.3-x)\mathrm{d}x \\
&= 0.3 + 0.455 = 0.755.
\end{aligned}
$$

(2) 由图 $1-5$，得

$$
\begin{aligned}
P\left(XY < \frac{1}{3}\right) &= \iint\limits_{xy < \frac{1}{3}} f(x,y)\mathrm{d}x\mathrm{d}y \\
&= \int_0^{\frac{1}{3}}\mathrm{d}x\int_0^1\mathrm{d}x + \int_{\frac{1}{3}}^1\mathrm{d}x\int_0^{\frac{1}{3x}}\mathrm{d}y = \frac{1}{3} + \int_{\frac{1}{3}}^1 \frac{1}{3x}\mathrm{d}x \\
&= \frac{1}{3}(1 + \ln 3) \approx 0.699\,5.
\end{aligned}
$$

6. 多维随机变量的函数分布

1) 离散型

两个随机变量的函数——$Z = g(X,Y)$，(X,Y) 的联合分布律已知，求 Z 的分布公式：

$$P(Z = z_k) = \sum_{g(x_{i_k}, y_{j_k}) = z_k} P(X = x_{i_k}, Y = y_{j_k}) \quad (k = 1, 2, \cdots).$$

其中 $\displaystyle\sum_{g(x_{i_k}, y_{j_k}) = z_k}$ 是对所有满足 $g(x_{i_k}, y_{j_k}) = z_k$ 的对应 (X,Y) 取 (x_{i_k}, y_{j_k}) 的概率求和.

求最值 $M = \max(X,Y)$（或 $N = \min\{X,Y\}$）的分布的方法：

若 X,Y 为有限分布，则先求出 (X,Y) 的联合分布律，然后据此得到 M（或 N）的分布，详见例 $3-25, 3-28$；若 X,Y 为无限分布，则用如下公式求最值分布：

$$P(M = k) = P(X \leqslant k, Y \leqslant k) - P(X \leqslant k-1, Y \leqslant k-1) \quad (k = 1, 2, \cdots),$$

$$P(N = k) = P(X > k-1, Y > k-1) - P(X > k, Y > k) \quad (k = 1, 2, \cdots),$$

详见例 $3-29$.

【例 3 - 25】 设随机变量 (X,Y) 的联合分布律：

Y \ X	0	2	4
1	$\frac{1}{8}$	$\frac{1}{24}$	$\frac{1}{12}$
3	$\frac{3}{8}$	$\frac{1}{8}$	$\frac{1}{4}$

求：(1) $Z=X-Y$；

(2) $W=XY$；

(3) $N=\min\{X,Y\}$ 的分布律.

分析　当 (X,Y) 取不同值而对应 Z 的取值相同时,需将 (X,Y) 取各不同值的概率相加,Z 仅取 3 个不同的值,故 Z 服从 3 点分布;同理,W 和 N 分别为 5 点和 3 点分布.

解　将 (X,Y) 及各个函数的取值对应列于如下同一表中：

P	$\frac{1}{8}$	$\frac{3}{8}$	$\frac{1}{24}$	$\frac{1}{8}$	$\frac{1}{12}$	$\frac{1}{4}$
(X,Y)	$(0,1)$	$(0,3)$	$(2,1)$	$(2,3)$	$(4,1)$	$(4,3)$
$X-Y$	-1	-3	1	-1	-1	1
XY	0	0	2	6	4	12
N	0	0	1	2	1	3

经过合并整理,得

$Z=X-Y$	-3	-1	1
P	$\frac{3}{8}$	$\frac{1}{3}$	$\frac{7}{24}$

$W=XY$	0	2	4	6	12
P	$\frac{1}{2}$	$\frac{1}{24}$	$\frac{1}{12}$	$\frac{1}{8}$	$\frac{1}{4}$

$N=\min\{X,Y\}$	0	1	2	3
P	$\frac{1}{2}$	$\frac{1}{8}$	$\frac{1}{8}$	$\frac{1}{4}$

【例 3 - 26】 设离散型随机变量 X,Y 相互独立,其分布律分别为

$$P(X=i)=p(i) \quad (i=0,1,2,\cdots),$$
$$P(Y=j)=q(j) \quad (j=0,1,2,\cdots),$$

求：$Z=X+Y$ 的分布律.

分析 求 Z 的分布律,首先需将 Z 的事件$\{Z=k\}$转化为有关 X,Y 的事件. 转化时易犯的错误是

$$\{Z=k\}=\{X+Y=k\}=\{X=i,Y=k-i\} \quad (i=0,1,2,\cdots,k).$$

上式第二个等号不成立,右端不应是一个事件,而是 $k+1$ 个事件的并,即

$$\{Z=k\}=\bigcup_{i=0}^{k}\{X=i,Y=k-i\}.$$

解 设 $Z=X+Y$ 的可能取值为 $0,1,2,\cdots$,而事件

$$\begin{aligned}
\{Z=k\}&=\{X+Y=k\}\\
&=\{X=0,Y=k\}\bigcup\{X=1,Y=k-1\}\bigcup\cdots\bigcup\{X=k,Y=0\}\\
&=\bigcup_{i=0}^{k}\{X=i,Y=k-i\},
\end{aligned}$$

由等式右端各事件互不相容性及 X,Y 的独立性,可得

$$\begin{aligned}
P(Z=k)&=\sum_{i=0}^{k}P(X=i,Y=k-i)=\sum_{i=0}^{k}P(X=i)P(Y=k-i)\\
&=\sum_{i=0}^{k}p(i)q(k-i) \quad (k=0,1,2,\cdots).
\end{aligned}$$

注 本题的结果:独立的离散型随机变量 X 与 Y 和的分布为

$$P(Z=k)=P(X+Y=k)=\sum_{i=0}^{k}P(X=i)P(Y=k-i) \quad (k=0,1,2,\cdots).$$

上式被称为离散场合下的卷积公式.

【例 3 - 27】 设随机变量 X,Y 相互独立,都服从泊松分布:$X\sim P(\lambda),Y\sim P(\mu)$,求 $Z=X+Y$ 的分布律.

分析 本例符合离散场合的卷积公式条件.

解 已知

$$P(X=i)=\frac{\lambda^i}{i!}\mathrm{e}^{-\lambda} \quad (i=0,1,2,\cdots),$$

$$P(Y=j)=\frac{\mu^j}{j!}\mathrm{e}^{-\mu} \quad (j=0,1,2,\cdots),$$

则 $Z=X+Y$ 的可能取值也为 $0,1,2,\cdots$. 由上述卷积公式,得

$$P(Z=k)=\sum_{i=0}^{k}p(i)q(k-i)=\sum_{i=0}^{k}\frac{\lambda^i}{i!}\mathrm{e}^{-\lambda}\frac{\mu^{k-i}}{(k-i)!}\mathrm{e}^{-\mu}$$

$$=\frac{\mathrm{e}^{-(\lambda+\mu)}}{k!}\sum_{i=0}^{k}\frac{k!}{i!(k-i)!}\lambda^i\mu^{k-i}=\frac{\mathrm{e}^{-(\lambda+\mu)}}{k!}\sum_{i=0}^{k}\mathrm{C}_k^i\lambda^i\mu^{k-i}$$

$$= \frac{(\lambda+\mu)^k}{k!}e^{-(\lambda+\mu)} \quad (k=0,1,2,\cdots),$$

即
$$Z=X+Y\sim P(\lambda+\mu).$$

【例 3-28】 设离散型随机变量 $X\sim\begin{bmatrix} 0 & 1 \\ 0.4 & 0.6 \end{bmatrix}$，$Y\sim\begin{bmatrix} -1 & 0 & 1 \\ 0.1 & 0.6 & 0.3 \end{bmatrix}$，已知 $P(XY=0)=1$，求 $M=\max(X,Y)$ 和 $N=\min(X,Y)$ 的分布律.

分析　只要写出 (X,Y) 的联合分布律，就可以方便地求得 M 和 N 的分布律. 设联合概率矩阵为

$$\begin{bmatrix} p_{11} & p_{12} & p_{13} \\ p_{21} & p_{22} & p_{23} \end{bmatrix},$$

根据已知的 X 和 Y 的边际分布及条件 $P(XY=0)=1$，就可推断出这 6 个联合概率.

解　设 (X,Y) 的联合分布律和边际分布律如下：

X＼Y	−1	0	1	$P(X=i)$
0	p_{11}	p_{12}	p_{13}	0.4
1	p_{21}	p_{22}	p_{23}	0.6
$P(Y=j)$	0.1	0.6	0.3	1

由 $P(XY=0)=1$，得 $p_{11}+p_{12}+p_{13}+p_{22}=1$，由归一性，得 $p_{21}+p_{23}=0$，由非负性，得 $p_{21}+p_{23}=0$，由上表知 $p_{11}=0.1$，$p_{13}=0.3$，$p_{22}=0.6$，进而 $p_{12}=0$. 于是 (X,Y) 的联合分布律为

X＼Y	−1	0	1
0	0.1	0	0.3
1	0	0.6	0

$M=\max(X,Y)$ 只取 0 和 1，

$P(M=0)=P(X=0,Y=-1)+P(X=0,Y=0)=0.1+0=0.1$，

$P(M=1)=P(X=1,Y=-1)+P(X=1,Y=0)+P(X=1,Y=1)+P(X=0,Y=1)$

$\qquad =0+0.6+0+0.3=0.9$，

所以
$$M=\max(X,Y)\sim\begin{pmatrix} 0 & 1 \\ 0.1 & 0.9 \end{pmatrix},$$

$N=\min(X,Y)$ 的可能取值是 −1,0,1，

$$P(N=-1)=P(X=0,Y=-1)+P(X=1,Y=-1)=0.1,$$
$$P(N=0)=P(X=0,Y=0)+P(X=0,Y=1)+P(X=1,Y=0)=0.9,$$
$$P(N=1)=P(X=1,Y=1)=0,$$

所以
$$N=\min(X,Y)\sim\begin{bmatrix} -1 & 0 & 1 \\ 0.1 & 0.9 & 0 \end{bmatrix}.$$

【例 3-29】 设离散型随机变量 X,Y 相互独立,都服从参数为 p 的几何分布,求 $M=\max(X,Y)$ 的分布律.

分析 当 X,Y 可取无限个整数值时,不能再像例 3-28 那样通过 (X,Y) 的联合分布律求得 $M=\max(X,Y)$ 的分布律,而是用如下公式:

$$P(M=k)=P(M\leqslant k)-P(M\leqslant k-1)$$
$$=P(X\leqslant k)P(Y\leqslant k)-P(X\leqslant k-1)P(Y\leqslant k-1) \quad (k=1,2,\cdots).$$

解 由题设可知 X,Y 的分布律为

$$P(X=i)=P(Y=i)=p(1-p)^{i-1} \quad (i=1,2,\cdots).$$

则
$$P(X\leqslant i)=P(Y\leqslant i)=\sum_{k=1}^{i}P(X=k)=\sum_{k=1}^{i}p(1-p)^{k-1}$$
$$=p\frac{1-(1-p)^i}{1-(1-p)}=1-(1-p)^i,$$

于是 $M=\max(X,Y)$ 的分布律为

$$P(M=k)=P(M\leqslant k)-P(M\leqslant k-1)$$
$$=P(X\leqslant k)P(Y\leqslant k)-P(X\leqslant k-1)P(Y\leqslant k-1)$$
$$=[1-(1-p)^k]^2-[1-(1-p)^{k-1}]^2$$
$$=-2(1-p)^k+(1-p)^{2k}+2(1-p)^{k-1}-(1-p)^{2(k-1)}$$
$$=p(1-p)^{k-1}[2-(1-p)^{k-1}-(1-p)^k] \quad (k=1,2,\cdots).$$

2) 连续型(较之离散型计算难度大得多)

两个随机变量的函数——$Z=g(X,Y)$ 和 (X,Y) 的联合分布密度 $f(x,y)$ 已知,求 Z 的密度函数的方法:

(1) 分布函数法——基本方法:

$$F_Z(z)=P(g(X,Y)\leqslant z)=\iint\limits_{g(x,y)\leqslant z}f(x,y)\mathrm{d}x\mathrm{d}y,$$

$$f_Z(z)=F_Z'(z)=\frac{\mathrm{d}}{\mathrm{d}z}\iint\limits_{g(x,y)\leqslant z}f(x,y)\mathrm{d}x\mathrm{d}y.$$

(2) 公式法——绕过先求分布函数这一环节. 常用公式:

① 线性组合 $Z=aX+bY$ (a 和 b 为常数;$a\neq0,b\neq0$).

$$f_Z(z)=\frac{1}{|b|}\int_{-\infty}^{+\infty}f\left(x,\frac{z-ax}{b}\right)\mathrm{d}x$$

$$\underset{\text{或}}{=} \frac{1}{|a|} \int_{-\infty}^{+\infty} f\left(\frac{z-by}{a}, y\right) \mathrm{d}y.$$

当 $a=b=1$ 且 X 和 Y 相互独立时,有卷积公式

$$f_Z(z) = f_X(z) * f_Y(z) = \int_{-\infty}^{+\infty} f_X(x) f_Y(z-x) \mathrm{d}x$$

$$\underset{\text{或}}{=} f_Y(z) * f_X(z) = \int_{-\infty}^{+\infty} f_X(z-y) f_Y(y) \mathrm{d}y;$$

② 平方和 $Z = X^2 + Y^2$:

$$f_Z(z) = \begin{cases} \dfrac{1}{2} \displaystyle\int_0^{2\pi} f(\sqrt{z}\cos\theta, \sqrt{z}\sin\theta) \mathrm{d}\theta & (z > 0), \\ 0 & (z \leqslant 0); \end{cases}$$

③ 乘积 $Z = XY$:

$$f_Z(z) = \int_{-\infty}^{+\infty} \frac{1}{|x|} f\left(x, \frac{z}{x}\right) \mathrm{d}x \underset{\text{或}}{=} \int_{-\infty}^{+\infty} \frac{1}{|y|} f\left(\frac{z}{y}, y\right) \mathrm{d}y;$$

④ 商 $Z = \dfrac{X}{Y}$:

$$f_Z(z) = \int_{-\infty}^{+\infty} |y| f(yz, y) \mathrm{d}y;$$

⑤ 最值 $M = \max(X, Y), N = \min\{X, Y\}$,$X$ 和 Y 相互独立,M, N 的分布函数为

$$F_M(z) = F_X(z) F_Y(z), F_N(z) = 1 - \left[1 - F_X(z)\right]\left[1 - F_Y(z)\right];$$

M, N 的密度函数

$$f_M(z) = f_X(z) \int_{-\infty}^z f_Y(y) \mathrm{d}y + f_Y(z) \int_{-\infty}^z f_X(x) \mathrm{d}x,$$

$$f_N(z) = f_X(z) \left[1 - \int_{-\infty}^z f_Y(y) \mathrm{d}y\right] + f_Y(z) \left[1 - \int_{-\infty}^z f_X(x) \mathrm{d}x\right].$$

"二维最值"相仿可推广到"n 维最值".

尽管上面两种方法都给出了公式,但并不是万事大吉,因为按这些公式计算还存在两个难点:

(1) 无论是 $F_Z(z)$ 还是 $f_Z(z)$ 都定义在整个 z 轴上,除特殊情况外,$F_Z(z)$ 和 $f_Z(z)$ 都是分段函数.分几段? 怎么分? 也就是 z 轴上的分界点如何确定?

(2) $F_Z(z)$ 和 $f_Z(z)$ 的计算公式,分别是二重和一重广义积分,当被积函数具体代入时,上下积分限如何确定?

克服这两个难点的方法有两个:一是"图形定点定限法",二是"不等式组定点定限法",即前者是几何法,需要作图;后者是解析法,不需作图.

下面通过具体例子介绍这两种方法.

【例 3 - 30】 设随机变量 (X,Y) 的联合分布密度

$$f(x,y)=\begin{cases} 2e^{-(x+2y)} & (x>0,y>0), \\ 0 & (其\quad 他). \end{cases}$$

求 $Z=X-2Y$ 的密度函数 $f_Z(z)$.

分析 先求分布函数:

$$F_Z(z)=P(Z\leqslant z)=P(X-2Y\leqslant z)=\iint\limits_{x-2y\leqslant z} f(x,y)\mathrm{d}x\mathrm{d}y.$$

采用"图形定点定限法".

在 xOy 平面上,$x-2y=z$ 是一条斜率为 $1/2$ 的直线,由于被积函数 $f(x,y)$ 仅在第一象限取非零值,因此需考虑该直线与第一象限边界(即两坐标轴)相交的情况.

当 $z<0$ 时,直线与 y 轴交于点 $\left(0,-\dfrac{z}{2}\right)$,见图 3-12;当 $z\geqslant 0$ 时,直线与 x 轴交于点 $(z,0)$,见图 3-13,因此 z 轴上有唯一分界点 $z=0$.

分界点还可这样确定:把第一象限边界的 3 个顶点 $(0,0)$,$(0,+\infty)$,$(+\infty,0)$ 坐标代入到直线方程 $x-2y=z$,得唯一分界点 $z=0$($z=\infty$ 的点舍去).

图 3-12 和图 3-13 中阴影部分区域既满足不等式 $x-2y\leqslant z$,也满足被积函数 $f(x,y)\neq 0$,据此便可定出二重积分的积分限.

解 方法一 分布函数法:

$$F_Z(z)=P(Z\leqslant z)=P(X-2Y\leqslant z)$$

$$=\iint\limits_{x-2y\leqslant z} f(x,y)\mathrm{d}x\mathrm{d}y,$$

当 $z<0$ 时,由图 3-12 可确定积分限,则

$$F_Z(z)=\int_{-\frac{z}{2}}^{+\infty}\mathrm{d}y\int_0^{2y+z} 2e^{-(x+2y)}\mathrm{d}x$$

$$=\int_{-\frac{z}{2}}^{+\infty} 2e^{-2y}\left[1-e^{-(2y+z)}\right]\mathrm{d}y$$

$$=e^z-\frac{1}{2}e^{-z}e^{2z}=\frac{1}{2}e^z;$$

当 $z\geqslant 0$ 时,由图 3-13 可确定积分限,则

$$F_Z(z)=\int_0^{+\infty}\mathrm{d}y\int_0^{2y+x} 2e^{-(x+2y)}\mathrm{d}x$$

$$=\int_0^{+\infty} 2e^{-2y}\left[1-e^{-(2y+z)}\right]\mathrm{d}y$$

$$=1-\frac{1}{2}e^{-z}.$$

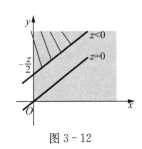

图 3-12

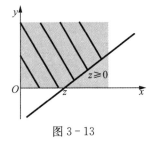

图 3-13

因此

$$F_Z(z)=\begin{cases}\dfrac{1}{2}\mathrm{e}^z & (z<0),\\[2mm]1-\dfrac{1}{2}\mathrm{e}^{-z} & (z\geqslant0).\end{cases}$$

所以 $Z=X-2Y$ 的密度函数

$$f_Z(z)=F_Z'(z)=\begin{cases}\dfrac{1}{2}\mathrm{e}^z & (z<0),\\[2mm]\dfrac{1}{2}\mathrm{e}^{-z} & (z\geqslant0).\end{cases}$$

方法二　公式法：

在线性组合公式①中取 $a=1,b=-2$,有

$$f_Z(z)=\frac{1}{|2|}\int_{-\infty}^{+\infty}f\left(x,\frac{x-z}{2}\right)\mathrm{d}x,$$

采用"不等式组定点定限法".要使被积函数非零必须有

$$\begin{cases}x>0,\\\dfrac{(x-z)}{2}>0,\end{cases}\text{即}\begin{cases}x>0,\\x>z,\end{cases}\qquad(*)$$

令式（*）中不等式各边相等,得 z 轴上唯一分界点 $z=0$.

当 $z<0$ 时,式（*）的解为 $0<x<+\infty$,此即积分的上下限,从而有

$$f_Z(z)=\frac{1}{2}\int_0^{+\infty}2\mathrm{e}^{z-2x}\mathrm{d}x=\mathrm{e}^z\int_0^{+\infty}\mathrm{e}^{-2x}\mathrm{d}x=\frac{1}{2}\mathrm{e}^z;$$

当 $z\geqslant0$ 时,式（*）的解为 $z<x<+\infty$,此即积分的上下限,从而有

$$f_Z(z)=\frac{1}{2}\int_z^{+\infty}2\mathrm{e}^{z-2x}\mathrm{d}x=\mathrm{e}^z\int_z^{+\infty}\mathrm{e}^{-2x}\mathrm{d}x=\frac{1}{2}\mathrm{e}^{-z}.$$

所以 $Z=Z-2Y$ 的密度函数

$$f_Z(z)=\begin{cases}\dfrac{1}{2}\mathrm{e}^z & (z<0),\\[2mm]\dfrac{1}{2}\mathrm{e}^{-z} & (z\geqslant0).\end{cases}$$

【例 3-31】　设随机变量 (X,Y) 的联合密度函数

$$f(x,y)=\begin{cases}3x & (0<x<1,0<y<x),\\0 & (\text{其　他}),\end{cases}$$

求 $Z=X+Y$ 的分布函数 $F_Z(z)$.

分析　采用"图形定点定限法",先确定 z 轴上的分界点.将被积函数 $f(x,y)$ 取非零值的三角形区域的 3 个顶点 $(0,0),(1,0),(1,1)$ 的坐标,分别代入到 xOy 平面上

的直线方程 $z=x+y$ 中，便得 z 轴上的 3 个分界点：$z=0,z=1,z=2$. 这表示所求的分布函数 $F_Z(z)$ 将被分成 4 段表达. 由图 3-14 可得出二重积分的积分上下限.

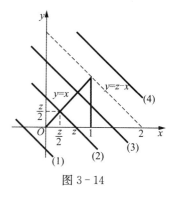

图 3-14

解 (1) 当 $z<0$ 时，$F_Z(z)=P(\varnothing)=0$.

(2) 当 $0 \leqslant z < 1$ 时

$$F_Z(z) = P(X+Y \leqslant z) = \iint\limits_{x+y \leqslant z} f(x,y)\,\mathrm{d}x\mathrm{d}y$$

$$= \int_0^{\frac{z}{2}} \mathrm{d}y \int_y^{z-y} 3x\,\mathrm{d}x = \int_0^{\frac{z}{2}} \left(\frac{3}{2}z^2 - 3zy\right)\mathrm{d}y$$

$$= \frac{3}{8}z^2.$$

(3) 当 $1 \leqslant z < 2$ 时

$$F_Z(z) = \int_0^{\frac{z}{2}} \mathrm{d}x \int_x^x 3x\,\mathrm{d}y + \int_{\frac{z}{2}}^1 \mathrm{d}x \int_0^{z-x} 3x\,\mathrm{d}y$$

$$= \int_0^{\frac{z}{2}} 3x^2\,\mathrm{d}x + \int_{\frac{z}{2}}^1 3(zx - x^2)\,\mathrm{d}x$$

$$= \frac{3}{2}z - 1 - \frac{1}{8}z^3.$$

(4) 当 $z \geqslant 2$ 时，$F_Z(z)=P(\Omega)=1$.

综合以上 (1)~(4)，得 $Z=X+Y$ 的分布函数

$$F_Z(z) = \begin{cases} 0 & (z<0), \\ \dfrac{3}{8}z^3 & (0 \leqslant z < 1), \\ \dfrac{3}{2}z - 1 - \dfrac{1}{8}z^3 & (1 \leqslant z < 2), \\ 1 & (z \geqslant 2). \end{cases}$$

注 "图形定点定限法"和"不等式组定点定限法"具有一般性，可在求随机变量和的分布时使用，也可在求随机变量积、商等各种形式的分布时使用.

下面再举几例：

【例 3-32】 设随机变量 (X,Y) 服从矩形域 $G = \{(x,y) \mid 0 < x < 2, 0 < y < 1\}$ 上的均匀分布，求边长为 X 和 Y 的矩形面积 Z 的密度函数 $f_Z(z)$.

分析 采用"图形定点定限法".

由图 3-15 可见，矩形面积 $Z=XY$ 的最小可能值为

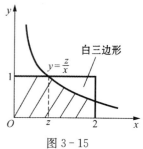

图 3-15

0,最大可能值为 2,所以 z 轴上的分界点为 $z=0$ 和 $z=2$.或者将矩形域 G 的 4 个顶点 $(0,0),(0,1),(2,0),(2,1)$ 的坐标代入曲线方程 $z=xy$,也可得分界点 $z=0$ 和 $z=2$.

解　方法一　分布函数法:

$$F_Z(z) = P(Z \leqslant z) = P(XY \leqslant z) = \iint\limits_{xy \leqslant z} f(x,y)\mathrm{d}x\mathrm{d}y,$$

其中 $f(x,y) = \begin{cases} \dfrac{1}{2} & (0<x<2,0<y<1), \\ 0 & (其\quad 他) \end{cases}$ 为 (X,Y) 的联合密度函数.

当 $z<0$ 时,$F_Z(z)=0$;当 $z \geqslant 2$ 时,$F_Z(z)=1$;

当 $0 \leqslant z<2$ 时,求对立事件概率(在白三边形上积分)较为简单,故

$$\begin{aligned} F_Z(z) &= P(Z \leqslant z) = P(XY \leqslant z) \\ &= 1 - P(XY > z) = \iint\limits_{xy>z} f(x,y)\mathrm{d}x\mathrm{d}y \\ &= 1 - \frac{1}{2}\int_z^2 \mathrm{d}x \int_{\frac{z}{x}}^1 \mathrm{d}y\mathrm{d}x = 1 - \frac{1}{2}\int_z^2 \left(1 - \frac{z}{x}\right)\mathrm{d}x \\ &= \frac{1}{2}(1 + \ln 2 - \ln z)z, \end{aligned}$$

即

$$F_Z(z) = \begin{cases} 0 & (z<0), \\ \dfrac{1}{2}(1+\ln 2 - \ln z)z & (0 \leqslant z<2), \\ 1 & (z \geqslant 2). \end{cases}$$

求导得 Z 的密度函数

$$f_Z(z) = F_Z'(z) = \begin{cases} \dfrac{1}{2}(\ln 2 - \ln z) & (0<z<2), \\ 0 & (其\quad 他). \end{cases}$$

方法二　公式法:

由公式③可有 $f_Z(z) = \displaystyle\int_{-\infty}^{+\infty} \frac{1}{|x|} f\left(x, \frac{z}{x}\right)\mathrm{d}x$,采用"不等式组定点定限法",要使被积函数非零必须有

$$\begin{cases} 0<x<2, \\ 0<\dfrac{z}{x}<1, \end{cases} \text{即} \begin{cases} 0<x<2, \\ x>z, \end{cases} \tag{*}$$

令式(*)中不等式边边相等,得 z 轴上分界点 $z=0$ 和 $z=2$.

当 $z<0$ 或 $z \geqslant 2$ 时,式(*)无解,即被积函数为 0,故 $f_Z(z)=0$;

当 $0<z<2$ 时,式($*$)的解为 $z<x<2$,此即积分的上下限,从而有

$$f_Z(z) = \int_z^2 \frac{1}{2x} \mathrm{d}x = \frac{1}{2}(\ln 2 - \ln z).$$

综合得 Z 的密度函数

$$f_Z(z) = \begin{cases} \dfrac{1}{2}(\ln 2 - \ln z) & (0<z<2), \\ 0 & (\text{其 他}). \end{cases}$$

【例 3 - 33】 设随机变量 (X,Y) 的联合密度函数

$$f(x,y) = \begin{cases} \dfrac{100}{x^2 y^2} & (x>10, y>10), \\ 0 & (\text{其 他}), \end{cases}$$

求 $Z = \dfrac{X}{Y}$ 的密度函数 $f_Z(z)$。

分析 采用"图形定点定限法"。

将被积函数 $f(x,y)$ 取非零值的区域 $\{(x,y) \mid x>10, y>10\}$ 的边界顶点 $(10, 10)$,$(10, +\infty)$,$(+\infty, 10)$ 的坐标,代入到直线方程 $z = \dfrac{x}{y}$,得分界点 $z=0$, $z=1$($z=\infty$ 的点舍去)。

解 **方法一** 分布函数法:

$$F_Z(z) = P(Z \leqslant z) = P\left(\frac{X}{Y} \leqslant z\right) = \iint\limits_{\frac{x}{y} \leqslant z} f(x,y) \mathrm{d}x\mathrm{d}y.$$

(1) 当 $z<0$ 时,$F_Z(z) = P(\varnothing) = 0$;

(2) 当 $0<z<1$ 时,重积分的积分上下限可根据图 3 - 16 定出,故

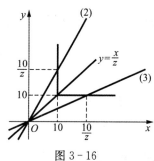

$$F_Z(z) = P\left(\frac{X}{Y} \leqslant z\right) = \iint\limits_{\frac{x}{y} \leqslant z} f(x,y) \mathrm{d}x\mathrm{d}y$$

$$= \int_{\frac{10}{z}}^{+\infty} \left(\int_{10}^{yz} \frac{100}{x^2 y^2} \mathrm{d}x\right) \mathrm{d}y$$

$$= \int_{\frac{10}{z}}^{+\infty} \left(\frac{10}{y^2} - \frac{100}{zy^3}\right) \mathrm{d}y = \frac{z}{2};$$

图 3 - 16

(3) 当 $z \geqslant 1$ 时,由图 3 - 16 可见求对立事件概率比较简单,故

$$F_Z(z) = P\left(\frac{X}{Y} \leqslant z\right) = 1 - P\left(\frac{X}{Y} > z\right) = 1 - \iint\limits_{\frac{x}{y} > z} f(x,y) \mathrm{d}x\mathrm{d}y$$

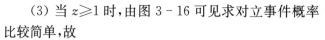

$$= 1 - \int_{10z}^{+\infty} \left(\int_{10}^{\frac{x}{z}} \frac{100}{x^2 y^2} \mathrm{d}x \right) \mathrm{d}y = 1 - \int_{10z}^{+\infty} \left(\frac{10}{x^2} - \frac{100z}{x^3} \right) \mathrm{d}x = 1 - \frac{1}{2z}.$$

综合(1)~(3),有

$$F_Z(z) = \begin{cases} 0 & (z<0), \\ \dfrac{z}{2} & (0 \leqslant z < 1), \\ 1 - \dfrac{1}{2z} & (z \geqslant 1), \end{cases}$$

求导得 $Z = \dfrac{X}{Y}$ 的密度函数

$$f_Z(z) = F_Z'(z) = \begin{cases} 0 & (z<0), \\ \dfrac{1}{2} & (0 \leqslant z < 1), \\ \dfrac{1}{2z^2} & (z \geqslant 1). \end{cases}$$

方法二 公式法:

由常用公式(4),则有 $Z = \dfrac{X}{Y}$ 的密度函数

$$f_Z(z) = \int_{-\infty}^{+\infty} |y| f(yz, y) \mathrm{d}y.$$

采用"不等式组定点定限法",要使被积函数非零必须有

$$\begin{cases} yz > 10, \\ y > 10, \end{cases} \tag{$\triangle$}$$

$$解得 \begin{cases} \dfrac{10}{z} < y < +\infty, \\ 10 < y < +\infty. \end{cases} \tag{$*$}$$

令式($*$)中不等式各边相等,得 z 轴上分界点 $z=0$ 和 $z=1$.

(1) 当 $z \leqslant 0$ 时,不等式组($\triangle$)无解,即 $f(yz, y) = 0$,从而 $f_Z(z) = 0$;

(2) 当 $0 < z < 1$ 时,不等式组($*$)的解为 $\dfrac{10}{z} < y < +\infty$,此即为积分上下限:

$$f_Z(z) = \int_{\frac{10}{z}}^{+\infty} y \frac{100}{(yz)^2 y^2} \mathrm{d}y = \frac{1}{2};$$

(3) 当 $z \geqslant 1$ 时,不等式组($*$)的解为 $10 < y < +\infty$,此即为积分上下限:

$$f_Z(z) = \int_{10}^{+\infty} y \frac{100}{(yz)^2 y^2} \mathrm{d}y = \frac{1}{2z^2}.$$

综合(1)~(3),得 $Z = \dfrac{X}{Y}$ 的密度函数

$$f_Z(z)=F'_Z(z)=\begin{cases} 0 & (z<0), \\ \dfrac{1}{2} & (0\leqslant z<1), \\ \dfrac{1}{2z^2} & (z\geqslant 1). \end{cases}$$

【例 3-34】 设系统 L 由相互独立的 n 个元件组成,其连接方式如下:

(1) 串联;

(2) 并联;

(3) 冷贮备(起初由一个元件工作,其他 $n-1$ 个元件处于"冷贮备"状态,当工作元件失效时,贮备的元件逐个地自动替换);

(4) L 为 n 个取 k 个的表决系统(即 n 个元件中有 k 个或 k 个以上的元件正常工作时,系统 L 才正常工作).

若 n 个元件寿命分别为 $X_1,X_2,\cdots,X_n$,且 $X_i\sim E(\lambda)(i=1,2,\cdots,n)$,求在以上 4 种组成方式下,系统 L 的寿命 X 的密度函数.

分析 串联系统的寿命取决于 $X_1,X_2,\cdots,X_n$ 中最小的一个;并联系统的寿命取决于 $X_1,X_2,\cdots,X_n$ 中最大的一个;冷贮备系统的寿命是所有 $X_1,X_2,\cdots,X_n$ 的和;表决系统的寿命 X 可这样表达:事件 $\{X>x\}=\{X_1,X_2,\cdots,X_n$ 中至少有 k 个大于 $x\}$.

解 已知各元件的寿命分布函数

$$F(x)=\begin{cases} 1-e^{-\lambda x} & (x>0), \\ 0 & (x\leqslant 0). \end{cases}$$

(1) $X=\min(X_1,X_2,\cdots,X_n)$,

$$F_X(x)=1-[1-F(x)]^n=\begin{cases} 1-e^{-n\lambda x} & (x>0), \\ 0 & (x\leqslant 0), \end{cases}$$

$$f_X(x)=F'_X(x)=\begin{cases} n\lambda e^{-\lambda x} & (x>0), \\ 0 & (x\leqslant 0). \end{cases}$$

(2) $X=\max(X_1,X_2,\cdots,X_n)$,

$$F_X(x)=[F(x)]^n=\begin{cases} (1-e^{-\lambda x})^n & (x>0), \\ 0 & (x\leqslant 0), \end{cases}$$

$$f_X(x)=F'_X(x)=\begin{cases} n\lambda e^{-\lambda x}(1-e^{-\lambda x})^{n-1} & (x>0), \\ 0 & (x\leqslant 0). \end{cases}$$

(3) $X=X_1+X_2+\cdots+X_n(n\geqslant 2)$,由卷积公式可得

$$f_{X_1+X_2}(x)=\int_{-\infty}^{+\infty}f_{X_1}(t)f_{X_2}(x-t)\mathrm{d}t$$

$$= \begin{cases} \int_0^x e^{-\lambda t} e^{-\lambda(x-t)} dt & (x>0), \\ 0 & (x\leqslant 0) \end{cases} = \begin{cases} xe^{-\lambda x} & (x>0), \\ 0 & (x\leqslant 0). \end{cases}$$

又 X_1+X_2 和 X_3 仍相互独立,故由卷积公式

$$f_{X_1+X_2+X_3}(x) = \int_{-\infty}^{+\infty} f_{X_1+X_2}(t) f_{X_3}(x-t) dt$$

$$= \begin{cases} \int_0^x te^{-\lambda t} e^{-\lambda(x-t)} dt & (x>0), \\ 0 & (x\leqslant 0) \end{cases} = \begin{cases} \dfrac{x^2}{2!} e^{-\lambda x} & (x>0), \\ 0 & (x\leqslant 0). \end{cases}$$

归纳后,可得

$$f_X(x) = \begin{cases} \dfrac{x^{n-1}}{(n-1)!} e^{-\lambda x} & (x>0), \\ 0 & (x\leqslant 0). \end{cases}$$

(4) $F_X(x) = P(X\leqslant x) = \begin{cases} 1-P(X>x) & (x>0), \\ 0 & (x\leqslant 0). \end{cases}$

$$P(X>x) = P(X_1, X_2, \cdots, X_n \text{ 中至少有 } k \text{ 个大于 } x)$$

$$= \sum_{j=k}^{n} C_n^j [P(X_1>x)]^j [P(X_1\leqslant x)]^{n-j}$$

$$= \sum_{j=k}^{n} C_n^j (e^{-\lambda x})^j (1-e^{-\lambda x})^{n-j},$$

于是

$$F_X(x) = \begin{cases} 1-\sum_{j=k}^{n} C_n^j (e^{-\lambda x})^j (1-e^{-\lambda x})^{n-j} & (x>0), \\ 0 & (x\leqslant 0), \end{cases}$$

$$f_X(x) = F_X'(x) = \begin{cases} C_n^k k\lambda e^{-k\lambda x} (1-e^{-\lambda x})^{n-k} & (x>0), \\ 0 & (x\leqslant 0). \end{cases}$$

7. 证明题

【例 3-35】 设随机变量 $X\sim B(n,p)$,$Y\sim B(m,p)$,且 X 和 Y 相互独立,证明:

$$Z=X+Y\sim B(n+m,p).$$

分析 本题证明用到离散场合的卷积公式

$$P(Z=k) = \sum_{i=0}^{k} P(X=i) P(Y=k-i),$$

其中 $Z=X+Y$ 可取 $n+m+1$ 个值:$0,1,2,\cdots,n+m.$

在二项分布场合，上式中有些事件是不可能事件：

当 $i>n$ 时，$\{X=i\}$ 是不可能事件，所以只须考虑 $i\leqslant n$；

当 $k-i>m$ 时，$\{Y=k-i\}$ 是不可能事件，所以只须考虑 $i>k-m$.

证 由上面分析，设 $a=\max\{0,k-m\}$，$b=\min\{n,k\}$，则

$$P(Z=k)=\sum_{i=a}^{b}P(X=i)P(Y=k-i)$$

$$=\sum_{i=a}^{b}C_n^i p^i(1-p)^{n-i}C_m^{k-i}p^{k-i}(1-p)^{m-(k-i)}$$

$$=p^k(1-p)^{n+m-k}\sum_{i=a}^{b}C_n^iC_m^{k-i},$$

利用超几何分布归一性可得上式组合乘积的和满足：

$$\sum_{i=a}^{b}\frac{C_n^iC_m^{k-i}}{C_{n+m}^k}=1 \text{ 或 } \sum_{i=a}^{b}C_n^iC_m^{k-i}=C_{n+m}^k,$$

代回原式，得

$$P(Z=k)=C_{n+m}^k p^k(1-p)^{n+m-k} \quad (k=0,1,2,\cdots,n+m).$$

所以 $Z=X+Y\sim B(n+m,p)$.

【例 3-36】 设随机变量 X 与 Y 相互独立，且服从相同的柯西分布，其密度函数

$$f(x)=\frac{1}{\pi(1+x^2)} \quad (-\infty<x<+\infty),$$

证明：$Z=\dfrac{1}{2}(X+Y)$ 也服从同一分布.

分析 由于 X,Y 的系数不为 1，所以本题不能直接应用卷积公式证明，但可以间接应用，即先用卷积公式求出 $W=X+Y$ 的密度函数，然后再求 $Z=\dfrac{W}{2}$ 的密度函数.

证 令 $W=X+Y$，由卷积公式得 W 的密度函数

$$f_W(w)=\int_{-\infty}^{+\infty}f_X(x)f_Y(w-x)\mathrm{d}x=\frac{1}{\pi^2}\int_{-\infty}^{+\infty}\frac{1}{1+x^2}\cdot\frac{1}{1+(w-x)^2}\mathrm{d}x$$

$$=\frac{1}{\pi^2 w(w^2+4)}\int_{-\infty}^{+\infty}\left[\frac{2x+w}{1+x^2}-\frac{2(x-w)-w}{1+(x-w)^2}\right]\mathrm{d}x$$

$$=\frac{1}{\pi^2 w(w^2+4)}\left[\ln(1+x^2)+w\arctan x\right.$$

$$\left.-\ln(1+(x-w)^2)+w\arctan(x-w)\right]\Big|_{-\infty}^{+\infty}$$

$$=\frac{2}{\pi(w^2+4)},$$

从而 $Z = \dfrac{1}{2} W$ 的密度函数

$$f_Z(z) = f_W(w)|w'| = \frac{2}{\pi(4z^2+4)} \cdot 2 = \frac{1}{\pi(1+z^2)},$$

即 $Z = \dfrac{1}{2}(X+Y)$ 也服从相同的柯西分布.

【例 3 - 37】 设随机变量 X,Y 相互独立，$X \sim N(0,1)$，Y 各以 0.5 的概率取值 ± 1. 令 $Z = XY$，证明：$Z \sim N(0,1)$.

分析 已知 X 的分布函数 $F_X(x) = \Phi(x)$，只要证明 Z 的分布函数 $F_Z(z) = \Phi(z)$.

证 由全概率公式得 Z 的分布函数

$$\begin{aligned}
F_Z(z) &= P(Z \leqslant z) = P(XY \leqslant z) \\
&= P(Y=1)P(XY \leqslant z \mid Y=1) + P(Y=-1)P(XY \leqslant z \mid Y=-1) \\
&= P(Y=1)P(X \leqslant z) + P(Y=-1)P(X \geqslant -z) \\
&= 0.5\Phi(z) + 0.5(1 - \Phi(-z)) = \Phi(z),
\end{aligned}$$

所以 $Z \sim N(0,1)$.

【例 3 - 38】 设随机变量 X 服从均匀分布 $U(1,2)$，在 $X = x$ 的条件下，随机变量 Y 的条件分布是参数为 x 的指数分布 $E_{xp}(x)$，证明：$XY \sim E_{xp}(1)$.

分析 本题可用三种方法证明：

(1) 验证 $Z = XY$ 的分布函数或密度函数是否为

$$F_Z(z) = \begin{cases} 1 - e^{-z} & (z \geqslant 0) \\ 0 & (z < 0) \end{cases} \text{或} \ f_Z(z) = \begin{cases} e^{-z} & (z \geqslant 0), \\ 0 & (z < 0). \end{cases}$$

(2) 利用乘法公式的 $Z = XY$，则

$$f_Z(z) = \int_{-\infty}^{+\infty} \frac{1}{|x|} f\left(x, \frac{z}{x}\right) \mathrm{d}x \stackrel{\text{或}}{=} \int_{-\infty}^{+\infty} \frac{1}{|y|} f\left(\frac{z}{y}, y\right) \mathrm{d}y.$$

(3) 通过变量代换 $\begin{cases} Z = XY, \\ V = X, \end{cases}$ 构造新的二维随机变量 (Z,V) 的联合密度函数 $f_{Z,V}(z,v)$，然后验证其边际密度函数是否为

$$f_Z(z) = \int_{-\infty}^{+\infty} f_{Z,V}(z,v) \mathrm{d}v = \begin{cases} e^{-z} & (z \geqslant 0), \\ 0 & (z < 0). \end{cases}$$

证 方法一 已知 $X \sim U(1,2)$，$Y \mid X = x \sim E_{xp}(x)$，则 X 的密度函数和 Y 的条件密度函数分别如下：

$$f_X(x) = \begin{cases} 1 & (1 < x < 2), \\ 0 & (\text{其　他}), \end{cases}$$

$$f_{Y|X}(y|x)=\begin{cases} x\mathrm{e}^{-xy} & (y\geqslant 0),\\ 0 & (y<0),\end{cases}$$

从而(X,Y)的联合密度函数

$$f(x,y)=f_X(x)f_{Y|X}(y|x)=\begin{cases} x\mathrm{e}^{-xy} & (1<x<2,y\geqslant 0),\\ 0 & (其\ 他).\end{cases}$$

下面求$Z=XY$的分布函数:

当$z<0$时,$F_Z(z)=0$;

当$z\geqslant 0$时,积分区域如图$3-17$所示,有

$$F_Z(z)=P(Z\leqslant z)=P(XY\leqslant z)$$

$$=\iint\limits_{xy\leqslant z}f(x,y)\mathrm{d}x\mathrm{d}y=\int_1^2\mathrm{d}x\int_0^{\frac{z}{x}}x\mathrm{e}^{-xy}\mathrm{d}y$$

$$=\int_1^2(1-\mathrm{e}^{-z})\mathrm{d}x=1-\mathrm{e}^{-z},$$

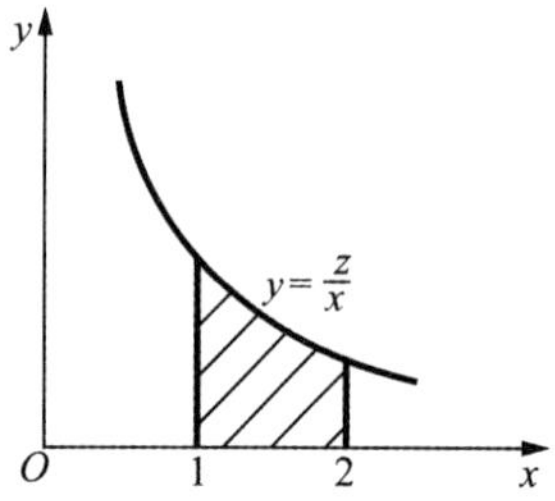

图 3-17

于是

$$F_Z(z)=\begin{cases} 1-\mathrm{e}^{-z} & (z\geqslant 0),\\ 0 & (z<0),\end{cases}$$

即　$Z=XY\sim E_{xp}(1)$.

方法二　由题设得(X,Y)的联合密度函数:

$$f(x,y)=f_X(x)f_{Y|X}(y|x)=\begin{cases} x\mathrm{e}^{-xy} & (1<x<2,y\geqslant 0),\\ 0 & (其\ 他).\end{cases}$$

当$z<0$时,$f_Z(z)=0$;当$z\geqslant 0$时,

$$f_Z(z)=\int_{-\infty}^{+\infty}\frac{1}{|x|}f\left(x,\frac{z}{x}\right)\mathrm{d}x=\int_1^2\frac{1}{x}x\mathrm{e}^{-z}\mathrm{d}x=\mathrm{e}^{-z},$$

从而

$$f_Z(z)=\begin{cases} \mathrm{e}^{-z} & (z\geqslant 0),\\ 0 & (z<0).\end{cases}$$

即　$Z=XY\sim E_{xp}(1)$.

方法三　已知$X\sim U(1,2)$,$Y|X=x\sim E_{xp}(x)$,则X的密度函数和Y的条件密度函数分别如下:

$$f_X(x)=\begin{cases} 1 & (1<x<2),\\ 0 & (其\ 他);\end{cases}$$

$$f_{Y|X}(y|x)=\begin{cases} x\mathrm{e}^{-xy} & (y\geqslant 0),\\ 0 & (y<0).\end{cases}$$

从而(X,Y)的联合密度函数

$$f(x,y)=f_X(x)f_{Y|X}(y|x)=\begin{cases} xe^{-xy} & (1<x<2,y\geqslant 0), \\ 0 & \text{(其 他)}. \end{cases}$$

令 $\begin{cases} Z=XY, \\ V=X, \end{cases}$ 则 $\begin{cases} z=xy, \\ v=x, \end{cases}$ 的逆变换为 $\begin{cases} x=v, \\ y=\dfrac{z}{v}, \end{cases}$ 此变换的雅可比行列式为

$$J=\begin{vmatrix} \dfrac{\partial x}{\partial z} & \dfrac{\partial x}{\partial v} \\ \dfrac{\partial y}{\partial z} & \dfrac{\partial y}{\partial v} \end{vmatrix}=\begin{vmatrix} 0 & 1 \\ \dfrac{1}{v} & -\dfrac{z}{v^2} \end{vmatrix}=-\dfrac{1}{v},$$

当 $z\geqslant 0,1<v<2$ 时

$$f_{Z,V}(z,v)=f\left(v,\dfrac{z}{v}\right)|J|=ve^{-z}\left|\dfrac{1}{v}\right|=e^{-z},$$

所以 (Z,V) 的联合密度函数

$$f_{Z,V}(z,v)=\begin{cases} e^{-z} & (z\geqslant 0,1<v<2), \\ 0 & \text{(其 他)}, \end{cases}$$

由此得 $Z=XY$ 的边际密度函数

$$f_Z(z)=\int_{-\infty}^{+\infty}f_{Z,V}(z,v)\mathrm{d}v=\begin{cases} e^{-z} & (z\geqslant 0), \\ 0 & (z<0), \end{cases}$$

这表明 $Z=XY\sim E_{xp}(1)$.

【例 3-39】 设随机变量 X 和 Y 相互独立,且具有密度函数

$$X\sim f_X(x)=\begin{cases} \dfrac{1}{\pi\sqrt{1-x^2}} & (|x|<1), \\ 0 & (|x|\geqslant 1). \end{cases}$$

$$Y\sim f_Y(y)=\begin{cases} ye^{-\frac{y^2}{2}} & (y>0), \\ 0 & (y\leqslant 0). \end{cases}$$

证明: $Z=XY\sim N(0,1)$.

分析 本题除可采用例 3-38 所用的 3 种不同方法证明外,还可用除法公式证明,即公式的 $Z=X/Y,(X,Y)\sim f(x,y)$,则

$$f_Z(z)=\int_{-\infty}^{+\infty}|y|f(yz,y)\mathrm{d}y.$$

证明思路:首先将乘法化为除法, $Z=XY=\dfrac{X}{\dfrac{1}{Y}}=\dfrac{X}{W}$,在求出 (X,W) 的联合密度函数后就可套用公式求得 Z 的密度函数.

证 记 $W=\dfrac{1}{Y}$，则 $Z=XY=\dfrac{X}{W}$，由于 X 和 Y 相互独立，所以 X 和 W 也相互独立．由于函数 $w=\dfrac{1}{y}$ 严格单调，W 的密度函数

$$f_W(w)=f_Y(y)|y'|=\begin{cases}w^{-3}\,\mathrm{e}^{-\frac{1}{2w^2}} & (w>0),\\ 0 & (w\leqslant 0),\end{cases}$$

从而 (X,W) 的联合密度函数

$$f(x,w)=f_X(x)f_W(w)=\begin{cases}\dfrac{w^{-3}\,\mathrm{e}^{-\frac{1}{2w^2}}}{\pi\,\sqrt{1-x^2}} & (|x|<1,w>0),\\ 0 & (其\quad 他),\end{cases}$$

于是 $Z=\dfrac{X}{W}$ 的密度函数

$$f_Z(z)=\int_{-\infty}^{+\infty}|w|\,f(wz,w)\mathrm{d}w f_Z(z)=\int_0^{\frac{1}{|z|}}\dfrac{w^{-2}\,\mathrm{e}^{-\frac{1}{2w^2}}}{\pi\,\sqrt{1-z^2w^2}}\mathrm{d}w,$$

$\dfrac{1}{2w^2}=u+\dfrac{z^2}{2}$．当 $w=\dfrac{1}{|z|}$ 时，$u=0$；$w\to 0^+$ 时，$u=+\infty$．从而

$$f_Z(z)=\dfrac{1}{\pi\sqrt2}\mathrm{e}^{-\frac{z^2}{2}}\int_0^{+\infty}u^{-\frac{1}{2}}\mathrm{e}^{-u}\mathrm{d}u=\dfrac{1}{\pi\sqrt2}\mathrm{e}^{-\frac{z^2}{2}}\Gamma\left(\dfrac{1}{2}\right)=\dfrac{1}{\sqrt{2\pi}}\mathrm{e}^{-\frac{z^2}{2}},$$

$\Gamma(x)=\displaystyle\int_0^{+\infty}u^{x-1}\mathrm{e}^{-u}\mathrm{d}u$ 为伽伪函数，$Z=XY\sim N(0,1)$．

【例 3－40】 设 X 和 Y 独立同分布，其密度函数

$$f_X(x)=f_Y(x)=\begin{cases}\mathrm{e}^{-x} & (x\geqslant 0),\\ 0 & (x<0),\end{cases}$$

证明：随机变量 $X+Y$ 和 $\dfrac{X}{Y}$ 也相互独立．

分析 一般都用定义证明随机变量的独立性，本题也不例外．首先作随机变量代换，令

$$U=X+Y,V=\dfrac{X}{Y},$$

然后求出新的二维随机变量 (U,V) 的联合密度函数 $f(u,v)$，用老的二维随机变量 (X,Y) 的联合密度函数来表达新的二维随机变量 (U,V) 的联合密度函数的公式是

$$f(u,v)=f_{X,Y}(x,y)\cdot|J|,$$

其中 $J=\begin{vmatrix}\dfrac{\partial x}{\partial u} & \dfrac{\partial x}{\partial v}\\ \dfrac{\partial y}{\partial u} & \dfrac{\partial y}{\partial v}\end{vmatrix}$ 称为雅可宾行列式．最后验证 $f(u,v)=f_U(u)f_V(v)$ 是否成立．

证 由 X 和 Y 相互独立,且都服从参数为 1 的指数分布,可得 (X,Y) 的联合密度函数

$$f_{X,Y}(x,y)=f_X(x)f_Y(y)=\begin{cases} \mathrm{e}^{-(x+y)} & (x>0,y>0), \\ 0 & (其\ 他). \end{cases}$$

变换 $\begin{cases} u=x+y, \\ v=\dfrac{x}{y} \end{cases}$ 的逆变换为 $\begin{cases} x=\dfrac{uv}{1+v}, \\ y=\dfrac{u}{1+v}, \end{cases}$ 其雅可宾行列式为

$$J=\begin{vmatrix} \dfrac{\partial x}{\partial u} & \dfrac{\partial x}{\partial v} \\ \dfrac{\partial y}{\partial u} & \dfrac{\partial y}{\partial v} \end{vmatrix}=\begin{vmatrix} \dfrac{v}{1+v} & \dfrac{u}{(1+v)^2} \\ \dfrac{1}{1+v} & -\dfrac{u}{(1+v)^2} \end{vmatrix}=-\dfrac{u}{(1+v)^2},$$

(U,V) 的联合密度函数

$$f(u,v)=f_{X,Y}\left(\dfrac{uv}{1+v},\dfrac{u}{1+v}\right)\cdot|J|=\begin{cases} \dfrac{\mathrm{e}^{-u}u}{(1+v)^2} & (u>0,v>0), \\ 0 & (其\ 他), \end{cases}$$

U 的边际密度函数

$$f_U(u)=\int_{-\infty}^{+\infty}f(u,v)\mathrm{d}v=\begin{cases} u\mathrm{e}^{-u}\displaystyle\int_0^{+\infty}\dfrac{\mathrm{d}v}{(1+v)^2} & (u>0), \\ 0 & (u\leqslant 0) \end{cases}$$

$$=\begin{cases} u\mathrm{e}^{-u} & (u>0), \\ 0 & (u\leqslant 0), \end{cases}$$

V 的边际密度函数

$$f_V(v)=\int_{-\infty}^{+\infty}f(u,v)\mathrm{d}u=\begin{cases} \dfrac{1}{(1+v)^2}\displaystyle\int_0^{+\infty}u\mathrm{e}^{-u}\mathrm{d}u & (v>0), \\ 0 & (v\leqslant 0) \end{cases}$$

$$=\begin{cases} \dfrac{1}{(1+v)^2} & (v>0), \\ 0 & (v\leqslant 0). \end{cases}$$

因为 $f(u,v)=f_U(u)f_V(v)$,所以 $U=X+Y$ 和 $V=\dfrac{X}{Y}$ 也相互独立.

【例 3-41】 已知连续型随机变量 X_1,X_2,X_3,X_4 具有相同的分布,X_1 和 X_2,X_3 和 X_4 分别相互独立. 设 $U=\max(X_1,X_2)$,$V=\min(X_3,X_4)$,且 U 和 V 也相互独立,证明:$P(V>U)=\dfrac{1}{6}$.

分析 本题比较独特,U 与 V 都是 $X_i(i=1\sim 4)$ 的函数,而 X_i 的分布并未具

体给出,因而有关 U,V 的分布也不可能具体得到,但事件 $\{V>U\}$ 的概率却能具体算出.

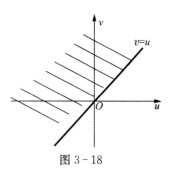

由于 $P(V>U)=\iint\limits_{v>u}f(u,v)\mathrm{d}u\mathrm{d}v$,所以只要求出 (U,V) 的联合密度函数 $f(u,v)$,问题便迎刃而解. 由图 3-18 可知,不难将二重积分化成累次积分.

图 3-18

证 设 $X_i(i=1\sim 4)$ 的分布函数与密度函数分别为 $F(x)$ 和 $f(x)$,则 $U=\max(X_1,X_2)$ 和 $V=\min(X_3,X_4)$ 的分布函数和密度函数分别如下:

$$F_U(u)=F^2(u),\quad f_U(u)=F'(u)=2F(u)f(u),$$
$$F_V(v)=1-[1-F(u)]^2,\quad f_V(v)=F'(v)=2[1-F(v)]f(v).$$

由 U 和 V 相互独立可得 (U,V) 的联合密度函数

$$f(u,v)=f_U(u)f_V(v)=4F(u)f(u)[1-F(v)]f(v),$$

于是由联合密度函数及分布函数性质,可得

$$P(V>U)=\iint\limits_{v>u}f(u,v)\mathrm{d}u\mathrm{d}v$$

$$=\int_{-\infty}^{+\infty}\mathrm{d}u\int_{u}^{+\infty}4F(u)f(u)[1-F(v)]f(v)\mathrm{d}v$$

$$=\int_{-\infty}^{+\infty}4F(u)f(u)\mathrm{d}u\int_{u}^{+\infty}-[1-F(v)]\mathrm{d}[1-F(v)]$$

$$=\int_{-\infty}^{+\infty}2F(u)[1-F(u)]^2\mathrm{d}F(u)$$

$$=\left[F^2(u)-\frac{4}{3}F^3(u)+\frac{1}{2}F^4(u)\right]\Big|_{-\infty}^{+\infty}$$

$$=1-\frac{4}{3}+\frac{1}{2}=\frac{1}{6}.$$

【例 3-42】 设连续型随机变量 X,Y 相互独立,其密度函数和分布函数分别为 $f(x),F(x)$ 和 $g(x),G(x)$. 若对任意 x,有 $F(x)\leqslant G(x)$,试证明:$P(X\leqslant Y)\leqslant\dfrac{1}{2}$.

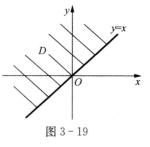

分析 由于 X,Y 相互独立,则 (X,Y) 的联合密度函数

$$f(x,y)=f(x)g(y).$$

图 3-19

由图 3-19 可见二重积分的积分区域

$$D=\{(x,y)\mid-\infty<x<+\infty,x\leqslant y<+\infty\},$$

利用已知条件 $F(x) \leqslant G(x)$，将无穷积分放大，便可得证.

证 由联合密度函数及分布函数性质，可得

$$P(X \leqslant Y) = \iint\limits_{x \leqslant y} f(x,y)\mathrm{d}x\mathrm{d}y = \int_{-\infty}^{+\infty} f(x)\left(\int_x^{+\infty} g(y)\mathrm{d}y\right)\mathrm{d}x$$

$$= \int_{-\infty}^{+\infty} f(x)G(y)\Big|_x^{+\infty}\mathrm{d}x = \int_{-\infty}^{+\infty}[1-G(x)]\mathrm{d}F(x) \leqslant$$

$$\int_{-\infty}^{+\infty}[1-F(x)]\mathrm{d}F(x) = \frac{[1-F(x)]^2}{2}\Big|_{-\infty}^{+\infty} = \frac{1}{2}.$$

【例 3 - 43】 对 n 个电子管同时进行独立的寿命试验，第 i 个电子管的寿命

$$T_i \sim E(\lambda_i) \quad (i=1,2,\cdots,n),$$

试证明：第 $k(1 \leqslant k \leqslant n)$ 个电子管的寿命最短的概率为

$$\frac{\lambda_k}{\lambda_1 + \lambda_2 + \cdots + \lambda_n}.$$

分析 本题证明的关键是如何用数学语言正确描述事件{第 k 个电子管的寿命最短}. 可以这么说：不会描述，便不会证明！描述得不同，证明方法也不同；描述得简练，证明也简练. 下面介绍两种不同的描述方法.

(1){第 k 个电子管的寿命最短}$=\{T_k \leqslant N\}$，其中 $N = \min\{T_1, T_2, \cdots T_{k-1}, T_{k+1} \cdots T_n\}$，然后构造二维随机变量 (N, T_k)，求得其联合密度 $f(t, t_k)$，最后计算二重积分

$$P(T_k \leqslant N) = \iint\limits_{T_k \leqslant N} f(t,t_k)\mathrm{d}t\mathrm{d}t_k.$$

(2){第 k 个电子管的寿命最短}$=\{T_k < T_1, T_k < T_2, \cdots, T_k < T_{k-1}, T_k < T_{k+1}, \cdots, T_k < T_n\}$. 这样可直接用 n 元积分计算：

$$P(T_k < T_1, T_k < T_2, \cdots, T_k < T_{k-1}, T_k < T_{k+1}, \cdots, T_k < T_n)$$

$$= \iint\limits_{\substack{t_k \leqslant t_i \\ (i \neq k, i=1-n)}} \cdots \int f_{T_1}(t_1) f_{T_2}(t_2) \cdots f(t_n)\mathrm{d}t_1\mathrm{d}t_2\cdots\mathrm{d}t_n.$$

证 **方法一** 第 k 个电子管寿命最短等价于

$$T_k \leqslant N = \min\{T_1, T_2, \cdots T_{k-1}, T_{k+1} \cdots T_n\},$$

则 N 的分布函数

$$F_N(t) = 1 - \prod_{i=1, i \neq k}^{n}(1-F(t_i)) = 1 - \mathrm{e}^{-(S-\lambda_k)t},$$

其中 $S = \sum_{i=0}^{n} \lambda_i$. N 的密度函数

$$f_N(t) = (S-\lambda_k)\mathrm{e}^{-(S-\lambda_k)t}.$$

现让 N 和 T_k 组成二维随机变量 (N,T_k)，显然 N 和 T_k 相互独立，其联合密度函数

$$f(t,t_k)=f_N(t)f_{T_k}(t_k)=(S-\lambda_k)\mathrm{e}^{-(S-\lambda_k)t}\lambda_k\mathrm{e}^{-\lambda_k t_k},$$

于是

$$P(T_k\leqslant N)=\iint\limits_{T_k\leqslant N}f(t,t_k)\mathrm{d}t\mathrm{d}t_k=\int_0^{+\infty}(S-\lambda_k)\mathrm{e}^{-(S-\lambda_k)t}\mathrm{d}t\int_0^t\lambda_k\mathrm{e}^{-\lambda_k t_k}\mathrm{d}t_k$$

$$=(S-\lambda_k)\int_0^{+\infty}\mathrm{e}^{-(S-\lambda_k)t}(1-\mathrm{e}^{-\lambda_k})\mathrm{d}t=(S-\lambda_k)\int_0^{+\infty}[\mathrm{e}^{-(S-\lambda_k)t}-\mathrm{e}^{-St}]\mathrm{d}t$$

$$=(S-\lambda_k)\left(\frac{1}{S-\lambda_k}-\frac{1}{S}\right)=\frac{\lambda_k}{S},$$

所以 $\qquad P(第\ k\ 个电子管的寿命最短)=\dfrac{\lambda_k}{\lambda_1+\lambda_2+\cdots\lambda_n}.$

方法二

$$P(T_k<T_1,T_k<T_2,\cdots,T_k<T_{k-1},T_k<T_{k+1},\cdots,T_k<T_n)$$

$$=\iint\limits_{\substack{t_k\leqslant t_i\\(i\neq k,i=1-n)}}\cdots\int f_{T_1}(t_1)f_{T_2}(t_2)\cdots f(t_n)\mathrm{d}t_1\mathrm{d}t_2\cdots\mathrm{d}t_n$$

$$=\int_0^{+\infty}\lambda_k\mathrm{e}^{-\lambda_k t_k}\mathrm{d}t_k\int_{t_k}^{+\infty}\lambda_1\mathrm{e}^{-\lambda_1 t_1}\mathrm{d}t_1\cdots\int_{t_k}^{+\infty}\lambda_n\mathrm{e}^{-\lambda_n t_n}\mathrm{d}t_n$$

$$=\int_0^{+\infty}\lambda_k\mathrm{e}^{-(\sum\limits_{i=1}^n\lambda_i)t_k}\mathrm{d}t_k=\lambda_k\Big/\sum_{i=1}^n\lambda_i,$$

所以 $\qquad P(第\ k\ 个电子管的寿命最短)=\dfrac{\lambda_k}{\lambda_1+\lambda_2+\cdots+\lambda_n}.$

【例 3-44】 设随机变量 X 和 Y 独立同分布，其密度函数不等于零，且有二阶导数，证明：若 $X+Y$ 和 $X-Y$ 相互独立，则随机变量 $X,Y,X+Y$ 和 $X-Y$ 都服从正态分布.

分析 证明前需做如下准备工作：

一般正态分布的密度函数可化为

$$\varphi(x)=\frac{1}{\sqrt{2\pi}\sigma}\mathrm{e}^{-\frac{(x-\mu)^2}{2\sigma^2}}=\mathrm{e}^{\ln\frac{1}{\sqrt{2\pi}\sigma}}\mathrm{e}^{-\frac{\mu^2}{2\sigma^2}+\frac{\mu}{\sigma^2}x-\frac{1}{2\sigma^2}x^2}$$

$$=\mathrm{e}^{\ln\frac{1}{\sqrt{2\pi}\sigma}-\frac{\mu^2}{2\sigma^2}+\frac{\mu}{\sigma^2}x-\frac{1}{2\sigma^2}x^2}=\mathrm{e}^{a+bx+cx^2},$$

其中 $a=\ln\dfrac{1}{\sqrt{2\pi}\sigma}-\dfrac{\mu^2}{2\sigma^2},b=\dfrac{\mu}{\sigma^2},c=-\dfrac{1}{2\sigma^2}(c\neq0).$

由此可得结论：若 X 的密度函数 $\varphi(x)=\mathrm{e}^{a+bx+cx^2}$ $(c\neq0)$，则 X 服从正态分布.

由于正态变量的线性组合仍是正态变量，所以以本题只需证明 X 服从正态分布.

证　设 X 的密度函数为 $f(x)$,则 (X,Y) 的联合密度函数

$$f(x,y)=f(x)f(y),$$

作变换 $\begin{cases} u=x+y, \\ v=x-y, \end{cases}$ 则其逆变换为 $\begin{cases} x=\dfrac{u+v}{2}, \\ y=\dfrac{u-v}{2}, \end{cases}$ 变换的雅可比行列式的绝对值 $|J|=$

$\dfrac{1}{2}$,故 (U,V) 的联合分布函数

$$f_{U,V}(u,v)=\frac{1}{2}f\left(\frac{u+v}{2}\right)f\left(\frac{u-v}{2}\right).$$

另一方面,由卷积公式得 $U=X+Y,V=X-Y$ 的密度函数分别如下:

$$f_U(u)=\int_{-\infty}^{+\infty}f(x)f(u-x)\mathrm{d}x,$$

$$f_V(v)=\int_{-\infty}^{+\infty}f(v+y)f(y)\mathrm{d}y,$$

由 U,V 的独立性,得

$$\frac{1}{2}f\left(\frac{u+v}{2}\right)f\left(\frac{u-v}{2}\right)=f_U(u)f_V(v).$$

由于 $f(x)$ 非零,则 $f(x)>0$,故令 $g(x)=\ln f(x)$,则有

$$g\left(\frac{u+v}{2}\right)+g\left(\frac{u-v}{2}\right)=\ln f_U(u)+\ln f_V(v).$$

由题设知 f 有二阶导数,从而 g 也有二阶导数,上式两边对 u 求导,得

$$\frac{1}{2}g'\left(\frac{u+v}{2}\right)+\frac{1}{2}g'\left(\frac{u-v}{2}\right)=\frac{f_U'(u)}{f_U(u)},$$

再对 v 求导,得

$$\frac{1}{4}g''\left(\frac{u+v}{2}\right)-\frac{1}{4}g''\left(\frac{u-v}{2}\right)=0,$$

从而对任何 $x=\dfrac{u+v}{2},y=\dfrac{u-v}{2}$,有

$$g''(x)-g''(y)=0,$$

由于 x,y 的任意性,得 $g''(x)\equiv$ 常数,因而

$$g(x)=a+bx+cx^2 \quad (c\neq0),$$

即有

$$f(x)=\mathrm{e}^{a+bx+cx^2} \quad (c\neq0),$$

所以 X 服从正态分布.

相仿可证 Y 也服从正态分布. 由于正态变量的线性组合仍是正态变量,所以 $X+Y$ 和 $X-Y$ 也服从正态分布.

第四章　随机变量的数字特征

一、基本概念和基本性质

1. 随机变量的数学期望

一维随机变量的数学期望

$$E(X) = \begin{cases} \sum_{i=1}^{\infty} x_i p_i & (X \sim P(X = x_i) = p_i), \\ \int_{-\infty}^{+\infty} x f(x) \mathrm{d}x & (X \sim f(x)). \end{cases}$$

若 $Y = g(X)$（g 是单值函数），则

$$E(Y) = E[g(X)] = \begin{cases} \sum_{i=1}^{\infty} g(x_i) p_i & (X \sim P(X = x_i) = p_i), \\ \int_{-\infty}^{+\infty} g(x) f(x) \mathrm{d}x & (X \sim f(x)). \end{cases}$$

二维随机变量的数学期望

$$E(X) = \begin{cases} \sum_{i=1}^{\infty} x_i p_{i \cdot} = \sum_{i=1}^{\infty} \sum_{j=1}^{\infty} x_i p_{ij}, & (X,Y) \sim P(X = x_i, Y = y_j) = p_{ij}, \\ \int_{-\infty}^{+\infty} x f_X(x) \mathrm{d}x = \int_{-\infty}^{+\infty} \int_{-\infty}^{+\infty} x f(x,y) \mathrm{d}y \mathrm{d}x & (X,Y) \sim f(x,y). \end{cases}$$

$$E(Y) = \begin{cases} \sum_{j=1}^{\infty} y_j p_{\cdot j} = \sum_{j=1}^{\infty} \sum_{i=1}^{\infty} y_j p_{ij} & (X,Y) \sim P(X = x_i, Y = y_j) = p_{ij}, \\ \int_{-\infty}^{+\infty} y f_Y(y) \mathrm{d}y = \int_{-\infty}^{+\infty} \int_{-\infty}^{+\infty} y f(x,y) \mathrm{d}x \mathrm{d}y & (X,Y) \sim f(x,y). \end{cases}$$

若 $Z = g(X,Y)$（g 是单值函数），则

$$E(Z) = E[g(X,Y)]$$

$$= \begin{cases} \displaystyle\sum_{i=1}^{\infty} \sum_{j=1}^{\infty} g(x_i, y_j) p_{ij} & (X,Y) \sim P(X=x_i, Y=y_j) = p_{ij}, \\ \displaystyle\int_{-\infty}^{+\infty} \int_{-\infty}^{+\infty} g(x,y) f(x,y) \mathrm{d}x \mathrm{d}y & (X,Y) \sim f(x,y). \end{cases}$$

以上所有数学期望等式成立的条件是等式右端的级数或广义积分绝对收敛.

随机变量的数学期望可理解为随机变量的加权平均.

对于二维的等式,形似复杂,实则简单,分量 X, Y 及函数 $Z=g(X,Y)$ 都是一维随机变量.认识到这一点,在具体计算时不必拘泥于死套公式,应灵活求解.

二维以上的情况相仿,可推广之.

数学期望的性质如下:

(1) $E(C)=C$(常数).

(2) $E(CX)=CE(X)$.

(3) $E\left(\displaystyle\sum_{k=1}^{n} X_k\right) = \displaystyle\sum_{k=1}^{n} E(X_k)$.

(4) $E\left(\displaystyle\prod_{k=1}^{n} X_k\right) = \displaystyle\prod_{k=1}^{n} E(X_k)$,若 $X_1, X_2, \cdots, X_n$ 相互独立.

2. 随机变量的方差

随机变量 X 的方差被定义为 X 的函数的期望,即

$$D(X) = E[X-E(X)]^2$$

$$= \begin{cases} \displaystyle\sum_{i=1}^{\infty} [x_i - E(X)]^2 p_i & X \sim P(X=x_i) = p_i, \\ \displaystyle\int_{-\infty}^{+\infty} [x - E(X)]^2 f(x) \mathrm{d}x & X \sim f(x). \end{cases}$$

常用方差计算公式:$D(X)=E(X^2)-[E(X)]^2$.

方差的性质如下:

(1) $D(C)=0$(C 为常数).

(2) $D(CX)=C^2 D(X)$.

(3) $D(X \pm Y)=D(X)+D(Y) \pm 2E\{[X-E(X)][Y-E(Y)]\}$,

若 X, Y 相互独立,则 $D(X \pm Y)=D(X)+D(Y)$.

推广:$D\left(\displaystyle\sum_{k=1}^{n} X_k\right) = \displaystyle\sum_{k=1}^{n} D(X_k)$,若 $X_1, X_2, \cdots, X_n$ 相互独立.

(4) $D(X) \leqslant E(X-C)^2$.

(5) $D(X)=0 \Leftrightarrow P(X=C)=1$.

随机变量的方差是刻画随机变量在其中心位置附近的散布程度.

3. 多维随机向量的数字特征

(1) 协方差：$\text{cov}(X,Y)=E[(X-EX)(Y-EY)]$.

上式反映了 X 与 Y 的偏差的关联程度.

(2) 相关系数：$\rho_{XY}=\dfrac{\text{cov}(X,Y)}{\sqrt{D(X)}\sqrt{D(Y)}}$.

上式刻画随机变量间"线性"关系的程度.

协方差性质如下：

(1) $\text{cov}(X,Y)=\text{cov}(Y,X)$；

(2) $\text{cov}(X,c)=0$(c 为常数)；

(3) $\text{cov}(aX,bY)=ab\text{cov}(Y,X)$；

(4) $\text{cov}(X+Y,Z)=\text{cov}(X,Z)+\text{cov}(Y,Z)$；

(5) $\text{cov}(X,X)=D(X)$；

(6) $[\text{cov}(X,X)]^2 \leqslant D(X)D(Y)$(柯西-许瓦兹不等式).

相关系数性质如下：

(1) $-1 \leqslant \rho_{XY} \leqslant 1$；

(2) $\rho_{XY}=\pm 1 \Leftrightarrow P(Y=aX+b)=1 \quad (a \neq 0)$.

(3) 协方差矩阵、矩：

n 维随机变量$(X_1,X_2,\cdots,X_n)$的协方差矩阵

$$C=\begin{bmatrix} C_{11} & C_{12} & \cdots & C_{1n} \\ C_{21} & C_{22} & \cdots & C_{2n} \\ \vdots & \vdots & & \vdots \\ C_{n1} & C_{n2} & \cdots & C_{nn} \end{bmatrix},$$

其中 C_{ij} 是$(X_i,X_j)(i,j=1 \sim n)$的协方差.

$E(X^k)$——X 的 k 阶原点矩；

$E[X-E(X)]^k$——X 的 k 阶中心矩；

$E[X-E(X)]^k[Y-E(Y)]^l$——X 和 Y 的 $k+l$ 阶混合中心矩.

期望 $E(X)$是一阶原点矩,方差 $D(X)$是二阶中心矩,协方差 $\text{cov}(X,Y)$是二阶混合中心矩.

二、习题分类、解题方法和示例

本章的习题可分为以下几类：

（1）数学期望的计算与应用.

（2）方差的计算与应用.

（3）协方差和相关系数的计算.

（4）证明题.

下面分别讨论各类问题的解题方法,并举例加以说明.

1. 数学期望的计算与应用

计算期望的方法:

（1）根据期望的定义.

（2）由分布函数直接计算.

（3）应用期望的性质.

（4）随机变量的分解法.

（5）引进辅助随机变量.

（6）利用常见分布的期望.

常见分布的期望公式如下:

（1）二项分布 $X \sim B(n,p), E(X) = np$.

（2）泊松分布 $X \sim P(\lambda), E(X) = \lambda$.

（3）几何分布 $X \sim G(p), E(X) = \dfrac{1}{p}$.

（4）帕斯卡分布 $X \sim G(n,p), E(X) = \dfrac{n}{p}$.

（5）超几何分布 $X \sim H(n,M,N), E(X) = n\dfrac{M}{N}$.

（6）均匀分布 $X \sim H(a,b), E(X) = \dfrac{a+b}{2}$.

（7）指数分布 $X \sim E_{xp}(\lambda), E(X) = \dfrac{1}{\lambda}$.

（8）正态分布 $X \sim N(\mu, \sigma^2), E(X) = \mu$.

下面通过例子说明各方法的应用.

【**例 4 - 1**】 测量一批滚珠的直径 X（单位 mm）,其分布律如下:

$$\begin{pmatrix} 2.99 & 3.00 & 3.01 \\ 0.1 & 0.6 & 0.3 \end{pmatrix},$$

计算滚珠的直径、表面积和体积的期望值.

分析 本题是计算 X 的期望及 X 的函数的期望,由立体几何,知

滚珠表面积 $S = \pi X^2$,体积 $V = \dfrac{1}{6} \pi X^3$.

123

解 由期望的定义,有

$$E(X)=2.99\times0.1+3\times0.6+3.01\times0.3=3.002(\text{mm});$$

$$E(S)=E(\pi X^2)=\pi E(X^2)$$

$$=\pi(2.99^2\times0.1+3^2\times0.6+3.01^2\times0.3)\approx28.312\ 1(\text{mm}^2);$$

$$E(V)=E\left(\frac{\pi X^3}{6}\right)=\frac{\pi}{6}E(X^3)$$

$$=\frac{\pi}{6}(2.99^3\times0.1+3^3\times0.6+3.01^3\times0.3)\approx14.165\ 6(\text{mm}^3).$$

【例 4 - 2】 已知离散型随机变量 X 的分布函数

$$F(x)=\begin{cases} 0 & (x<-1), \\ 0.1 & (-1\leqslant x<1), \\ 0.5 & (1\leqslant x<2), \\ 0.7 & (2\leqslant x<4), \\ 1 & (x\geqslant4), \end{cases}$$

求 $E(X-1)$ 和 $E\left(\dfrac{X+4}{X}\right)$.

分析 本题可用两个方法求解.

一是用分布函数直接计算,公式为

$$E[g(X)]=\sum_{i=1}^{4}g(x_i)[F(x_i)-F(x_i-0)],$$

其中 $F(x_i-0)=\lim\limits_{x\to x_i^-}F(x)$.

二是先求出 X 的分布律以及 $E(X)$ 和 $E\left(\dfrac{4}{X}\right)$,然后根据数学期望性质计算 $E(X-1)$ 和 $E\left(\dfrac{X+4}{X}\right)$.

解 方法一

$$E(X-1)=\sum_{i=1}^{4}(x_i-1)[F(x_i)-F(x_i-0)]$$

$$=(-1-1)[F(-1)-F(-1-0)]+(1-1)[F(1)-F(1-0)]$$

$$=(2-1)[F(2)-F(2-0)]+(4-1)[F(4)-F(4-0)]$$

$$=-2\times(0.1-0)+0\times(0.5-0.1)+1\times(0.7-0.5)+3\times(1-0.7)$$

$$=-0.2+0+0.2+0.9=0.9;$$

$$E\left(\frac{X+4}{X}\right)=\frac{-1+4}{-1}(0.1-0)+\frac{1+4}{1}(0.5-0.1)+$$

$$\frac{2+4}{2}(0.7-0.5)+\frac{4+4}{4}(1-0.7)=2.9.$$

方法二 由 X 的分布函数 $F(x)$ 得 X 的分布律为

$$\begin{bmatrix} -1 & 1 & 2 & 4 \\ 0.1 & 0.4 & 0.2 & 0.3 \end{bmatrix},$$

$$E(X) = -1 \times 0.1 + 1 \times 0.4 + 2 \times 0.2 + 4 \times 0.3 = 1.9,$$

$$E\left(\frac{4}{X}\right) = \frac{4}{-1} \times 0.1 + \frac{4}{1} \times 0.4 + \frac{4}{2} \times 0.2 + \frac{4}{4} \times 0.3 = 1.9,$$

于是

$$E(X-1) = E(X) - 1 = 1.9 - 1 = 0.9,$$

$$E\left(\frac{X+4}{X}\right) = E\left(1 + \frac{4}{X}\right) = 1 + E\left(\frac{4}{X}\right) = 1 + 1.9 = 2.9.$$

【例 4-3】 将 4 个不同颜色的球随机放入 4 个盒子中,每盒容纳球数不限,求空盒子数 X 的数学期望.

分析 求出 X 的分布律后用定义计算 $E(X)$(即方法一),这是一种并不值得推广的解法,因为若将 4 个球、4 个盒子改为 10 个球、10 个盒子,求分布律就很麻烦了. 采用随机变量分解法(方法二),不求 X 的分布律而求得 $E(X)$,是个非常好的解法.

解 方法一 根据题意 X 取 $0,1,2$ 和 3 四个值,它们的概率分别如下:

$$P(X=0) = \frac{4!}{4^4} = \frac{6}{64},$$

$$P(X=1) = \frac{C_4^2 C_3^1 C_4^2 \cdot 2!}{4^4} = \frac{36}{64},$$

$$P(X=2) = \frac{C_4^2(C_2^2 C_4^2 + C_2^1 C_4^3)}{4^4} = \frac{21}{64},$$

$$P(X=3) = \frac{C_4^3}{4^4} = \frac{1}{64},$$

于是空盒子数 X 的数学期望

$$E(X) = 0 \times \frac{6}{64} + 1 \times \frac{36}{64} + 2 \times \frac{21}{64} + 3 \times \frac{1}{64} = \frac{81}{64}.$$

方法二 将 4 个盒子编号,并引入随机变量

$$X_k = \begin{cases} 1 & (\text{第 } k \text{ 号盒子空}), \\ 0 & (\text{第 } k \text{ 号盒子不空}) \end{cases} \quad (k=1,2,3,4),$$

则 $X = \sum_{k=1}^{4} X_k$(这可被称为随机变量 X 的分解).

又

$$X_k \sim \begin{bmatrix} 0 & 1 \\ 1-\left(\frac{3}{4}\right)^4 & \left(\frac{3}{4}\right)^4 \end{bmatrix},$$

于是 $E(X_k) = \left(\dfrac{3}{4}\right)^4$，由数学期望的性质，得

$$E(X) = E\left(\sum_{k=1}^{4} X_k\right) = \sum_{k=1}^{4} E(X_k) = 4\left(\dfrac{3}{4}\right)^4 = \dfrac{81}{64}.$$

【例 4 - 4】 盒中有 8 个零件，其中 6 个正品、2 个次品，每次从中不放回地取 2 个. 设 X 为第三次取到的次品数，求 X 的数学期望.

分析 随机变量 X 的分布是三点分布，既可通过全概率公式求出（方法一）；也可通过古典概型求出（方法二）；深入分析发现 X 服从超几何分布（方法三），可直接求得 $E(X)$.

解 方法一 由题设知 X 的可能取值为 $0,1$ 和 2，设辅助随机变量 Y 为前两次取到的次品数，Y 的可能取值也为 $0,1$ 和 2，则由全概率公式，得 X 的分布律

$$P(X=0) = \sum_{k=0}^{2} P(Y=k) P(X=0 \mid Y=k)$$

$$= \dfrac{C_6^4}{C_8^4} \dfrac{C_2^2}{C_4^2} + \dfrac{C_6^3 C_2^1}{C_8^4} \dfrac{C_3^2}{C_4^2} + \dfrac{C_6^2 C_2^2}{C_8^4} \dfrac{C_4^2}{C_4^2} = \dfrac{15}{28},$$

$$P(X=1) = \sum_{k=0}^{1} P(Y=k) P(X=1 \mid Y=k)$$

$$= \dfrac{C_6^4}{C_8^4} \dfrac{C_2^1 C_2^1}{C_4^2} + \dfrac{C_6^3 C_2^1}{C_8^4} \dfrac{C_3^1}{C_4^2} = \dfrac{12}{28},$$

$$P(X=2) = P(Y=0) P(X=2 \mid Y=0) = \dfrac{C_6^4}{C_8^4} \dfrac{C_2^2}{C_4^2} = \dfrac{1}{28},$$

所以

$$E(X) = 0 \times \dfrac{15}{28} + 1 \times \dfrac{12}{28} + 2 \times \dfrac{1}{28} = \dfrac{1}{2}.$$

方法二 将取 3 次看成取 6 个产品的排列，则基本事件总数 $n = P_8^6$，事件 $\{X=0\}$ 表示第 5 和第 6 个位置无次品，其有利的基本事件数 $k_0 = P_6^2 P_6^4$，由古典概型

$$P(X=0) = \dfrac{k_0}{n} = \dfrac{15}{28}.$$

事件 $\{X=1\}$ 表示第 5 和第 6 个位置恰有 1 个次品，其有利的基本事件数分成两部分计算：前 4 个位置无次品，基本事件数为 $C_2^1 C_2^1 P_6^5$；前 4 个位置有 1 个次品，基本事件数为 $C_2^1 C_2^1 C_4^1 P_6^4$. 故 $k_1 = C_2^1 C_2^1 P_6^5 + C_2^1 C_2^1 C_4^1 P_6^4$，于是

$$P(X=1) = \dfrac{k_1}{n} = \dfrac{12}{28}.$$

事件 $\{X=2\}$ 表示第 5 和第 6 个位置都是次品，其有利的基本事件数 $k_2 = P_2^2 P_6^5$，于是

$$P(X=2)=\frac{k_2}{n}=\frac{1}{28}.$$

所以

$$E(X)=0\times\frac{15}{28}+1\times\frac{12}{28}+2\times\frac{1}{28}=\frac{1}{2}.$$

方法三 第一次取时,取到的次品数服从超几何分布,根据"抽签中奖的概率与抽签次序无关,与放回不放回也无关"的原理,第三次也是这种分布,故 X 的数学期望

$$E(X)=2\times\frac{2}{8}=\frac{1}{2}.$$

X 服从超几何分布:

$$P(X=k)=\frac{C_M^k C_{N-M}^{n-k}}{C_N^n} \quad (k=0,1,\cdots,\min(n,M)).$$

其中 N 为产品总数,M 为次品数,n 为抽样数,则 X 的数学期望

$$E(X)=n\frac{M}{N}.$$

【例 4-5】 设随机变量 (X,Y) 的联合分布律

Y \ X	0	1	2
1	0.08	0.12	0.23
2	0.27	0.24	0.06

求 $E(XY)$ 和 $E(X^2-Y)$ 的数学期望.

分析 若直接用两个随机变量函数的期望的定义求解,例如

$$E(XY)=\sum_{i=1}^{3}\sum_{j=1}^{2}x_i y_j P(X=x_i,Y=y_j),$$

是比较烦琐的. 较好的方法是先求出 $Z=XY$ 的分布律,然后求一维随机变量 Z 的期望 $E(Z)$.

解 XY 可能取值为 $0,1,2$ 和 4,故其分布律

$$XY\sim\begin{bmatrix} 0 & 1 & 2 & 4 \\ 0.35 & 0.12 & 0.47 & 0.06 \end{bmatrix},$$

于是

$$E(XY)=0.12+2\times0.47+4\times0.06=1.3,$$

X 和 Y 的边际分布分别为

$$X\sim\begin{bmatrix} 0 & 1 & 2 \\ 0.35 & 0.36 & 0.29 \end{bmatrix}, \quad Y\sim\begin{bmatrix} 1 & 2 \\ 0.43 & 0.57 \end{bmatrix},$$

由期望性质,得
$$E(X^2-Y)=E(X^2)-E(Y)=0.36+2\times0.29-0.43-2\times0.57=-0.63.$$

【例4-6】 已知运载火箭在飞行中进入其仪器舱的宇宙粒子数 X 服从参数为 2 的泊松分布 $P(2)$,而进入仪器舱的粒子随机地落到仪器重要部位的概率为 0.1,求落到仪器重要部位的粒子数 Y 的数学期望.

分析 本题求离散型随机变量函数的数学期望,首先需通过随机自变量 X 的分布律求得随机因变量 Y 的分布律,能否想到用全概率公式求 Y 的分布律是解题的关键.

解 由题设知 $X\sim P(2)$,即 X 的分布律为
$$P(X=m)=\frac{2^m}{m!}\mathrm{e}^{-2}\quad(m=0,1,2,\cdots).$$

由于进入仪器舱的每个粒子是否落到仪器重要部位是相互独立的,故在 $X=m$ 的条件下,$Y\sim B(m,0.1)$,即有
$$P(Y=k|X=m)=C_m^k\cdot 0.1^k\cdot 0.9^{m-k}\quad(k=0,1,2,\cdots,m).$$
由全概率公式并注意到 $m<k$ 时 $P(Y=k|X=m)=0$,故有
$$P(Y=k)=\sum_{m=k}^{\infty}P(X=m)P(Y=k\mid X=m)$$
$$=\sum_{m=k}^{\infty}\frac{2^m}{m!}\mathrm{e}^{-2}C_m^k\cdot 0.1^k\cdot 0.9^{m-k}=\frac{0.2^k}{k!}\mathrm{e}^{-2}\sum_{m=k}^{\infty}\frac{2^{m-k}}{(m-k)!}\cdot 0.9^{m-k}$$
$$\xlongequal{m-k=s}\frac{0.2^k}{k!}\mathrm{e}^{-2}\sum_{s=0}^{\infty}\frac{1.8^s}{s!}\frac{0.2^k}{k!}\mathrm{e}^{-2}\mathrm{e}^{1.8}=\frac{0.2^k}{k!}\mathrm{e}^{-0.2},$$

可见 $Y\sim P(0.2)$ 由计算期望的方法 6 中的公式 2 求得 $E(Y)=0.2$.

注 本题易产生的错误是认为 $Y\sim B(X,0.1)$,从而 $E(Y)=0.1X$. 我们知道数学期望是个数,也可以是某个变量的函数,但不能是随机变量.

【例4-7】 设随机变量 X 服从以下各分布,分别求它们的期望.

(1) 拉普拉斯分布
$$f(x)=\frac{1}{2}\mathrm{e}^{-|x|}\quad(-\infty<x<+\infty);$$

(2) 麦克斯威尔分布
$$f(x)=\begin{cases}\dfrac{4x^2}{a^3\sqrt{\pi}}\mathrm{e}^{-\frac{x^2}{a^2}} & x>0,\\[2mm] 0 & x\leqslant 0\end{cases}\quad(a>0);$$

(3) 瑞利分布

$$f(x) = \begin{cases} \dfrac{x}{\sigma^2} \mathrm{e}^{-\frac{x^2}{2\sigma^2}} & x > 0, \\ 0 & x \leqslant 0 \end{cases} \quad (\sigma > 0);$$

（4）柯西分布

$$f(x) = \frac{1}{\pi(1+x^2)} \quad (-\infty < x < +\infty).$$

分析　求连续型随机变量的数学期望时,常会遇到计算积分的困难,题 2 和题 3 中的积分都是同一类型的积分,前者能用分部积分法,后者分部积分法失败,只能借助一类特殊函数——Γ 函数及其递推公式求解.

伽码函数:$\Gamma(x) = \displaystyle\int_0^{+\infty} t^{x-1} \mathrm{e}^{-t} \mathrm{d}t \quad (x > 0).$

递推公式:$\Gamma(x+1) = x\Gamma(x).$

特殊值:$\Gamma(n+1) = n! \ (n$ 为非负整数$),\Gamma\left(\dfrac{1}{2}\right) = \sqrt{\pi}.$

一般地,遇到形如 $\displaystyle\int_0^{+\infty} x^a \mathrm{e}^{-\frac{x^n}{\beta}} \mathrm{d}x \,(\beta > 0)$ 的积分可利用换元法 $t = \dfrac{x^n}{\beta}$ 化为 Γ 函数进行计算.

解　（1）被积函数 $xf(x) = \dfrac{1}{2} x \mathrm{e}^{-|x|}$ 是奇函数,且积分区间 $(-\infty, +\infty)$ 关于原点对称,故

$$E(X) = \int_{-\infty}^{+\infty} \frac{1}{2} x \mathrm{e}^{-|x|} \mathrm{d}x = 0.$$

（2）$E(X) = \dfrac{4}{a^3\sqrt{\pi}} \displaystyle\int_0^{+\infty} x^3 \mathrm{e}^{-\frac{x^2}{a^2}} \mathrm{d}x \xrightarrow{t = \frac{x^2}{a^2}} \dfrac{2a}{\sqrt{\pi}} \int_0^{+\infty} t \mathrm{e}^{-t} \mathrm{d}t$

$\qquad\quad = \dfrac{2a}{\sqrt{\pi}} (-t\mathrm{e}^{-t} - \mathrm{e}^{-t}) \Big|_0^{+\infty} = \dfrac{2a}{\sqrt{\pi}}.$

（3）$E(X) = \dfrac{1}{\sigma^2} \displaystyle\int_0^{+\infty} x^2 \mathrm{e}^{-\frac{x^2}{2a^2}} \mathrm{d}x \xrightarrow{t = \frac{x^2}{2a^2}} \sqrt{2}\,\sigma \int_0^{+\infty} t^{\frac{1}{2}} \mathrm{e}^{-t} \mathrm{d}t$

$\qquad\quad = \sqrt{2}\,\sigma \displaystyle\int_0^{+\infty} t^{\frac{3}{2}-1} \mathrm{e}^{-t} \mathrm{d}t = \sqrt{2}\,\sigma \Gamma\left(\dfrac{3}{2}\right)$

$\qquad\quad = \dfrac{\sqrt{2}}{2} \sigma \Gamma\left(\dfrac{1}{2}\right) = \sqrt{\dfrac{\pi}{2}}\,\sigma.$

（4）柯西分布的数学期望不存在.事实上任给充分大的正数 M,恒有

$$\int_{-\infty}^{+\infty} |x| f(x) \mathrm{d}x = \int_{-\infty}^{+\infty} \frac{|x|}{\pi(1+x^2)} \mathrm{d}x = 2\int_0^{+\infty} \frac{x}{\pi(1+x^2)} \mathrm{d}x$$

$$= \frac{1}{\pi} \ln(1 + x^2) \Big|_0^{+\infty} > M,$$

即积分 $\int_{-\infty}^{+\infty} x f(x) \mathrm{d}x$ 不绝对收敛,数学期望定义中的前提条件不满足.

需要说明的是在一般的数学期望计算中,为简便起见,常常省略了事先判断 $\int_{-\infty}^{+\infty} x f(x) \mathrm{d}x$ 是否绝对收敛这一步.

【例 4-8】 设随机变量 (X, Y) 的联合密度函数

$$f(x, y) = \begin{cases} \cos x \cos y & (0 < x, y < \frac{\pi}{2}), \\ 0 & (\text{其 他}), \end{cases}$$

求随机因变量 $Z = X^2 Y - X + \mathrm{e}^X$ 的数学期望.

分析 本题可直接套公式计算如下二重积分:

$$E(Z) = E(X^2 Y + X + \mathrm{e}^X) = \int_{-\infty}^{+\infty} \int_{-\infty}^{+\infty} (x^2 y + x + \mathrm{e}^x) f(x, y) \mathrm{d}x \mathrm{d}y,$$

也可利用随机变量的独立性,通过一元定积分及期望性质求得,下面用后一方法求解.

解 当 $x \in (0, \frac{\pi}{2})$ 时

$$f_X(x) = \int_{-\infty}^{+\infty} f(x, y) \mathrm{d}y = \int_0^{\frac{\pi}{2}} \cos x \cos y \, \mathrm{d}y = \cos x,$$

$$E(X) = \int_{-\infty}^{+\infty} x f_X(x) \mathrm{d}x = \int_0^{\frac{\pi}{2}} x \cos x \, \mathrm{d}x = \frac{\pi}{2} - 1,$$

由对称性

$$f_Y(y) = \cos y, \quad y \in (0, \frac{\pi}{2}), \quad E(Y) = \frac{\pi}{2} - 1.$$

又

$$E(X^2) = \int_{-\infty}^{+\infty} x^2 f_X(x) \mathrm{d}x = \int_0^{\frac{\pi}{2}} x^2 \cos x \, \mathrm{d}x$$

$$\xrightarrow[\text{两次分部积分}]{} \frac{\pi^2}{4} - 2,$$

$$E(\mathrm{e}^X) = \int_{-\infty}^{+\infty} \mathrm{e}^x f_X(x) \mathrm{d}x = \int_0^{\frac{\pi}{2}} \mathrm{e}^x \cos x \, \mathrm{d}x$$

$$\xrightarrow[\text{两次分部积分}]{} \frac{\mathrm{e}^{\frac{\pi}{2}} - 1}{2},$$

显然,对任意 x, y,有 $f(x, y) = f_X(x) f_Y(y)$,即 X, Y 相互独立,从而 X^2, Y 也相互独立,于是所求数学期望

$$P(Z)=P(X^2Y+X+\mathrm{e}^X)=P(X^2)P(Y)+P(X)+P(\mathrm{e}^X)$$

$$=\left(\frac{\pi^2}{4}-2\right)\left(\frac{\pi}{2}-1\right)+\left(\frac{\pi}{2}-1\right)+\frac{\mathrm{e}^{\frac{\pi}{2}}-1}{2}$$

$$=\left(\frac{\pi}{2}-1\right)^2\left(\frac{\pi}{2}+1\right)+\frac{\mathrm{e}^{\frac{\pi}{2}}-1}{2}.$$

【例 4-9】　设随机变量 (X,Y) 的联合密度函数

$$f(x,y)=\begin{cases}\dfrac{1}{16} & (-2<x<0,2<y<10),\\[2mm] 0 & （其\quad 他），\end{cases}$$

求 $Z=X/Y$ 的数学期望.

分析　一般情况下,商的期望≠期望的商.

本题既可用一维积分也可用二维积分计算:

$$E(Z)=\int_{-\infty}^{+\infty}zf_Z(z)\mathrm{d}z;$$

$$E(Z)=E\left(\frac{X}{Y}\right)=\int_{-\infty}^{+\infty}\int_{-\infty}^{+\infty}\frac{x}{y}f(x,y)\mathrm{d}x\mathrm{d}y.$$

解　**方法一**　$Z=X/Y$ 的取值区间为 $(-1,0)$,其密度函数

$$f_Z(z)=\int_{-\infty}^{+\infty}|y|f_Z(yz,y)\mathrm{d}y,$$

考虑被积函数取非零值的区域,得

$$\begin{cases}-2<yz<0,\\ 2<y<10,\end{cases}\Rightarrow\begin{cases}0<y<-\dfrac{2}{z},\\[2mm] 2<y<10,\end{cases}\qquad(*)$$

由不等式各边分别相等,得轴上的三个分界点 $z=-1,-\dfrac{1}{5},0$.

当 $z<-1$ 或 $z>0$ 时,不等式组 $(*)$ 无解,$f_Z(z)=0$;

当 $-1\leqslant z<-\dfrac{1}{5}$ 时,不等式组 $(*)$ 的解为 $2<y<-\dfrac{2}{z}$;

当 $-\dfrac{1}{5}\leqslant z\leqslant0$ 时,不等式组 $(*)$ 的解为 $2<y<10$.

从而

$$f_Z(z)=\begin{cases}0 & (z<-1\ 或\ z>0),\\[2mm] \displaystyle\int_2^{-\frac{2}{z}}\frac{y}{16}\mathrm{d}y=\frac{1}{8}\left(\frac{1}{z^2}-1\right) & \left(-1\leqslant z<-\dfrac{1}{5}\right),\\[3mm] \displaystyle\int_2^{10}\frac{y}{16}\mathrm{d}y=3 & \left(-\dfrac{1}{5}\leqslant z\leqslant0\right).\end{cases}$$

于是

$$E(Z) = \int_{-\infty}^{+\infty} z f_Z(z) \mathrm{d}z = \int_{-1}^{-\frac{1}{5}} \frac{z}{8}\left(\frac{1}{z^2} - 1\right)\mathrm{d}z + \int_{-\frac{1}{5}}^{0} 3z\,\mathrm{d}z$$

$$= -\frac{1}{8}\left(\ln|z| - \frac{z^2}{2}\right)\bigg|_{-1}^{-\frac{1}{5}} + \frac{3z^2}{2}\bigg|_{-\frac{1}{5}}^{0} = -\frac{1}{8}\ln 5.$$

方法二 直接由随机变量函数的期望公式

$$E(Z) = E\left(\frac{X}{Y}\right) = \int_{-\infty}^{+\infty}\int_{-\infty}^{+\infty} \frac{x}{y} f(x,y)\mathrm{d}x\mathrm{d}y = \frac{1}{16}\int_{-2}^{0} x\,\mathrm{d}x \int_{2}^{10} \frac{1}{y}\mathrm{d}y$$

$$= \frac{1}{16}\frac{x^2}{2}\bigg|_{-2}^{0} \cdot \ln y\bigg|_{2}^{10} = -\frac{1}{8}\ln 5.$$

【例 4-10】 设二维随机变量 $(X,Y) \sim N(\mu,\sigma^2;\mu,\sigma^2;0)$，求 $Z = \max(X,Y)$ 的数学期望.

分析 本题若直接套随机变量函数的期望公式,需计算如下二重积分:

$$E(Z) = \int_{-\infty}^{+\infty}\int_{-\infty}^{+\infty} \max(x,y) f(x,y)\mathrm{d}x\mathrm{d}y.$$

此积分不仅计算量大,而且计算难度也很大,比如在作了第一次积分变量代换后遇到 $\int_{\frac{x-\mu}{\sqrt{2}\sigma}}^{+\infty} \mu e^{-t^2}\mathrm{d}t$,似乎积不下去了,实在想不到还要作第二次变量代换按照原路返回去(见方法一).

求 $E(Z)$ 的较好方法是用随机变量代换法(见方法二),结果是"化腐朽为神奇",只需计算一元积分,难题迎刃而解.

解 **方法一** 由 X,Y 独立可得 (X,Y) 的联合密度函数

$$f(x,y) = f_X(x)f_Y(y) = \frac{1}{2\pi\sigma^2} e^{-\frac{(x-\mu)^2+(y-\mu)^2}{2\sigma^2}},$$

将全平面分成 D_1,D_2 两个区域,如图 4-1 所示,其中
$D_1 = \{(x,y)\,|\,y > x\}$,$D_2 = \{(x,y)\,|\,y \leqslant x\}$,则

$$E(Z) = \int_{-\infty}^{+\infty}\int_{-\infty}^{+\infty} \max(x,y) f(x,y)\mathrm{d}x\mathrm{d}y$$

$$= \iint\limits_{D_1} y f(x,y)\mathrm{d}x\mathrm{d}y + \iint\limits_{D_2} x f(x,y)\mathrm{d}x\mathrm{d}y$$

$$\xrightarrow{\text{对称性}} 2\iint\limits_{D_1} y f(x,y)\mathrm{d}x\mathrm{d}y$$

$$\frac{1}{\pi\sigma^2}\int_{-\infty}^{+\infty} e^{-\frac{(x-\mu)^2}{2\sigma^2}}\mathrm{d}x \int_{x}^{+\infty} y e^{-\frac{(y-\mu)^2}{2\sigma^2}}\mathrm{d}y$$

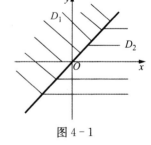

图 4-1

$$\xrightarrow{t=\frac{y-\mu}{\sqrt{2}\sigma}} \frac{\sqrt{2}}{\pi\sigma}\int_{-\infty}^{+\infty}\mathrm{e}^{-\frac{(x-\mu)^2}{2\sigma^2}}\,\mathrm{d}x\int_{\frac{x-\mu}{\sqrt{2}\sigma}}^{+\infty}(\sqrt{2}\sigma t+\mu)\mathrm{e}^{-t^2}\,\mathrm{d}t$$

$$=\frac{2}{\pi}\int_{-\infty}^{+\infty}\mathrm{e}^{-\frac{(x-\mu)^2}{2\sigma^2}}\,\mathrm{d}x\int_{\frac{x-\mu}{\sqrt{2}\sigma}}^{+\infty}t\,\mathrm{e}^{-t^2}\,\mathrm{d}t+\frac{\sqrt{2}}{\pi\sigma}\int_{-\infty}^{+\infty}\mathrm{e}^{-\frac{(x-\mu)^2}{2\sigma^2}}\,\mathrm{d}x\int_{\frac{x-\mu}{\sqrt{2}\sigma}}^{+\infty}\mu\,\mathrm{e}^{-t^2}\,\mathrm{d}t$$

$$\approx I_1+I_2,$$

$$I_1=\frac{2}{\pi}\int_{-\infty}^{+\infty}\mathrm{e}^{-\frac{(x-\mu)^2}{2\sigma^2}}\,\mathrm{d}x\int_{\frac{x-\mu}{\sqrt{2}\sigma}}^{+\infty}t\,\mathrm{e}^{-t^2}\,\mathrm{d}t=\frac{1}{\pi}\int_{-\infty}^{+\infty}\mathrm{e}^{-\frac{(x-\mu)^2}{2\sigma^2}}(-\mathrm{e}^{-t^2})\Big|_{\frac{x-\mu}{\sqrt{2}\sigma}}^{+\infty}\,\mathrm{d}x$$

$$=\frac{1}{\pi}\int_{-\infty}^{+\infty}\mathrm{e}^{-\frac{(x-\mu)^2}{\sigma^2}}\,\mathrm{d}x=\frac{\sigma}{\pi}\int_{-\infty}^{+\infty}\mathrm{e}^{-t^2}\,\mathrm{d}t\stackrel{\text{注}}{=\!=}\frac{\sigma}{\sqrt{\pi}},$$

$$I_2=\frac{\sqrt{2}}{\pi\sigma}\int_{-\infty}^{+\infty}\mathrm{e}^{-\frac{(x-\mu)^2}{2\sigma^2}}\,\mathrm{d}x\int_{\frac{x-\mu}{\sqrt{2}\sigma}}^{+\infty}\mu\,\mathrm{e}^{-t^2}\,\mathrm{d}t$$

$$\xrightarrow{t=\frac{y-\mu}{\sqrt{2}\sigma}}\frac{\mu}{\pi\sigma^2}\int_{-\infty}^{+\infty}\mathrm{e}^{-\frac{(x-\mu)^2}{2\sigma^2}}\,\mathrm{d}x\int_{x}^{+\infty}\mathrm{e}^{-\frac{(y-\mu)^2}{2\sigma^2}}\,\mathrm{d}y$$

$$=\frac{\mu}{2\pi\sigma^2}\int_{-\infty}^{+\infty}\mathrm{e}^{-\frac{(x-\mu)^2}{2\sigma^2}}\,\mathrm{d}x\int_{x}^{+\infty}\mathrm{e}^{-\frac{(y-\mu)^2}{2\sigma^2}}\,\mathrm{d}y+\frac{\mu}{2\pi\sigma^2}\int_{-\infty}^{+\infty}\mathrm{e}^{-\frac{(y-\mu)^2}{2\sigma^2}}\,\mathrm{d}y\int_{y}^{+\infty}\mathrm{e}^{-\frac{(x-\mu)^2}{2\sigma^2}}\,\mathrm{d}x$$

$$=\mu\iint_{D_1}f(x,y)\mathrm{d}x\mathrm{d}y+\mu\iint_{D_2}f(x,y)\mathrm{d}y\mathrm{d}x$$

$$=\mu\int_{-\infty}^{+\infty}\int_{-\infty}^{+\infty}f(x,y)\mathrm{d}x\mathrm{d}y=\mu,$$

所以

$$E(Z)=E[\max(X,Y)]=\mu+\frac{\sigma}{\sqrt{\pi}}.$$

注 计算 I_1 时用到概率积分 $\int_{-\infty}^{+\infty}\mathrm{e}^{-t^2}\,\mathrm{d}t=\sqrt{\pi}$,此积分由如下方法算出:

$$\Big(\int_{-\infty}^{+\infty}\mathrm{e}^{-x^2}\,\mathrm{d}x\Big)^2=\int_{-\infty}^{+\infty}\int_{-\infty}^{+\infty}\mathrm{e}^{-(x^2+y^2)}\,\mathrm{d}t=\int_{0}^{2\pi}\int_{0}^{+\infty}\mathrm{e}^{-r^2}r\,\mathrm{d}r\mathrm{d}t=\pi.$$

方法二 作随机变量代换 $U=\dfrac{X-\mu}{\sigma}, V=\dfrac{Y-\mu}{\sigma}$,则 U 和 V 相互独立,且均服从标准正态分布 $N(0,1)$,故 $E(U)=E(V)=0$. 而 $X=\mu+\sigma U, Y=\mu+\sigma V$,所以

$$\max(X,Y)=\mu+\sigma[\max(U,V)],$$

由 $\max(U,V)=\dfrac{1}{2}(U+V+|U-V|)$,可得

$$E[\max(U,V)]=\frac{1}{2}[E(U)+E(V)+E(|U-V|)]$$

$$= \frac{1}{2} E(|U-V|).$$

又 $U-V \sim N(0,1)$，所以

$$E(|U-V|) = \frac{1}{2\sqrt{\pi}} \int_{-\infty}^{+\infty} |t| e^{-\frac{t^2}{4}} dt = \frac{1}{\sqrt{\pi}} \int_0^{+\infty} t e^{-\frac{t^2}{4}} dt$$

$$= \frac{1}{\sqrt{\pi}} \int_0^{+\infty} -2 d e^{-\frac{t^2}{4}} = \frac{2}{\sqrt{\pi}},$$

于是

$$E(Z) = E[\max(X,Y)] = \mu + \sigma \times \frac{1}{2} \times \frac{2}{\sqrt{\pi}} = \mu + \frac{\sigma}{\sqrt{\pi}}.$$

评论 求两个连续随机变量函数的期望，是用一维积分计算好还是二维积分计算好？对这个问题没有固定说法，如例 4-9 明显后者胜于前者，而例 4-10 用后者则麻烦透顶。

【例 4-11】 假设一大型设备在任何长为 t 的时间内发生故障的次数 $X(t)$ 服从泊松分布 $P(\lambda t)$，求相继两次故障之间时间间隔 T 的数学期望。

分析 只要求出 T 的分布函数 $F(t)$，就能求得 T 的期望。由于 $X(t)$ 的分布已知，所以把有关 T 的事件转化为 $X(t)$ 的事件是解本题的关键。

当 $t>0$ 时，事件 $\{T>t\} = \{X(t)=0\}$。

解 由题设知 $X(t)$ 的分布律为

$$P(X(t)=k) = \frac{(\lambda t)^k}{k!} e^{-\lambda t} \quad (k=0,1,2,\cdots).$$

当 $t \leqslant 0$ 时，$F(t) = P(T \leqslant t) = P(\varnothing) = 0$；

当 $t > 0$ 时，$F(t) = P(T \leqslant t) = 1 - P(T>t)$

$$= 1 - P(X(t)=0) = 1 - \frac{(\lambda t)^0}{0!} e^{-\lambda t} = 1 - e^{-\lambda t};$$

于是 T 的分布函数

$$F(t) = \begin{cases} 1 - e^{-\lambda t} & (t>0), \\ 0 & (t \leqslant 0). \end{cases}$$

可见 T 服从指数分布 $E_{xp}(\lambda)$，由计算期望的公式 7 可得 $E(T) = \frac{1}{\lambda}$。

数学期望在社会实践中应用很广，尤其在经济领域中得到大量应用，最常见的是如下两类问题：

(1) 保本底线的确定和期望利润的计算。

(2) 最佳期望值问题——在概率意义下的多快好省问题。

求解期望应用题的方法和步骤：

(1) 按题意设定随机变量 X 或者建立 X 的函数 $g(X)$;

(2) 根据 X 服从的分布计算 $E(X)$ 或 $E[g(X)]$;

(3) 求出 $E(X)$ 或 $E[g(X)]$ 的最值.

【例 4-12】 (赔偿金额的确定)

据统计 68 岁的人在 10 年内正常死亡的概率为 0.99,因事故死亡的概率为 0.01. 保险公司开办老人意外事故死亡保险,参保者需交纳保费 1 000 元.若 10 年内因意外事故死亡,公司赔偿 a 元.

(1) 如何定 a,才能使保险公司期望获益?

(2) 若有 10 000 人投保,求公司获益的期望值.

分析 保险公司必须在每个投保人身上平均获益,才能使保险公司获益.

解 设 X_i 表示公司从第 i 个投保人处获得的收益,$i=1\sim 10\,000$,则 X_i 的分布律为

$$\begin{pmatrix} 1\,000 & 1\,000-a \\ 0.99 & 0.01 \end{pmatrix},$$

公司的总收益 $X=\sum\limits_{i=1}^{10\,000} X_i$.

(1) 由于公司要获益,故应有

$$E(X_i)=1\,000\times 0.99+(1\,000-a)\times 0.01=1\,000-0.01a>0, i=1\sim 10\,000,$$

从而得 $1\,000<a<100\,000$(显然,$a<1\,000$,无人投保),即公司每笔赔偿小于 10 万元才能使公司获益.

(2) 公司获益的期望值

$$E(X)=\sum\limits_{i=1}^{10\,000} E(X_i)=10\,000\,000-100a.$$

若公司每笔赔偿 6 万元,则公司获益的期望值为 400 万元.

【例 4-13】 (生产量的确定)

某民营企业的某种产品每周的需求量 X(单位箱)取 $[1,5]$ 上的每个整数值是等可能的. 生产每箱产品的成本是 3 万元,出厂价每箱 9 万元.若售不出,则每箱以 1 万元的保管费借外面仓库保存,问该企业每周生产几箱产品才能使所获利润的期望值最大?

分析 每周的利润是随机因变量,它是随机自变量 X 的函数,同时也是每周生产量 x 的函数,x 是普通变量,不随机.

解 设每周生产 x 箱,每周的利润为 Y,则

$$Y=g(X)=\begin{cases} (9-3)x & (X>x), \\ 9X-3x-(x-X) & (X\leqslant x) \end{cases}$$

$$= \begin{cases} 6x & (X>x), \\ 10X-4x & (X\leqslant x). \end{cases}$$

X 的分布律为 $P(X=k)=\dfrac{1}{5}$ $(k=1,2,3,4,5)$,

$$E(Y) = 6xP(Y=6x) + (10k-4x)P(Y=10X-4x)$$
$$= 6xP(X>x) + (10k-4x)P(X\leqslant x)$$
$$= \sum_{k=x+1}^{5} \frac{6x}{5} + \sum_{k=1}^{x} \frac{10k-4x}{5} = \frac{6}{5}x(5-x) + x(x+1) - \frac{4}{5}x^2$$
$$= 7x - x^2 = f(x),$$

令 $f'(x)=7-2x=0$,得 $x=3.5$,又因 $f''(x)=-2<0$,故每周生产 3.5 箱产品时,利润的期望值最大,最大获利期望值

$$E(Y)_{\max} = f(3.5) = 24.5 - 12.25 = 12.25(万元).$$

【例 4-14】(验血方案的选择)

为普查某种疾病,n 个人需验血,验血方案有如下两种:

(1) 分别化验每个人的血,共需化验 n 次;

(2) 分组化验.k 个人的血混在一起化验,若结果为阴性,则只需化验 1 次;若为阳性,则再对每个人的血逐个化验,找出有病者,此时 k 个人的血共需化验 $k+1$ 次.

设每个人血液检验为阳性的概率为 p,且每个人化验结果是相互独立的,试说明选择哪一验血方案较经济.

分析 只需计算方案(2)所需化验次数 X 的数学期望 $E(X)$. 若 $E(X)>n$,方案(1)较经济;若 $E(X)<n$,方案(2)较经济.

解 设方案(2)所需化验次数为随机变量 X,为简单计,不妨设 n 是 k 的整数倍,n 个人共分成 n/k 个组.

设第 i 组需化验次数 $X_i(i=1,2,\cdots,n/k)$,则 $X=\sum\limits_{i=1}^{n/k}X_i$,且

$$X_i \sim \begin{pmatrix} 1 & k+1 \\ (1-p)^k & 1-(1-p)^k \end{pmatrix},$$

由此得

$$E(X_i) = (1-p)^k + (k+1)[1-(1-p)^k] = k+1-k(1-p)^k \quad (i=1,2,\cdots,n/k),$$

由期望性质,得

$$E(X) = E\Big(\sum_{i=1}^{n/k}X_i\Big) = \sum_{i=1}^{n/k}E(X_i) = \frac{n}{k}E(X_i) = n\Big[1+\frac{1}{k}-(1-p)^k\Big].$$

若 $(1-p)^k > \dfrac{1}{k}$ 时,$E(X)<n$,选择方案(2)较经济;

若 $(1-p)^k < \dfrac{1}{k}$ 时,$E(X) > n$,选择方案(1)较经济.

例如:若 $n=1\,000$,$p=0.001$,$k=10$,则

$$E(X)=1\,000\left[1+\frac{1}{10}-(1-0.001)^{10}\right]\approx110,$$

此时方案(2)比方案(1)少化验 $1\,000-110=890$ 次左右;

若 $n=1\,000$,$p=0.3$,$k=10$,则

$$E(X)=1\,000\left[1+\frac{1}{10}-(1-0.3)^{10}\right]\approx1\,071,$$

此时方案(1)比方案(2)少化验 $1\,071-1\,000=71$ 次左右.

可见 p 较小时,采用分组化验比较好.

2. 方差的计算与应用

计算方差的方法:

(1) 根据方差的定义及计算公式.

(2) 引进辅助随机变量.

(3) 应用方差的性质.

(4) 随机变量的分解法.

(5) 利用常见分布的方差.

常用方差简化计算公式如下:

$$D[g(X)]=E[g^2(X)]-\{E[g(X)]\}^2.$$
$$D[g(X,Y)]=E[g^2(X,Y)]-\{E[g(X,Y)]\}^2.$$

常见分布的方差公式如下:

(1) 二项分布　$X\sim B(n,p)$,$D(X)=np(1-p)$.

(2) 泊松分布　$X\sim P(\lambda)$,$D(X)=\lambda$.

(3) 几何分布　$X\sim G(p)$,$D(X)=\dfrac{1-p}{p^2}$.

(4) 帕斯卡分布　$X\sim G(n,p)$,$D(X)=\dfrac{n(1-p)}{p^2}$.

(5) 超几何分布　$X\sim H(n,M,N)$,$D(X)=np(1-p)\dfrac{N-n}{N-1}$,其中 $p=\dfrac{M}{N}$.

(6) 均匀分布　$X\sim H(a,b)$,$D(X)=\dfrac{(b-a)^2}{12}$.

(7) 指数分布　$X\sim E_{xp}(\lambda)$,$D(X)=\dfrac{1}{\lambda^2}$.

(8) 正态分布　$X\sim N(\mu,\sigma^2)$,$D(X)=\sigma^2$.

【例 4 - 15】 设有 3 个球、3 只盒子,盒子的编号为 1,2,3. 将球逐个独立随机地放入 3 只盒子中,每盒容球数不限. 以 X 表示其中至少有 1 只球的盒子的最小号码,求 $D(X)$.

分析 至少有 1 个球的盒子的最小号码 X 的取值为 1,2,3. 为求得 X 的分布律,引入辅助随机变量 X_i——第 i 号盒子中的球数 $(i=1,2,3)$,这样可将不易求概率的事件转化成易求概率的事件,比如:
$$\{X=2\}=\{X_1=0,X_2\geqslant 1\},$$
$$\{X=3\}=\{X_1=0,X_2=0,X_3\geqslant 1\},$$
由乘法公式不难求得上述事件的概率.

解 先求 X 的分布律. 设 X_i 表示第 i 号盒子中的球数 $(i=1,2,3)$,则
$$P(X=1)=P(X_1\geqslant 1)=1-P(X_1=0)$$
$$=1-\left(\frac{2}{3}\right)^3=\frac{19}{27},$$
$$P(X=2)=P(X_1=0,X_2\geqslant 1)=P(X_1=0)P(X_2\geqslant 1 \mid X_1=0)$$
$$=\left(\frac{2}{3}\right)^3\left[1-\left(\frac{1}{2}\right)^3\right]=\frac{7}{27},$$
$$P(X=3)=P(X_1=0,X_2=0,X_3\geqslant 1)$$
$$=P(X_1=0)P(X_2=0 \mid X_1=0)P(X_3\geqslant 1 \mid X_1=0,X_2=0)$$
$$=\left(\frac{2}{3}\right)^3\left(\frac{1}{2}\right)^3=\frac{1}{27}.$$

由分布律,得
$$E(X)=1\times\frac{19}{27}+2\times\frac{7}{27}+3\times\frac{1}{27}=\frac{4}{3},$$
$$E(X^2)=1^2\times\frac{19}{27}+2^2\times\frac{7}{27}+3^2\times\frac{1}{27}=\frac{56}{27},$$

故所求方差
$$D(X)=E(X^2)-[E(X)]^2=\frac{56}{27}-\frac{16}{9}=\frac{8}{27}.$$

【例 4 - 16】 将编号分别为 $1\sim n$ 的 n 个球随机地放入编号分别为 $1\sim n$ 的 n 只盒子中,每盒 1 球. 球的号码与盒子的号码一致,则称为一个配对,求配对个数 X 的方差.

分析 要直接写出配对个数 X 的概率分布是不容易的,最好的办法是将 X 分解成 n 个 $0-1$ 分布的随机变量 X_i 之和. 此时 $X_1,X_2,\cdots,X_n$ 并不相互独立,所以
$$D(X)\neq\sum_{i=1}^{n}D(X_i).$$

能用的计算公式是

$$D(X) = E(X^2) - [E(X)]^2,$$

其中 $E(X^2) = E\left[\left(\sum_{i=1}^{n} X_i\right)^2\right]$.

解　取 $X_i = \begin{cases} 1 & (i \text{ 号球入 } i \text{ 号盒}), \\ 0 & (\text{其 他}), \end{cases}$ $(i = 1 \sim n)$,则 $X = \sum_{i=1}^{n} X_i$.

$$X_i \sim \begin{pmatrix} 1 & 0 \\ \dfrac{1}{n} & 1 - \dfrac{1}{n} \end{pmatrix}, X_i^2 \sim \begin{pmatrix} 1 & 0 \\ \dfrac{1}{n} & 1 - \dfrac{1}{n} \end{pmatrix} \quad (i = 1 \sim n).$$

$$X_i X_j \sim \begin{pmatrix} 1 & 0 \\ \dfrac{1}{n(n-1)} & 1 - \dfrac{1}{n(n-1)} \end{pmatrix} \quad (i \neq j; i, j = 1 \sim n).$$

$$E(X_i) = \frac{1}{n}, E(X_i^2) = \frac{1}{n}, E(X_i X_j) = \frac{1}{n(n-1)} \quad (i \neq j; i, j = 1 \sim n).$$

于是

$$E(X) = \sum_{i=1}^{n} E(X_i) = n \times \frac{1}{n} = 1,$$

$$E(X^2) = E\left[\left(\sum_{i=1}^{n} X_i\right)^2\right] = E\left(\sum_{i=1}^{n} X_i^2 + 2\sum_{1 \leqslant i < j \leqslant n} X_i X_j\right)$$

$$= \sum_{i=1}^{n} E(X_i^2) + 2\sum_{1 \leqslant i < j \leqslant n} E(X_i X_j) = \sum_{i=1}^{n} \frac{1}{n} + 2\sum_{1 \leqslant i < j \leqslant n} \frac{1}{n(n-1)}$$

$$= n \times \frac{1}{n} + \frac{2C_n^2}{n(n-1)} = 2,$$

故所求方差为

$$D(X) = E(X^2) - [E(X)]^2 = 2 - 1^2 = 1.$$

【例 4 - 17】　设随机变量 (X, Y) 的联合分布律:

Y \ X	0	1	2
1	0.08	0.12	0.23
2	0.27	0.24	0.06

求:(1) $D(XY)$;

(2) $D[\min(X, Y)]$.

分析　若直接用两个随机变量函数的方差的定理求解,例如

$$D(XY) = \sum_{i=1}^{3} \sum_{j=1}^{2} [x_i y_j - E(XY)]^2 P(X = x_i, Y = y_j),$$

则是比较烦琐的. 较好的方法是先求出 $Z=XY$ 的分布律, 然后求一维随机变量 Z 的方差 $D(Z)$.

解 (1) XY 可能取值为 $0,1,2,4$, 故其分布律为

$$XY \sim \begin{pmatrix} 0 & 1 & 2 & 4 \\ 0.35 & 0.12 & 0.47 & 0.06 \end{pmatrix},$$

由此得

$$E(XY)=0.12+2\times0.47+4\times0.06=1.3,$$
$$E(X^2Y^2)=0.12+2^2\times0.47+4^2\times0.06=2.96,$$

于是

$$D(XY)=E(X^2Y^2)-[E(XY)]^2=2.96-1.3^2=1.27.$$

(2) $\min(X,Y) \sim \begin{pmatrix} 0 & 1 & 2 \\ 0.35 & 0.59 & 0.06 \end{pmatrix},$

由此得

$$E[\min(X,Y)]=1\times0.59+2\times0.06=0.71,$$
$$E[\min^2(X,Y)]=1^2\times0.59+2^2\times0.06=0.83,$$

于是

$$D[\min(X,Y)]=E[\min^2(X,Y)]-E[\min(X,Y)]$$
$$=0.83-0.71^2=0.3259.$$

【例 4-18】 设轮船横向摇摆的随机振幅 X 服从参数为 σ 的瑞利分布, 即

$$f(x)=\begin{cases} \dfrac{x}{\sigma^2}\mathrm{e}^{-\frac{x^2}{2\sigma^2}} & (x>0), \\ 0 & (x\leqslant 0) \end{cases} \quad (\sigma>0),$$

计算: (1) 遇到大于其振幅均值的概率;

(2) 振幅的方差 $D(X)$.

分析 $P(X>$ 其振幅均值$)=P(X>E(X))$.

解 (1) 由例 $4-7(3)$ 知 $E(X)=\sqrt{\dfrac{\pi}{2}}\sigma$, 于是

$$P(X>E(X))=P\left(X>\sqrt{\frac{\pi}{2}}\sigma\right)=\int_{x>\sigma\sqrt{\frac{\pi}{2}}} f(x)\mathrm{d}x$$
$$=\int_{\sigma\sqrt{\frac{\pi}{2}}}^{+\infty}\frac{x}{\sigma^2}\mathrm{e}^{-\frac{x^2}{2\sigma^2}}\mathrm{d}x=-\mathrm{e}^{-\frac{x^2}{2\sigma^2}}\Big|_{\sigma\sqrt{\frac{\pi}{2}}}^{+\infty}=\mathrm{e}^{-\frac{\pi}{4}}.$$

(2) $E(X^2)=\displaystyle\int_{-\infty}^{+\infty}x^2 f(x)\mathrm{d}x=\int_0^{+\infty}\frac{x^3}{\sigma^2}\mathrm{e}^{-\frac{x^2}{2\sigma^2}}\mathrm{d}x$

$$=-\int_0^{+\infty} x^2 \mathrm{d}e^{-\frac{x^2}{2a^2}} \xlongequal{\text{分部积分}} 2\int_0^{+\infty} xe^{-\frac{x^2}{2a^2}} \mathrm{d}x$$

$$=-2\int_0^{+\infty} \sigma^2 \mathrm{d}e^{-\frac{x^2}{2a^2}} = 2\sigma^2,$$

于是

$$D(X)=E(X^2)-[E(X)]^2=2\sigma^2-\frac{\pi}{2}\sigma^2=\sigma^2\left(2-\frac{\pi}{2}\right).$$

【例 4-19】 设随机变量 X,Y 相互独立,它们的密度函数分别是

$$f_X(x)=\frac{1}{2\sqrt{\pi}}e^{-\frac{-x^2+2x-1}{4}} \quad (-\infty<x<+\infty),$$

$$f_Y(y)=\frac{1}{\sqrt{2\pi}}e^{-(0.5y^2+2y+4)} \quad (-\infty<y<+\infty),$$

求随机变量 $Z=2X-Y+3$ 的密度函数.

分析 本题可用两种方法求解.

一是用公式,当 $Z=aX+bY+c$ 时,Z 的密度函数

$$f_Z(z)=\frac{1}{|b|}\int_{-\infty}^{+\infty} f_X(x)f_Y\left(\frac{z-ax-c}{b}\right)\mathrm{d}x;$$

二是利用正态分布的性质,只需求出 Z 的期望和方差即可.

解 **方法一** 解法略.

方法二 改写题给的密度函数:

$$f_X(x)=\frac{1}{\sqrt{2\pi}\times\sqrt{2}}e^{-\frac{(x-1)^2}{2(\sqrt{2})^2}} \quad (-\infty<x<+\infty),$$

$$f_Y(y)=\frac{1}{\sqrt{2\pi}\times 1}e^{-\frac{(y+2)^2}{2\times 1^2}} \quad (-\infty<y<+\infty),$$

可知 $X\sim N(1,2),Y\sim N(-2,1)$,即有

$$E(X)=1,D(X)=2, \quad E(Y)=-2,D(Y)=1,$$

根据期望和方差的性质,有

$$E(Z)=E(2X-Y+3)=2E(X)-E(Y)+3=7,$$

$$D(Z)=D(2X-Y+3)=4D(X)+D(Y)=9,$$

所以 $Z=2X-Y+3$ 的密度函数

$$f_Z(z)=\frac{1}{3\sqrt{2\pi}}e^{-\frac{(z-7)^2}{18}} \quad (-\infty<z<+\infty).$$

【例 4-20】 设随机变量 X,Y 相互独立,且都服从正态分布 $N(0,0.5)$,计算 $D(|X-Y|)$.

分析 这是往年工科硕士研究生入学考试试题,当时有考生这样求解:

(1) 当 $X-Y \geqslant 0$ 时,由 X,Y 的独立性及方差的性质

$$D(|X-Y|)=D(X-Y)=D(X)+D(Y)=0.5+0.5=1;$$

(2) 当 $X-Y<0$ 时,

$$D(|X-Y|)=D(Y-X)=D(Y)+D(X)=0.5+0.5=1.$$

综合以上两点,得 $D(|X-Y|)=1.$

这一解法粗看似乎无可挑剔,仔细琢磨发现有问题.问题出在对随机变量的概念未真正理解,将 X,Y 视为一般非随机变量,故而将问题分成两部分分别求解.事实上,由于 X,Y 的随机性,使之不能保证恒有 $X-Y \geqslant 0$ 或恒有 $X-Y<0$,因此分两段讨论这一方法本身就是错误的,错在是用非随机性方法来处理随机性问题.

解 *方法一* 按二维随机变量处理.

由题设知 (X,Y) 的联合密度函数

$$f(x,y)=f_X(x)f_Y(y)=\frac{1}{\sqrt{2\pi}\sqrt{2}}e^{-x^2} \cdot \frac{1}{\sqrt{2\pi}\sqrt{2}}e^{-y^2}=\frac{1}{\pi}e^{-(x^2+y^2)},$$

故

$$E(|X-Y|)=\int_{-\infty}^{+\infty}\int_{-\infty}^{+\infty}|x-y|\frac{1}{\pi}e^{-(x^2+y^2)}dxdy$$

$$=\frac{1}{\pi}\int_0^{2\pi}d\theta\int_0^{+\infty}r|\cos\theta-\sin\theta|e^{-r^2}r\,dr$$

$$=\frac{1}{\pi}\int_0^{2\pi}|\cos\theta-\sin\theta|d\theta\int_0^{+\infty}r^2e^{-r^2}dr$$

$$=\frac{1}{\pi}\times 4\sqrt{2}\times\frac{\sqrt{\pi}}{4}=\sqrt{\frac{2}{\pi}},$$

其中

$$\int_0^{2\pi}|\cos\theta-\sin\theta|d\theta=\int_0^{\frac{\pi}{4}}(\cos\theta-\sin\theta)d\theta+\int_{\frac{\pi}{4}}^{\frac{5\pi}{4}}(\sin\theta-\cos\theta)d\theta$$

$$+\int_{\frac{5\pi}{4}}^{2\pi}(\cos\theta-\sin\theta)d\theta=4\sqrt{2};$$

$$\int_0^{+\infty}r^2e^{-r^2}dr=-\frac{1}{2}\int_0^{+\infty}r\,de^{-r^2}\xrightarrow{\text{分部积分}}\frac{1}{2}\int_0^{+\infty}e^{-r^2}dr$$

$$=\frac{1}{4}\int_{-\infty}^{+\infty}e^{-r^2}dr=\frac{\sqrt{\pi}}{4}\int_{-\infty}^{+\infty}\frac{1}{\sqrt{2\pi}}e^{-\frac{t^2}{2}}dt=\frac{\sqrt{\pi}}{4}.$$

又

$$E(|X-Y|^2)=E(X^2-2XY+Y^2)=E(X^2)-2E(X)E(Y)+E(Y^2)$$

$$=D(X)+D(Y)=0.5+0.5=1,$$

所以

$$D(|X-Y|)=E(|X-Y|^2)-[E(|X-Y|)]^2=1-\frac{2}{\pi}.$$

方法二 按一维随机变量处理.

令 $Z=X-Y$，由于相互独立的正态变量的线性组合仍是正态变量，故 $Z\sim N(0,1)$. 由 $E(Z)=0$ 得 $E(Z^2)=D(Z)=1$，则

$$E(|Z|)=\int_{-\infty}^{+\infty}|z|\frac{1}{\sqrt{2\pi}}e^{-\frac{z^2}{2}}dz=\sqrt{\frac{2}{\pi}}\int_0^{+\infty}ze^{-\frac{z^2}{2}}dz$$

$$=\sqrt{\frac{2}{\pi}}(-e^{-\frac{z^2}{2}})\Big|_0^{+\infty}=\sqrt{\frac{2}{\pi}},$$

于是

$$D(|X-Y|)=D(|Z|)=E(Z^2)-[E(|Z|)]^2=1-\frac{2}{\pi}.$$

显然，方法二比方法一简便得多.

【例 4-21】 一卡车装运水泥,设每袋水泥的重量 X(单位 kg)都服从正态分布 $N(50,2.5^2)$，问最多装多少袋水泥使总重量超过 2 000 的概率不大于 5%.

下面给出两种计算方法,判断哪种正确,并说明理由.

方法一 设最多装 m 袋水泥,则总重量为 mX,根据题设,应有

$$P(mX>2\,000)=1-P(mX\leqslant 2\,000)=1-P\left(X\leqslant\frac{2\,000}{m}\right)$$

$$=1-\Phi\left(\frac{\frac{2\,000}{m}-50}{2.5}\right)\leqslant 0.05,$$

得

$$\Phi\left(\frac{\frac{2\,000}{m}-50}{2.5}\right)\geqslant 0.95,$$

查表：$\left(\frac{\frac{2\,000}{m}-50}{2.5}\right)\geqslant 1.645, m\leqslant 36.96\approx 37$,所以最多装 37 袋水泥.

方法二 设最多装 m 袋水泥,再设 X_i 表示第 i 袋水泥重量,则总重量 $Y=\sum_{i=1}^{m}X_i$. 由于 $X_1,X_2,\cdots,X_m$ 相互独立,根据期望和方差的性质,有

$$E(Y)=\sum_{i=1}^{m}E(X_i)=50m, D(Y)=\sum_{i=1}^{m}D(X_i)=2.5^2m,$$

由正态分布的可加性可得

$$Y = \sum_{i=1}^{m} X_i \sim N(50, 2.5^2 m),$$

由题设,有

$$P(Y > 2\,000) = 1 - \Phi\left(\frac{2\,000 - 50m}{2.5\sqrt{m}}\right) \leqslant 0.05,$$

查表:$\left(\dfrac{2\,000 - 50m}{2.5\sqrt{m}}\right) \geqslant 1.645$,$m \leqslant 39.43$,所以最多装 39 袋水泥.

分析 两种计算方法若不放在一起,初学者单看方法一是很难发现其错误的.其实对计算结果进行检验,看其是否符合实际便能发现错误.例如:方法一的结果是 37 袋,$50 \times 37 = 1\,850 < 1\,900$,由于方差较小,数据波动(即每袋重量波动)不大,故装 37 袋总重量不超过 1\,900,这与题中要求超过 2\,000 差距太大,由此断定 37 是错误结果.

解 方法二 正确.

方法一中以 mX 表示总重量是欠妥的,它以一袋的随机重量代表其他每一袋的重量,这种做法不妨称为"半随机"的,而方法二中的总重量 $\sum_{i=1}^{m} X_i$,则是完全彻底的随机.

在概率论中,方差是随机变量分布分散程度的一个度量.在实际应用中方差常反映一组数据的波动程度,即整组数据在其均值附近的波动程度,这种波动的大小在金融投资领域中常被视为风险的大小.

【例 4-22】 某电脑公司考虑一项增加产能的计划,必须对再引进一条还是两条自动生产流水线作出决策.不确定的因素是未来产品的市场需求量,其预期可能是一般、较大和很大,而这三者的概率估计分别为 0.5,0.2 和 0.25.公司财务部门对两个方案的年度利润(单位:万元)预测如表所示:

其中方案 i 为引进 i 条自动生产线($i=1$,2).问:

(1) 选择哪一个方案对实现期望利润最大化有利?

(2) 选择哪一个方案对实现风险或不确定性最小的目标更优?

需求情况 相应概率	一般 0.15	较大 0.60	很大 0.25
方案 1 利润	50	250	300
方案 2 利润	-100	200	500

分析 设方案 1 的年度利润为 X,方案 2 的年度利润为 Y,问题(1)是 $E(X)$,$E(Y)$ 中选大的;问题(2)是 $D(X)$,$D(Y)$ 中选小的.

解 同上所设.

(1) $E(X) = 50 \times 0.15 + 250 \times 0.6 + 300 \times 0.25 = 232.5$,

$$E(Y) = -100 \times 0.15 + 200 \times 0.6 + 500 \times 0.25 = 230,$$

由于 $E(X) > E(Y)$,故选择方案 1 对实现期望利润最大化有利.

(2) $E(X^2) = 50^2 \times 0.15 + 250^2 \times 0.6 + 300^2 \times 0.25 = 60\,375,$

$$E(Y^2) = (-100)^2 \times 0.15 + 200^2 \times 0.6 + 500^2 \times 0.25 = 68\,000,$$

$$D(X) = E(X^2) - [E(X)]^2 = 6\,318.75,$$

$$D(Y) = E(Y^2) - [E(Y)]^2 = 15\,100,$$

由于 $D(X) < D(Y)$,故选择方案 1 对实现风险或不确定性最小的目标更优.

【例 4 - 23】 设有 n 种股票,它们的月收益分别是相互独立的随机变量

$$X_1, X_2, \cdots, X_n.$$

某开放式基金持有 1 个单位的资金(如 100 亿),以投资组合 $(c_1, c_2, \cdots, c_n)$ 购买这 n 种股票,其中 c_i 是投资于第 i 种股票的金额,且 $c_i \geqslant 0$,$\sum\limits_{i=1}^{n} c_i = 1$,求此投资组合总收益的期望和风险.

分析 投资组合总收益是随机变量 Y,它是各股票收益的线性函数,投资的风险用方差 $D(Y)$ 来描述.

解 设投资组合总收益 $Y = \sum\limits_{i=1}^{n} c_i X_i$,其期望

$$E(Y) = E\left(\sum_{i=1}^{n} c_i X_i\right) = \sum_{i=1}^{n} c_i E(X_i);$$

其风险为

$$D(Y) = D\left(\sum_{i=1}^{n} c_i X_i\right) = \sum_{i=1}^{n} c_i D(X_i).$$

3. 协方差和相关系数的计算

常用计算公式如下.

用期望表示协方差(最常用):$\mathrm{cov}(X, Y) = E(XY) - E(X)E(Y)$.

用方差表示协方差:$\mathrm{cov}(X, Y) = \dfrac{1}{2}[D(X+Y) - D(X) - D(Y)]$.

用方差和相关系数表示协方差:$\mathrm{cov}(X, Y) = \rho_{XY}[D(X)D(Y)]^{\frac{1}{2}}$.

用期望或协方差表示相关系数:$\rho_{XY} = E(X^* Y^*) = \mathrm{cov}(X^*, Y^*)$.

其中 $X^* = \dfrac{X - E(X)}{\sqrt{D(X)}}$,$Y^* = \dfrac{Y - E(Y)}{\sqrt{D(Y)}}$ 分别为 X, Y 的标准化随机变量.

$$\begin{cases} (1)\ X\ 和\ Y\ 不相关；\\ (2)\ \rho_{XY}=0；\\ (3)\ \operatorname{cov}(X,Y)=0；\\ (4)\ E(XY)=E(X)E(Y)；\\ (5)\ D(X\pm Y)=D(X)+D(Y). \end{cases}$$

5 个等价命题

【例 4 – 24】 设随机变量

$$Z=\begin{cases} 1 & (X+Y\ 为奇数)，\\ 0 & (X+Y\ 为偶数)， \end{cases}$$

其中 X 和 Y 独立同分布，且 $X\sim\begin{pmatrix} 0 & 1\\ q & p \end{pmatrix}$，$p+q=1,0<p<1$，求：

(1) X 和 Z 的协方差 $\operatorname{cov}(X,Z)$；

(2) p 取何值 X 和 Z 不独立.

分析 (1) 根据常用协方差计算公式 $\operatorname{cov}(X,Z)=E(XZ)-E(X)E(Z)$，需要分别先求 Z 和 XZ 的分布律，然后求得 $E(Z)$ 和 $E(XZ)$.

(2) X 和 Z 独立的必要条件是 $\operatorname{cov}(X,Z)\neq0$.

解 (1) 先求 Z 的分布律：

$$P(Z=0)=P(X=0,Y=0)+P(X=1,Y=1)=q^2+p^2，$$
$$P(Z=1)=P(X=0,Y=1)+P(X=1,Y=0)=2pq.$$

再求 XZ 的分布律：

$$\begin{aligned} P(XZ=0)&=P(X=0,Z=0)+P(X=0,Z=1)+P(X=1,Z=0)\\ &=P(X=0,Y=0)+P(X=0,Y=1)+P(X=1,Y=1)\\ &=P(X=0,Y=0)+P(X=0,Y=1)+P(X=1,Y=1)\\ &=q^2+qp+p^2，\\ P(XZ=1)&=P(X=1,Z=1)=P(X=1,Y=0)\\ &=P(X=1)P(Y=0)=pq， \end{aligned}$$

由分布律，得

$$E(X)=p,E(Z)=2pq,E(XZ)=pq，$$

所以 X 和 Z 的协方差

$$\operatorname{cov}(X,Z)=E(XZ)-E(X)E(Z)=pq(1-2p).$$

(2) 若 X 和 Z 独立，则必有 $\operatorname{cov}(X,Z)=0$，所以当 $p\neq\dfrac{1}{2}$ 时

$$\operatorname{cov}(X,Z)=pq(1-2p)\neq0，$$

从而可判断 X 和 Z 不独立.

【例 4 – 25】 设随机变量 $Y=1-2X,D(X)=3$，求 X 和 Y 的相关系数 ρ_{XY}.

分析　本题可通过相关系数定义 $\rho_{XY}=\dfrac{\mathrm{cov}(X,Y)}{\sqrt{D(X)}\sqrt{D(Y)}}$ 求得,也可通过相关系数的实际意义直接求得. 即设 $Y=aX+b$,

若 $a>0$,则 X 和 Y 正线性相关,此时 $\rho_{XY}=1$;

若 $a<0$,则 X 和 Y 负线性相关,此时 $\rho_{XY}=-1$.

解　**方法一**　$\mathrm{cov}(X,Y)=\mathrm{cov}(X,1-2X)=\mathrm{cov}(X,1)-\mathrm{cov}(X,2X)$
$$=0-2\mathrm{cov}(X,X)=-2D(X)=-6,$$
$$D(Y)=D(1-2X)=4D(X)=12,$$
$$\rho_{XY}=\frac{\mathrm{cov}(X,Y)}{\sqrt{D(X)}\sqrt{D(Y)}}=\frac{-6}{\sqrt{3}\sqrt{12}}=-1.$$

方法二　题设 $Y=1-2X$,这表示 X 和 Y 负线性相关,相关系数 $\rho_{XY}=-1$.

【例 4-26】　设随机变量 $Z\sim U[0,2\pi]$,$X=\cos Z$,$Y=\cos(X+\alpha)$,α 为常数,求 ρ_{XY},并由此讨论随机变量 X 和 Y 之间的关系.

分析　本题结论是 X 和 Y 不相关并不能推出 X 和 Y 相互独立. 不相关仅仅是指 X 和 Y 不线性相关,但它们可以有非线性的函数关系,因而不能相互独立.

解　由题设 Z 的密度函数
$$f(z)=\begin{cases}\dfrac{1}{2\pi} & (z\in[0,2\pi]),\\ 0 & (z\notin[0,2\pi]),\end{cases}$$

由三角函数周期性
$$E(X)=E(\cos Z)=\int_{-\infty}^{+\infty}\cos z\,f(z)\mathrm{d}z=\frac{1}{2\pi}\int_{0}^{2\pi}\cos z\,\mathrm{d}z=0,$$
$$E(Y)=\frac{1}{2\pi}\int_{0}^{2\pi}\cos(z+\alpha)\mathrm{d}z=0.$$

又
$$E(X^2)=\frac{1}{2\pi}\int_{0}^{2\pi}\cos^2 z\,\mathrm{d}z=\frac{1}{2}=D(X),$$
$$E(Y^2)=\frac{1}{2\pi}\int_{0}^{2\pi}\cos^2(z+\alpha)\mathrm{d}z=\frac{1}{2}=D(Y),$$
$$E(XY)=\frac{1}{2\pi}\int_{0}^{2\pi}\cos z\cos(z+\alpha)\mathrm{d}z=\frac{1}{2}\cos\alpha,$$
$$\mathrm{cov}(X,Y)=E(XY)-E(X)E(Y)=\frac{1}{2}\cos\alpha,$$

从而
$$\rho_{XY}=\frac{\mathrm{cov}(X,Y)}{\sqrt{D(X)}\sqrt{D(Y)}}=\cos\alpha.$$

当 $\alpha=0$ 时,$\rho_{XY}=1$,此时 $Y=X$,
当 $\alpha=\pi$ 时,$\rho_{XY}=-1$,此时 $Y=-X$, $\Big\}$ 表示 X 和 Y 线性相关;

当 $\alpha=\dfrac{\pi}{2}$ 或 $\dfrac{3\pi}{2}$ 时,$\rho_{XY}=0$,即表示 X 和 Y 不相关,但此时却有

$$X^2+Y^2=1.$$

因此,X 和 Y 不相互独立.

【例 4 - 27】 设随机变量 (X,Y) 服从二维正态分布,且 $E(X)=E(Y)=0$, $D(X)=1,D(Y)=3,\rho_{XY}=\dfrac{1}{2}$.

(1) 写出 (X,Y) 的联合密度函数;

(2) 已知 $Z=aX+Y$ 和 Y 相互独立,求 a.

分析 (1) 由于二维正态分布的 5 个参数都已知,填入二维正态联合密度表达式即可;(2) Z 和 Y 独立,可令 $\text{cov}(Z,Y)=0$,并由此解出 a.

解 (1) 由题设知 $(X,Y)\sim N\Big(0,1;0,3;\dfrac{1}{2}\Big)$,故联合密度函数

$$f(x,y)=\frac{1}{2\pi\sigma_1\sigma_2\sqrt{1-\rho^2}}\cdot\exp\Big\{-\frac{1}{2(1-\rho^2)}\Big[\frac{(x-\mu_1)^2}{\sigma_1^2}-\frac{2\rho(x-\mu_1)(y-\mu_2)}{\sigma_1\sigma_2}+\frac{(y-\mu_2)^2}{\sigma_2^2}\Big]\Big\}$$

$$=\frac{1}{3\pi}\exp\Big\{-\frac{2}{3}\Big[x^2-\frac{xy}{\sqrt{3}}+\frac{y^2}{3}\Big]\Big\}.$$

(2) 由于 Z 和 Y 相互独立的必要条件是 Z 和 Y 不相关,所以

$$\text{cov}(Z,Y)=\text{cov}(aX+Y,Y)=a\,\text{cov}(X,Y)+\text{cov}(X,Y)$$

$$=a\rho_{XY}\sqrt{D(X)D(Y)}+D(Y)$$

$$=a\frac{\sqrt{3}}{2}+3=0,$$

从而 $a=-2\sqrt{3}$.

【例 4 - 28】 将一颗均匀的骰子独立地掷 n 次,求 1 点出现的次数 X 和 6 点出现的次数 Y 的协方差及相关系数.

分析 由题设知 $X\sim B\Big(n,\dfrac{1}{6}\Big)$,$Y\sim B\Big(n,\dfrac{1}{6}\Big)$,而 XY 的分布不易写出,采用随机变量的分解法,即把 X,Y 分解成 $(0-1)$ 分布的随机变量之和,这样易求出 $E(XY)$,进而求出协方差及相关系数.

解 令

$$X_i=\begin{cases}1 & (\text{第 }i\text{ 次投掷出现 1 点}),\\0 & (\text{其 他}),\end{cases}\quad Y_i=\begin{cases}1 & (\text{第 }i\text{ 次投掷出现 6 点}),\\0 & (\text{其 他}),\end{cases}$$

则 1 点和 6 点出现的次数分别为

$$X = \sum_{i=1}^{n} X_i \sim B\left(n, \frac{1}{6}\right), \quad Y = \sum_{j=1}^{n} Y_j \sim B\left(n, \frac{1}{6}\right),$$

从而有

$$E(X) = E(Y) = \frac{n}{6}, D(X) = D(Y) = \frac{5n}{36},$$

$$XY = \left(\sum_{i=1}^{n} X_i\right)\left(\sum_{j=1}^{n} Y_j\right) = \sum_{i=1}^{n} X_i Y_i + 2\sum_{i<j} X_i Y_j,$$

$$X_i Y_i \sim \begin{pmatrix} 0 & 1 \\ 1 & 0 \end{pmatrix}, E(X_i Y_i) = 0.$$

当 $i \neq j$ 时，X_i 和 Y_j 相互独立，故

$$E(X_i Y_j) = E(X_i) E(Y_j) = \frac{1}{36},$$

$$E(XY) = \sum_{i=1}^{n} E(X_i Y_i) + 2\sum_{i<j} E(X_i Y_j) = \frac{n(n-1)}{36},$$

于是可得

$$\mathrm{cov}(X, Y) = E(XY) - E(X)E(Y) = \frac{n(n-1)}{36} - \frac{n^2}{36} = \frac{-n}{36},$$

$$\rho_{XY} = \frac{\mathrm{cov}(X, Y)}{\sqrt{D(X)}\sqrt{D(Y)}} = \frac{-\dfrac{n}{36}}{\dfrac{5n}{36}} = -\frac{1}{5}.$$

注 相关系数为负与实际是吻合的. 因为在掷 n 次骰子中，1 点出现的次数多必使 6 点出现次数少.

【例 4 - 29】 设随机变量 X, Y 相互独立，$X \sim N(0, 1)$，Y 各以 0.5 的概率取值 ± 1. 令 $Z = XY$，问 X 和 Z 是否相关？是否独立？

分析 考察 X 和 Z 是否相关，只需看 $\mathrm{cov}(X, Z)$ 是否为零；考察 X 和 Z 是否独立，只需计算特定事件的概率 $P(X \leqslant 1, Z \geqslant 1)$ 和 $P(X \leqslant 1)P(Z \geqslant 1)$，若不等，则 X 和 Z 不独立；若相等，则可考虑证明 X 和 Z 独立.

解 令 $E(X) = 0, E(Y) = 0$ 且 X, Y 相互独立，故

$$\mathrm{cov}(X, Z) = \mathrm{cov}(X, XY) = E(X^2 Y) - E(X)E(XY)$$
$$= E(X^2)E(Y) - E(X)E(XY) = 0,$$

所以 X 和 Z 不相关.

为探讨 X 和 Z 是否独立，考察如下特定事件的概率，并对其使用全概率公式：

$$P(X \leqslant 1, Z \geqslant 1) = P(X \leqslant 1, XY \geqslant 1)$$
$$= P(Y = 1)P(X \leqslant 1, XY \geqslant 1 | Y = 1) +$$
$$P(Y = -1)P(X \leqslant 1, XY \geqslant 1 | Y = -1)$$

$$=0.5P(X \leqslant 1, X \geqslant 1) + 0.5P(X \leqslant 1, X \leqslant -1)$$

$$=0.5P(X=1) + 0.5P(X \leqslant -1) = 0.5P(X \leqslant -1)$$

$$=0.5(1-\Phi(1)),$$

由例 3-37 知 $Z = XY \sim N(0,1)$，故有

$$P(X \leqslant 1)P(XY \geqslant 1) = \Phi(1)[1-\Phi(1)],$$

而 $\Phi(1) \neq 0.5$，所以

$$P(X \leqslant 1, XY \geqslant 1) \neq P(X \leqslant 1)P(XY \geqslant 1),$$

即 X 和 Z 不独立.

4. 证明题

【例 4-30】 若 X 为取非负整数值的随机变量，若 $E(X), D(X)$ 存在，证明：

(1) $E(X) = \sum_{k=1}^{\infty} P(X \geqslant k)$；

(2) $D(X) = 2\sum_{k=1}^{\infty} kP(X \geqslant k) - E(X)[E(X)+1]$.

分析 (1) 要证明 $E(X) = \sum_{k=1}^{\infty} P(X \geqslant k)$，需证明 $\sum_{i=1}^{\infty} iP(X=i) = \sum_{k=1}^{\infty} P(X \geqslant k)$，

而

左式

$$\sum_{i=1}^{\infty} iP(X=i) = \sum_{i=1}^{\infty} \sum_{k=1}^{i} P(X=i),$$

右式

$$\sum_{k=1}^{\infty} P(X \geqslant k) = \sum_{k=1}^{\infty} \sum_{i=k}^{\infty} P(X=i),$$

由于级数绝对收敛，所以二重级数和号可交换，问题便得证.

(2) 首先将方差化为与结果相似的形式，即

$$D(X) = E[X(X+1)] - E(X)[E(X)+1],$$

然后仿题(1)即可证明

$$E[X(X+1)] = \sum_{i=1}^{\infty} i(i+1)P(X=i) = 2\sum_{k=1}^{\infty} kP(X \geqslant k),$$

其中要注意到 $i(i+1) = 2\sum_{k=1}^{i} k$.

证 (1) 由期望定义知 $E(X) = \sum_{i=0}^{\infty} iP(X=i)$ 存在，所以级数 $\sum_{i=0}^{\infty} iP(X=i)$

绝对收敛，从而

$$E(X) = \sum_{i=0}^{\infty} iP(X=i) = \sum_{i=1}^{\infty} iP(X=i) = \sum_{i=1}^{\infty} \sum_{k=1}^{i} P(X=i)$$

$$= \sum_{k=1}^{\infty} \sum_{i=k}^{\infty} P(X=i) = \sum_{k=1}^{\infty} P(X \geqslant k).$$

(2) 由于 $D(X)$ 存在，所以 $\sum_{i=0}^{\infty} i^2 P(X=i)$ 也绝对收敛，从而

$$D(X) = E(X^2) - [E(X)]^2$$
$$= E[X(X+1)] - E(X)[E(X)+1], \qquad (*)$$

由 $\sum_{k=1}^{i} k = \frac{i(i+1)}{2}$ 得 $i(i+1) = 2\sum_{k=1}^{i} k$，则

$$E[X(X+1)] = \sum_{i=1}^{\infty} i(i+1)P(X=i) = 2\sum_{i=1}^{\infty} \sum_{k=1}^{i} kP(X=i)$$
$$= 2\sum_{k=1}^{\infty} \sum_{i=k}^{\infty} kP(X=i) = 2\sum_{k=1}^{\infty} kP(X \geqslant k),$$

将式（*）代入即得

$$D(X) = 2\sum_{k=1}^{\infty} kP(X \geqslant k) - E(X)[E(X)+1].$$

【例 4-31】 若连续型随机变量 $X \geqslant$ 数 a 的概率为 1，则 $E(X) \geqslant a$.

分析 要证明 $E(X) \geqslant a$ 即 $\int_{-\infty}^{+\infty} xf(x)\mathrm{d}x \geqslant a$，需证明 $\int_{-\infty}^{a} xf(x)\mathrm{d}x = 0$，需证明当 $x \leqslant a$ 时 $f(x)=0$，需证明当 $x \leqslant a$ 时 $F(x)=0$，需证明 $F(a)=0$，即 $1-F(a)=1$，即 $P(X \geqslant a)=1$，这正是题设条件.

证 设 X 的分布函数和密度函数分别是 $F(x)$ 和 $f(x)$，则由题设
$$P(X \geqslant a) = 1 - P(X < a) = 1 - F(a) = 1,$$
得 $F(a)=0$，由于分布函数单调不减，故当 $x \leqslant a$ 时，有
$$F(x) = 0 \Rightarrow f(x) = F'(x) = 0,$$
从而
$$E(X) = \int_{-\infty}^{+\infty} xf(x)\mathrm{d}x = \int_{-\infty}^{a} xf(x)\mathrm{d}x + \int_{a}^{+\infty} xf(x)\mathrm{d}x$$
$$= \int_{a}^{+\infty} xf(x)\mathrm{d}x \geqslant \int_{a}^{+\infty} af(x)\mathrm{d}x = a\int_{a}^{+\infty} f(x)\mathrm{d}x$$
$$= a\int_{-\infty}^{+\infty} f(x)\mathrm{d}x = a.$$

【例 4-32】 若二维随机变量 $(X,Y) \sim N(0,\sigma^2;0,\sigma^2;0)$，证明：
$$E[\max(|X|,|Y|)] = \frac{2\sigma}{\sqrt{\pi}}.$$

分析 令 $U=|X|$，$V=|Y|$，$Z=\max(|X|,|Y|)$. 由于 U,V 独立同分布，只要先求出 U 的密度函数和分布函数 $f_U(u),F_U(u)$，继而求出 Z 的密度函数和分布函数

$f_Z(z)$，$F_Z(z)$，最后按期望定义计算 $E[\max(|X|,|Y|)] = E(Z) = \int_{-\infty}^{+\infty} z f_Z(z) \mathrm{d}z$，便得结果.

证 令 $U=|X|$，$V=|Y|$，$Z=\max(|X|,|Y|)$，由 $(X,Y) \sim N(0,\sigma^2;0,\sigma^2;0)$ 知 X,Y 相互独立同分布，从而 U,V 也相互独立同分布，其密度函数

$$f_U(u) = f_V(u) = \begin{cases} \dfrac{2}{\sqrt{2\pi}\,\sigma} \mathrm{e}^{-\frac{u^2}{2\sigma^2}} & (u \geqslant 0), \\ 0 & (u < 0), \end{cases}$$

Z 的分布函数 $F_Z(z) = F_U^2(z)$，密度函数

$$f_Z(z) = F_Z'(z) = 2F_U(z)f_U(z) = \begin{cases} \dfrac{4}{\pi\sigma^2}\left(\int_0^z \mathrm{e}^{-\frac{t^2}{2\sigma^2}} \mathrm{d}t\right) \mathrm{e}^{-\frac{z^2}{2\sigma^2}} & (z \geqslant 0), \\ 0 & (z < 0), \end{cases}$$

由期望定义

$$\begin{aligned} E[\max(|X|,|Y|)] = E(Z) &= \int_{-\infty}^{+\infty} z f_Z(z) \mathrm{d}z \\ &= \frac{4}{\pi\sigma^2} \int_0^{+\infty} \left(\int_0^z \mathrm{e}^{-\frac{t^2}{2\sigma^2}} \mathrm{d}t\right) z \mathrm{e}^{-\frac{z^2}{2\sigma^2}} \mathrm{d}z \\ &= \frac{4}{\pi\sigma^2} \int_0^{+\infty} -\sigma^2 \left(\int_0^z \mathrm{e}^{-\frac{t^2}{2\sigma^2}} \mathrm{d}t\right) \mathrm{d}\mathrm{e}^{-\frac{z^2}{2\sigma^2}} \\ &= \frac{4}{\pi\sigma^2} \left[\left(\int_0^z \mathrm{e}^{-\frac{t^2}{2\sigma^2}} \mathrm{d}t\right)\left(-\sigma^2 \mathrm{e}^{-\frac{z^2}{2\sigma^2}}\right)\Big|_0^{+\infty} + \sigma^2 \int_0^{+\infty} \mathrm{e}^{-\frac{z^2}{\sigma^2}} \mathrm{d}z \right] \\ &= \frac{4}{\pi} \int_0^{+\infty} \mathrm{e}^{-\frac{z^2}{\sigma^2}} \mathrm{d}z = \frac{4\sigma}{\pi} \int_0^{+\infty} \mathrm{e}^{-\frac{z^2}{\sigma^2}} \mathrm{d}\left(\frac{z}{\sigma}\right) = \frac{4\sigma}{\pi} \cdot \frac{\sqrt{\pi}}{2} = \frac{2\sigma}{\sqrt{\pi}}. \end{aligned}$$

【例 4-33】 设 $X_1, X_2, \cdots, X_n$ 为正的独立同分布的随机变量，密度函数为 $f(x)$，证明：对任意的 $k(1 \leqslant k \leqslant n)$，有

$$E\left(\frac{X_1 + X_2 + \cdots + X_k}{X_1 + X_2 + \cdots + X_n}\right) = \frac{k}{n}.$$

分析 根据期望的性质可知只要证明

$$E\left(\frac{X_j}{X_1 + X_2 + \cdots + X_n}\right) = \frac{1}{n} \quad (j = 1, 2, \cdots, n)$$

成立，便易得本题结论；或者利用多维随机变量函数的期望公式

$$E[g(X_1, X_2, \cdots, X_n)] = \int_{-\infty}^{+\infty} \int_{-\infty}^{+\infty} \cdots \int_{-\infty}^{+\infty} g(x_1, x_2, \cdots, x_n) f(x_1, x_2, \cdots, x_n) \mathrm{d}x_1 \mathrm{d}x_2 \cdots \mathrm{d}x_n$$

直接计算.

证 **方法一** 记 $Z = \sum_{i=1}^{n} X_i$，由于 $X_1, X_2, \cdots X_n$ 独立同分布，故 $\dfrac{X_1}{Z}, \dfrac{X_2}{Z}, \cdots,$

$\dfrac{X_n}{Z}$ 也同分布,又 $\left|\dfrac{X_j}{Z}\right| \leqslant 1$,所以 $E\left(\dfrac{X_j}{Z}\right)(j=1,2,\cdots,n)$ 都存在且相等. 由于

$$1 = E\left(\frac{Z}{Z}\right) = E\left(\frac{\left(\sum_{i=1}^{n} X_i\right)}{Z}\right) = nE\left(\frac{X_j}{Z}\right),$$

所以 $E\left(\dfrac{X_j}{Z}\right) = \dfrac{1}{n}(j=1,2,\cdots,n)$,从而

$$E\left(\frac{X_1 + X_2 + \cdots + X_k}{X_1 + X_2 + \cdots + X_n}\right) = kE\left(\frac{X_j}{Z}\right) = \frac{k}{n}.$$

方法二　由于 $X_1, X_2, \cdots, X_n$ 为正的独立同分布的随机变量,故有

$$E\left(\frac{X_1 + X_2 + \cdots + X_k}{X_1 + X_2 + \cdots + X_n}\right)$$

$$= \int_0^{+\infty} \int_0^{+\infty} \cdots \int_0^{+\infty} \frac{x_1 + x_2 + \cdots + x_k}{x_1 + x_2 + \cdots + x_n} f(x_1) f(x_2) \cdots f(x_n) \mathrm{d}x_1 \mathrm{d}x_2 \cdots \mathrm{d}x_n$$

$$= k \int_0^{+\infty} \int_0^{+\infty} \cdots \int_0^{+\infty} \frac{x_1}{x_1 + x_2 + \cdots + x_n} f(x_1) f(x_2) \cdots f(x_n) \mathrm{d}x_1 \mathrm{d}x_2 \cdots \mathrm{d}x_n$$

$$= \frac{k}{n} \int_0^{+\infty} \int_0^{+\infty} \cdots \int_0^{+\infty} \frac{nx_1}{x_1 + x_2 + \cdots + x_n} f(x_1) f(x_2) \cdots f(x_n) \mathrm{d}x_1 \mathrm{d}x_2 \cdots \mathrm{d}x_n$$

$$= \frac{k}{n} \int_0^{+\infty} \int_0^{+\infty} \cdots \int_0^{+\infty} \frac{x_1 + x_2 + \cdots + x_n}{x_1 + x_2 + \cdots + x_n} f(x_1) f(x_2) \cdots f(x_n) \mathrm{d}x_1 \mathrm{d}x_2 \cdots \mathrm{d}x_n$$

$$= \frac{k}{n} \int_0^{+\infty} \int_0^{+\infty} \cdots \int_0^{+\infty} f(x_1) f(x_2) \cdots f(x_n) \mathrm{d}x_1 \mathrm{d}x_2 \cdots \mathrm{d}x_n = \frac{k}{n}.$$

【例 4 - 34】　证明:在一次试验中,事件 A 发生的次数 X 的方差满足 $D(X) \leqslant \dfrac{1}{4}$.

分析　由于只进行一次试验,X 只能取 $0,1$ 两个值,即 X 服从参数为 p 的 0-1分布,其方差为 $p(1-p)$. 利用配方法或导数可证明 $p(1-p)$ 的最大值是 $\dfrac{1}{4}$.

证　根据题意可设 $X \sim \begin{pmatrix} 0 & 1 \\ 1-p & p \end{pmatrix}$,于是

$$D(X) = p(1-p) = \frac{1}{4} - \left(\frac{1}{2} - p\right)^2 \leqslant \frac{1}{4}.$$

【例 4 - 35】　设随机变量 X,Y 相互独立,方差有限,证明:方差之积不超过积的方差,即

$$D(X)D(Y) \leqslant D(XY).$$

分析　只要能将式 $D(XY) - D(X)D(Y)$ 化为非负项之和,命题便得证.

证　由 X,Y 相互独立知 X^2, Y^2 也相互独立,即有

$$E(XY)=E(X)E(Y), \quad E(X^2Y^2)=E(X^2)E(Y^2),$$

$$D(XY)=E(X^2Y^2)-[E(XY)]^2=E(X^2)E(Y^2)-[E(X)]^2[E(Y)]^2$$

$$=\{D(X)+[E(X)]^2\}\{D(Y)+[E(Y)]^2\}-[E(X)]^2[E(Y)]^2$$

$$=D(X)D(Y)+[E(X)]^2D(Y)+[E(Y)]^2D(X),$$

所以

$$D(XY)-D(X)D(Y)=[E(X)]^2D(Y)+[E(Y)]^2D(X)\geqslant0.$$

【例 4-36】 若随机变量 X,Y 的二阶原点矩 $E(X^2),E(Y^2)$ 存在,证明:柯西-许瓦兹不等式 $[E(XY)]^2\leqslant E(X^2)E(Y^2)$ 成立.

分析 无论是微积分中的柯西-许瓦兹不等式还是概率论中的柯西-许瓦兹不等式都可表述为:积的平方≤平方的积,即

$$(ab)^2\leqslant a^2b^2,$$

作辅助函数 $g(x)=(a+xb)^2$,并利用 x 的一元二次方程根的判别式便能证明上式.

证 设实变量 t 的二次非负函数

$$g(t)=E[(X+tY)^2],$$

由期望性质

$$g(t)=E(X^2)+2tE(XY)+t^2E(Y^2)\geqslant0,$$

从而由二次方程 $g(t)=0$ 根的判别式得

$$\Delta=4[E(XY)]^2-4E(X^2)E(Y^2)\leqslant0,$$

于是得

$$[E(XY)]^2\leqslant E(X^2)E(Y^2).$$

注 相仿可证明另一形式的柯西-许瓦兹不等式:

$$[E(X-EX)(Y-EY)]^2\leqslant E[(X-EX)^2]E[(Y-EY)^2]$$

即

$$[\mathrm{cov}(X,Y)]^2\leqslant D(X)D(Y).$$

【例 4-37】 设 X 为离散型随机变量,证明:$D(X)=0$ 的充分必要条件是 $P(X=C)=1$.

分析 显然充分性易证;必要性的证明宜用反证法.利用方差定义推出 $D(X)>0$,便得到矛盾,证明的关键之处是将概率不等式 $P(X=C)<1$ 等价地转换成另一概率不等式 $P(X\neq C)>0$.

证 先用反证法证明必要性.当 $D(X)=E[X-E(X)]^2=0$ 时,记 $E(X)=C$,若结论不成立,即 $P(X=C)\neq1$,则 $P(X=C)<1$ 或等价地有 $P(X\neq C)>0$.由离散型随机变量方差的定义有

$$D(X)=(x-C)^2P(X=C)+\sum_{x:x\neq c}(x-C)^2P(X=x),$$

右端第二项和式中至少有一项 $P(X=a)>0(a\neq C)$,从而对应的 $(a-C)^2>0$,因此
$$D(X)\geqslant(a-C)^2P(X=a)>0,$$
这与已知 $D(X)=0$ 矛盾,所以 $P(X=C)=1$.

再证充分性. 若 $P(X=C)=1$,则
$$E(X)=C\times1=C,E(X^2)=C^2\times1=C^2,$$
从而
$$D(X)=E(X^2)-[E(X)]^2=C^2-C^2=0.$$

注 不管 X 是离散型还是非离散型随机变量,本命题都成立.

【**例 4 - 38**】 设连续型随机变量 X 的一切可能值在区间 $[-1,1]$ 内,其密度函数为 $f(x)$,证明:

(1) $|E(X)|\leqslant1$;

(2) $D(X)\leqslant1$.

分析 利用期望的定义和密度函数的归一性可证 $-1\leqslant E(X)\leqslant1$;根据方差是特殊的随机变量函数的期望的下确界,即 $D(X)\leqslant E(X-C)^2$(C 为任意常数),可以证明 $D(X)\leqslant1$.

证 (1) 当 $-1\leqslant x\leqslant1$ 时,由期望定义
$$-1=-\int_{-1}^{1}f(x)\mathrm{d}x\leqslant\int_{-1}^{1}xf(x)\mathrm{d}x=E(X)\leqslant\int_{-1}^{1}f(x)\mathrm{d}x=1,$$
所以
$$|E(X)|\leqslant1.$$

还可这样证明:

因为 $-1\leqslant X\leqslant1$,所以 $E(-1)\leqslant E(X)\leqslant E(1)$,即 $-1\leqslant E(X)\leqslant1$,即 $|E(X)|\leqslant1$.

(2) 在方差性质 $D(X)\leqslant E(X-c)^2$ 中取 $c=\dfrac{1+(-1)}{2}=0$,则
$$D(X)\leqslant E(X-c)^2\leqslant E(1-c)^2(1-c)^2=1.$$

还可这样证明:

设 $g(c)=E[(X-c)^2]=c^2-2cE(X)+E(X^2)$,令 $g'(c)=2c-2E(X)=0$,得 $c=E(X)$,而 $g''(c)=2>0$,故 $g(c)$ 在 $c=E(X)$ 处取得最小值,$D(X)=E[X-E(X)]^2$,取 $c=\dfrac{1+(-1)}{2}=0$,则有
$$D(X)\leqslant E(X-c)^2=E(X^2)=\int_{-1}^{1}x^2f(x)\mathrm{d}x\leqslant\int_{-1}^{1}f(x)\mathrm{d}x=1.$$

【**例 4 - 39**】 设 A 和 B 是试验 E 的两个随机事件,且 $P(A)>0,P(B)>0$,定义随机变量 X,Y 如下:
$$X=\begin{cases}1 & (A\text{ 发生}),\\0 & (A\text{ 不发生}),\end{cases} \quad Y=\begin{cases}1 & (B\text{ 发生}),\\0 & (B\text{ 不发生}).\end{cases}$$

证明:若 $\rho_{XY}=0$,则 X,Y 必定相互独立.

  分析 要证明离散型随机变量 X,Y 相互独立,即需证明 (X,Y) 的联合概率等于边际概率的乘积:

$$P(X=i,Y=j)=P(X=i)P(Y=j) \quad (i,j=0,1).$$

  证 由题设知

$$X\sim\begin{pmatrix} 0 & 1 \\ 1-P(A) & P(A) \end{pmatrix}, \quad Y\sim\begin{pmatrix} 0 & 1 \\ 1-P(B) & P(B) \end{pmatrix},$$

$$XY\sim\begin{pmatrix} 0 & 1 \\ 1-P(AB) & P(AB) \end{pmatrix},$$

故 $E(X)=P(A),E(Y)=P(B),E(XY)=P(AB),$

由 $\rho_{XY}=0 \Rightarrow \mathrm{cov}(X,Y)=E(XY)-E(X)E(Y)=0$

      $\Rightarrow E(XY)=E(X)E(Y)$ 即 $P(AB)=P(A)P(B),$

从而有

$$P(X=1,Y=1)=P(X=1)P(Y=1).$$

由事件 A,B 独立可得 $\overline{A}$ 和 B,A 和 $\overline{B}$,$\overline{A}$ 和 $\overline{B}$ 也相互独立,故又有

$$P(X=1,Y=0)=P(X=1)P(Y=0),$$
$$P(X=0,Y=1)=P(X=0)P(Y=1),$$
$$P(X=0,Y=0)=P(X=0)P(Y=0),$$

所以 X,Y 必定相互独立.

  注 例 4-39 可推广:

  若 X 和 Y 都是只能取两个值的随机变量,如果它们不相关,则一定相互独立.
证明思路:设

$$X=\begin{cases} a & (A \text{ 发生}), \\ b & (A \text{ 不发生}), \end{cases} \quad Y=\begin{cases} c & (B \text{ 发生}), \\ d & (B \text{ 不发生}), \end{cases}$$

$$X\sim\begin{pmatrix} a & b \\ P(A) & 1-P(A) \end{pmatrix}, \quad Y\sim\begin{pmatrix} c & d \\ P(B) & 1-P(B) \end{pmatrix},$$

作变换 $Z=X-b,W=Y-d$,则由 $\rho_{XY}=0 \Rightarrow \rho_{ZW}=0$,且

$$Z\sim\begin{pmatrix} 0 & a-b \\ 1-P(A) & P(A) \end{pmatrix}, \quad W\sim\begin{pmatrix} 0 & c-d \\ 1-P(B) & P(B) \end{pmatrix},$$

$$ZW\sim\begin{pmatrix} 0 & (a-b)(c-d) \\ 1-P(AB) & P(AB) \end{pmatrix}.$$

以下证明类同例 4-39.

  【**例 4-40**】 设 (X,Y) 服从二维正态分布,$X+Y$ 和 $X-Y$ 不相关的充分必要条件是

$$D(X)=D(Y).$$

分析 利用不相关的等价命题

$$X+Y \text{ 和 } X-Y \text{ 不相关 } \Leftrightarrow \text{cov}(X+Y,X-Y)=0.$$

证 由协方差性质

$$\text{cov}(X+Y,X-Y)=\text{cov}(X,X-Y)+\text{cov}(Y,X-Y)$$
$$=\text{cov}(X,X)-\text{cov}(X,Y)+\text{cov}(Y,X)-\text{cov}(Y,Y)$$
$$=D(X)-D(Y).$$

所以 $X+Y$ 和 $X-Y$ 不相关的充分必要条件是 $D(X)=D(Y)$.

【例 4-41】 已知随机变量 X 的密度函数是偶函数,且 $E(|X|^3)<+\infty$,证明:

(1) X 和 $Y=X^2$ 不相关;

(2) X 和 $Y=X^2$ 不相互独立.

分析 (1) 利用不相关的等价命题:

$$X \text{ 和 } Y=X^2 \text{ 不相关} \Leftrightarrow \text{cov}(X,Y)=0 \Leftrightarrow E(XY)=E(X)E(Y),$$

即
$$E(X^3)=E(X)E(X^2),$$

可证明(1)的结论. 事实上

$$E(X^k)=\int_{-\infty}^{+\infty}x^k f(x)\mathrm{d}x=0 \quad (k=1,3).$$

(2) 由于 X 的密度函数并未具体给出,用"联合密度$\neq$边际密度乘积"来证明是不可能了,但可用"积的概率>概率的积"来证明不独立,或尝试用反证法去证明.

证 (1) 由 X 的密度函数是偶函数,得

$$E(X)=\int_{-\infty}^{+\infty}xf(x)\mathrm{d}x=0, \quad E(X^3)=\int_{-\infty}^{+\infty}x^3 f(x)\mathrm{d}x=0,$$

从而 $\quad \text{cov}(X,Y)=\text{cov}(X,X^2)=E(X^3)-E(X)E(X^2)=0,$

故 X 和 $Y=X^2$ 不相关.

(2) 给定 $a>0$,使得 $P(X\leqslant a)<1$. 考虑如下特定事件概率

$$P(X\leqslant a,X^2\leqslant a^2)=P(-a\leqslant X\leqslant a)>P(X\leqslant a)P(-a\leqslant X\leqslant a)$$
$$=P(X\leqslant a)P(X^2\leqslant a^2),$$

所以 X 和 $Y=X^2$ 不独立.

(3) 以下采用反证法.

假定 X 和 $Y=X^2$ 相互独立,设 X 的分布函数是 $F(x)$,则 $F(x)$ 连续. 又事件

$$\{-x<X<x\}=\{X^2<x^2\}=\{Y<x^2\},$$

由独立性

$$P\{-x<X<x\}=P\{-x<X<x,Y<x^2\}=P\{-x<X<x\}P(Y<x^2)$$
$$=[P\{-x<X<x\}]^2,$$

故 $P\{-x<X<x\}=0$,即对任意正数 x,有 $F(x)-F(-x)=0$,取极限得

$$F(+\infty)-F(-\infty)=0,$$

由分布函数性质得 $1=0$,矛盾,所以 X 和 $Y=X^2$ 不相互独立.

【例 4 - 42】 设随机变量 $X_1,X_2,\cdots X_n$ 中任意两个的相关系数都是 ρ. 证明:

$$\rho\geqslant-\frac{1}{n-1}.$$

分析 欲证 $\rho\geqslant-\frac{1}{n-1}$,需证 $1+\rho(n-1)\geqslant0$,需证 $[1+\rho(n-1)]\sum_{i=1}^{n}D(X_i)\geqslant$ 0,需证

$$[1+\rho(n-1)]\sum_{i=1}^{n}D(X_i)\geqslant E\Big(\sum_{i=1}^{n}[X_i-E(X_i)]\Big)^2\geqslant0.$$

证 因为

$$0\leqslant E\Big(\sum_{i=1}^{n}[X_i-E(X_i)]\Big)^2=\sum_{i=1}^{n}D(X_i)+2\rho\sum_{1\leqslant i<j\leqslant n}\sqrt{D(X_i)}\sqrt{D(X_j)}$$

$$\leqslant\sum_{i=1}^{n}D(X_i)+\rho\sum_{1\leqslant i<j\leqslant n}[D(X_i)+D(X_j)]$$

$$=\sum_{i=1}^{n}D(X_i)+\rho(n-1)\sum_{i=1}^{n}D(X_i)$$

$$=[1+\rho(n-1)]\sum_{i=1}^{n}D(X_i),$$

由 $1+\rho(n-1)\geqslant0$,得

$$\rho\geqslant-\frac{1}{n-1}.$$

【例 4 - 43】 设 $g(x)$ 在区间 $[0,+\infty)$ 上单调非减,且 $g(x)>0$. 若对连续型随机变量 $X,E[g(X)]$ 存在,则对任何正数 ε,有

$$P(|X|\geqslant\varepsilon)\leqslant\frac{E[g(|X|)]}{g(\varepsilon)}.$$

分析 因 $g(x)$ 单调非减,所以事件 $\{|X|\geqslant\varepsilon\}$ 等价于事件 $\{g(|X|)\geqslant g(\varepsilon)\}$,则有

$$P(|X|\geqslant\varepsilon)=P[g(|X|)]\geqslant g(\varepsilon),$$

然后按概率计算公式及随机变量函数的期望的定理把上式逐步放大.

证 设 X 的密度函数为 $f(x)$,当 $X<0$ 时,定义 $g(x)=0$,于是

$$P(\mid X \mid \geqslant \varepsilon) = P[g(\mid X \mid)] \geqslant g(\varepsilon) = \int_{g(\mid x \mid) \geqslant g(\varepsilon)} f(x) \mathrm{d}x$$

$$\leqslant \int_{g(\mid x \mid) \geqslant g(\varepsilon)} \frac{g(\mid x \mid)}{g(\varepsilon)} f(x) \mathrm{d}x \leqslant \frac{1}{g(\varepsilon)} \int_{0}^{+\infty} g(\mid x \mid) f(x) \mathrm{d}x$$

$$= \frac{1}{g(\varepsilon)} \int_{-\infty}^{+\infty} g(\mid x \mid) f(x) \mathrm{d}x = \frac{E(g(\mid X \mid))}{g(\varepsilon)}.$$

注 若 X 为离散型随机变量,本题结论也成立. 相仿成立的常见不等式有

$$P(X \geqslant \varepsilon) \leqslant \frac{E(X)}{\varepsilon},$$

$$P(\mid X \mid \geqslant \varepsilon) \leqslant \frac{E(\mid X \mid^{k})}{\varepsilon^{k}} (马尔可夫不等式).$$

证明含期望的概率不等式的方法归结为如下 3 步:

(1) 将 X 在区间内取值的概率表示成密度函数在该区间上的积分;

(2) 将被积函数放大;

(3) 将积分区间放大为 $(-\infty, +\infty)$,使积分成为 $E(X)$ 的表示式.

对离散型情形可类似证明.

【**例 4-44**】 设 X 服从超几何分布 $H(n, M, N)$,即

$$P(X=k) = \frac{C_{M}^{k} C_{N-M}^{n-k}}{C_{N}^{n}} \quad (k=0, 1, \cdots, n; n \leqslant M).$$

其中 N 为产品总数,M 为次品数,n 为抽检的产品数,k 为抽检出的次品数,证明:

$$E(X) = np, \quad D(X) = np(1-p)\frac{N-n}{N-1},$$

其中 $p = \frac{M}{N}$ 为次品率.

分析 本题可采用多种方法计算.

(1) 利用 0-1 分布:$B[1, P(X=1)]$.

(2) 利用牛顿二项展开式 $(a+b)^{n} = \sum_{k=0}^{n} C_{n}^{k} a^{n-k} b^{k}$ 的特例:$(1+x)^{N} = \sum_{k=0}^{N} C_{N}^{k} x^{k}$.

(3) 利用超几何分布的归一性:$\sum_{k=0}^{n} \frac{C_{M}^{k} C_{N-M}^{n-k}}{C_{N}^{n}} = 1.$

证 方法一 设 $X_i = \begin{cases} 1 & (第 i 件次品被查出), \\ 0 & (其\quad 他), \end{cases} \quad (i=1, 2, \cdots, M),$

则 $X_i \sim B\left(1, \frac{C_{N-1}^{n-1}}{C_{N}^{n}}\right)$,$X_i X_j \sim B\left(1, \frac{C_{N-2}^{n-2}}{C_{N}^{n}}\right)$,且 $X = \sum_{i=1}^{M} X_i$,由期望性质

$$E(X) = \sum_{i=1}^{M} E(X_i) = \sum_{i=1}^{M} \frac{C_{N-1}^{n-1}}{C_{N}^{n}} \cdot = M \frac{C_{N-1}^{n-1}}{C_{N}^{n}} = n\frac{M}{N} = np,$$

$$E(X^2) = E\Big[\Big(\sum_{i=1}^{M} X_i\Big)^2\Big] = E\Big(\sum_{i,j} X_i X_j\Big) = \sum_{i,j} E(X_i X_j),$$

上式右端为 M^2 个期望之和, 每个期望可被视为 M 阶实对称矩阵 A 的一个元素, 即

$$A = (a_{ij})_{M \times M} = E(X_i X_j)_{M \times M},$$

显然 M 个对角元素为 $E(X_i^2) = \dfrac{C_{N-1}^{n-1}}{C_N^n}$, 其余 $M^2 - M$ 个非对角元素为

$$E(X_i X_j) = P(X_i = 1, X_j = 1) = \frac{C_{N-2}^{n-2}}{C_N^n}.$$

因为 $\qquad E(X^2) = E\Big[\Big(\sum_{i=1}^{M} X_i\Big)^2\Big] = M\dfrac{C_{N-1}^{n-1}}{C_N^n} + (M^2 - M)\dfrac{C_{N-2}^{n-2}}{C_N^n},$

所以 $\qquad D(X) = E(X^2) - [E(X)]^2 = M\dfrac{C_{N-1}^{n-1}}{C_N^n} + (M^2 - M)\dfrac{C_{N-2}^{n-2}}{C_N^n} - \Big(n\dfrac{M}{N}\Big)^2$

$$= \frac{nM(N-M)(N-n)}{N^2(N-1)} = np(1-p)\frac{N-n}{N-1}.$$

方法二 由期望的定义

$$E(X) = \sum_{k=0}^{n} kP(X = k) = \sum_{k=0}^{n} k\frac{C_M^k C_{N-M}^{n-k}}{C_N^n}$$

$$= \frac{1}{C_N^n} \sum_{k=0}^{n} kC_M^k C_{N-M}^{n-k} \xrightarrow{\text{见附证}} \frac{1}{C_N^n} MC_{N-1}^{n-1} = n\frac{M}{N} = np.$$

〔**附证**〕 由牛顿二项展开式可得 $(1+x)^N = \sum_{k=0}^{N} C_N^k x^k$, 又 $(1+x)^N$ 的展开式中 $x^n = x^m x^{n-m}$ 的系数是 $\sum_{k=0}^{n} C_m^k C_{N-m}^{n-k}$, 从而有 $C_N^n = \sum_{k=0}^{n} C_m^k C_{N-m}^{n-k}$.

$\sum_{k=0}^{n} C_M^k C_{N-M}^{n-k}$ 是 $(1+x)^N = (1+x)^M (1+x)^{N-M}$ 的展开式中 $x^n = x^m x^{n-m}$ 的系数, 故 $\sum_{k=0}^{n} kC_M^k C_{N-M}^{n-k}$ 是 $[(1+x)^M]'(1+x)^{N-M} = M(1+x)^{M-1}(1+x)^{N-M} = M(1+x)^{N-1}$ 的展开式中 x^{n-1} 的系数, 故 $\sum_{k=0}^{n} kC_M^k C_{N-M}^{n-k} = MC_{N-1}^{n-1}$.

与之相仿, $\sum_{k=0}^{n} k(k-1)C_M^k C_{N-M}^{n-k}$ 是 $[(1+x)^M]''(1+x)^{N-M} = M(M-1)(1+x)^{N-2}$ 的展开式中 x^{n-2} 的系数, 故 $\sum_{k=0}^{n} k(k-1)C_M^k C_{N-M}^{n-k} = M(M-1)C_{N-2}^{n-2}$, 于是

$$E(X^2) = \sum_{k=0}^{n} k^2 P(X = k) = \sum_{k=0}^{n} k(k-1)P(X = k) + \sum_{k=0}^{n} kP(X = k)$$

$$= \frac{1}{C_N^n} \sum_{k=0}^{n} k(k-1) C_M^k C_{N-M}^{n-k} + E(X)$$

$$= \frac{1}{C_N^n} M(M-1) C_{N-2}^{n-2} + n\frac{M}{N},$$

从而

$$D(X) = E(X^2) - [E(X)]^2 = \frac{1}{C_N^n} M(M-1) C_{N-2}^{n-2} + n\frac{M}{N} - \left(n\frac{M}{N}\right)^2$$

$$= \frac{nM(N-M)(N-n)}{N^2(N-1)} = np(1-p)\frac{N-n}{N-1}.$$

方法三　由期望的定义

$$E(X) = \sum_{k=0}^{n} kP(X=k) = \sum_{k=0}^{n} k\frac{C_M^k C_{N-M}^{n-k}}{C_N^n} = \sum_{k=1}^{n} k\frac{C_M^k C_{N-M}^{n-k}}{C_N^n}$$

$$\xequal{C_b^a = \frac{b}{a} C_{b-1}^{a-1}} n\frac{M}{N} \sum_{k=1}^{n} k\frac{C_{M-1}^{k-1} C_{N-M}^{n-k}}{C_{N-1}^{n-1}}$$

$$\xequal{k-1=m} n\frac{M}{N} \sum_{m=0}^{n-1} \frac{C_{M-1}^{m} C_{N-M}^{n-1-m}}{C_{N-1}^{n-1}} = n\frac{M}{N} \sum_{m=0}^{n-1} \frac{C_{M-1}^{m} C_{N-1-(M-1)}^{n-1-m}}{C_{N-1}^{n-1}}$$

$$\xequal{\text{超几何分布归一性}} n\frac{M}{N} = np,$$

$$E(X^2) = \sum_{k=0}^{n} k^2 P(X=k) = \sum_{k=1}^{n} k^2 \frac{C_M^k C_{N-M}^{n-k}}{C_N^n}$$

$$= n\frac{M}{N} \sum_{k=1}^{n} k\frac{C_{M-1}^{k-1} C_{N-M}^{n-k}}{C_{N-1}^{n-1}} \xequal{k-1=m} n\frac{M}{N} \sum_{m=0}^{n-1} (m+1)\frac{C_{M-1}^{m} C_{N-M}^{n-1-m}}{C_{N-1}^{n-1}}$$

$$= n\frac{M}{N} \left(\sum_{m=1}^{n-1} m\frac{C_{M-1}^{m} C_{N-M}^{n-1-m}}{C_{N-1}^{n-1}} + 1 \right)$$

$$= n\frac{M}{N} \left[\frac{(M-1)(n-1)}{N-1} \sum_{m=1}^{n-1} \frac{C_{M-2}^{m-1} C_{N-M}^{n-1-m}}{C_{N-2}^{n-2}} + 1 \right]$$

$$\xequal{m-1=l} n\frac{M}{N} \left[\frac{(M-1)(n-1)}{N-1} \sum_{l=0}^{n-2} \frac{C_{M-2}^{l} C_{N-M}^{n-2-l}}{C_{N-2}^{n-2}} + 1 \right]$$

$$\xequal{\text{超几何分布归一性}} n\frac{M}{N} \left[\frac{(M-1)(n-1)}{N-1} + 1 \right]$$

$$D(X) = E(X^2) - [E(X)]^2 = n\frac{M}{N} \left[\frac{(M-1)(n-1)}{N-1} + 1 \right] - \left(n\frac{M}{N}\right)^2$$

$$= \frac{nM(N-M)(N-n)}{N^2(N-1)} = np(1-p)\frac{N-n}{N-1}.$$

注　期望 $E(X) = n\frac{M}{N}$ 的最简证明如下：

设 $X_i = \begin{cases} 1 & (\text{第 } i \text{ 次抽到次品}), \\ 0 & (\text{第 } i \text{ 次抽到正品}) \end{cases}$ $(i = 1, 2, \cdots, n)$，则

$$X = \sum_{i=1}^{n} X_i.$$

因为 $P(X_i = 1) = \dfrac{M}{N}$，$E(X_i) = \dfrac{M}{N}$，所以

$$E(X) = \sum_{i=1}^{n} E(X_i) = n\frac{M}{N}.$$

【例 4 - 45】 设随机变量 $X_{ij}(i, j = 1, 2, \cdots, n; n \geqslant 2)$ 独立同分布，$E(X_{ij}) = 2$，作 n 阶行列式

$$Y = \begin{vmatrix} X_{11} & X_{12} & \cdots & X_{1n} \\ X_{21} & X_{22} & \cdots & X_{2n} \\ \vdots & \vdots & & \vdots \\ X_{n1} & X_{n2} & \cdots & X_{nn} \end{vmatrix},$$

证明：$E(Y) = 0$.

分析 根据 n 阶行列式的定义知 n 阶行列式 $Y = |X_{ij}|_{n \times n}$ 可以展开为 $n!$ 项的代数和，每一项都含 n 个不同的因子 X_{ij}，取期望后均得 2^n，其中一半的项带正号，另一半项带负号，所以总和为零.

证 由 n 阶行列式的定义可有

$$Y = |X_{ij}|_{n \times n} = \sum_{i_1 i_2 \cdots i_n} (-1)^{\tau(i_1 i_2 \cdots i_n)} X_{i_1 1} X_{i_2 2} \cdots X_{i_n n},$$

再因 $X_{ij}(i, j = 1, 2, \cdots, n; n \geqslant 2)$ 的独立性及期望的性质则得

$$E(Y) = \sum_{i_1 i_2 \cdots i_n} (-1)^{\tau(i_1 i_2 \cdots i_n)} E(X_{i_1 1} X_{i_2 2} \cdots X_{i_n n})$$

$$= \sum_{i_1 i_2 \cdots i_n} (-1)^{\tau(i_1 i_2 \cdots i_n)} E(X_{i_1 1}) E(X_{i_2 2}) \cdots E(X_{i_n n})$$

$$= \sum_{i_1 i_2 \cdots i_n} (-1)^{\tau(i_1 i_2 \cdots i_n)} 2^n = 2^n \sum_{i_1 i_2 \cdots i_n} (-1)^{\tau(i_1 i_2 \cdots i_n)}$$

$$= 2^n \left(\frac{n!}{2} - \frac{n!}{2} \right) = 0.$$

第五章 大数定律与中心极限定理

一、基本概念和基本性质

1. 切比雪夫不等式

X 为具有有限期望和方差的随机变量，$\forall \varepsilon > 0$，有

$$P(|X - E(X)| \geqslant \varepsilon) \leqslant \frac{D(X)}{\varepsilon^2},$$

或

$$P(|X - E(X)| < \varepsilon) \geqslant 1 - \frac{D(X)}{\varepsilon^2} \quad (\varepsilon > 0).$$

依概率收敛：设 $\{Y_n\}$ 为随机变量序列，Y 为一随机变量，若 $\forall \varepsilon > 0$，有

$$\lim_{n \to \infty} P(|Y_n - Y| < \varepsilon) = 1,$$

则称 $\{Y_n\}$ 依概率收敛于 Y，记作 $Y_n \xrightarrow{P} Y$.

作为特例 Y 也可取常数 a.

2. 大数定律

（1）伯努利大数定律——随机事件 A 发生的频率依概率收敛于 $p = P(A)$，即设 μ_n 是 n 重伯努利试验事件 A 发生的次数，则 $\forall \varepsilon > 0$，有

$$\lim_{n \to \infty} P(|\mu_n/n - p| < \varepsilon) = 1.$$

（2）切比雪夫大数定律——样本平均值依概率收敛于数学期望的平均值，即对具有有界方差的两两不相关的随机变量 $X_1, X_2, \cdots$，$\forall \varepsilon > 0$，有

$$\lim_{n \to \infty} P\left(\left| \frac{1}{n} \sum_{i=1}^{n} X_i - \frac{1}{n} \sum_{i=1}^{n} E(X_i) \right| < \varepsilon \right) = 1.$$

（3）辛钦大数定律——样本平均值依概率收敛于总体期望，即对具有期望 $\mu = E(X)$ 的独立同分布的随机变量 $X_1, X_2, \cdots$，$\forall \varepsilon > 0$，有

$$\lim_{n \to \infty} P\left(\left| \frac{1}{n} \sum_{i=1}^{n} X_i - \mu \right| < \varepsilon \right) = 1.$$

3. 中心极限定理

林德伯格-列维(Lindeberg-Levy)定理(独立同分布中心极限定理)——正态分布是很多分布的极限分布,即

对具有期望 $\mu=E(X)$ 和方差 $\sigma^2=D(X)$ 的独立同分布的随机变量 $X_1,X_2,\cdots$, $\forall x\in(-\infty,+\infty)$,有

$$\lim_{n\to\infty}P(X^*\leqslant x)=\Phi(x),$$

其中 $X^*=\dfrac{\sum\limits_{i=1}^{n}X_i-n\mu}{\sigma\sqrt{n}}$, $\Phi(x)=\dfrac{1}{\sqrt{2\pi}}\int_{-\infty}^{x}\mathrm{e}^{-\frac{t^2}{2}}\mathrm{d}t.$

德莫佛-拉普拉斯(De Movire-Laplace)定理——正态分布为二项分布的极限分布,即 $X\sim B(n,p)$, $\forall x\in(-\infty,+\infty)$,有

$$\lim_{n\to\infty}P\Big(\frac{X-np}{\sqrt{np(1-p)}}<x\Big)=\frac{1}{\sqrt{2\pi}}\int_{-\infty}^{x}\mathrm{e}^{-\frac{t^2}{2}}\mathrm{d}t$$

二、习题分类、解题方法和示例

本章的习题可分为以下几类:
(1) 切比雪夫不等式的应用.
(2) 大数定律的应用.
(3) 中心极限定理的应用.
下面分别讨论各类问题的解题方法,并举例加以说明.

1. 切比雪夫不等式的应用

切比雪夫不等式是含期望和方差的概率不等式,其应用主要体现在两个方面:一是应用于各种大数定律的证明;二是对某类形式的概率进行估值.

1) 切比雪夫不等式用于大数定理的证明

【例 5-1】 证明切比雪夫大数定律推论:

设随机变量序列 $X_1,X_2,\cdots$ 相互独立,具有相同期望和方差 $E(X_i)=\mu$, $D(X_i)=\sigma^2(i=1,2,\cdots)$,令 $\overline{X}=\dfrac{1}{n}\sum\limits_{i=1}^{n}X_i$,则 $\forall\varepsilon>0$,有

$$\lim_{n\to\infty}P(|\overline{X}-\mu|<\varepsilon)=1.$$

分析 只要求出 $E(\overline{X})$ 和 $D(\overline{X})$,便有对应的切比雪夫不等式

$$P[\,|\overline{X}-E(\overline{X})\,|<\varepsilon]\geqslant 1-\frac{D(\overline{X})}{\varepsilon^2}.$$

证　$E(\overline{X})=E\Big(\dfrac{1}{n}\sum_{i=1}^{n}X_i\Big)=\dfrac{1}{n}\sum_{i=1}^{n}E(X_i)=\dfrac{1}{n}\sum_{i=1}^{n}\mu=\mu,$

$$D(\overline{X})=D\Big(\dfrac{1}{n}\sum_{i=1}^{n}X_i\Big)=\dfrac{1}{n^2}\sum_{i=1}^{n}D(X_i)=\dfrac{1}{n^2}\sum_{i=1}^{n}\sigma^2=\dfrac{\sigma^2}{n},$$

由切比雪夫不等式

$$P(\,|\overline{X}-\mu|<\varepsilon)=P[\,|\overline{X}-E(\overline{X})\,|<\varepsilon]\geqslant 1-\frac{D(\overline{X})}{\varepsilon^2}=1-\frac{\sigma^2}{n\varepsilon^2},$$

上式两边取极限,得

$$\lim_{n\to\infty}P(\,|\overline{X}-\mu|<\varepsilon)=1.$$

推论表明:独立随机变量的算术平均在概率意义下接近其数学期望.换言之,当 n 无限增大时,随机变量的算术均值几乎变成一个常数——随机变量的期望,这就是平均效果具有稳定性的数学论述.

【例 5 - 2】　证明泊松大数定律:

设事件 A 在第 i 次试验中发生的概率为 $p_i(i=1,2,\cdots)$,X 表示在 n 次独立试验中事件 A 发生的次数,则 $\forall\varepsilon>0$,有

$$\lim_{n\to\infty}P\Big(\Big|\frac{X}{n}-\frac{1}{n}\sum_{i=1}^{n}p_i\Big|<\varepsilon\Big)=1.$$

分析　令 $Y=\dfrac{X}{n}=\dfrac{1}{n}\sum_{i=1}^{n}X_i$,其中 $X_i\sim B(1,p_i)(i=1,2,\cdots)$,再求得

$$E(Y)=\frac{1}{n}\sum_{i=1}^{n}p_i \text{ 和 } D(Y)=\frac{1}{n^2}\sum_{i=1}^{n}p_i(1-p_i),$$

并适当放大为 $D(Y)\leqslant\dfrac{1}{4n}$,于是有

$$P\Big(\Big|\frac{X}{n}-\frac{1}{n}\sum_{i=1}^{n}p_i\Big|<\varepsilon\Big)=P[\,|\,Y-E(Y)\,|<\varepsilon]\geqslant 1-\frac{D(Y)}{\varepsilon^2}\geqslant 1-\frac{1}{4n\varepsilon^2},$$

取极限便得证.

证　设在第 i 次试验中事件 A 发生的次数为 $X_i(i=1,2,\cdots)$,则

$$X_i\sim\begin{pmatrix}0 & 1\\ 1-p_i & p_i\end{pmatrix},E(X_i)=p_i,D(X_i)=p_i(1-p_i)\quad(i=1,2,\cdots),$$

故

$$X=\sum_{i=1}^{n}X_i,\quad E\Big(\frac{X}{n}\Big)=\frac{1}{n}\sum_{i=1}^{n}E(X_i)=\frac{1}{n}\sum_{i=1}^{n}p_i,$$

$$D\left(\frac{X}{n}\right) = \frac{1}{n^2}\sum_{i=1}^{n} p_i(1-p_i) = \frac{1}{n^2}\sum_{i=1}^{n}\left[\frac{1}{4} - \left(p_i - \frac{1}{2}\right)^2\right]$$

$$\leqslant \frac{1}{n^2}\sum_{i=1}^{n}\frac{1}{4} = \frac{1}{4n},$$

由切比雪夫不等式

$$1 \geqslant P\left(\left|\frac{X}{n} - \frac{1}{n}\sum_{i=1}^{n}p_i\right| < \varepsilon\right) = P\left[\left|\frac{X}{n} - E\left(\frac{X}{n}\right)\right| < \varepsilon\right]$$

$$\geqslant 1 - \frac{D\left(\frac{X}{n}\right)}{\varepsilon^2} \geqslant 1 - \frac{1}{4n\varepsilon^2},$$

由夹逼定理,得

$$\lim_{n\to\infty} P\left(\left|\frac{X}{n} - \frac{1}{n}\sum_{i=1}^{n}p_i\right| < \varepsilon\right) = 1.$$

泊松大数定律的意义:在 n 次独立试验中,当 n 足够大时,事件 A 发生的频率可近似代替 n 次独立试验中 A 发生的平均概率,则 $\forall \varepsilon > 0$,有

【例 5 - 3】 证明马尔可夫大数定律:

设随机变量序列 $X_1, X_2, \cdots$ 满足马尔可夫条件:$\lim_{n\to\infty} \frac{1}{n^2}D\left(\sum_{i=1}^{n} X_i\right) = 0$,则 $\forall \varepsilon > 0$,有

$$\lim_{n\to\infty} P\left[\left|\frac{1}{n}\sum_{i=1}^{n}X_i - \frac{1}{n}\sum_{i=1}^{n}E(X_i)\right| < \varepsilon\right] = 1.$$

分析 完全可仿照例 5 - 2 的证法证明.

证 $E\left(\frac{1}{n}\sum_{i=1}^{n}X_i\right) = \frac{1}{n}\sum_{i=1}^{n}E(X_i)$,由切比雪夫不等式

$$P\left[\left|\frac{1}{n}\sum_{i=1}^{n}X_i - \frac{1}{n}\sum_{i=1}^{n}E(X_i)\right| < \varepsilon\right] \geqslant 1 - \frac{D\left(\frac{1}{n}\sum_{i=1}^{n}X_i\right)}{\varepsilon^2}$$

$$= 1 - \frac{D\left(\sum_{i=1}^{n}X_i\right)}{n^2\varepsilon^2},$$

上式两边取极限,并注意到 $\lim_{n\to\infty} \frac{1}{n^2}D\left(\sum_{i=1}^{n}X_i\right) = 0$,得

$$\lim_{n\to\infty} P\left[\left|\frac{1}{n}\sum_{i=1}^{n}X_i - \frac{1}{n}\sum_{i=1}^{n}E(X_i)\right| < \varepsilon\right] = 1.$$

马尔可夫大数定律表明:对一般随机变量序列 $\{X_i\}$(不一定相互独立),只要满

足马尔可夫条件,则大数定律定立.

2) 切比雪夫不等式用于概率估值

【例 5 - 4】 已知正常男性成人血液中每毫升白细胞数平均是 7 300,标准差是 700,试估计每毫升男性成人血液中含白细胞数在 5 200 至 9 400 之间的概率.

分析　尽管每毫升血液中白细胞数 X 的分布未知,但不妨碍用切比雪夫不等式估计事件 $\{5\,200 < X < 9\,400\}$ 的概率,

解　设每毫升男性成人血液中含白细胞数为 X,由题设可知
$$E(X) = 7\,300, D(X) = 700^2,$$
由切比雪夫不等式可得
$$P(5\,200 < X < 9\,400) = P(-2\,100 < X - 7\,300 < 2\,100)$$
$$= P(|X - 7\,300| < 2\,100)$$
$$\geqslant 1 - \frac{700^2}{2\,100^2} = \frac{8}{9} = 0.888\,9.$$

注　由切比雪夫不等式估计概率 $P(a < X < b)$.

前提条件:必须满足 $-[a - E(X)] = b - E(X)$;

方法:将待估计概率化为 $P[|X - E(X)| \geqslant \varepsilon]$ 或 $P[|X - E(X)| < \varepsilon]$ 的形式;

优点:无须知道 X 的分布,只需知道 X 的期望和方差就行;

缺点:估计值比较粗糙.

【例 5 - 5】 设随机变量 X 的密度函数
$$f(x) = \begin{cases} \dfrac{x^m}{m!} \mathrm{e}^{-x} & (x > 0), \\ 0 & (x \leqslant 0). \end{cases}$$

证明: $P[0 < X < 2(m+1)] \geqslant \dfrac{m}{m+1}$.

分析　若能算得 $E(X) = m+1$,则有
$$P[0 < X < 2(m+1)] = P[|X - E(X)| < m+1],$$
于是可考虑用切比雪夫不等式来证明本题.

证　利用伽俩函数定义计算期望和方差:
$$E(X) = \int_0^{+\infty} \frac{x^{m+1}}{m!} \mathrm{e}^{-x} \mathrm{d}x = \frac{1}{m!} \int_0^{+\infty} x^{(m+2)-1} \mathrm{e}^{-x} \mathrm{d}x$$
$$= \frac{\Gamma(m+2)}{m!} = \frac{(m+1)!}{m!} = m+1,$$
$$E(X^2) = \int_0^{+\infty} \frac{x^{m+2}}{m!} \mathrm{e}^{-x} \mathrm{d}x = \frac{(m+2)!}{m!} = (m+2)(m+1),$$
$$D(X) = E(X^2) - [E(X)]^2 = (m+2)(m+1) - (m+1)^2$$

$$= m+1.$$

由切比雪夫不等式

$$P[0<X<2(m+1)]=P[-(m+1)<X-(m+1)<m+1]$$

$$=P[|X-E(X)|<m+1]\geqslant 1-\frac{D(X)}{(m+1)^2}$$

$$=1-\frac{1}{m+1}=\frac{m}{m+1}.$$

注 若不用切比雪夫不等式也可寻找 $P[0<X<2(m+1)]$ 的下界：

$$P[0<X<2(m+1)]=1-P[X\geqslant 2(m+1)]$$

$$=1-\int_{x\geqslant 2(m+1)}\frac{x^m}{m!}\mathrm{e}^{-x}\mathrm{d}x\geqslant 1-\int_{x\geqslant 2(m+1)}\frac{x}{2(m+1)}\frac{x^m}{m!}\mathrm{e}^{-x}\mathrm{d}x$$

$$\geqslant 1-\int_0^{+\infty}\frac{1}{(2m+1)m!}x^{m+1}\mathrm{e}^{-x}\mathrm{d}x=1-\frac{\Gamma(m+2)}{(2m+1)m!}$$

$$=1-\frac{m+1}{2m+1}=\frac{m}{2m+1}.$$

显然，这一估计不如用切比雪夫不等式作估计精确。

【例 5-6】 设 $X_1,X_2,\cdots,X_n$ 独立同分布，且 $P(X_i=1)=p=1-P(X_i=-1)>0(i=1\sim n)$，证明：

$$P\left(p-1<\frac{1}{2n}\sum_{i=1}^n X_i<p\right)\geqslant\frac{n-1}{n}.$$

分析 通过计算 $E\left(\frac{1}{n}\sum_{i=1}^n X_i\right),D\left(\frac{1}{n}\sum_{i=1}^n X_i\right)$，再套用切比雪夫不等式可得

$$P\left[\left|\frac{1}{n}\sum_{i=1}^n X_i-E\left(\frac{1}{n}\sum_{i=1}^n X_i\right)\right|<\varepsilon\right]\geqslant 1-\frac{D\left(\frac{1}{n}\sum_{i=1}^n X_i\right)}{\varepsilon^2}.$$

证 $E(X_i)=p-(1-p)=2p-1,E(X_i^2)=p+1-p=1,$

$$D(X_i)=E(X_i^2)-[E(X_i)]^2=4p(1-p)=4\left(\frac{1}{2}-p\right)^2\leqslant 4\times\frac{1}{4}=1,$$

$$E\left(\frac{1}{n}\sum_{i=1}^n X_i\right)=E(X_i)=2p-1,D\left(\frac{1}{n}\sum_{i=1}^n X_i\right)=\frac{4p(1-p)}{n}\leqslant\frac{1}{n},$$

由切比雪夫不等式

$$P\left(p-1<\frac{1}{2n}\sum_{i=1}^n X_i<p\right)=P\left[-1<\frac{1}{n}\sum_{i=1}^n X_i-(2p-1)<1\right]$$

$$=P\left[\left|\frac{1}{n}\sum_{i=1}^n X_i-(2p-1)\right|<1\right]\geqslant 1-\frac{4p(1-p)}{n}$$

$$\geqslant 1 - \frac{1}{n} = \frac{n-1}{n}.$$

【例 5 - 7】　在相同条件下,对某建筑物的高度进行 n 次独立测量.设各次测量结果 X_i(单位:m)均服从正态分布 $N(300,100)$.

(1) 试用切比雪夫不等式估计 $\overline{X} = \dfrac{1}{n} \sum\limits_{i=1}^{n} X_i$ 落在 $(270,330)$ 内的概率;

(2) 问至少测量多少次,才能将测量的平均值作为该建筑物的高度,且使其与真值的近似值 300 的误差的绝对值小于 30 的概率不小于 0.99.

分析　通过计算 $E(\overline{X}),D(\overline{X})$ 再套用切比雪夫不等式,得 $P(|\overline{X}-300|<30)$ 的下界,令下界大于 0.99,便可求出至少测量次数.

解　(1) $E(\overline{X}) = \dfrac{1}{n} \sum\limits_{i=1}^{n} E(X_i) = 300, D(\overline{X}) = \dfrac{1}{n^2} \sum\limits_{i=1}^{n} D(X_i) = \dfrac{100}{n}.$

由切比雪夫不等式

$$P(270<\overline{X}<330) = P(-30<\overline{X}-300<30)$$

$$= P[\,|\overline{X}-E(\overline{X})|<30\,] \geqslant 1 - \frac{D(\overline{X})}{30^2} = 1 - \frac{1}{9n}.$$

(2) 由(1)可知,只需

$$1 - \frac{1}{9n} \geqslant 0.99,$$

得 $n \geqslant 11.1$,故至少要做 12 次独立重复测量,才能满足题设要求.

2. 大数定律的应用

【例 5 - 8】　设 $X_1, X_2, \cdots, X_n, \cdots$ 是独立同分布的随机变量序列,且 $X_n \sim U[a, b]$,$f(x)$ 是 $[a,b]$ 上的连续函数,证明:当 $n \to \infty$ 时

$$\frac{b-a}{n} \sum_{i=1}^{n} f(X_i)$$

依概率收敛于 $\displaystyle\int_a^b f(x)\mathrm{d}x.$

分析　在微积分学中,$f(x)$ 在 $[a,b]$ 上的定积分被定义为

$$\int_a^b f(x)\mathrm{d}x = \lim_{\max\{\Delta x_i\} \to 0} \sum_{i=1}^{n} f(\xi_i) \Delta x_i,$$

现要证明 $\displaystyle\sum_{i=1}^{n} f(X_i) \frac{b-a}{n} \xrightarrow{P} \int_a^b f(x)\mathrm{d}x$,与上式比较可谓是异曲同工.

本题只要验算 $E[(b-a)f(X_i)]$ 是否等于 $\displaystyle\int_a^b f(x)\mathrm{d}x.$ 若是,则完全可用切比雪夫大数定律证明之.

证 由 $X_1, X_2, \cdots, X_n, \cdots$ 独立同分布可知 $f(X_1), f(X_2), \cdots, f(X_n), \cdots$ 也独立同分布，$X_i (i = 1, 2, \cdots)$ 的密度函数均为

$$f_X(x) = \begin{cases} \dfrac{1}{b-a} & (a < x < b), \\ 0 & (\text{其 他}). \end{cases}$$

由期望性质

$$E((b-a)f(X_i)) = (b-a)E(f(X_i)) = (b-a)\int_a^b f(x) f_X(x) \mathrm{d}x$$
$$= \int_a^b f(x) \mathrm{d}x,$$

由切比雪夫大数定律

$$\lim_{n \to \infty} P\left(\left| \frac{b-a}{n} \sum_{i=1}^n f(X_i) - \int_a^b f(x) \mathrm{d}x \right| < \varepsilon \right)$$
$$= \lim_{n \to \infty} P\left\{ \left| \frac{1}{n} \sum_{i=1}^n (b-a)f(X_i) - E\left[(b-a)f(X_i)\right] \right| < \varepsilon \right\} = 1,$$

所以

$$\frac{b-a}{n} \sum_{i=1}^n f(X_i) \xrightarrow{P} \int_a^b f(x) \mathrm{d}x.$$

【例 5 - 9】 设 $f(x)$ 是 (a, b) 上的连续函数，但其原函数在初等函数范围内找不到，如何用概率方法近似计算定积分 $\int_a^b f(x) \mathrm{d}x$?

分析 由例 5 - 8 知 $\dfrac{b-a}{n} \sum_{i=1}^n f(X_i) \xrightarrow{P} \int_a^b f(x) \mathrm{d}x$，即当 n 取得足够大时，有

$$\int_a^b f(x) \mathrm{d}x \approx \frac{b-a}{n} \sum_{i=1}^n f(x_i).$$

解 用计算机产生服从 (a, b) 上的均匀分布的随机数 $\{x_i\}$，然后对每个 x_i 计算 $f(x_i) (i = 1, 2, \cdots)$，最后按下式计算：

$$\int_a^b f(x) \mathrm{d}x \approx \frac{b-a}{n} \sum_{i=1}^n f(x_i).$$

注 本例采用的方法称蒙特卡洛 (Monte Carlo) 方法，也称为平均值法. 譬如计算 $\int_0^1 \dfrac{1}{\sqrt{2\pi}} \mathrm{e}^{-\frac{x^2}{2}} \mathrm{d}x$，其精确值和 $n = 10\,000$，$n = 100\,000$ 时的模拟值如下：

精确值	$n = 10\,000$	$n = 100\,000$
0.341 344	0.341 328	0.341 335

可见近似程度不错.

【例 5－10】 用蒙特卡洛方法计算定积分(随机投点法).设 $0 \leqslant f(x) \leqslant 1$,求

$$J = \int_0^1 f(x)\mathrm{d}x.$$

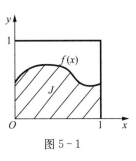

图 5－1

分析 由伯努利大数定律知,可用重复试验中事件 A 发生的频率作为 $P(A)$ 的估计值,即把 (X,Y) 视为是向正方形内随机投点的坐标,用随机点落在区域 $J = \{(x,y) \mid y \leqslant f(x), 0 \leqslant x \leqslant 1\}$(图 5－1 阴影部分)中的频率作为定积分的近似值.

解 设 (X,Y) 服从正方形 $\{0 \leqslant x \leqslant 1, 0 \leqslant y \leqslant 1\}$ 上的均匀分布,它们的边际分布也都是 $[0,1]$ 上的均匀分布,且 X 和 Y 独立.记事件 $A = \{Y \leqslant f(X)\}$,则

$$P(A) = P[Y \leqslant f(X)] = \int_0^1 \int_0^{f(x)} \mathrm{d}y \mathrm{d}x = \int_0^1 f(x)\mathrm{d}x = J.$$

下面用蒙特卡洛方法,得到 A 发生的频率:

(1) 由计算机产生 $(0,1)$ 上均匀分布的个随机数:$x_i, y_i (i=1,2,\cdots n)$;

(2) 对数据 (x_i, y_i) $(i=1,2,\cdots n)$记录满足不等式 $y_i \leqslant f(x_i)$ 的次数,即事件 A 发生的频数 μ_n.由此得 A 发生的频率 $\dfrac{\mu_n}{n}$,则

$$J = \int_0^1 f(x)\mathrm{d}x \approx \frac{\mu_n}{n}.$$

譬如计算 $\int_0^1 \dfrac{1}{\sqrt{2\pi}} \mathrm{e}^{-\frac{x^2}{2}} \mathrm{d}x$,其精确值和 $n=10\,000, n=100\,000$ 时的模拟值如下:

精确值	$n=10\,000$	$n=100\,000$
0.341 344	0.341 121	0.341 356

【例 5－11】 不用牛顿-莱布尼兹公式近似计算定积分

$$J = \int_0^1 \frac{\mathrm{e}^x - 1}{\mathrm{e} - 1} \mathrm{d}x,$$

并与精确值进行比较.

分析 精确值 $J = \int_0^1 \dfrac{\mathrm{e}^x - 1}{\mathrm{e} - 1} \mathrm{d}x = \dfrac{\mathrm{e} - 2}{\mathrm{e} - 1} = 0.418\,022\,67\cdots$.

分别用例 5－10 介绍的随机投点法与例 5－9 介绍的平均值法进行近似计算 J.

解 (1) 随机投点法。

由计算机产生 $(0,1)$ 上均匀分布的 $2n$ 个随机数,构成 n 个数对:$(x_i \cdot y_i)$ ($i=$

$1 \sim n$). 令 $f(x) = \dfrac{\mathrm{e}^x - 1}{\mathrm{e} - 1}$, 以 k 表示满足不等式 $y_i \leqslant f(x_i)$ 的次数, 则 $J \approx \dfrac{k}{n}$.

下面用 Matlab 程序来检验上述近似计算的精确度.

重复进行 20 次计算, 每次 $n = 100\,000$, 取 20 次的平均值作为近似值, 结果如下:

精确值	平均近似值
0.418 02	0.417 92

(2) 平均值法.

用计算机产生 n 个 $(0, 1)$ 上均匀分布的随机数: $x_i (i = 1, 2, \cdots n)$. 然后对每个 x_i 计算 $f(x_i) = \dfrac{\mathrm{e}^{x_i} - 1}{\mathrm{e} - 1}$. 最后得 J 的估计值 $J \approx \dfrac{1}{n} \displaystyle\sum_{i=1}^{n} f(x_i)$.

重复进行 20 次计算, 每次 $n = 100\,000$, 取 20 次的平均值作为近似值, 结果如下:

精确值	平均近似值
0.418 02	0.417 70

注 就本例而言, 随机投点法计算误差为 0.000 1, 平均值法计算误差为 0.000 32, 似乎前一个计算方法精确度高一些.

［附录］ 随机投点法计算的 20 个数据:

0.415 8　0.420 9　0.415 3　0.416 7　0.417 9　0.417 1　0.415 8　0.417 4　0.417 2　0.420 6
0.419 1　0.417 7　0.418 2　0.417 3　0.416 6　0.418 2　0.419 5　0.416 6　0.420 4　0.420 2

平均值: 0.417 92, 标准差: 0.001 689.

平均值法计算的 20 个数据:

0.417 5　0.417 7　0.417 6　0.416 1　0.417 5　0.416 0　0.419 2　0.417 2　0.418 0　0.418 0
0.418 9　0.418 1　0.417 1　0.417 8　0.416 0　0.417 3　0.417 9　0.417 7　0.419 6　0.418 7

平均值: 0.417 70, 标准差: 0.000 970 3.

3. 中心极限定理的应用

在客观实际中有许多随机变量, 它们的取值往往受众多彼此独立的随机因素的综合影响, 且每一随机因素在总的影响中起的作用是微小的. 这种随机变量不是精确服从正态分布就是近似服从正态分布. 此现象就是中心极限定理的实际背景. 中心极限定理从理论上对这一自然规律作了准确的数学描述.

1) 独立同分布中心极限定理的应用

应用独立同分布中心极限定理解题步骤:

（1）将随机变量的总量 X 分解成各简单随机变量 $X_1, X_2, \cdots, X_n$ 之和，即 $X = \sum_{i=1}^{n} X_i$，其中 $X_1, X_2, \cdots, X_n$ 独立同分布，且分布已知；

（2）先求 $E(X_i), D(X_i)$，再求 $E(X), D(X)$；

（3）按 X 的近似分布 $N(E(X), D(X))$，计算

$$P(a < X < b) \approx \Phi\left(\frac{b - E(X)}{\sqrt{D(X)}}\right) - \Phi\left(\frac{a - E(X)}{\sqrt{D(X)}}\right).$$

【例 5-12】　某地发行的福利彩票的奖金额 X（万元）由圆盘当众摇奖决定，其分布律如下：

X	10	20	30	40	50	60	80	100
P	0.2	0.15	0.15	0.1	0.1	0.1	0.1	0.1

若每周要开出一个奖，一个年度（共 52 周）要准备多少奖金，才有 98% 的把握能够发放奖金？

分析　每周摇出的奖金额 X_k 服从八点分布，一年摇出的总奖金额 $Y = \sum_{k=1}^{52} X_k$ 的分布无须求出，因为 $X_1, X_2, \cdots, X_{52}$ 相互独立，则由林德伯格-列维中心极限定理知

$$Y \text{ 近似服从 } N(E(Y), D(Y)),$$

从而由不等式 $P(Y \leqslant a) \approx \Phi\left(\frac{a - E(Y)}{\sqrt{D(Y)}}\right) \geqslant 0.98$，解得需准备的奖金额 a（万元）．

解　设 X_k 表示第 k 次摇出的奖金额，则

$$E(X_k) = 10 \times 0.2 + (20 + 30) \times 0.15 + (40 + 50 + 60 + 80 + 100) \times 0.1 = 42.5,$$

$$E(X_k^2) = 10^2 \times 0.2 + (20^2 + 30^2) \times 0.15$$

$$= (40^2 + 50^2 + 60^2 + 80^2 + 100^2) \times 0.1 = 2\,625,$$

$$D(X_k) = E(X_k^2) - [E(X)]^2 = 818.75 \quad (k = 1, 2, \cdots, 52).$$

设年度需准备发放的奖金总额为 a（万元），52 周共摇出的奖金 $Y = \sum_{k=1}^{52} X_k$，则由独立性可得

$$E(Y) = 42.5 \times 52 = 2\,210, \quad D(Y) = 818.75 \times 52 = 42\,575,$$

由林德伯格-列维中心极限定理知 Y 近似服从 $N(2\,210, 42\,575)$，从而

$$P(Y \leqslant a) \approx \Phi\left(\frac{a - 2\,210}{\sqrt{42\,575}}\right) \geqslant 0.98,$$

查表：$\dfrac{a-2\,210}{\sqrt{42\,575}}\geqslant 2.055\Rightarrow a\geqslant 2\,634.02$，取 $a=2\,635$.

所以一个年度共要准备 2 635 万元，才有 98% 的把握能够发放奖金.

【例 5-13】 炮火轰击敌方防御工事 100 次，每次轰击命中的炮弹数服从同一分布，其数学期望为 2，均方差为 1.5. 若各次轰击命中的炮弹数是相互独立的，求 100 次轰击至少命中 180 发但不超过 220 发的概率.

分析 虽然每次轰击命中的炮弹数 X_k 服从什么分布未知，由于各 X_k 相互独立，且它们的期望和方差都存在，故它们的和 $X=\sum\limits_{k=1}^{n}X_k$ 可被认为近似服从正态分布，这正是独立同分布中心极限定理所指出的.

解 设 X_k 表示第 k 次轰击命中的炮弹数，则 $X_1,X_2,\cdots,X_{100}$ 相互独立，

$$D(X_k)=2,\ D(X_k)=1.5^2\quad (k=1,2,\cdots,100).$$

设 X 表示 100 次轰击命中的炮弹数，则 $X=\sum\limits_{k=1}^{100}X_k$，

$$D(X)=200,\ D(X)=225,$$

$$P(180<X<220)\approx\varPhi\left(\dfrac{220-200}{15}\right)-\varPhi\left(\dfrac{180-200}{15}\right)$$

$$=\varPhi(1.33)-\varPhi(1.33)=2\varPhi(1.33)-1=0.816\,4.$$

注 本题用切比雪夫不等式估计的概率

$$P(180<X<220)=P(|X-200|<20)\geqslant 1-\dfrac{225}{20^2}=0.437\,5.$$

【例 5-14】 产品质量检验员每检验一个产品或复检一个产品都需用时 10s（秒），假定每个产品需复检的概率为 0.5，求一个工作日［按 8h（小时）计］内检验员检验的产品不少于 1 900 个的概率.

分析 显然，检验任一个产品所需时间 X_k 服从取值 10 和 20 的两点分布，事件〔在 8h 内检验的产品不少于 1 900 个〕，相当于事件〔检验 1 900 个产品所用的时间少于 8h〕，即事件 $\left\{Y=\sum\limits_{k=1}^{1\,900}X_k\leqslant 3\,600\times 8\right\}$.

由中心极限定理，Y 近似服从 $N[E(Y),D(Y)]$，从而可求得 $P(Y\leqslant 28\,800)$.

解 设 X_k 为检查第 k 个产品所用的时间（单位：s），$k=1,2,\cdots,1\,900$，则

$$X_k\sim\begin{pmatrix}10 & 20\\ 0.5 & 0.5\end{pmatrix},$$

$$E(X_k)=5+10=15,\ D(X_k)=250-225=25,$$

$X_1,X_2,\cdots,X_{1\,900}$ 相互独立同分布，于是检验 1 900 个产品所需时间 $Y=\sum\limits_{k=1}^{1\,900}X_k$，

$$E(Y) = \sum_{k=1}^{1\,900} E(X_k) = 15 \times 1\,900 = 28\,500,$$

$$D(Y) = \sum_{k=1}^{1\,900} D(X_k) = 25 \times 1\,900 = 47\,500,$$

林德伯格-列维中心极限定理知 Y 近假服从 $N(28\,500, 47\,500)$，从而所求概率

$$P(Y < 3\,600 \times 8) = P(Y < 28\,800) \approx \Phi\left(\frac{28\,800 - 28\,500}{\sqrt{47\,500}}\right)$$

$$= \Phi(1.376) = 0.916\,2.$$

【例 5－15】　计算机进行加法运算时，先对加数取整（取靠近该数的整数），求：

(1) 将 2 000 个数相加，总误差不超过 20 的概率 p；

(2) 最多多少个数相加能使误差总和的绝对值不超过 25 的概率不小于 90%.

分析　计算机对每个非整数取整是独立进行的，取整所产生的随机误差服从区间 $[-0.5, 0.5]$ 上均匀分布，由于被加数很多，故可用中心极限定理计算有关概率.

解　设 $X_k(k=1\sim 2\,000)$ 为第 k 个数的取整误差，因为 $X_k \sim U[-0.5, 0.5]$，故

$$E(X_k) = 0, D(X_k) = \frac{1}{12}.$$

(1) 令 X 为 2 000 个数取整后的总误差，则 $X = \sum_{k=1}^{2\,000} X_k$，且然后对每个 x_i 计算

$$E(X) = 0, D(X) = \frac{2\,000}{12} = \frac{500}{3},$$

由林德伯格-列维中心极限定理可知 X 近似服从 $N\left(0, \dfrac{500}{3}\right)$，从而

$$p = P(X \leqslant 20) \approx \Phi\left(\frac{20}{\sqrt{\dfrac{500}{3}}}\right) = \Phi(1.55) = 0.939\,4;$$

(2) 令 $X_n = \sum_{k=1}^{n} X_k$，求 n，使 $P(|X_n| \leqslant 25) \geqslant 0.9$，

由林德伯格-列维中心极限定理可得

$$P(|X_n| \leqslant 25) \approx 2\Phi\left(\frac{25}{\sqrt{\dfrac{n}{12}}}\right) - 1 \geqslant 0.9 \Rightarrow \Phi\left(\frac{25}{\sqrt{\dfrac{n}{12}}}\right) \geqslant 0.95,$$

查表：$\dfrac{25}{\sqrt{\dfrac{n}{12}}} \geqslant 1.645 \Rightarrow n \leqslant 2\,771.59$，取 $n \leqslant 2\,771$.

所以最多 2 771 个数相加能使误差总和的绝对值不超过 25 的概率不小于 90%.

2）德莫佛-拉普拉斯中心极限定理的应用

德莫佛-拉普拉斯中心极限定理是独立同分布中心极限定理的特殊情况,故应用前者的解题步骤与应用后者基本相似.

【例 5 - 16】 一家有 800 间标准客房的大酒店,每间客房装有一台 2kW 的空调机. 若酒店开房率为 80％,问至少向酒店供应多少千瓦电力,才能有 99％的可能性保证有足够的电力使用空调机?

分析 酒店开房数 X 是随机变量,且服从二项分布,则空调总用电量 $Y=2X$,由不等式

$$P(Y \leqslant 供应酒店的电力) \geqslant 0.99$$

可算出供应酒店的电力.

解 设至少向酒店供应 a kW 电力. 记

$$X_k = \begin{cases} 1 & （第 k 间房开房）, \\ 0 & （第 k 间房未开） \end{cases} \quad (k=1 \sim 2\,000),$$

则 $X_k \sim B(1,0.8)$,令 $X = \sum_{k=1}^{500} X_k$,由此得酒店总开房数 $X = \sum_{k=1}^{500} X_k \sim B(500, 0.8)$. 由于 $n=500$,根据德莫佛-拉普拉斯中心极限定理有

$$X 近似服从 N(500,0.8)$$

据题意有

$$P(2X \leqslant a) = P\left(X \leqslant \frac{a}{2}\right) \approx \Phi\left(\frac{\frac{a}{2}-500 \times 0.8}{\sqrt{500 \times 0.8 \times 0.2}}\right)$$

$$= \Phi\left(\frac{a-800}{8\sqrt{5}}\right) \geqslant 0.99,$$

查表 $\dfrac{a-800}{8\sqrt{5}} \geqslant 2.33 \Rightarrow a \geqslant 841.68$,取 $a=842$.

所以每天至少向酒店供应 842 kW 电力,就能以 99％的把握保证酒店空调机用电.

【例 5 - 17】 一本书有 100 万个印刷符号,排版时每个符号被错排的概率为 1‰,校对时每个排版错误被改正的概率为 99％,求在校对后错误不多于 12 个的概率.

下面两个解法哪个正确? 为什么?

方法一 设 $X_k = \begin{cases} 1 & （第 k 个印刷符号被排错）, \\ 0 & （第 k 个印刷符号未排错） \end{cases} \quad (k=1 \sim 10^6)$,则

$$E(X_k)=0.001, D(X_k)=0.001 \times 0.999.$$

设印刷符号被排错的总个数为 X,则 $X = \sum_{k=1}^{10^6} X_k, E(X) = 1\,000.$ 再设校对后错误个数为 Y,则 $Y \sim B(1\,000, 0.01), E(Y) = 10, D(Y) = 9.9,$由德莫佛-拉普拉斯中心极限定理知

$$Y \text{ 近似服从 } N(10, 9.9),$$

于是所求概率

$$P(Y \leqslant 12) \approx \Phi\left(\frac{12-10}{\sqrt{9.9}}\right) = \Phi(0.635\,6) = 0.737\,6.$$

方法二　设 $X_k = \begin{cases} 1 & (\text{第 } k \text{ 个印刷符号被排错,校对后仍错}), \\ 0 & (\text{其\quad 他}) \end{cases}$ $\quad(k = 1 \sim 10^6),$

由于排版和校对是两个独立的工序,因而

$$P(X_k = 1) = 0.001 \times 0.01 = 10^{-5}, P(X_k = 0) = 1 - 10^{-5},$$
$$E(X_k) = 10^{-5}, D(X_k) = 10^{-5}(1 - 10^{-5}).$$

设校对后错误个数为 Y,则 $Y = \sum_{k=1}^{10^6} X_k \sim B(10^6, 10^{-5}),$

$$E(Y) = 10, D(Y) = 10(1 - 10^{-5}),$$

由德莫佛-拉普拉斯中心极限定理知

$$Y \text{ 近似服从 } N[10, 10(1 - 10^{-5})],$$

于是所求概率

$$P(Y \leqslant 12) \approx \Phi\left[\frac{12-10}{\sqrt{10(1-10^{-5})}}\right] = \Phi(0.632\,4) = 0.737\,1.$$

解　方法二正确.

方法一错误之处是认定校对后错误个数 $Y \sim B(1\,000, 0.01)$,这里确定了伯努利试验是 $1\,000$ 重的,也就失去了概率论中常强调的随机性.

对比这两种解法,读者能体会到正确解法中从头至尾呈现出的彻底的随机性.

【例 5-18】　某电视台需作节目 A 收视率的调查. 每天在播放节目 A 的同时随机地向当地居民打电话询问是否在看电视,若在看电视,再问是否在看节目 A. 设回答看电视的居民户数为 n.

(1) 若要以大于 95% 的概率保证调查误差上下在 10% 之内,问 n 至少取多大?

(2) 每晚节目 A 播出 1 小时,调查同时进行. 设每小时每人能调查 20 户,每户居民每晚看电视的概率为 0.7,电视台应安排多少人作调查?

分析　每晚每户居民是否看电视是相互独立的,而在调查中回答看电视的居民是否在收看节目 A 也是相互独立的. 设回答看电视的 n 户居民中收看节目 A 的户数为随机变量 X_n,显然,$X_n \sim B(n, p)$,其中 p 为要调查的节目 A 的收视率,而调

查的误差为$\dfrac{X_n}{n}-p$.

解 （1）如分析中所设，现在要求n，使

$$P\left(\left|\dfrac{X_n}{n}-p\right|<0.1\right)>0.95.$$

由于$X_n\sim B(n,p)$，则$E(X_n)=np,D(X_n)=np(1-p)$，由德莫佛-拉普拉斯中心极限定理知

$$X_n \text{ 近似服从 } N[np,np(1-p)],$$

从而

$$\dfrac{X_n-np}{\sqrt{np(1-p)}}\sim N(0,1),$$

于是

$$P\left(\left|\dfrac{X_n}{n}-p\right|<0.1\right)=P\left(\left|\dfrac{X_n-np}{\sqrt{np(1-p)}}-p\right|<\dfrac{\sqrt{n}}{10\sqrt{p(1-p)}}\right),$$

$$P\left(\left|\dfrac{X_n}{n}-p\right|<0.1\right)\approx2\Phi\left(\dfrac{\sqrt{n}}{10\sqrt{p(1-p)}}\right)>0.95,$$

查表：$\dfrac{\sqrt{n}}{10\sqrt{p(1-p)}}>1.96\Rightarrow n>19.6^2p(1-p)$.

定义函数$g(p)=p(1-p)$，令$g'(p)=1-2p=0$，又$g''(p)=-2<0$，故当$p=\dfrac{1}{2}$时，$g(p)=\dfrac{1}{4}$达到最大，即意味着

$$19.6^2p(1-p)\leqslant19.6^2\times\dfrac{1}{4}=96.04,n>96.04,$$

所以至少取97就可满足要求.

（2）$97\div0.7=138.57$，取140户作调查，$140\div20=7$，所以电视台只需安排7人，在晚上播放节目A的同时对节目A作收视率的调查.

注 通过题1的求解，可获得用频率估计概率且控制其误差的可靠度的近似计算公式如下：

$$\beta=P\left(\left|\dfrac{X_n}{n}-p\right|<\varepsilon\right)\approx2\Phi\left[\dfrac{\varepsilon\sqrt{n}}{\sqrt{p(1-p)}}\right].$$

以上公式中有4个相互联系的指标：试验总次数n、事件发生的概率p、误差界ε以及用频率估计概率的可靠度β. 只要知道其中任意3个量，就可求出另一个.

第二部分　数理统计

第六章　样本及其抽样分布

一、基本概念和基本性质

1. 总体

研究对象的某项数量指标值的全体,即为带有一个确定分布的随机变量 X.

2. 个体

构成总体中的每个元素称为个体.

3. 样本

从总体中随机抽取 n 个个体 $X_1, X_2, \cdots, X_n$,称为总体 X 的一个容量为 n 的样本,记为 $(X_1, X_2, \cdots X_n)$.一次抽取得到的是 n 个具体的数值 $x_1, x_2, \cdots, x_n$,称为样本的观察值,记为 $(x_1, x_2, \cdots, x_n)$.

4. 简单随机样本

设 $(X_1, X_2, \cdots, X_n)$ 为来自总体 X 的一个样本,若满足:

(1) X_i 与 X 有相同分布.

(2) $X_1, \cdots, X_n$ 相互独立,则称 $(X_1, X_2, \cdots, X_n)$ 为一个简单随机样本.以后如无特别注明,样本均指简单随机样本.

若 $(X_1, X_2, \cdots, X_n)$ 为来自总体 $X \sim F(x)$ 的一个样本,则 $(X_1, X_2, \cdots, X_n)$ 的联合分布函数

$$F_n(x_1, x_2, \cdots, x_n) = \prod_{i=1}^{n} F(x_i).$$

若 $(X_1, X_2, \cdots, X_n)$ 为总体 $X \sim P(X = x)$ 的一个样本,则 $(X_1, X_2, \cdots X_n)$ 的联合分布律为

$$P(X_1 = x_1, X_2 = x_2, \cdots, X_n = x_n) = \prod_{i=1}^{n} P(X = x_i).$$

若 $(X_1, X_2, \cdots, X_n)$ 为来自总体 $X \sim f(x)$ 的一个样本,则 $(X_1, X_2, \cdots, X_n)$ 的联合密度

$$f_n(x_1, x_2, \cdots, x_n) = \prod_{i=1}^{n} f(x_i).$$

5. 统计量

设 $(X_1, X_2, \cdots X_n)$ 为来自总体 X 的一个样本,$g = g(X_1, X_2, \cdots, X_n)$ 是连续函数并且 g 中不含有任何未知参数,则称 g 是一个统计量。一次抽取得到一个容量为 n 的样本观察值 $(x_1, x_2, \cdots, x_n)$,此时 $g = g(x_1, x_2, \cdots, x_n)$ 为确定的数,此时称 g 是一个统计值。

常用统计量:

(1) 样本均值:$\overline{X} = \dfrac{1}{n} \sum_{i=1}^{n} X_i$.

(2) 样本方差:$S^2 = \dfrac{1}{n-1} \sum_{i=1}^{n} (X_i - \overline{X})^2 = \dfrac{1}{n-1} \left(\sum_{i=1}^{n} X_i^2 - n\overline{X}^2 \right)$.

(3) 样本标准差:$S = \sqrt{S^2} = \sqrt{\dfrac{1}{n-1} \sum_{i=1}^{n} (X_i - \overline{X})^2}$.

(4) 样本 k 阶原点矩:$A_k = \dfrac{1}{n} \sum_{i=1}^{n} X_i^k \, (k = 1, 2, \cdots)$.

(5) 样本 k 阶中心矩:$B_k = \dfrac{1}{n} \sum_{i=1}^{n} (X_i - \overline{X})^k \, (k = 1, 2, \cdots)$.

6. 抽样分布

统计量 $g = g(X_1, X_2, \cdots, X_n)$ 的分布,称为抽样分布.

1) 样本均值的分布

定理 6 - 1 设 $(X_1, X_2, \cdots, X_n)$ 为来自总体 $X \sim N(\mu, \sigma^2)$ 的一个样本,则样本均值 $\overline{X} \sim N\left(\mu, \dfrac{\sigma^2}{n}\right)$,其中 $\overline{X} = \dfrac{1}{n} \sum_{i=1}^{n} X_i$.

定理 6 - 2　设 $(X_1,X_2,\cdots,X_{n_1}),(Y_1,Y_2,\cdots,Y_{n_2})$ 分别来自正态总体 $X \sim N(\mu_1,\sigma_1^2)$ 和 $Y \sim N(\mu_2,\sigma_2^2)$ 的两个样本,且 $\overline{X} = \dfrac{1}{n_1}\sum\limits_{i=1}^{n_1} X_i$ 和 $\overline{Y} = \dfrac{1}{n_2}\sum\limits_{i=1}^{n_2} Y_i$,则

$$\frac{\overline{X} - \overline{Y} - (\mu_1 \pm \mu_2)}{\sqrt{\dfrac{\sigma_1^2}{n_1} + \dfrac{\sigma_2^2}{n_2}}} \sim N(0,1).$$

定理 6 - 3　设 $(X_1,X_2,\cdots X_n)$ 为来自服从任意分布总体的一个样本,其中 $E(X) = \mu,D(X) = \sigma^2$ 存在,当 n 较大时,近似地有

$$\frac{\overline{X} - \mu}{\dfrac{\sigma}{\sqrt{n}}} \sim N(0,1).$$

定理 6 - 4　设 $(X_1,X_2,\cdots,X_n)$ 为来自服从任意分布总体的一个样本,其中 $E(X) = \mu,D(X) = \sigma^2$ 存在,则有

$$E(\overline{X}) = \mu, D(\overline{X}) = \sigma^2, E(S^2) = \sigma^2.$$

2) χ^2 分布及其性质

(1) 设 $(X_1,X_2,\cdots,X_n)$ 为来自总体 $X \sim N(0,1)$ 的一个样本,则称统计量

$$\chi^2 = \sum_{i=1}^{n} X_i^2$$

服从自由度为 n 的 χ^2 分布,记为 $\chi^2 \sim \chi^2(n)$.

χ^2 分布的概率密度

$$f(y) = \begin{cases} \dfrac{1}{2^{\frac{n}{2}} \Gamma\left(\dfrac{n}{2}\right)} y^{\frac{n}{2}-1} \mathrm{e}^{-\frac{y}{2}} & (y > 0), \\ 0 & (其他). \end{cases}$$

(2) 分位点:

对任意给定 $\alpha \in (0,1)$,使得 $P(\chi^2 > \chi_\alpha^2(n)) = \alpha$ 成立,则称 $\chi_\alpha^2(n)$ 为该分布的 α 分位点.

(3) 性质:

① 若 $\chi_1^2 \sim \chi^2(n_1),\chi_2^2 \sim \chi^2(n_2)$,且 χ_1^2,χ_2^2 相互独立,则有 $\chi_1^2 + \chi_2^2 \sim \chi^2(n_1 + n_2)$.

② 若 $\chi^2 \sim \chi^2(n)$,则有 $E(\chi^2) = n,D(\chi^2) = 2n$.

③ $\lim\limits_{n\to\infty} P\left(\dfrac{\chi^2 - n}{\sqrt{2n}} \leqslant x\right) = \Phi(x)$　$(\forall x \in \mathbb{R})$.

④ $\chi_\alpha^2(n) \approx n + \sqrt{2n} z_\alpha$,其中 z_α 为标准正态分布的 α 分位点($n \geqslant 50$).

(4) 抽样分布定理:

定理 6-5 设 $(X_1, X_2, \cdots, X_n)$ 为来自总体 $X \sim N(\mu, \sigma^2)$ 的一个样本,记 $\overline{X} = \frac{1}{n} \sum_{i=1}^{n} X_i$ 和 $S^2 = \frac{1}{n-1} \sum_{i=1}^{n} (X_i - \overline{X})^2$,则有

(1) $\frac{1}{\sigma^2} \sum_{i=1}^{n} (X_i - \mu)^2 \sim \chi^2(n)$;

(2) $\frac{(n-1)S^2}{\sigma^2} \sim \chi^2(n-1)$;

(3) $\overline{X}$ 和 S^2 相互独立.

3) t 分布及其性质

(1) 设 $X \sim N(0,1)$, $Y \sim \chi^2(n)$,并且 X 和 Y 相互独立,则称随机变量

$$T = \frac{X}{\sqrt{\dfrac{Y}{n}}}$$

服从自由度为 n 的 t 分布,记为 $T \sim t(n)$.

t 分布的概率密度

$$h(t) = \frac{\Gamma\left(\dfrac{n+1}{2}\right)}{\sqrt{n\pi}\,\Gamma\left(\dfrac{n}{2}\right)} \left(1 + \frac{t^2}{n}\right)^{-\frac{n+1}{2}} \quad (-\infty < t < +\infty).$$

(2) 分位点:

对任意的 $\alpha \in (0,1)$,若使 $P(T > t_\alpha(n)) = \alpha$ 成立,则称 $t_\alpha(n)$ 为该分布的 α 分位点.

(3) 性质:

① $h(t)$ 为偶函数.

② $\lim\limits_{n \to \infty} h(t) = \frac{1}{\sqrt{2\pi}} e^{-\frac{t^2}{2}}$.

③ $t_{1-\alpha}(n) = -t_\alpha(n)$.

④ $t_\alpha(n) \approx z_\alpha$, $n \geqslant 50$,其中 z_α 为标准正态分布的 α 分位点.

(4) 抽样分布定理:

定理 6-6 ① 设 $(X_1, X_2, \cdots, X_n)$ 为来自总体 $X \sim N(\mu, \sigma^2)$ 的一个样本,则统计量

$$T = \frac{\overline{X} - \mu}{\dfrac{S}{\sqrt{n}}} \sim t(n-1),$$

其中 $\overline{X} = \frac{1}{n} \sum_{i=1}^{n} X_i$, $S^2 = \frac{1}{n-1} \sum_{i=1}^{n} (X_i - \overline{X})^2$.

② 设 $(X_1, X_2, \cdots, X_n)$ 和 $(Y_1, Y_2, \cdots, Y_{n_2})$ 为分别来自总体 $X \sim N(\mu_1, \sigma^2)$ 和 $Y \sim N(\mu_2, \sigma^2)$ 的两个样本,且它们相互独立,则统计量

$$T = \frac{\overline{X} - \overline{Y} - (\mu_1 - \mu_2)}{S_W \sqrt{\dfrac{1}{n_1} + \dfrac{1}{n_2}}} \sim t(n_1 + n_2 - 2),$$

其中 $S_W = \dfrac{(n_1 - 1)S_1^2 + (n_2 - 1)S_2^2}{n_1 + n_2 - 2}$,$\overline{X}$ 和 $\overline{Y}$ 分别是两个正态总体的样本均值,S_1^2 和 S_2^2 分别是它们的样本方差.

4) F 分布及其性质

(1) 设 $U \sim \chi^2(n_1)$,$V \sim \chi^2(n_2)$,且 U 和 V 相互独立,则称随机变量

$$F = \frac{\dfrac{U}{n_1}}{\dfrac{V}{n_2}}$$

服从第一自由度为 n_1、第二自由度为 n_2 的 F 分布,记为 $F \sim F(n_1, n_2)$.

F 分布的概率密度

$$g(y) = \begin{cases} \dfrac{\Gamma\left(\dfrac{n_1 + n_2}{2}\right)}{\Gamma\left(\dfrac{n_1}{2}\right)\Gamma\left(\dfrac{n_2}{2}\right)} \left(\dfrac{n_1}{n_2}\right)^{\frac{n_1}{2}} y^{\frac{n_1}{2} - 1} \left(1 + \dfrac{n_1 y}{n_2}\right)^{-\frac{n_1 + n_2}{2}} & (y > 0), \\ 0 & (y \leqslant 0). \end{cases}$$

(2) 分位点:

对任意的 $\alpha \in (0, 1)$,若 $P(F > F_\alpha(n_1, n_2)) = \alpha$ 成立,则称 $F_\alpha(n_1, n_2)$ 为该分布的 α 分位点.

(3) 性质:

① 若 $F \sim F(n_1, n_2)$,则 $\dfrac{1}{F} \sim F(n_2, n_1)$.

② $F_{1-\alpha}(n_1, n_2) = \dfrac{1}{F_\alpha(n_2, n_1)}$.

(4) 抽样分布定理:

定理 6-7 设 $(X_1, X_2, \cdots, X_{n_1})$ 和 $(Y_1, Y_2, \cdots, Y_{n_2})$ 分别来自正态总体 $N(\mu_1, \sigma_1^2)$ 和 $N(\mu_2, \sigma_2^2)$ 的样本,且两个样本相互独立,设 $\overline{X} = \dfrac{1}{n_1}\sum\limits_{i=1}^{n_1} X_i$,$\overline{Y} = \dfrac{1}{n_2}\sum\limits_{i=1}^{n_2} Y_i$ 分别是两个样本的均值,$S_1^2 = \dfrac{1}{n_1 - 1}\sum\limits_{i=1}^{n_1}(X_i - \overline{X})^2$,$S_2^2 = \dfrac{1}{n_2 - 1}\sum\limits_{i=1}^{n_2}(X_i - \overline{X})^2$ 分别是两个样本方差,有

$$F = \frac{S_1^2/\sigma_1^2}{S_2^2/\sigma_2^2} \sim F(n_1-1, n_2-1).$$

二、习题分类、解题方法和示例

本章的习题可分为以下几类：

(1) 样本与统计量.

(2) 样本均值的分布.

(3) χ^2 分布.

(4) t 分布.

(5) F 分布.

(6) 其他常用抽样分布.

下面分别讨论各类问题的解题方法,并举例加以说明.

1. 样本与统计量

【例 6-1】 某公司生产的液晶平板显示器的寿命服从指数分布,其中参数 λ 未知. 为了研究显示器的实际使用寿命,任意抽取了 n 台显示器作试验. 试在本问题中说明什么是总体、样本以及它们的分布.

解 总体 X 表示全体液晶平板显示器的寿命,服从参数为 λ 的指数分布,其概率密度

$$f(x) = \begin{cases} \lambda e^{-\lambda x} & (x \geqslant 0), \\ 0 & (x < 0). \end{cases}$$

样本 $(X_1, X_2, \cdots, X_n)$ 表示所抽取的 n 台显示器各自的使用寿命,样本的联合概率密度函数

$$f_n(x_1, x_2, \cdots, x_n) = \begin{cases} \lambda^n e^{-\lambda(x_1+x_2+\cdots+x_n)} & (x_1, x_2, \cdots, x_n \geqslant 0), \\ 0 & (其他). \end{cases}$$

【例 6-2】 设总体 X 服从两点分布 $B(1, p)$,即 $P(X=1)=p, P(X=0)=1-p$,其中 p 是未知参数, $(X_1, X_2, \cdots, X_6)$ 是来自 X 的一个样本.

(1) 写出 $(X_1, X_2, \cdots, X_6)$ 的联合密度;

(2) 指出 $X_1 + X_2, \max\limits_{1 \leqslant i \leqslant 6}\{X_i\}, X_6 + 2p, (X_6 + X_1)^2$ 是哪些是统计量,哪些不是统计量,为什么?

解 (1) 因 X 的分布律 $P(X=x) = p^x(1-p)^{1-x} (x=0,1)$,故可得 $(X_1, X_2, \cdots, X_6)$ 的联合分布律

$$P(X_1 = x_1, \cdots, X_6 = x_6) = \prod_{i=1}^{6} P(X = x_i) = \prod_{i=1}^{6} p^{x_i}(1-p)^{1-x_i}$$

$$= p^{\sum\limits_{i=1}^{6} x_i}(1-p)^{6-\sum\limits_{i=1}^{6} x_i}.$$

(2) $X_1 + X_2, \max\limits_{1 \leqslant i \leqslant 6}\{X_i\}, (X_6 + X_1)^2$ 均为统计量,而 $X_6 + 2p$ 不是统计量,因为 p 是未知参数.

【例 6-3】 设总体 X 服从正态分布 $N(\mu, \sigma^2)$,其中 μ 未知,σ^2 已知.(X_1, X_2, X_3, X_4) 是来自总体 X 的一个样本.

(1) 写出样本 (X_1, X_2, X_3, X_4) 的联合密度;

(2) 指出 $\dfrac{1}{3}\sum\limits_{i=1}^{3} X_i, X_1 + 2\sigma^2, \max\limits_{1 \leqslant i \leqslant 4}(X_i), \dfrac{1}{\sigma^2}(X_1^2 + X_2^2), \dfrac{X_1 - \mu}{\sigma}$

其中哪些是统计量,哪些不是统计量.

解 (1) 因为 $X \sim N(\mu, \sigma^2)$,所以样本 (X_1, X_2, X_3, X_4) 的联合密度

$$f_n(x_1, x_2, x_3, x_4) = \prod_{i=1}^{4} f(x_i) = \frac{1}{(\sqrt{2\pi}\sigma)^4}\exp\left[-\sum_{i=1}^{4}\frac{(x_i - \mu)^2}{2\sigma^2}\right].$$

(2) $\dfrac{1}{3}\sum\limits_{i=1}^{3} X_i, X_1 + 2\sigma^2, \max\limits_{1 \leqslant i \leqslant 4}(X_i), \dfrac{1}{\sigma^2}(X_1^2 + X_2^2)$ 为统计量,因为它们均不包含任何未知参数,而 $\dfrac{X_1 - \mu}{\sigma}$ 不是统计量.

【例 6-4】 设 $(x_1, x_2, \cdots, x_n)$ 为一个样本观察值,且样本观察值的均值 $\overline{x}_n = \dfrac{1}{n}\sum\limits_{i=1}^{n} x_i$ 和观察值的方差 $s_n^2 = \dfrac{1}{n-1}\sum\limits_{i=1}^{n}(x_i - \overline{x}_n)^2$. 现又获得第 $n+1$ 个样本观察值 x_{n+1},证明:

(1) $\overline{x}_{n+1} = \dfrac{n}{n+1}\overline{x}_n + \dfrac{x_{n+1}}{n+1}$;

(2) $s_{n+1}^2 = \dfrac{n-1}{n}s_n^2 + \dfrac{1}{n+1}(\overline{x}_n - x_{n+1})^2.$

分析 以上两个公式是递推公式,说明了在取样时,若增加了一个样本值,此时只要依据前 n 个数据求的均值和方差,加上利用这个新的样本值,即可算出样本容量为 $n+1$ 时的期望和方差.

证 (1) $\overline{x}_{n+1} = \dfrac{1}{n+1}\sum\limits_{i=1}^{n} x_i + \dfrac{1}{n+1}x_{n+1}$

$$= \dfrac{n+1-1}{(n+1)n}\sum_{i=1}^{n} x_i + \dfrac{1}{n+1}x_{n+1}$$

$$= \frac{1}{n} \sum_{i=1}^{n} x_i - \frac{1}{n(n+1)} \sum_{i=1}^{n} x_i + \frac{1}{n+1} x_{n+1}$$

$$= \overline{x}_n + \frac{1}{n+1}(x_{n+1} - \overline{x}_n).$$

（2）由 $s_n^2 = \frac{1}{n-1} \sum_{i=1}^{n} (x_i - \overline{x}_n)^2 = \frac{1}{n-1} (\sum_{i=1}^{n} x_i^2 - n\overline{x}_n^2)$ 可得

$$s_{n+1}^2 = \frac{1}{n} \sum_{i=1}^{n+1} (x_i - \overline{x}_{n+1})^2$$

$$= \frac{1}{n} \left[\sum_{i=1}^{n+1} x_i^2 - (n+1)\overline{x}_{n+1}^2 \right]$$

$$= \frac{1}{n} \left[\sum_{i=1}^{n} x_i^2 + x_{n+1}^2 - \frac{1}{n+1}(n\overline{x}_n + x_{n+1})^2 \right]$$

$$= \frac{1}{n} \left[\sum_{i=1}^{n} x_i^2 + x_{n+1}^2 - \frac{1}{n+1}(n^2\overline{x}_n^2 + 2n\overline{x}_n x_{n+1} + x_{n+1}^2) \right]$$

$$= \frac{1}{n} \left[\sum_{i=1}^{n} (x_i - n\overline{x}_n^2 + \frac{n}{n+1}(\overline{x}^2 - 2\overline{x}_n x_{n+1})^2 \right]$$

$$= \frac{1}{n} \left[\sum_{i=1}^{n} (x_i - n\overline{x}_n^2) + \frac{n}{n+1}(\overline{x}^2 - 2\overline{x}_n x_{n+1})^2 \right]$$

$$= \frac{1}{n} \left[\sum_{i=1}^{n} (x_i - \overline{x})^2 + \frac{n}{n+1}(\overline{x}_n - x_{n+1})^2 \right]$$

$$= \frac{n-1}{n} s_n^2 + \frac{1}{n+1}(\overline{x}_n - x_{n+1})^2.$$

2. 样本均值的分布

【例6-5】 设某大学男生的身高 X 服从正态分布 $N(174.5, 6.9^2)$（单位：cm）. 现从中任选 25 个学生，其样本的均值为 $\overline{X}$. 求：

（1）$E(\overline{X}), \sqrt{D(\overline{X})}$；

（2）$P(172.5 < \overline{X} \leqslant 175.8)$；

（3）$P(\overline{X} \leqslant 172.0)$.

分析 由定理 6-1 可知，若总体 $X \sim N(\mu, \sigma^2)$，则样本均值 $\overline{X} = \frac{1}{n} \sum_{i=1}^{n} X_i \sim N\left(\mu, \frac{\sigma^2}{n}\right)$.

解 （1）$E(\overline{X}) = 174.5, \sqrt{D(\overline{X})} = \frac{9}{\sqrt{25}} = 1.38.$

(2) $P(172.5 < \overline{X} \leqslant 175.8)$

$$= \varPhi\left(\frac{175.8 - 174.5}{1.38}\right) - \varPhi\left(\frac{175.5 - 174.5}{1.38}\right)$$

$$= \varPhi(0.98) - \varPhi(-1.49) = \varPhi(0.98) + \varPhi(1.49) - 1$$

$$= 0.8365 + 0.9319 - 1 = 0.7684.$$

(3) $P(\overline{X} \leqslant 172.0) = \varPhi\left(\frac{172 - 174.5}{1.38}\right) = \varPhi(-1.85)$

$$= 1 - \varPhi(1.85) = 1 - 0.9678 = 0.0322.$$

【例 6-6】 某厂生产的一批日光灯管使用寿命 $X \sim N(2\,250, 250^2)$. 为进行质量检查,从中随机地抽取 n 支日光灯管,如果抽取的灯管平均寿命超过 2 200h(小时),则认为该批产品合格. 若要使检查能通过的概率超过 0.997,问至少要抽取多少支日光灯管?

解 设 $(X_1, X_2, \cdots, X_n)$ 为来自总体 $X \sim N(2\,250, 250^2)$ 的一个样本,则样本均值 $\overline{X} = \frac{1}{n} \sum_{i=1}^{n} X_i \sim N\left(2\,250, \frac{250^2}{n}\right)$. 根据题意,

$$P(\overline{X} \geqslant 2\,200) = P\left(\frac{\overline{X} - 2\,250}{250/\sqrt{n}} \geqslant \frac{2\,200 - 2\,250}{250/\sqrt{n}}\right)$$

$$= 1 - \varPhi\left(\frac{2\,200 - 2\,250}{250/\sqrt{n}}\right) = 1 - \varPhi(-0.2\sqrt{n})$$

$$= \varPhi(0.2\sqrt{n}) \geqslant 0.997,$$

查表得

$$0.2\sqrt{n} \geqslant 2.75,$$

$$n \geqslant 189.1 \approx 190,$$

所以至少要抽取 190 支日光灯管.

【例 6-7】 求总体 $X \sim N(20, 3)$ 的容量分别为 10, 15 的两个独立样本均值差的绝对值大于 0.3 的概率.

分析 求解本题可直接利用定理 6-2 的结果.

解 设两个独立样本分别为 X, Y,其样本均值分别为 $\overline{X}, \overline{Y}$,则

$$\overline{X} \sim N\left(20, \frac{3}{10}\right), \overline{Y} \sim N\left(20, \frac{3}{15}\right)$$

$$\overline{X} - \overline{Y} \sim N\left(0, \frac{1}{2}\right),$$

故

$$P(|\overline{X} - \overline{Y}| > 0.3) = 1 - P(|\overline{X} - \overline{Y}| \leqslant 0.3)$$

$$= 1 - P\left[\frac{|\overline{X} - \overline{Y}|}{\sqrt{\frac{1}{2}}} \leqslant \frac{0.3}{\sqrt{\frac{1}{2}}}\right]$$

$$= 1 - [2\Phi(0.3\sqrt{2}) - 1] = 2 - 2\Phi(0.3\sqrt{2})$$
$$= 2 - 2\Phi(0.42) = 2 - 2 \times 0.662\ 8 = 0.674\ 4.$$

【例 6 - 8】 设总体 X 的期望为 μ，方差为 σ^2，若至少要以 95% 的概率保证 $|\overline{X} - \mu| < 0.1\sigma$，问样本容量 n 应取多大？

分析 由于本题中总体的分布未知，但是在大样本的情况可利用定理 6 - 3 求解．

解 由于当 n 很大时，$\overline{X}$ 近似服从 $N\left(\mu, \dfrac{\sigma^2}{n}\right)$，于是可得

$$P(|\overline{X} - \mu| < 0.1\sigma) = P(\mu - 0.1\sigma < \overline{X} < \mu + 0.1\sigma)$$
$$\approx \Phi\left[\frac{0.1\sigma}{\dfrac{\sigma}{\sqrt{n}}}\right] - \Phi\left[\frac{-0.1\sigma}{\dfrac{\sigma}{\sqrt{n}}}\right]$$
$$= 2\Phi(0.1\sqrt{n}) - 1 \geqslant 0.95,$$

即 $\Phi(0.1\sqrt{n}) \geqslant 0.975$，查表得 $\Phi(1.96) = 0.975$，又 $\Phi(x)$ 为非减，故 $0.1\sqrt{n} \geqslant 1.96$，$n \geqslant 385$，因此样本容量至少要取 385 才能满足要求．

【例 6 - 9】 某型号船用螺丝帽平均重量为 0.50kg，标准差为 0.02kg，问每批为 1 000 个螺丝帽的两批滚珠轴承，在重量上相差大于 2kg 的概率有多大？

解 设 $\overline{X}$ 和 $\overline{Y}$ 分别表示两批滚珠轴承的平均重量，且 $\overline{Z} = \overline{X} - \overline{Y}$，则

$$E(\overline{Z}) = E(\overline{X} - \overline{Y}) = E(\overline{X}) - E(\overline{Y}) = 0.50 - 0.50 = 0,$$
$$D(\overline{Z}) = D(\overline{X}) + D(\overline{Y}) = \frac{1}{1\ 000}(0.02)^2 + \frac{1}{1\ 000}(0.02)^2$$
$$= 8 \times 10^{-1} \approx (0.000\ 894)^2,$$

由于 n 较大，可利用定理 6 - 3 求解，有

$$P(1\ 000 |\overline{Z}| \geqslant 2)$$
$$= P(|\overline{X} - \overline{Y}| \geqslant 0.002) = P\left(\frac{|\overline{X} - \overline{Y}|}{0.000\ 894} \geqslant \frac{0.002}{0.000\ 894}\right)$$
$$= P\left(\frac{|\overline{X} - \overline{Y}|}{0.000\ 894} \geqslant 2.24\right) = 1 - P\left(\frac{|\overline{X} - \overline{Y}|}{0.000\ 894} < 2.24\right)$$
$$\approx 1 - [2\Phi(2.24) - 1]$$
$$= 2 - 2\Phi(2.24) = 2(1 - 0.987\ 4) = 0.025\ 2.$$

3. χ^2 分布

【例 6 - 10】 设 $(X_1, X_2, \cdots, X_{10})$ 是来自总体 $X \sim N(\mu, \sigma^2)$ 的一个样本，求下列概率：

(1) $P\left(0.26\sigma^2 \leqslant \dfrac{1}{10}\sum\limits_{i=1}^{10}(X_i-\mu)^2 \leqslant 2.3\sigma^2\right)$;

(2) $P\left(0.26\sigma^2 \leqslant \dfrac{1}{10}\sum\limits_{i=1}^{10}(X_i-\overline{X})^2 \leqslant 2.3\sigma^2\right)$.

分析　一般地,设$(X_1,X_2,\cdots,X_n)$为来自总体$X \sim N(\mu,\sigma^2)$的一个样本,则有

$$\chi_1^2 = \frac{\sum\limits_{i=1}^{n}(X_i-\mu)^2}{\sigma^2} \sim \chi^2(n),$$

$$\chi_2^2 = \frac{\sum\limits_{i=1}^{n}(X_i-\overline{X})^2}{\sigma^2} \sim \chi^2(n-1).$$

以上两个统计量都服从χ^2分布,但由于一个不含$\overline{X}$,一个含有$\overline{X}$,故其自由度不同,因此在解题前要仔细辨认两个统计量的不同之处.

解　(1) 由于$\dfrac{\sum\limits_{i=1}^{10}(X_i-\mu)^2}{\sigma^2} \sim \chi^2(10)$,于是

$$P\left(0.26\sigma^2 \leqslant \frac{1}{10}\sum\limits_{i=1}^{10}(X_i-\mu)^2 \leqslant 2.3\sigma^2\right)$$

$$= P\left(2.6 \leqslant \frac{\sum\limits_{i=1}^{10}(X_i-\mu)^2}{\sigma^2} \leqslant 23\right)$$

$$= P(2.6 \leqslant \chi^2 \leqslant 23) = P(\chi^2 \leqslant 23) - P(\chi^2 < 2.6)$$

$$= [1-P(\chi^2 > 23)] - [1-P(\chi^2 \geqslant 2.6)]$$

$$= P(\chi^2 > 2.6) - P(\chi^2 \geqslant 23) = 0.99 - 0.01 = 0.98.$$

(2) 由于$\dfrac{\sum\limits_{i=1}^{10}(X_i-\overline{X})^2}{\sigma^2} \sim \chi^2(9)$,于是

$$P\left(0.26\sigma^2 \leqslant \frac{1}{10}\sum\limits_{i=1}^{10}(X_i-\overline{X})^2 \leqslant 2.3\sigma\right)$$

$$= P\left(2.6 \leqslant \frac{\sum\limits_{i=1}^{10}(X_i-\overline{X})^2}{\sigma^2} \leqslant 23\right) = P(2.6 \leqslant \chi^2 \leqslant 23)$$

$$= P(\chi^2 \leqslant 23) - P(\chi^2 < 2.6) = [1-P(\chi^2 > 23)] - [1-P(\chi^2 \geqslant 2.6)]$$

$$= P(\chi^2 > 2.6) - P(\chi^2 \geqslant 23) = 0.975 - 0.005 = 0.97.$$

【例 6-11】　某公司生产的某型号的灯泡,其寿命$X \sim N(\mu,\sigma^2)$,$\mu =$

2 000h(小时),$\sigma = 60$h. 若随机地从产品中选取 10 个这种型号的灯泡,求样本标准差在 $50 \sim 70$h 之间的概率.

分析 本例也是求概率,若算得 χ^2 的值处于 χ^2 分布表中两值之间,为较精确地算出概率,可利用线性插值法求出.

解 设 $(X_1, X_2, \cdots, X_{10})$ 为来自总体 $X \sim N(2\,000, 60^2)$ 的一个样本,此时样本方差

$$S^2 = \frac{1}{10} \sum_{i=1}^{10} (X_i - 2\,000)^2,$$

并且

$$\chi^2 = \frac{10S^2}{60^2} \sim \chi^2(10),$$

故

$$
\begin{aligned}
P(50 \leqslant S \leqslant 70) &= P(50^2 \leqslant S^2 \leqslant 70^2) \\
&= P\left[\left(\frac{50}{60}\right)^2 \times 10 \leqslant \frac{10S^2}{60^2} \leqslant \left(\frac{70}{60}\right)^2 \times 10 \right] \\
&= P\left(6.94 \leqslant \frac{10S^2}{60^2} \leqslant 13.61 \right) \\
&= P\left(\frac{10S^2}{60^2} \leqslant 13.61 \right) - P\left(\frac{10S^2}{60^2} < 6.94 \right) \\
&= 1 - P\left(\frac{10S^2}{60^2} > 13.61 \right) - \left[1 - P\left(\frac{10S^2}{60^2} \geqslant 6.94 \right) \right] \\
&= P\left(\frac{10S^2}{60^2} \geqslant 6.94 \right) - P\left(\frac{10S^2}{60^2} > 13.61 \right).
\end{aligned}
$$

利用 χ^2 分布表,自由度为 10,可查出

x	6.737	12.549	15.987
p	0.75	0.25	0.10

用线性插值法求出 p_1, p_2. 由于

$$p_1 = P\left(\frac{10S^2}{60^2} \geqslant 6.94 \right), \quad p_2 = P\left(\frac{10S^2}{60^2} > 13.61 \right),$$

故

$$
\begin{aligned}
p_1 &= 0.75 - \frac{0.75 - 0.25}{12.549 - 6.737}(6.94 - 6.737) \\
&= 0.75 - 0.017 = 0.733, \\
p_2 &= 0.25 - \frac{0.25 - 0.10}{15.987 - 12.549}(13.61 - 12.549) \\
&= 0.25 - 0.046 = 0.204,
\end{aligned}
$$

最后得 $P(50 \leqslant S \leqslant 70) = p_1 - p_2 = 0.733 - 0.204 = 0.529$.

【例 6 - 12】　设 $(X_1, X_2, \cdots, X_{16})$ 为来自总体 $X \sim N(0,1)$ 的一个样本,又

$$Y = \Big(\sum_{i=1}^{4} X_i\Big)^2 + \Big(\sum_{i=5}^{8} X_i\Big)^2 + \Big(\sum_{i=9}^{12} X_i\Big)^2 + \Big(\sum_{i=13}^{16} X_i\Big)^2,$$

求 a 使得 aY 服从 χ^2 分布.

分析　解本题时,要牢记 χ^2 分布的定义,根据定义应将 Y 配成 n 个服从标准正态分布的独立随机变量的平方和.

解　令　$Y_1 = \sum_{i=1}^{4} X_i$,　$Y_2 = \sum_{i=5}^{8} X_i$,

$$Y_3 = \sum_{i=9}^{12} X_i,\qquad Y_4 = \sum_{i=13}^{16} X_i,$$

则有 $Y_1, Y_2, Y_3, Y_4 \sim N(0,4)$,进行标准化变换:

$$\frac{Y_1}{2}, \frac{Y_2}{2}, \frac{Y_3}{2}, \frac{Y_4}{2} \sim N(0,1),$$

再平方,则

$$\Big(\frac{Y_1}{2}\Big)^2, \Big(\frac{Y_2}{2}\Big)^2, \Big(\frac{Y_3}{2}\Big)^2, \Big(\frac{Y_4}{2}\Big)^2 \sim \chi^2(1),$$

由于 Y_1, Y_2, Y_3, Y_4 相互独立,利用 χ^2 分布的可加性,最后得

$$\frac{1}{4}Y = \frac{1}{4}\sum_{i=1}^{4} Y_i^2 \sim \chi^2(4),$$

故应取 $a = \dfrac{1}{4}$.

【例 6 - 13】　设 $(X_1, X_2, \cdots, X_9)$ 为来自总体 $X \sim N(0,2^2)$ 的一个样本,求 a, b, c 使得

$$Y = a(X_1 + X_2)^2 + b(X_3 + X_4 + X_5)^2 + c(X_6 + X_7 + X_8 + X_9)^2$$

服从 χ^2 分布,并求自由度.

解　由于 $X_i \sim N(0,2^2)$,有

$$X_1 + X_2 \sim N(0,8),$$
$$X_3 + X_4 + X_5 \sim N(0,12),$$
$$X_6 + X_7 + X_8 + X_9 \sim N(0,16),$$

标准化变换后,得

$$\frac{X_1 + X_2}{\sqrt{8}} \sim N(0,1),$$

$$\frac{X_3 + X_4 + X_5}{\sqrt{12}} \sim N(0,1),$$

$$\frac{X_6 + X_7 + X_8 + X_9}{\sqrt{16}} \sim N(0,1),$$

由 χ^2 分布的定义,有

$$\left(\frac{X_1 + X_2}{\sqrt{8}}\right)^2 \sim \chi^2(1),$$

$$\left(\frac{X_3 + X_4 + X_5}{\sqrt{12}}\right)^2 \sim \chi^2(1),$$

$$\left(\frac{X_6 + X_7 + X_8 + X_9}{\sqrt{16}}\right)^2 \sim \chi^2(1),$$

根据 χ^2 分布的可加性,得

$$\left(\frac{X_1 + X_2}{\sqrt{8}}\right)^2 + \left(\frac{X_3 + X_4 + X_5}{\sqrt{12}}\right)^2 + \left(\frac{X_6 + X_7 + X_8 + X_9}{\sqrt{16}}\right)^2 \sim \chi^2(3),$$

因此,当 $a = \dfrac{1}{8}, b = \dfrac{1}{12}, c = \dfrac{1}{16}$ 时,X 服从自由度为 3 的 χ^2 分布.

【例 6 - 14】 设总体 X 服从参数为 $\theta(\theta > 0$ 未知$)$ 的指数分布,其密度

$$f(x) = \begin{cases} \theta e^{-\theta x} & (x > 0), \\ 0 & (x \leqslant 0), \end{cases}$$

又$(X_1, X_2, \cdots, X_n)$ 为来自总体 X 的一个样本,证明:

$$2n\theta\overline{X} \sim \chi^2(2n).$$

分析 由 $2n\theta\overline{X} = 2n\theta \dfrac{1}{n}\sum\limits_{i=1}^{n} X_i = \sum\limits_{i=1}^{n}(2\theta X_i)$,可知只要求出 $2\theta X_i$ 服从 χ^2 分布,然后利用 χ^2 分布可加性即可证得所求的结果.

证 令 $Y = 2\theta X_i (i = 1, 2, \cdots, n)$. 以下证 Y 服从参数为 $\dfrac{1}{2}$ 的指数分布.

$$F_Y(y) = P(Y \leqslant y) = P(2\theta X_i \leqslant y) = P\left(X_i \leqslant \frac{1}{2\theta}y\right)$$

$$= \int_{-\infty}^{\frac{1}{2\theta}y} f(x)\mathrm{d}x.$$

(1) 当 $y \leqslant 0$ 时,$F_Y(y) = 0$.

(2) 当 $y > 0$ 时,$F_Y(y) = \int_0^{\frac{1}{2\theta}y} \theta e^{-\theta x}\mathrm{d}x = -e^{-\theta x}\Big|_0^{\frac{1}{2\theta}y} = 1 - e^{-\frac{y}{2}}$,

得

$$f_Y(y) = F_Y'(y) = \begin{cases} \dfrac{1}{2}e^{-\frac{y}{2}} & (y > 0), \\ 0 & (y \leqslant 0), \end{cases}$$

与自由度为 2 的 χ^2 分布密度相同,因此 $2\theta X_i \sim \chi^2(2)$. 再利用 χ^2 的可加性,即得

$$2\theta n\overline{X} = \sum_{i=1}^{n}(2\lambda X_i) \sim \chi^2(2n).$$

【例 6 - 15】 设 $\chi^2 \sim \chi^2(n)$,求 $E(\chi^2),D(\chi^2)$.

分析 由于 $\chi^2 = \sum_{i=1}^{n}X_i^2$,其中 $X_i \sim N(0,1)$,且 $X_1,X_2,\cdots,X_n$ 相互独立,根据

相互独立的性质,可知 $X_1^2,X_2^2,\cdots,X_n^2$ 也相互独立. 因此若求 $E(\chi^2) = \sum_{i=1}^{n}E(X_i^2)$,

$D(\chi^2) = \sum_{i=1}^{n}D(X_i^2)$,只要求出 $E(X_i^2)$ 以及 $D(X_i^2)$ 即可.

解 由于 $X_i \sim N(0,1)(i=1,2,\cdots,n)$,且 $X_1,X_2,\cdots,X_n$ 相互独立,得

$$E(X_i^2) = D(X_i) - E^2(X_i) = D(X_i) = 1,$$

$$E(X_i^4) = \int_{-\infty}^{+\infty} x^4 \frac{1}{\sqrt{2\pi}}e^{-\frac{x^2}{2}}dx$$

$$= -\frac{x^3}{\sqrt{2\pi}}e^{-\frac{x^2}{2}}\Big|_{-\infty}^{+\infty} + 3\int_{-\infty}^{+\infty}\frac{1}{\sqrt{2\pi}}x^2 e^{-\frac{x^2}{2}}dx = 3D(X_i) = 3,$$

则有

$$D(X_i^2) = E(X_i^4) - E^2(X_i^2) = 3 - 1 = 2.$$

最后由 $X_1^2,X_2^2,\cdots,X_n^2$ 也相互独立以及期望和方差的性质,得

$$E(\chi^2) = \sum_{i=1}^{n}E(X_i^2) = n,$$

$$D(\chi^2) = \sum_{i=1}^{n}D(X_i^2) = 2n.$$

【例 6 - 16】 设 $\chi^2 \sim \chi^2(n)$,求 $Y = \sqrt{\chi^2}$ 的概率密度.

分析 由于 Y 是 χ^2 的一个函数,可利用分布函数法,即先求出 Y 的分布函数 $F_Y(y)$,然后再求出 $f_Y(y) = F_Y'(y)$.

解 已知 $\chi^2 \sim \chi^2(n)$,故 χ^2 的密度

$$f(x) = \begin{cases} \dfrac{1}{2^{\frac{n}{2}}\Gamma\left(\dfrac{n}{2}\right)}x^{\frac{n}{2}-1}e^{-\frac{x}{2}} & (x > 0), \\ 0 & (x \leqslant 0). \end{cases}$$

当 $y < 0$ 时,$F_Y(y) = P(Y \leqslant y) = P(\sqrt{\chi^2} \leqslant y) = 0$,

于是 $$f_Y(y) = F_Y'(y) = 0;$$

当 $y \geqslant 0$ 时,$F_Y(y) = P(Y \leqslant y) = P(\chi^2 \leqslant y^2) = F_{\chi^2}(y^2)$.

于是 $$f_Y(y) = F_Y'(y) = 2yF_{\chi^2}'(y^2) = 2yf_{\chi^2}(y^2)$$

$$= 2y \frac{1}{2^{\frac{n}{2}} \Gamma\left(\frac{n}{2}\right)} (y^2)^{\frac{n}{2}-1} \mathrm{e}^{-\frac{y^2}{2}}$$

$$= \frac{1}{2^{\frac{n}{2}-1} \Gamma\left(\frac{n}{2}\right)} y^{n-1} \mathrm{e}^{-\frac{y^2}{2}}.$$

综上即得

$$f_Y(y) = \begin{cases} \dfrac{1}{2^{\frac{n}{2}-1} \Gamma\left(\dfrac{n}{2}\right)} y^{n-1} \mathrm{e}^{-\frac{y^2}{2}} & (y \geqslant 0), \\ \\ 0 & (y < 0). \end{cases}$$

注 本题中称 Y 服从自由度为 n 的 χ 分布,记为 $Y \sim \chi(n)$.

【例 6-17】 设 $(X_1, X_2, \cdots, X_n)$ 为来自正态总体 $X \sim N(\mu, \sigma^2)$ 的一个样本,且 $\overline{X} = \dfrac{1}{n} \sum\limits_{i=1}^{n} X_i, S^2 = \dfrac{1}{n-1} \sum\limits_{i=1}^{n} (X_i - \overline{X})^2$ 分别是样本和方差. 证明:

(1) $\overline{X} \sim N\left(\mu, \dfrac{\sigma^2}{n}\right)$;

(2) $\dfrac{(n-1)S^2}{\sigma^2} \sim \chi^2(n-1)$;

(3) $\overline{X}$ 和 S^2 相互独立.

分析 本题是抽样分布中的一个极其重要的定理,由于证明时要用到线性代数等其他相关内容,因此有许多数理统计教材在介绍本题时省略了证明过程.

解 (1) 令 $Y_k = \dfrac{X_k - \mu}{\sigma} (k = 1, 2, \cdots, n)$,则 $Y_k \sim N(0, 1)$,并且 $Y_1, Y_2, \cdots, Y_n$ 也相互独立.

设 $\boldsymbol{A} = (a_{ij})_{n \times n}$ 为正交矩阵 $(\boldsymbol{A}\boldsymbol{A}^{\mathrm{T}} = \boldsymbol{E})$,其中第一行的元素为 $(a_{11}, a_{12}, \cdots, a_{1n}) = \left(\dfrac{1}{\sqrt{n}}, \dfrac{1}{\sqrt{n}}, \cdots, \dfrac{1}{\sqrt{n}}\right)$,即

$$\boldsymbol{A} = \begin{bmatrix} \dfrac{1}{\sqrt{n}} & \dfrac{1}{\sqrt{n}} & \cdots & \dfrac{1}{\sqrt{n}} \\ a_{21} & a_{22} & \cdots & a_{2n} \\ \vdots & \vdots & & \vdots \\ a_{n_1} & a_{n_2} & \cdots & a_{m} \end{bmatrix}, a_{ij} \in \mathbb{R} \quad (i = 2, \cdots, n; j = 1, 2, \cdots, n).$$

由正交矩阵的性质可得 $\sum\limits_{j=1}^{n} a_{ij}^2 = 1 (i = 1, 2, \cdots, n)$; $\sum\limits_{j=1}^{n} a_{kj} a_{lj} = 0 (k \neq l; k, l = 1, 2, \cdots, n)$. 作正交变换:

$$\begin{cases} Z_1 = \dfrac{1}{\sqrt{n}}(Y_1 + \cdots + Y_n), \\ Z_2 = a_{21}Y_1 + \cdots + a_{2n}Y_n, \\ \qquad\cdots\cdots\cdots\cdots \\ Z_n = a_{n_1}Y_1 + \cdots + a_{nn}Y_n, \end{cases}$$

则有

$$\frac{\overline{X}_1 - \mu}{\frac{\sigma}{\sqrt{n}}} = \frac{\frac{1}{n}(X_1 + \cdots + X_n) - \mu}{\frac{\sigma}{\sqrt{n}}}$$

$$= \frac{\frac{1}{n}\big[(X_1 - \mu) + \cdots + (X_n - \mu)\big]}{\frac{\sigma}{\sqrt{n}}}$$

$$= \frac{1}{\sqrt{n}}\Big[\Big(\frac{X_1 - \mu}{\sigma}\Big) + \cdots + \Big(\frac{X_n - \mu}{\sigma}\Big)\Big]$$

$$= \frac{1}{\sqrt{n}}(Y_1 + Y_2 + \cdots + Y_n) = Z_1.$$

因为 $Y_k \sim N(0,1)$,则 $\dfrac{1}{\sqrt{n}}Y_k \sim N\Big(0,\dfrac{1}{n}\Big)$,由此可得

$$Z_1 = \frac{1}{\sqrt{n}}\sum_{k=1}^{n} Y_k \sim N\Big(0,\frac{1}{n} + \frac{1}{n} + \cdots + \frac{1}{n}\Big) = N(0,1),$$

$$\overline{X} \sim N\Big(\mu,\frac{\sigma^2}{n}\Big).$$

(2) 由于 $Z_i = \displaystyle\sum_{j=1}^{n} a_{ij}Y_j (i = 1,2,\cdots,n)$,是 $Y_1, Y_2, \cdots, Y_n$ 的线性函数,所以 $Z_1,$ $Z_2, \cdots, Z_n$ 仍服从正态分布.

又 $Y_1, Y_2, \cdots, Y_n$ 是相互独立的及

$$\mathrm{cov}(Z_k, Z_l) = \mathrm{cov}\Big(\sum_{i=1}^{n} a_{ki}Y_i, \sum_{j=1}^{n} a_{lj}Y_j\Big)$$

$$= \sum_{i=1}^{n}\sum_{j=1}^{n} a_{ki}a_{lj}\,\mathrm{cov}(Y_i, Y_j)$$

$$= \sum_{t=1}^{n} a_{kt}a_{lt}\,\mathrm{cov}(Y_t, Y_t)$$

$$= \sum_{t=1}^{n} a_{kt}a_{lt}\sigma^2 = \sigma^2 \sum_{t=1}^{n} a_{kt}a_{lt} = 0 (k \neq l; k, l = 1, 2, \cdots, n),$$

依据多维正态分布相互独立的性质,即随机变量之间相互独立的充要条件:随机变量间不相关与相互独立是等价的,由此而得 $Z_1,Z_2,\cdots,Z_n$ 是相互独立的.

由 $a_{ij}Y_j \sim N(0,a_{ij}^2)(i=2,\cdots,n;j=1,\cdots,n)$,有

$$Z_i = a_{i1}Y_1 + \cdots + a_{in}Y_n \sim N(0,a_{i1}^2 + \cdots + a_{in}^2) = N(0,1)(i=2,\cdots,n).$$

$$
\begin{aligned}
\frac{(n-1)S^2}{\sigma^2} &= \frac{1}{\sigma^2}\sum_{j=1}^n (X_j - \overline{X})^2 = \sum_{j=1}^n \left(\frac{X_i-\mu}{\sigma} - \frac{\overline{X}-\mu}{\sigma}\right)^2 \\
&= \sum_{j=1}^n (Y_j - \overline{Y})^2 = \sum_{j=1}^n (Y_j^2 - 2Y_j\overline{Y} + \overline{Y}^2) \\
&= \sum_{j=1}^n Y_j^2 - 2n\overline{Y}^2 + n\overline{Y}^2 = \sum_{j=1}^n Y_j^2 - n\overline{Y}^2 \\
&= \sum_{j=1}^n Z_j^2 - Z_1^2 = \sum_{j=2}^n Z_j^2,
\end{aligned}
$$

又因为 $Z_j \sim N(0,1)$,有

$$\frac{(n-1)S^2}{\sigma^2} = \sum_{j=2}^n Z_j^2 \sim \chi^2(n-1).$$

(3) 下面先介绍一个定理,由该定理可知(3)的结论成立.

定理 6-8 设 X,Y 为相互独立的随机变量,又 $g_1(X),g_2(Y)$ 为两个函数,则 $g_1(X)$ 和 $g_2(Y)$ 也相互独立.

注 上述定理可推广至下列各种情形:

(1) 可推广到有限个或可列无穷多个相互独立的随机变量上去.

(2) 可推广到相互独立的多维随机向量上去(维数不一定相同).

(3) 可推广到向量值的函数上去(维数不一定相同).

利用上述定理立即可得 Z_1 和 $\sum_{j=2}^n Z_j^2$ 相互独立,也就是 $\overline{X}$ 和 $\frac{(n-1)S^2}{\sigma^2} = \sum_{j=2}^n Z_j^2$ 相互独立.

4. t 分布

【例 6-18】 设总体 $X \sim N(\mu,\sigma^2)$,μ,σ^2 未知,已知样本容量 $n=16$,样本观察值的均值 $\overline{x}=12.5$,方差 $s^2=5.333$,求 $P(|\overline{X}-\mu|<0.4)$.

分析 本题中虽然 $X \sim N(\mu,\sigma^2)$,但 μ,σ^2 未知,因此要用到抽样分布定理中的结果,即

$$T = \frac{\overline{X}-\mu}{S/\sqrt{n}} \sim t(n-1).$$

解 由于 $T = \frac{\overline{X}-\mu}{S/\sqrt{n}} \sim t(n-1)$,且已知 $n=16,s^2=5.333$,有

$$P(|\overline{X}-\mu|<0.4)=P\left(\frac{|\overline{X}-\mu|}{\frac{S}{\sqrt{n}}}<\frac{0.4}{\frac{2.31}{4}}\right)$$

$$=P(|T|<0.693)$$

$$=1-2P(T\geqslant 0.693),$$

查 t 分布表,得

$$P(T\geqslant 0.693)\approx 0.25,$$

得

$$P(|\overline{X}-\mu|<0.4)=1-2\times 0.25=0.5.$$

【例6-19】 设 $X,Y\sim N(0,3^2)$,且 X,Y 相互独立,又 $(X_1,X_2,\cdots,X_9)$ 和 $(Y_1,Y_2,\cdots,Y_9)$ 分别来自总体 X 和 Y 的样本,问

$$U=\frac{\sum_{i=1}^{9}X_i}{\sqrt{\sum_{i=1}^{9}Y_i^2}}$$

服从什么分布?

解 因为 $X_i\sim N(0,3^2)$,故 $\sum_{i=1}^{9}X_i\sim N(0,9^2)$,标准化变换后有

$$\frac{1}{9}\sum_{i=1}^{9}X_i\sim N(0,1).$$

又 $Y_i\sim N(0,3^2)$,故 $\frac{Y_i}{3}\sim N(0,1)$,从而

$$\left(\frac{Y_i}{3}\right)^2\sim\chi^2(1)\quad(i=1,2,\cdots,9),$$

由 χ^2 分布的可加性可知

$$\sum_{i=1}^{9}\left(\frac{Y_i}{3}\right)^2=\frac{1}{9}\sum_{i=1}^{9}Y_i^2\sim\chi^2(9),$$

再由 t 分布定义得

$$U=\frac{\frac{1}{9}\sum_{i=1}^{9}X_i}{\sqrt{\frac{1}{9}\sum_{i=1}^{9}Y_i^2\Big/9}}=\frac{\sum_{i=1}^{9}X_i}{\sqrt{\sum_{i=1}^{9}Y_i^2}}\sim t(9),$$

即 U 服从自由度为9的 t 分布.

【例6-20】 设 $(X_1,X_2,\cdots,X_n)$ 为来自总体 $X\sim N(\mu,\sigma^2)$ 的一个样本,且样本均值为 $\overline{X}$ 和样本方差为 S^2. 此时又得到一次独立的样本分量 X_{n+1},证明:

$$T=\frac{X_{n+1}-\overline{X}}{S}\sqrt{\frac{n}{n+1}}\sim t(n-1).$$

分析　注意到 X_{n+1} 和 $\overline{X}$ 相互独立,然后再利用 t 分布的定义即可得证.

证明　由于 $E(X_{n+1} - \overline{X}) = E(X_{n+1}) - E(\overline{X}) = \mu - \mu = 0$,

$$D(X_{n+1} - \overline{X}) = D(X_{n+1}) + D(\overline{X}) = \sigma^2 + \frac{\sigma^2}{n} = \frac{n+1}{n}\sigma^2,$$

故

$$X_{n+1} - \overline{X} \sim N\left(0, \frac{n+1}{n}\sigma^2\right),$$

标准化变换后可得

$$\frac{X_{n+1} - \overline{X}}{\sqrt{\dfrac{n+1}{n}}\sigma} \sim N(0,1).$$

又 $\dfrac{(n-1)S^2}{\sigma^2} \sim \chi^2(n-1)$,且它们相互独立,根据 t 分布定义,有

$$T = \frac{\dfrac{X_{n+1} - \overline{X}}{\sqrt{\dfrac{n+1}{n}}\sigma}}{\dfrac{\sqrt{n-1}S}{\sqrt{n-1}}} = \frac{X_{n+1} - \overline{X}}{S}\sqrt{\frac{n}{n+1}} \sim t(n-1).$$

【**例 6 - 21**】　设总体 X, Y 相互独立,且 $X \sim N(\mu_1, \sigma^2)$,$Y \sim N(\mu_2, \sigma^2)$,$(X_1, X_2, \cdots, X_n)$ 和 $(Y_1, Y_2, \cdots, Y_m)$ 分别为来自 X 和 Y 的样本,以及 $\overline{X}, \overline{Y}$ 分别是两个样本的均值和 $S^2 = \dfrac{1}{n-1}\sum\limits_{i=1}^{n}(X_i - \overline{X})^2$,证明:统计量

$$\frac{\overline{X} - \overline{Y} - (\mu_1 - \mu_2)}{S\sqrt{\dfrac{1}{n_1} + \dfrac{1}{n_2}}} \sim t(n-1).$$

证明　由于 $\overline{X} \sim N\left(\mu_1, \dfrac{\sigma^2}{n}\right)$,$\overline{Y} \sim N\left(\mu_2, \dfrac{\sigma^2}{m}\right)$,

有

$$\overline{X} - \overline{Y} \sim N\left[\mu_1 - \mu_2, \left(\frac{1}{n} + \frac{1}{m}\right)\sigma^2\right],$$

标准化后即得

$$\frac{\overline{X} - \overline{Y} - (\mu_1 - \mu_2)}{\sigma\sqrt{\dfrac{1}{n} + \dfrac{1}{m}}} \sim N(0,1).$$

又因

$$\frac{(n-1)S^2}{\sigma^2} \sim \chi^2(n-1),$$

于是根据 t 分布的定义得

$$\frac{\overline{X} - \overline{Y} - (\mu_1 - \mu_2)}{\sigma\sqrt{\dfrac{1}{n} + \dfrac{1}{m}}} \bigg/ \sqrt{\frac{\dfrac{(n-1)S^2}{\sigma^2}}{n-1}} = \frac{\overline{X} - \overline{Y} - (\mu_1 - \mu_2)}{S\sqrt{\dfrac{1}{n} + \dfrac{1}{m}}} \sim t(n-1).$$

5. F 分布

【例 6 - 22】　设随机变量 $T \sim t(n)$，求 $\dfrac{1}{T^2}$ 的分布.

分析　解本题要用到 F 分布的性质，即若 $F \sim F(n_1, n_2)$，则有 $\dfrac{1}{F} \sim F(n_2, n_1)$.

解　根据 t 分布的定义可知：若 $X \sim N(0,1), Y \sim \chi^2(n)$，则

$$T = \frac{X}{\sqrt{\dfrac{Y}{n}}} \sim t(n).$$

又若 $X \sim N(0,1)$，有 $X^2 \sim \chi^2(1)$，依 F 分布的定义知

$$T^2 = \frac{X^2}{\dfrac{1}{\dfrac{Y}{n}}} \sim F(1, n),$$

然后求得

$$\frac{1}{T^2} \sim F(n, 1).$$

【例 6 - 23】　已知 $F \sim F(n, n)$ 且 $F_\alpha(n, n)$ 为该分布的 α 分位点，证明：当 $F_\alpha(n, n) = 1$ 时，$\alpha = \dfrac{1}{2}$.

分析　证明本题要使用 F 分布的性质，即若 $F \sim F(n, n)$，则 $\dfrac{1}{F} \sim F(n, n)$.

证明　设 $F_\alpha(n, n) = 1$，则对任意的 $\alpha \in (0, 1)$，有
$$P(F > F_\alpha(n, n)) = P(F > 1) = \alpha,$$
由 $F \sim F(n, n)$，则有 $\dfrac{1}{F} \sim F(n, n)$，即

$$\alpha = P(F > 1) = P\left(\frac{1}{F} < 1\right) = 1 - P\left(\frac{1}{F} \geqslant 1\right)$$

$$= 1 - P\left(\frac{1}{F} > 1\right) = 1 - \alpha,$$

解得 $\alpha = \dfrac{1}{2}$.

【例 6 - 24】　设总体 $X \sim N(0, 1)$，(X_1, X_2) 为来自总体 X 的一个样本，求常数 k 使得

$$P\left(\frac{(X_1 + X_2)^2}{(X_1 + X_2)^2 + (X_1 - X_2)^2} > k\right) = 0.10.$$

分析　为求 k，要先求出 $\dfrac{(X_1 + X_2)^2}{(X_1 + X_2)^2 + (X_1 - X_2)^2}$ 的分布.

解 由于 $X_i \sim N(0,1)$，则 $X_1 \pm X_2 \sim N(0,2)$，标准化后，有

$$\frac{X_1 \pm X_2}{\sqrt{2}} \sim N(0,1),$$

平方后，有

$$\frac{(X_1 \pm X_2)^2}{2} \sim \chi^2(1),$$

所以

$$\frac{(X_1 - X_2)^2}{(X_1 + X_2)^2} = \frac{\left(\dfrac{X_1 - X_2}{\sqrt{2}}\right)^2}{\left(\dfrac{X_1 + X_2}{\sqrt{2}}\right)^2} \sim F(1,1).$$

再由

$$\frac{(X_1 + X_2)^2}{(X_1 + X_2)^2 + (X_1 - X_2)^2} > k,$$

可得

$$\frac{(X_1 - X_2)^2}{(X_1 + X_2)^2} < \frac{1}{k} - 1,$$

即有

$$P\left(\frac{(X_1 + X_2)^2}{(X_1 + X_2)^2 + (X_1 - X_2)^2} > k\right)$$

$$= P\left(\frac{(X_1 - X_2)^2}{(X_1 + X_2)^2} < \frac{1}{k} - 1\right) = 0.10,$$

应使

$$\frac{1}{k} - 1 = F_{0.90}(1,1) = \frac{1}{F_{0.10}(1,1)} = \frac{1}{39.9},$$

算得

$$k = \frac{39.9}{40.9} = 0.975\,6.$$

【例 6 - 25】 设总体 $X \sim N(0,1)$，(X_1, X_2) 为来自总体 X 的一个样本，求

$$P\left(\frac{(X_1 + X_2)^2}{(X_1 + X_2)^2 + (X_1 - X_2)^2} > 0.2\right).$$

分析 本题是求随机变量 $Y = \dfrac{(X_1 + X_2)^2}{(X_1 + X_2)^2 + (X_1 - X_2)^2}$ 落在区间 $(0.2,$ $+\infty)$ 内的概率. 关键是要求出 Y 的分布. 从形式上看可利用 F 分布来求，但是根据 F 分布的定义还必须验证 $(X_1 + X_2)^2$ 和 $(X_1 + X_2)^2 + (X_1 - X_2)^2$ 相互独立，这有些难度. 我们注意到只要对上述不等式稍作变形，由

$$\frac{(X_1 + X_2)^2}{(X_1 + X_2)^2 + (X_1 - X_2)^2} > 0.2$$

可得

$$\frac{(X_1 - X_2)^2}{(X_1 + X_2)^2} < \frac{1}{0.2} - 1 = 4,$$

因此只要求出 $\dfrac{(X_1 - X_2)^2}{(X_1 + X_2)^2}$ 的分布，即可求解.

解 (1) 先证明 $(X_1 - X_2)^2$ 和 $(X_1 + X_2)^2$ 相互独立.

令 $\begin{cases} u = x_1 + x_2, \\ v = x_1 - x_2, \end{cases}$ 得 $\begin{cases} x_1 = \dfrac{1}{2}(u+v), \\ x_2 = \dfrac{1}{2}(u-v), \end{cases}$ 此时变量代换的雅可比行列式为

$$J = \begin{vmatrix} \dfrac{\partial x_1}{\partial u} & \dfrac{\partial x_1}{\partial v} \\ \dfrac{\partial x_2}{\partial u} & \dfrac{\partial x_2}{\partial v} \end{vmatrix} = \begin{vmatrix} \dfrac{1}{2} & \dfrac{1}{2} \\ \dfrac{1}{2} & -\dfrac{1}{2} \end{vmatrix} = -\dfrac{1}{2}.$$

又 (X_1, X_2) 的联合密度

$$f_{X_1, X_2}(x_1, x_2) = \frac{1}{2\pi} \mathrm{e}^{-\frac{x_1^2 + x_2^2}{2}},$$

由此而得 (U, V) 的联合密度

$$
\begin{aligned}
f_{U,V}(u,v) &= f_{X_1,X_2}(u,v)\mid J\mid = \frac{1}{4\pi} \mathrm{e}^{-\frac{\left(\frac{u+v}{2}\right)^2 + \left(\frac{u-v}{2}\right)^2}{2}} \\
&= \frac{1}{4\pi} \mathrm{e}^{-\frac{u^2+v^2}{4}} \\
&= \frac{1}{2\pi(\sqrt{2})^2} \mathrm{e}^{-\frac{u^2+v^2}{2(\sqrt{2})^2}} \\
&= \frac{1}{\sqrt{2\pi}\,\sqrt{2}} \mathrm{e}^{-\frac{u^2}{2(\sqrt{2})^2}} \frac{1}{\sqrt{2\pi}\,\sqrt{2}} \mathrm{e}^{-\frac{v^2}{2(\sqrt{2})^2}}.
\end{aligned}
$$

同时可得 $U \sim N(0,2)$, $V \sim N(0,2)$, 显然有

$$f_{U,V}(u,v) = f_U(u) f_V(v),$$

所以证得 U 和 V 相互独立.

(2) 以下求 $\dfrac{(X_1 - X_2)^2}{(X_1 + X_2)^2}$ 的分布.

因为 $X_1 + X_2 \sim N(0,2)$, $X_1 - X_2 \sim N(0,2)$, 所以

$$\frac{(X_1 + X_2)^2}{2} \sim \chi^2(1), \frac{(X_1 - X_2)^2}{2} \sim \chi^2(1).$$

又 $X_1 + X_2$ 和 $X_1 - X_2$ 相互独立, 故

$$\frac{\left(\dfrac{X_1 - X_2}{\sqrt{2}}\right)^2}{\left(\dfrac{X_1 + X_2}{\sqrt{2}}\right)^2} = \frac{(X_1 - X_2)^2}{(X_1 + X_2)^2} \sim F(1,1),$$

其密度函数

$$\varphi(y) = \begin{cases} \dfrac{1}{\pi} y^{-\frac{1}{2}} (1+y)^{-1} & (y > 0), \\ 0 & (y \leqslant 0). \end{cases}$$

(3) $P\left(\dfrac{(X_1+X_2)^2}{(X_1+X_2)^2+(X_1-X_2)^2}>0.2\right)$

$\qquad = P\left(\dfrac{(X_1-X_2)^2}{(X_1+X_2)^2}<4\right)$

$\qquad = \displaystyle\int_0^4 \dfrac{1}{\pi\sqrt{y}(1+y)}\mathrm{d}y \xrightarrow{t=\sqrt{y}} \int_0^2 \dfrac{1}{\pi t(1+t)}\mathrm{d}t$

$\qquad = \dfrac{2}{\pi}(\arctan 2 - \arctan 0) = \dfrac{2}{\pi}\arctan 2$

$\qquad = 0.704\,8.$

【例 6 - 26】 设 (X_1,X_2) 为来自正态总体 $X\sim N(0,\sigma^2)$ 的一个样本,证明:

(1) X_1+X_2 和 X_1-X_2 相互独立;

(2) 求 $\dfrac{(X_1+X_2)^2}{(X_1-X_2)^2}$ 的概率密度.

解 (1) 取变量代换:

$$\begin{cases} Y_1 = X_1 + X_2, \\ Y_2 = X_1 - X_2, \end{cases}$$

则

$$\begin{cases} X_1 = \dfrac{1}{2}(Y_1+Y_2), \\ X_2 = \dfrac{1}{2}(Y_1-Y_2), \end{cases}$$

此时雅可比行列式

$$J = \begin{vmatrix} \dfrac{\partial X_1}{\partial Y_1} & \dfrac{\partial X_1}{\partial Y_2} \\ \dfrac{\partial X_2}{\partial Y_1} & \dfrac{\partial X_2}{\partial Y_2} \end{vmatrix} = \begin{vmatrix} \dfrac{1}{2} & \dfrac{1}{2} \\ \dfrac{1}{2} & -\dfrac{1}{2} \end{vmatrix} = -\dfrac{1}{2} \neq 0,$$

因而由 (X_1,X_2) 的联合密度

$$f_{X_1,X_2}(x_1,x_2) = \dfrac{1}{2\pi\sigma^2}\exp\left\{-\dfrac{1}{2\sigma^2}(x_1^2+x_2^2)\right\} \quad (x_1,x_2\in\mathbb{R}),$$

可得 (Y_1,Y_2) 的联合密度

$$f_{Y_1,Y_2}(y_1,y_2) = f_{X_1,X_2}[x_1(y_1,y_2),x_2(y_1,y_2)]\,|\,J\,|$$

$$= \dfrac{1}{2\pi\sigma^2}\exp\left\{-\dfrac{1}{2\sigma^2}\left[\left(\dfrac{y_1+y_2}{2}\right)^2+\left(\dfrac{y_1-y_2}{2}\right)^2\right]\right\}\cdot\dfrac{1}{2}$$

$$= \dfrac{1}{2\pi(\sqrt{2}\sigma)^2}\exp\left\{-\dfrac{1}{2(2\sigma^2)}(y_1^2+y_2^2)\right\}$$

$$= f_{Y_1}(y_1)f_{Y_2}(y_2) \quad (y_1,y_2\in\mathbb{R}),$$

由此得 $Y_1\sim N(0,2\sigma^2)$, $Y_2\sim N(0,2\sigma^2)$, 并且由独立的判定定理可知 $Y_1 = X_1+X_2$

和 $Y_2 = X_1 - X_2$ 相互独立.

（2）由题 1 可有
$$\frac{(X_1 + X_2)^2}{2\sigma^2} \sim \chi^2(1),$$

$$\frac{(X_1 - X_2)^2}{2\sigma^2} \sim \chi^2(1),$$

故
$$Z = \frac{(X_1 + X_2)^2}{(X_1 - X_2)^2} = \frac{\dfrac{(X_1 + X_2)^2}{2\sigma^2}}{\dfrac{(X_1 - X_2)^2}{2\sigma^2}} \sim F(1, 1),$$

此时所得密度函数
$$f_Z(z) = \begin{cases} \dfrac{1}{\pi} z^{-\frac{1}{2}} (1 + z)^{-1} & (z > 0), \\ 0 & (z \leqslant 0). \end{cases}$$

6. 其他常用抽样分布

【**例 6 - 27**】 设总体 X 的分布函数为 $F(x)$，密度为 $f(x)$，又 $(X_1, X_2, \cdots, X_n)$ 是来自总体 X 的一个样本，记
$$X_{(1)} = \min(X_1, X_2, \cdots, X_n),$$
$$X_{(n)} = \max(X_1, X_2, \cdots, X_n),$$
求 $X_{(1)}$ 和 $X_{(n)}$ 的分布函数和密度.

分析 在统计中，$X_{(1)}$ 和 $X_{(n)}$ 分别为样本的最小、最大顺序统计量，只要利用样本的独立性和同分布性，即可求解.

解 由于 $\forall y \in \mathbb{R}$，$X_{(n)} \leqslant y$ 等价于 $X_1 \leqslant y, X_2 \leqslant y, \cdots, X_n \leqslant y$，故 $X_{(n)}$ 的分布函数

$$\begin{aligned} F_{(n)}(y) &= P(X_{(n)} \leqslant y) = P(X_1 \leqslant y, X_2 \leqslant y, \cdots, X_n \leqslant y) \\ &= P(X_1 \leqslant y) P(X_2 \leqslant y) \cdots P(X_n \leqslant y) \\ &= F^n(y), \end{aligned}$$

其密度
$$f_{(n)}(y) = \left[F_{(n)}(y) \right]'_y = \left[F^n(y) \right]'_y = n F^{n-1}(y) f(y),$$
又 $\forall y \in \mathbb{R}$，$X_{(1)} > y$ 等价于 $X_1 > y, X_2 > y, \cdots, X_n > y$，因此 $X_{(1)}$ 的分布函数
$$\begin{aligned} F_{(1)}(y) &= P(X_{(1)} \leqslant y) = 1 - P(X_{(1)} > y) \\ &= 1 - P(X_1 > y, X_2 > y, \cdots, X_n > y) \\ &= 1 - P(X_1 > y) P(X_2 > y) \cdots P(X_n > y) \\ &= 1 - (1 - P(X_1 \leqslant y))(1 - P(X_2 \leqslant y)) \cdots (1 - P(X_n \leqslant y)) \\ &= 1 - (1 - F(y))^n, \end{aligned}$$

其概率密度
$$f_{(1)}(y) = \left[F_{(1)}(y)\right]'_y = n[1-F(y)]^{n-1}f(y).$$

【例 6-28】 设总体 X 服从 $(0,\theta)(\theta > 0)$ 上的均匀分布，$(X_1, X_2, \cdots, X_n)$ 为其一个样本，且记 $X_{(1)} = \min\limits_{1 \leqslant i \leqslant n}\{X_i\}$，$X_{(n)} = \max\limits_{1 \leqslant i \leqslant n}\{X_i\}$，求 $Y = X_{(n)} - X_{(1)}$ 的 $E(Y)$.

分析 在统计中 $X_{(n)} - X_{(1)}$ 称为样本的极差，样本极差反映了样本观察值的波动幅度，与样本方差一样是反映了观察值离散程度的数量指标. 只要利用上例的结果，即可求解.

解 已知 X 的密度
$$f(x) = \begin{cases} 1 & x \in (0,\theta), \\ 0 & x \notin (0,\theta), \end{cases}$$

且分布函数
$$F(x) = \begin{cases} 0 & (x \leqslant 0), \\ \dfrac{x}{\theta} & (0 < x < \theta), \\ 1 & (x \geqslant \theta), \end{cases}$$

此时 $X_{(1)}$ 的密度
$$f_{(1)}(y) = \begin{cases} n\left(1 - \dfrac{y}{\theta}\right)^{n-1}\dfrac{1}{\theta} & y \in (0,\theta), \\ 0 & y \notin (0,\theta), \end{cases}$$

得到
$$E(X_{(1)}) = \int_0^\theta ny\left(1 - \frac{y}{\theta}\right)^{n-1}\frac{1}{\theta}\mathrm{d}y = n\theta\int_0^1 t(1-t)^{n-1}\mathrm{d}t$$
$$= n\theta\beta(2,n) = \frac{n\theta\Gamma(2)\Gamma(n)}{\Gamma(n+1)} = \frac{\theta}{n+1},$$

$X_{(n)}$ 的密度
$$f_{(n)}(y) = \begin{cases} n\left(\dfrac{y}{\theta}\right)^{n-1}\dfrac{1}{\theta} & y \in (0,\theta), \\ 0 & y \notin (0,\theta), \end{cases}$$
$$E(X_{(n)}) = \int_0^\theta n\left(\frac{y}{\theta}\right)^{n-1}\mathrm{d}y = \frac{n}{n+1}\theta,$$

最后得
$$E(Y) = E(X_{(n)} - X_{(1)}) = E(X_n) - E(X_{(1)})$$
$$= \frac{n}{n+1}\theta - \frac{1}{n+1}\theta = \frac{n-1}{n+1}\theta.$$

【例 6-29】 设 $(X_1, X_2, \cdots, X_n)$ 为来自总体 X 的一个样本，X 服从以下分布：

X	1	2	$\cdots$	k	$\cdots$
P	p	$(1-p)p$	$\cdots$	$(1-p)^{k-1}p$	$\cdots$

其中 $0 < p < 1$，P 未知，求 $X_{(n)} = \max\limits_{1 \leqslant i \leqslant n}\{X_i\}$ 和 $X_{(1)} = \min\limits_{1 \leqslant i \leqslant n}\{X_i\}$ 的分布律.

分析 虽然本题中总体 X 为离散型随机变量，但只要利用样本的独立性和同分布性，即可求得解.

解 （1）设 $X_{(n)} = \max\limits_{1 \leqslant i \leqslant n}\{X_i\} = k(k=1,2,\cdots)$，所以有

$$P(X_i \leqslant k) = \sum_{j=1}^{k} P(X_i = j) = \sum_{j=1}^{k} (1-p)^{j-1}p$$

$$= p\frac{1-(1-p)^k}{1-(1-p)} = 1-(1-p)^k \quad (i=1,2,\cdots,n).$$

另外还有

$$P(X_{(n)} \leqslant k) = P(X_1 \leqslant k, X_2 \leqslant k, \cdots, X_n \leqslant k)$$

$$= \prod_{i=1}^{n} P(X_i \leqslant k) = [1-(1-p)^k]^n.$$

综合以上结果，有

$$P(X_{(n)} = k) = P(X_{(n)} \leqslant k) - P(X_{(n)} \leqslant k-1)$$

$$= [1-(1-p)^k]^n - [1-(1-p)^{k-1}]^n \quad (k=1,2,\cdots).$$

（2）同理，设 $X_{(1)} = k(k=1,2,\cdots)$，且

$$P(X_i > k) = 1-P(X_i \leqslant k) = 1-[1-(1-p)^k]$$

$$= (1-p)^k \quad (i=1,2,\cdots,n),$$

所以有

$$P(X_{(1)} > k) = P(X_1 > k, X_2 > k, \cdots, X_n > k)$$

$$= \prod_{i=1}^{n} P(X_i > k) = (1-p)^{nk}.$$

综合以上结果则得

$$P(X_{(1)} = k) = P(X_{(1)} \leqslant k) - P(X_{(1)} \leqslant k-1)$$

$$= P(X_{(1)} > k-1) - P(X_{(1)} > k)$$

$$= (1-P)^{(k-1)n} - (1-p)^{kn} \quad (k=1,2,\cdots).$$

【例6-30】 现对某地区平均每户居民年收入进行抽样调查. 设总体 X 为每户居民的年收入且服从以下分布：

X	a_1	a_2	$\cdots$	a_N
P	$\dfrac{1}{N}$	$\dfrac{1}{N}$	$\cdots$	$\dfrac{1}{N}$

其中 $a_k(a_k \in \mathbb{R})$ 为第 k 户居民的年收入 $(k=1,2,\cdots,N)$. 若从中进行逐户不放回地抽取, 共取 $n(n \leqslant N)$ 户, 得到一个容量为 n 的样本 $(X_1,X_2,\cdots,X_n)$, 记 $\overline{X}=\dfrac{1}{n}\sum\limits_{i=1}^{n}X_i$, 求 $E(\overline{X}),D(\overline{X})$.

分析 本题中采取逐户不放回地抽取样本, 由全概率公式可算得 $P(X_i=a_k)=\dfrac{1}{N}(i=1,2,\cdots,n;k=1,2,\cdots,N)$, 即 X_i 和总体 X 有相同分布, 但是 $X_1,X_2,\cdots,X_n$ 不相互独立.

解 设 $E(X)=\sum\limits_{k=1}^{N}a_k\dfrac{1}{N}=\dfrac{1}{N}\sum\limits_{k=1}^{N}a_k=\mu$,

$$D(X)=\sum_{k=1}^{N}(a_k-\mu)^2\dfrac{1}{N}=\dfrac{1}{N}\sum_{k=1}^{N}(a_j-\mu)^2=\sigma^2,$$

由于 X_i 和总体 X 有相同分布, 有

$$E(X_i)=\mu,D(X_i)=\sigma^2 \quad (i=1,2,\cdots,n),$$

得

$$E(\overline{X})=E\left(\dfrac{1}{n}\sum_{i=1}^{n}X_i\right)=\dfrac{1}{n}\sum_{i=1}^{n}E(X_i)=\mu.$$

又 $X_1,X_2,\cdots,X_n$ 不再相互独立, 因此求 $D(\overline{X})$ 时要考虑求 $\mathrm{cov}(X_i,X_j)(i\neq j; i,j=1,2,\cdots,n)$.

先求 (X_i,X_j) 的联合分布律:

$$P(X_i=a_h,X_j=a_l)=P(X_i=a_h)P(X_j=a_l \mid X_i=a_h)$$
$$=\dfrac{1}{N}P(X_j=a_l \mid X_i=a_h)$$
$$=\begin{cases}\dfrac{1}{N}\dfrac{1}{N-1} & l\neq h, \\ 0 & l=h\end{cases} \quad (1\leqslant i,j\leqslant n;1\leqslant h,l\leqslant N),$$

而 $$\mathrm{cov}(X_i,X_j)=\sum_{h=1}^{N}\sum_{l=1}^{N}(a_h-\mu)(a_l-\mu)P(X_i=a_h,X_j=a_l).$$

另外有

$$\left[\sum_{k=1}^{N}(a_k-\mu)\right]^2=\left[(a_1-\mu)+(a_2-\mu)+\cdots+(a_N-\mu)\right]^2$$
$$=\sum_{k=1}^{N}(a_k-\mu)^2+\sum_{\substack{h,l=1\\h\neq l}}^{N}(a_h-\mu)(a_l-\mu),$$

$$\sum_{k=1}^{N}(a_k-\mu)=\sum_{k=1}^{N}a_k-N\mu=\sum_{k=1}^{N}a_k-N\frac{1}{N}\sum_{k=1}^{N}a_k=0,$$

所以由

$$\sum_{k=1}^{N}(a_k-\mu)^2+\sum_{\substack{h,l=1\\h\neq l}}^{N}(a_h-\mu)(a_l-\mu)=0$$

可得

$$\sum_{\substack{h,l=1\\h\neq l}}^{N}(a_h-\mu)(a_l-\mu)=-\sum_{k=1}^{N}(a_k-\mu)^2=-N\sigma^2,$$

$$\mathrm{cov}(X_i,X_j)=-\frac{1}{N(N-1)}N\sigma^2=-\frac{\sigma^2}{N-1}.$$

综合以上结果,最后得

$$\begin{aligned}D(\overline{X})&=D\Big(\frac{1}{n}\sum_{i=1}^{n}X_i\Big)=\frac{1}{n^2}D\Big(\sum_{i=1}^{n}X_i\Big)\\&=\frac{1}{n^2}\Big[\sum_{i=1}^{n}D(X_i)+2\sum_{1\leqslant i<j\leqslant n}\mathrm{cov}(X_i,X_j)\Big]\\&=\frac{1}{n^2}\Big[n\sigma^2+2C_n^2\Big(-\frac{\sigma^2}{N-1}\Big)\Big]\\&=\frac{1}{n^2}\Big[n\sigma^2-\frac{n(n-1)\sigma^2}{N-1}\Big]\\&=\frac{\sigma^2}{n}\Big(\frac{N-n}{N-1}\Big).\end{aligned}$$

第七章　参数估计

一、基本概念和基本性质

估计量——设$(X_1, X_2, \cdots, X_n)$是来自总体X的一个样本,总体X的分布函数为$F(x, \theta)$,其中θ未知.然后用样本构造一个统计量$\hat{\theta} = \hat{\theta}(X_1, X_2, \cdots, X_n)$来取代未知参数$\theta$,则$\hat{\theta}$称为$\theta$的一个估计量.

估计值——若一次抽取得样本的观察值$(x_1, x_2, \cdots, x_n)$,代入$\hat{\theta} = \hat{\theta}(x_1, x_2, \cdots, x_n)$为一个确定的数,此时称$\hat{\theta}$为$\theta$的一个估计值.

点估计问题——设$\theta = (\theta_1, \theta_2, \cdots, \theta_m)$是总体$X$的未知参数,用统计向量$\hat{\theta}(X_1, X_2, \cdots, X_n)$去估计$\theta$,称为总体$X$未知参数的点估计问题,且$\hat{\theta}$简称为$\theta$的点估计.

点估计方法——求未知参数θ的点估计,一般有两种方法:矩估计法和最大似然估计法.

1. 矩估计法

设总体X的分布函数为$F(x, \theta)$,其中$\theta = (\theta_1, \theta_2, \cdots, \theta_m)$未知,$(X_1, X_2, \cdots, X_n)$为总体$X$的一个样本.

矩估计法的理论依据是大数定律,即样本的k阶原点矩依概率收敛于总体X的k阶原点矩,也就是对任意$\varepsilon > 0$,有

$$\lim_{n \to \infty} P\left(\left| \frac{1}{n} \sum_{i=1}^{n} X_i^k - E(X^k) \right| < \varepsilon \right) = 1 \quad (k = 1, 2, \cdots).$$

基于以上思想,形成了用样本矩来取代总体矩的矩估计法.具体计算步骤如下(以连续型随机变量为例,离散型随机变量相仿):

设总体X的密度为$f(x, \theta)$,其中$\theta = (\theta_1, \theta_2, \cdots, \theta_m)$,$\theta$未知,且$(X_1, X_2, \cdots, X_n)$为来自总体$X$的一个样本.

(1) 由于总体 X 的 $f(x,\theta)$ 中有 m 个未知参数, 因此要求出前 m 阶原点矩:

$$\mu_k = E(X^k) = \int_{-\infty}^{+\infty} x^k f(x,\theta)\mathrm{d}x$$

$$= g_k(\theta_1, \theta_2, \cdots, \theta_m) \quad (k = 1, 2, \cdots, m).$$

(2) 解上述方程组, 得

$$\theta_k = h_k(\mu_1, \mu_2, \cdots, \mu_m) \quad (k = 1, 2, \cdots, m),$$

未知参数 θ_i 是 $\mu_1, \mu_2, \cdots, \mu_m$ 的函数.

(3) 然后用相应的样本矩 $A_k = \dfrac{1}{n}\sum\limits_{i=1}^{n} X_i^k$ 取代总体 k 阶原点矩, 得到未知参数 θ 的矩估计量:

$$\hat{\theta}_k = h_k(A_1, A_2, \cdots, A_n) \quad (k = 1, 2, \cdots, m).$$

若将一次抽取而得到样本观察值 $(x_1, x_2, \cdots, x_n)$ 代入上式, 则称为未知参数 θ 的矩估计值:

$$\hat{\theta}_k = h_k(a_1, a_2, \cdots, a_n) \quad (k = 1, 2, \cdots, m).$$

2. 最大似然估计法

最大似然估计法的理论依据是实际推断原理, 即

概率最大的事件在一次试验中最可能发生.

设总体 X 的分布律为 $P(X = x, \theta)$ 或者 X 的密度为 $f(x, \theta)$, 其中 $\theta = (\theta_1, \cdots, \theta_m)$ 未知, $(X_1, X_2, \cdots, X_n)$ 为来自总体 X 的一个样本. 若一次抽取得到样本观察值 $(\alpha_1, \alpha_2, \cdots, \alpha_n)$, 此时样本 $(X_1, X_2, \cdots, X_n)$ 在 $(\alpha_1, \alpha_2, \cdots, \alpha_n)$ 处 (或在其附近处) 取定以后所得到的概率

$$L(\theta) = \prod_{i=1}^{n} P(X = \alpha_i, \theta)$$

或

$$L(\theta) = \prod_{i=1}^{n} f(\alpha_i, \theta)$$

是 θ 的一个函数. 按照实际推断原理概率应该是最大, 因此取 θ 使得概率达到最大值的点 θ^*, 即

$$L(\theta^*) = \max_{\theta} L(\theta)$$

作为未知参数 θ 的一个估计, 称 $\hat{\theta} = \theta^*$ 为未知参数 θ 的极大似然估计, $L(\theta)$ 称为似然函数.

具体计算步骤如下:

(1) 求似然函数 $L(\theta)$;

若总体 X 为离散型随机变量,其分布律为

$$P(X = x_i, \theta) = p(x_i, \theta) \quad (i = 1, 2, \cdots),$$

其中 θ 为未知参数,则 $(X_1, X_2, \cdots, X_n)$ 在 $(\alpha_1, \alpha_2, \cdots, \alpha_n)$ 处取定以后的概率,即似然函数

$$L(\theta) = \prod_{i=1}^{n} P(X = \alpha_i, \theta) = \prod_{i=1}^{n} p(\alpha_i, \theta).$$

若总体 X 为连续型随机变量,其密度为 $f(x, \theta)$,其中 θ 为未知参数,则 $(X_1, X_2, \cdots, X_n)$ 在 $(\alpha_1, \alpha_2, \cdots, \alpha_n)$ 的附近处取定以后的概率,即似然函数

$$L(\theta) = \prod_{i=1}^{n} f(\alpha_i, \theta).$$

(2) 求 $L(\theta)$ 的最大值点 θ^*:

对似然函数 $L(\theta)$ 取对数,并且建立似然方程组,然后求解方程组

$$\frac{\partial \ln L(\theta)}{\partial \theta_i} = 0, \theta = (\theta_1, \theta_2, \cdots, \theta_m) \quad (i = 1, 2, \cdots, m).$$

一般地,若方程组有唯一解 θ^*,同时又能验证 θ^* 为最大值点,那么 θ^* 就是未知参数 θ 的最大似然估计,即

$$\hat{\theta}_L = \theta^*.$$

最大似然不变性原理 —— 设 $\hat{\theta}_L$ 是 θ 的最大似然估计,$y = g(\theta)$ 是 θ 的单值函数且有单值反函数,则 $\hat{y}_L = g(\hat{\theta})$ 是 $y = g(\theta)$ 的最大似然估计.

3. 参数估计的评价标准

参数估计的评价标准主要有三个:无偏性,有效性,一致性.

(1) 无偏性.

由于未知参数 θ 的估计量 $\hat{\theta} = \hat{\theta}(X_1, X_2, \cdots, X_n)$ 是随机变量,每次抽取样本后会得到不同的估计值 $\hat{\theta}$,因此与真值 θ 有误差. 我们当然希望两者之间的平均误差越小越好,由此可得到如下无偏性的定义.

定义 7-1 设 $\hat{\theta} = \hat{\theta}(X_1, X_2, \cdots, X_n)$ 是未知参数 θ 的估计量,若 $E(\hat{\theta}) = \theta$,则称 $\hat{\theta}$ 为 θ 的无偏估计量.

应当注意的是无偏性只保证这估计量在多次使用时对平均来说是无偏差的,而不能保证在一次抽取后得到的估计值产生的偏差一定是零. 称 $b = E(\hat{\theta}) - \theta$ 为 θ 的系统误差.

注 由于样本的均值 $\overline{X}$ 的 $E(\overline{X}) = \mu$,方差 S^2 的 $E(S^2) = \sigma^2$,所以分别作为

总体均值 μ 和方差 σ^2 的估计量时,即 $\hat{\mu} = \overline{X}, \hat{\sigma}^2 = S^2$ 均为 μ, σ^2 的无偏估计量. 样本的二阶中心矩 $S_n^2 = \dfrac{1}{n} \sum\limits_{i=1}^{n} (X_i - \overline{X})^2$ 的 $E(S_n^2) = \dfrac{n-1}{n} \sigma^2 \neq \sigma^2$,不再是总体 σ^2 的无偏估计量,因此一般不用 S_n^2 作为总体 σ^2 的估计量.

(2) 有效性.

我们知道总体 X 的同未知参数的无偏估计量一般不是唯一的. 因此 $\hat{\theta}_1, \hat{\theta}_2$ 均为 θ 的无偏量时,若要判别它们的优劣,应该考察估计量的取值和真值 θ 之间偏离程度 $E[(\hat{\theta} - \theta)^2] = E[(\hat{\theta} - E(\hat{\theta}))^2] = D(\hat{\theta})$,即 $D(\hat{\theta})$,当然 $D(\hat{\theta})$ 越小越好.

定义 7 - 2　设 $\hat{\theta}_1$ 和 $\hat{\theta}_2$ 均为未知参数 θ 的无偏估计量,若

$$D(\hat{\theta}_1) < D(\hat{\theta}_2),$$

则称 $\hat{\theta}_1$ 比 $\hat{\theta}_2$ 有效.

定义 7 - 3　设 $\hat{\theta}_0$ 是未知参数 θ 的一个无偏估计量,若对 θ 的所有无偏估计量 $\hat{\theta}$ 中,有

$$D(\hat{\theta}_0) \leqslant D(\hat{\theta}),$$

则称 $\hat{\theta}_0$ 为 θ 的有效估计量.

至于如何去找 θ 的一个有效估计量 $\hat{\theta}$,可有多种方法. 以下的 Rao-Carmer 不等式给出了求有效估计量的一种方法.

C. R. Rao-H. Cramer 不等式:

$$D(\hat{\theta}) \geqslant G > 0,$$

其中 $G = \dfrac{1}{nI(\theta)}$,而

$$\begin{aligned}
I(\theta) &= E\left[\frac{\partial}{\partial \theta} \ln f(X, \theta)\right]^2 \\
&= \int_{-\infty}^{+\infty} \left[\frac{\partial}{\partial \theta} \ln f(x, \theta)\right]^2 f(x, \theta) \,\mathrm{d}x, \\
I(\theta) &= E\left[\frac{\partial}{\partial \theta} P(X, \theta)\right]^2 \\
&= \sum_{i=1}^{\infty} \left[\frac{\partial}{\partial \theta} \ln P(x_i, \theta)\right]^2 p(x_i, \theta).
\end{aligned}$$

以上不等式指出 $D(\hat{\theta})$ 不可能无限小,是有下界的,若 $D(\hat{\theta}) = G$,此时无偏估计量 $\hat{\theta}$ 是 θ 的一个有效估计量.

(3) 一致性(相合性).

无偏性和有效性都是在样本容量 n 固定的条件下讨论的,由于未知参数 θ 的估计量 $\hat{\theta}$ 不但是样本的函数,而且也是样本容量 n 的函数,记

$$\hat{\theta}_n = \hat{\theta}_n(X_1, X_2, \cdots, X_n),$$

我们希望 n 很大时,估计量 $\hat{\theta}$ 应接近被估参数 θ. 因此有以下定义:

定义 7 - 4 设 $\hat{\theta}_n = \hat{\theta}_n(X_1, X_2, \cdots, X_n)$ 为未知参数 θ 的一个估计量,对任意的 $\varepsilon > 0$,有

$$\lim_{n \to \infty} P(|\hat{\theta}_n - \theta| < \varepsilon) = 1$$

成立,称 $\hat{\theta}_n$ 是 θ 的一致估计量.

从以上定义可看出,当 n 无限增大时,$\hat{\theta}_n$ 与 θ 逐渐"溶合"在一起了,所以一致性也称为相合性.

一致性是对一个估计量的最基本要求,如果 $\hat{\theta}_n$ 没有一致性,那么在实际使用中不可能通过调整 n 使得 $\hat{\theta}_n$ 与 θ 达到任意预定的精度.

用矩估计法得到的未知参数 θ 的矩估计量 $\hat{\theta}_M$ 一般都满足一致性,这通过大数定律可得到证明. 用最大似然估计法得到的估计量,在一般条件下也有一致性,但证明相对复杂一些.

4. 区间估计

点估计是用样本构造一个估计量来估计未知参数,而区间估计则是用样本构造一个随机区间去估计未知参数.

设总体 X 的分布函数为 $F(x, \theta)$,θ 为未知参数. $(X_1, X_2, \cdots, X_n)$ 为来自总体 X 的一个样本. 现构造两个统计量 $\hat{\theta}_1 = \hat{\theta}_1(X_1, X_2, \cdots, X_n)$ 和 $\hat{\theta}_2 = \hat{\theta}_2(X_1, X_2, \cdots, X_n)$,并且 $\hat{\theta}_1 \leqslant \hat{\theta}_2$ 然后用随机区间 $(\hat{\theta}_1, \hat{\theta}_2)$ 来估计 θ. 当构造 $\hat{\theta}_1, \hat{\theta}_2$ 要满足两个条件 (1) 区间 $(\hat{\theta}_1, \hat{\theta}_2)$ 的精度要尽可能高;(2) 区间 $(\hat{\theta}_1, \hat{\theta}_2)$ 包含未知参数 θ 的可信度要尽可能高. 但是一般来说在样本容量 n 固定的条件下两者成反比. 如何处理好两者的关系,统计学家奈曼提出了一个原则:

先保证可信度,然后再提高精度.

他认为可信度是优先的,因此定义了置信度:

定义 7 - 5 对任意的 $\alpha(0 < \alpha < 1)$,满足

$$P(\hat{\theta}_1 < \theta < \hat{\theta}_2) = 1 - \alpha$$

成立,则称 $(\hat{\theta}_1, \hat{\theta}_2)$ 是 θ 的一个置信度为 $1 - \alpha$ 的置信区间,α 为置信水平,$\hat{\theta}_1, \hat{\theta}_2$ 分别

称为置信下限和置信上限.

这里要特别注意的是置信度与概率的区别,置信度是随机区间 $(\hat{\theta}_1,\hat{\theta}_2)$ 包含 (套中) 未知参数 θ(真值) 的可能性大小,而概率则是随机变量落在区间(确定的) 内的可能性大小,但两者可以相互转换,置信度 $1-\alpha$ 反映了所得到的置信区间的 可信程度,例如

$$P(\hat{\theta}_1 < \theta < \hat{\theta}_2) = 0.95,$$

统计上的解释:对总体 X 取到一个容量为 n 的样本,若重复抽取 100 次,由样 本观察值得到的 100 个确定的区间 $(\hat{\theta}_1,\hat{\theta}_2)$,其中平均有 95 个包含了未知参数 θ,还 有大约 5 个不包含 θ.

另外只有加大样本的容量 n 才能同时提高所得到的置信区间的精度和可 信度.

求未知参数 θ 的区间估计步骤:

(1) 构造一个不含任何别的未知参数、仅含一个待估参数且分布为已知的样 本函数 $U(X_1,X_2,\cdots,X_n,\theta)$,也称为枢轴量.

(2) 给定 $\alpha(0 < \alpha < 1)$,使得 U 落在区间 (a,b) 内的概率

$$P(a < U < b) = 1-\alpha.$$

(3) 通过不等式变形,将概率 $1-\alpha$ 转换为置信度 $1-\alpha$:

$$P(\hat{\theta}_1 < \theta < \hat{\theta}_2) = 1-\alpha,$$

此时 $(\hat{\theta}_1,\hat{\theta}_2)$ 即为未知参数 θ 的置信度为 $1-\alpha$ 的置信区间.

1) 单个正态总体 $N(\mu,\sigma^2)$ 的 μ 和 σ^2 的区间估计

设 $(X_1,X_2,\cdots,X_n)$ 为来自正态总体 $X \sim N(\mu,\sigma^2)$ 的一个样本,

$$\overline{X} = \frac{1}{n}\sum_{i=1}^{n} X_i, S^2 = \frac{1}{n-1}\sum_{i=1}^{n}(X_i-\overline{X})^2.$$

(1) σ^2 已知,求 μ 的置信区间.

枢轴量

$$Z = \frac{\overline{X}-\mu}{\dfrac{\sigma}{\sqrt{n}}} \sim N(0,1),$$

对任意 $\alpha(0 < \alpha < 1)$,μ 的置信度为 $1-\alpha$ 的置信区间为

$$\left(\overline{X} - z_{\frac{\alpha}{2}}\frac{\sigma}{\sqrt{n}}, \overline{X} + z_{\frac{\alpha}{2}}\frac{\sigma}{\sqrt{n}}\right).$$

(2) σ^2 未知,求 μ 的置信区间.

枢轴量

$$T = \frac{\overline{X} - \mu}{\frac{S}{\sqrt{n}}} \sim t(n-1),$$

对任意 $\alpha(0 < \alpha < 1)$，μ 的置信度为 $1-\alpha$ 的置信区间为

$$\left(\overline{X} - t_{\frac{\alpha}{2}}(n-1)\frac{S}{\sqrt{n}}, \overline{X} + t_{\frac{\alpha}{2}}(n-1)\frac{S}{\sqrt{n}} \right).$$

(3) μ 已知，求 σ^2 的置信区间.

枢轴量

$$\chi^2 = \frac{\sum\limits_{i=1}^{n}(X_i - \mu)^2}{\sigma^2} \sim \chi^2(n),$$

对任意 $\alpha(0 < \alpha < 1)$，σ^2 的置信度为 $1-\alpha$ 的置信区间为

$$\left(\frac{\sum\limits_{i=1}^{n}(X_i - \mu)^2}{\chi^2_{\frac{\alpha}{2}}(n)}, \frac{\sum\limits_{i=1}^{n}(X_i - \mu)^2}{\chi^2_{1-\frac{\alpha}{2}}(n)} \right).$$

(4) μ 未知，求 σ^2 的置信区间.

枢轴量

$$\chi^2 = \frac{(n-1)S^2}{\sigma^2} \sim \chi^2(n-1),$$

对任意 $\alpha(0 < \alpha < 1)$，σ^2 的置信度为 $1-\alpha$ 的置信区间为

$$\left(\frac{(n-1)S^2}{\chi^2_{\frac{\alpha}{2}}(n-1)}, \frac{(n-1)S^2}{\chi^2_{1-\frac{\alpha}{2}}(n-1)} \right).$$

2) 两个正态总体的期望之差和方差比的置信区间

设 $X \sim N(\mu_1, \sigma_1^2)$，$Y \sim N(\mu_2, \sigma_2^2)$ 是两个相互独立的正态总体. $(X_1, X_2, \cdots, X_{n_1})$ 和 $(Y_1, Y_2, \cdots, Y_{n_2})$ 分别为来自总体 X, Y 的两个样本，置信度为 $1-\alpha$，则

$$\overline{X} = \frac{1}{n_1}\sum_{i=1}^{n_1}X_i, \quad \overline{Y} = \frac{1}{n_2}\sum_{i=1}^{n_2}Y_i,$$

$$S_1^2 = \frac{1}{n_1-1}\sum_{i=1}^{n_1}(X_i - \overline{X})^2, \quad S_2^2 = \frac{1}{n_2-1}\sum_{i=1}^{n_2}(Y_i - \overline{Y})^2,$$

$$S_W^2 = \frac{(n_1-1)S_1^2 + (n_2-1)S_2^2}{n_1+n_2-2}.$$

(1) σ_1^2, σ_2^2 已知，求 $\mu_1 - \mu_2$ 的置信区间.

枢轴量

$$Z = \frac{(\overline{X} - \overline{Y}) - (\mu_1 - \mu_2)}{\sqrt{\frac{\sigma_1^2}{n_1} + \frac{\sigma_2^2}{n_2}}} \sim N(0,1),$$

则 $\mu_1 - \mu_2$ 的置信度为 $1-\alpha$ 的置信区间是

$$\left(\overline{X} - \overline{Y} - z_{\frac{\alpha}{2}}\sqrt{\frac{\sigma_1^2}{n_1} + \frac{\sigma_2^2}{n_2}}, \overline{X} - \overline{Y} + z_{\frac{\alpha}{2}}\sqrt{\frac{\sigma_1^2}{n_1} + \frac{\sigma_2^2}{n_2}} \right).$$

（2）σ_1^2, σ_2^2 未知但 $\sigma_1^2 = \sigma_2^2 = \sigma^2$，求 $\mu_1 - \mu_2$ 的置信区间.

枢轴量

$$T = \frac{(\overline{X} - \overline{Y}) - (\mu_1 - \mu_2)}{S_W \sqrt{\dfrac{1}{n_1} + \dfrac{1}{n_2}}} \sim t(n_1 + n_2 - 2),$$

则 $\mu_1 - \mu_2$ 的置信度为 $1-\alpha$ 的置信区间是

$$\left(\overline{X} - \overline{Y} - t_{\frac{\alpha}{2}}(n_1 + n_2 - 2) S_W \sqrt{\frac{1}{n_1} + \frac{1}{n_2}}, \overline{X} - \overline{Y} + t_{\frac{\alpha}{2}}(n_1 + n_2 - 2) S_W \sqrt{\frac{1}{n_1} + \frac{1}{n_2}} \right).$$

（3）μ_1, μ_2 未知，求 $\dfrac{\sigma_1^2}{\sigma_2^2}$ 的置信区间.

枢轴量

$$F = \frac{S_1^2 / \sigma_1^2}{S_2^2 / \sigma_2^2} \sim F(n_1 - 1, n_2 - 1),$$

则 $\dfrac{\sigma_1^2}{\sigma_2^2}$ 的置信度为 $1-\alpha$ 的置信区间是

$$\left(\frac{S_1^2}{S_2^2} \frac{1}{F_{\frac{\alpha}{2}}(n_1 - 1, n_2 - 1)}, \frac{S_1^2}{S_2^2} \frac{1}{F_{1-\frac{\alpha}{2}}(n_1 - 1, n_2 - 1)} \right).$$

3）单侧置信区间

以上所讨论的区间估计问题均为双侧的,得到的置信区间 $(\hat{\theta}_1, \hat{\theta}_2)$,其中 $\hat{\theta}_1$ 为置信下限,$\hat{\theta}_2$ 为置信上限. 而在许多实际问题中,要估计上限和下限. 例如产品的寿命希望越长越好,加工零件的方差希望越小越好. 由此得到以下单侧置信区间的定义.

定义 7-6 设 $(X_1, X_2, \cdots, X_n)$ 为来自总体 X 的一个样本,置信度为 $1-\alpha$,若存在 $\hat{\theta}_1 = \hat{\theta}_1(X_1, X_2, \cdots, X_n)$,使得

$$P(\theta > \hat{\theta}_1) = 1 - \alpha,$$

则称 $(\hat{\theta}_1, +\infty)$ 为参数 θ 的置信度为 $1-\alpha$ 的单侧置信区间,$\hat{\theta}_1$ 称为单侧置信下限;又若存在 $\hat{\theta}_2 = \hat{\theta}_2(X_1, X_2, \cdots, X_n)$,使得

$$P(\theta < \hat{\theta}_2) = 1 - \alpha,$$

称 $(-\infty, \hat{\theta}_2)$ 为参数 θ 的置信度为 $1-\alpha$ 的单侧置信区间,$\hat{\theta}_2$ 称为单侧置信上限.

求未知参数 θ 的单侧置信区间,只要将相应的双侧区间中的置信上限或置信

下限的 α 双侧分位点,改换成单侧分位点,通过计算即可得单侧置信上限或单侧置信下限.

二、习题分类、解题方法和示例

本章的习题可分为以下几类:

(1) 矩估计法.

(2) 最大似然估计法.

(3) 无偏性.

(4) 有效性.

(5) 一致性.

(6) 单个正态总体均值 μ 和方差 σ^2 的区间估计.

(7) 两个正态总体均值差 $\mu_1 - \mu_2$ 和方差比 σ_1/σ_2 的区间估计.

(8) 单侧置信区间.

(9) 非正态总体中未知参数的区间估计.

下面分别讨论各类问题的解题方法,并举例加以说明.

1. 矩估计法

【**例 7-1**】 设总体 $X \sim B(m, p)$,其中 $0 < p < 1, m, p$ 均未知,且 $(X_1, X_2, \cdots, X_n)$ 为来自总体 X 的一个样本,求 m 与 p 的矩估计量.

分析 由于总体中有 2 个未知参数,因此要求出总体的一、二阶原点矩. 然后用相应的样本矩取代总体矩,这样可求出未知参数 m 与 p 的矩估计量.

解 先求出总体的一阶和二阶矩

$$\begin{cases} \mu_1 = E(X) = mp, \\ \mu_2 = E(X^2) = D(X) + E^2(X) = mp(1-p) + (mp)^2, \end{cases}$$

解方程组,得

$$\begin{cases} m = \dfrac{\mu_1^2}{\mu_1 + \mu_1^2 - \mu_2}, \\ p = \dfrac{\mu_1 + \mu_1^2 - \mu_2}{\mu_1}. \end{cases}$$

用样本矩 $A_1 = \overline{X}, A_2 = \dfrac{1}{n} \sum\limits_{i=1}^{n} X_i^2$ 分别取代 μ_1, μ_2,得 m, p 的矩估计量:

$$\hat{m}_{\mathrm{M}} = \left[\frac{\overline{X}^2}{\overline{X} - S_n^2} \right],$$

$$\hat{p}_{\mathrm{M}} = \frac{\overline{X} - S_n^2}{\overline{X}},$$

其中 $S_n^2 = \frac{1}{n}\sum_{i=1}^{n}(X_i - \overline{X})^2$，$[x]$ 表示取 x 的最大整数部分.

【例 7-2】　设 $(X_1, X_2, \cdots, X_n)$ 为来自总体 X 的一个样本,总体 $X \sim f(x;\theta) = \frac{1}{2\theta}\mathrm{e}^{-\frac{|x|}{\theta}}$ $(-\infty < x < +\infty)$,其中 $\theta > 0$ 未知,求 θ 的矩估计量 $\hat{\theta}_{\mathrm{M}}$.

分析　由总体 X 的 $E(X)$：

$$E(X) = \int_{-\infty}^{+\infty} x\,\frac{1}{2\theta}\mathrm{e}^{-\frac{|x|}{\theta}}\,\mathrm{d}x = 0,$$

从上述方程中虽然解不出 θ,但并不意味着矩估计法失效. 我们可继续求总体的二阶原点矩等. 由此可知,未知参数的矩估计量不是唯一的.

解　**方法一**　先求总体 X 的二阶原点矩

$$\mu_2 = E(X^2) = \int_{-\infty}^{+\infty} x^2\,\frac{1}{2\theta}\mathrm{e}^{-\frac{|x|}{\theta}}\,\mathrm{d}x$$

$$= \frac{1}{\theta}\int_0^{+\infty} x^2 \mathrm{e}^{-\frac{x}{\theta}}\,\mathrm{d}x = 2\theta^2,$$

解得

$$\theta^2 = \frac{1}{2}E(X^2) = \frac{1}{2}\mu_2,$$

用 $A_2 = \frac{1}{n}\sum_{i=1}^{n}X_i^2$ 取代 μ_2,得 θ 的矩估计量为

$$\hat{\theta}_{\mathrm{M}} = \sqrt{\frac{1}{2}A_2} = \sqrt{\frac{1}{2n}\sum_{i=1}^{n}X_i^2}.$$

方法二　可求

$$E(|X|) = \int_{-\infty}^{+\infty} |x|\,\frac{1}{2\theta}\mathrm{e}^{-\frac{|x|}{\theta}}\,\mathrm{d}x$$

$$= \frac{1}{\theta}\int_0^{+\infty} x\mathrm{e}^{-\frac{x}{\theta}}\,\mathrm{d}x = \theta,$$

用 $|A_1| = \frac{1}{n}\sum_{i=1}^{n}|X_i|$ 取代 $E(|X|)$,得未知参数 θ 的另一个矩估计量

$$\hat{\theta}_{\mathrm{M}} = |A_1| = \frac{1}{n}\sum_{i=1}^{n}|X_i|.$$

【例 7-3】　设 $(X_1, X_2, \cdots, X_n)$ 为来自总体 X 的一个样本,总体 X 的密度为

$$f(x) = \begin{cases} \dfrac{6x(\theta-x)}{\theta^3} & (x \in (0,\theta)), \\ 0 & (x \notin (0,\theta)), \end{cases}$$

其中 $\theta > 0$ 未知,求:

(1) θ 的矩估计量 $\hat{\theta}_M$;

(2) $\hat{\theta}_M$ 的 $E(\hat{\theta}_M)$ 和 $D(\hat{\theta}_M)$.

解 (1) 先求出 $E(X)$.

$$\mu_1 = E(X) = \int_{-\infty}^{+\infty} xf(x)\mathrm{d}x = \int_0^\theta \frac{6x^2}{\theta^3}(\theta - x)\mathrm{d}x = \frac{\theta}{2},$$

解方程得

$$\theta = 2E(X) = 2\mu_1,$$

用 $A_1 = \dfrac{1}{n}\sum_{i=1}^n X_i$ 取代 $E(X)$,得 θ 的矩估计量

$$\hat{\theta}_M = 2\overline{X}.$$

(2) $$E(\hat{\theta}_M) = 2E(\overline{X}) = 2\mu_1 = \theta.$$

又 $$E(X^2) = \int_{-\infty}^{+\infty} x^2 f(x)\mathrm{d}x = \int_0^\theta \frac{6x^3}{\theta^3}(x - \theta)\mathrm{d}x = \frac{3}{10}\theta^2,$$

有 $$D(X) = E(X^2) - E^2(X) = \frac{3}{10}\theta^2 - \left(\frac{\theta}{2}\right)^2 = \frac{\theta^2}{20},$$

最后得

$$D(\hat{\theta}_M) = D(2\overline{X}) = 4D(\overline{X}) = \frac{4}{n}D(X)$$

$$= \frac{4}{n}\frac{\theta^2}{20} = \frac{\theta^2}{5n}.$$

2. 最大似然估计法

【例 7 - 4】 设总体 X 服从以下分布

X	1	2	3
P	θ	θ	$1 - 2\theta$

其中 $0 < \theta < \dfrac{1}{2}$ 未知,且 $(1,1,1,3,2,1,2,2,2)$ 为来自总体 X 的一个样本的观察值,求未知参数 θ 的矩估计值以及最大似然估计值.

解 (1) 由 $E(X) = 1 \times \theta + 2 \times \theta + 3 \times (1 - 2\theta) = 3(1 - \theta)$,解得

$$\theta = \frac{1}{3}(3 - E(X)),$$

再由样本值 $\bar{x} = \dfrac{1}{9}\displaystyle\sum_{i=1}^{9} x_i = \dfrac{5}{3}$，代入上式得 θ 的矩估计值

$$\hat{\theta}_{M} = \frac{1}{3}\left(3 - \frac{5}{3}\right) = \frac{4}{9}.$$

（2）由样本观察值，知 $n = 9$，从样本的 9 个分量 X_i 中选取 4 个分量，然后取定 1. 再从剩下的 5 个分量中选取 4 个取定 2，最后一个分量则取 3. 此时似然函数为

$$L(\theta) = C_9^4 P(X_{i_1} = 1, \theta) P(X_{i_2} = 1, \theta) P(X_{i_3} = 1, \theta) P(X_{i_4} = 1, \theta)$$

$$C_5^4 P(X_{i_5} = 2, \theta) P(X_{i_6} = 2, \theta) P(X_{i_7} = 2, \theta) P(X_{i_8} = 2, \theta) P(X_{i_9} = 3, \theta)$$

$$= C_9^4 \theta^4 C_5^4 \theta^4 (1 - 2\theta) = C_9^4 C_5^4 \theta^8 (1 - 2\theta),$$

对数似然函数为

$$\ln L(\theta) = \ln C_9^4 C_5^4 + 8\ln\theta + \ln(1 - 2\theta),$$

对数似然方程为

$$\frac{\mathrm{d}\ln L(\theta)}{\mathrm{d}\theta} = \frac{8}{\theta} - \frac{2}{1 - 2\theta} = 0,$$

解得

$$\theta = \frac{4}{9},$$

由于

$$\frac{\mathrm{d}^2 \ln L(\theta)}{\mathrm{d}\theta^2} = -\frac{8}{\theta^2} + \frac{4}{(1 - 2\theta)^2} < 0,$$

最后得未知参数 θ 的最大似然估计值为

$$\hat{\theta}_{L} = \frac{4}{9}.$$

【例 7-5】　设 $(X_1, X_2, \cdots, X_n)$ 为总体 X 的一个样本，且 X 服从 Pareto 分布，其密度为

$$f(x) = \begin{cases} \theta c^{\theta} x^{-(\theta+1)} & (x \geqslant c), \\ 0 & (x < c), \end{cases}$$

其中 $c > 0, \theta > 0$ 均为未知参数，求未知参数 c, θ 的最大似然估计.

解　设 $(x_1, x_2, \cdots, x_n)$ 为来自总体 X 的一个样本观察值，求得的似然函数为

$$L(c, \theta) = \prod_{i=1}^{n} f(x_i)\theta = \prod_{i=1}^{n} \theta c^{\theta} x_i^{-(\theta+1)}$$

$$= \theta^n c^{n\theta} \prod_{i=1}^{n} x_i^{-(\theta+1)},$$

对数似然函数为

$$\ln L(c, \theta) = n\ln\theta + n\theta\ln c - (\theta + 1)\sum_{i=1}^{n} \ln x_i,$$

此时对数似然方程组为

$$\begin{cases} \dfrac{\partial \ln L(c,\theta)}{\partial c} = \dfrac{n\theta}{c} = 0, & (1) \\[3mm] \dfrac{\partial \ln L(c,\theta)}{\partial \theta} = \dfrac{n}{\theta} + n\ln c - \sum\limits_{i=1}^{n}\ln x_i = 0, & (2) \end{cases}$$

对任意固定 θ 从方程(1)解不出 c,只能从最大似然估计的定义出发直接求 L 的最大值点. 由 L 的表达式可看出 c 越大,则 L 就越大,但同时必须满足 $c \leqslant (x_1, x_2, \cdots, x_n)$,所以应取 $x_{(1)} = \min\limits_{1 \leqslant i \leqslant n}\{x_i\}$ 作为 c 的最大似然估计值

$$\hat{c}_L = x_{(1)}.$$

又,从方程(2)求得唯一解为

$$\theta = \dfrac{n}{\sum\limits_{i=1}^{n}\ln x_i - n\ln c},$$

并且有

$$\dfrac{\partial^2 \ln L(c,\theta)}{\partial \theta^2} = -\dfrac{n}{\theta^2} < 0,$$

得 θ 的最大似然估计值为

$$\hat{\theta}_L = \dfrac{n}{\sum\limits_{i=1}^{n}\ln x_i - n\ln \hat{c}_L} = \dfrac{n}{\sum\limits_{i=1}^{n}\ln x_i - n\ln x_{(1)}}.$$

【例 7 - 6】 某种型号的电视机寿命 X 服从参数 $\lambda(\lambda > 0,\text{未知})$(单位:小时)的指数分布,密度为

$$f(x,\lambda) = \begin{cases} \lambda e^{-\lambda x} & (x \geqslant 0), \\ 0 & (x < 0), \end{cases}$$

为估计 λ,从这批电视机中任取 n 台进行测试,从时刻 $x=0$ 开始进行寿命试验直到 $x=a$ 时结束. 此时发现有 $k(0 < k < n)$ 台损坏,求 λ 的最大似然估计.

解 由已知条件

$$p = P(X \leqslant a) = \int_0^a \lambda e^{-\lambda x}\,dx = 1 - e^{-\lambda a},$$

设 Y 为 n 台电视机在 a 时刻损坏的台数,则

$$Y \sim B(n,p),$$

得似然函数为

$$\begin{aligned} L(\lambda) &= P(Y=k) = C_n^k p^k (1-p)^{n-k} \\ &= C_n^k (1-e^{\lambda a})^k e^{-\lambda a(n-k)}, \end{aligned}$$

似然方程为

$$\dfrac{d\ln L(\lambda)}{d\lambda} = \dfrac{ake^{-\lambda a}}{1-e^{-\lambda a}} - a(n-k) = 0,$$

解得

$$\lambda = \frac{1}{a} \ln\left(1 + \frac{k}{n-k}\right) = \frac{1}{a} \ln\frac{n}{n-k}.$$

又

$$\frac{\mathrm{d}^2 \ln L(\lambda)}{\mathrm{d}\lambda^2} = -\frac{a^2 k \mathrm{e}^{-\lambda a}}{(1 - \mathrm{e}^{-\lambda a})^2} < 0,$$

因此 λ 的最大似然估计值为

$$\hat{\lambda}_{\mathrm{L}} = \frac{1}{a} \ln\frac{n}{n-k}.$$

【例 7 - 7】　设 $(X_1, X_2, \cdots, X_n)$ 为来自总体 X 的一个样本，X 的密度为

$$f(x) = \begin{cases} \dfrac{1}{\theta_2} \mathrm{e}^{-\frac{x-\theta_1}{\theta_2}} & (x \geqslant \theta_1), \\ 0 & (x < \theta_1), \end{cases}$$

其中 $\theta_2 > 0$，θ_1，θ_2 均是未知参数，求未知参数 θ_1，θ_2 的矩估计量及最大似然估计量.

解　(1) 由于有 2 个未知参数，因此要分别求出总体 X 的一、二阶原点矩：

$$\mu_1 = E(X) = \int_{-\infty}^{+\infty} x f(x) \mathrm{d}x = \int_{\theta_1}^{+\infty} x \frac{1}{\theta_2} \mathrm{e}^{-\frac{x-\theta_1}{\theta_2}} \mathrm{d}x$$

$$= -\int_{\theta_1}^{+\infty} x \mathrm{d}(\mathrm{e}^{-\frac{x-\theta_1}{\theta_2}})$$

$$= -x \mathrm{e}^{-\frac{x-\theta_1}{\theta_2}} \Big|_{\theta_1}^{+\infty} + \int_{\theta_1}^{+\infty} \mathrm{e}^{-\frac{x-\theta_1}{\theta_2}} \mathrm{d}x$$

$$= \theta_1 + \theta_2,$$

$$\mu_2 = E(X^2) = \int_{-\infty}^{+\infty} x^2 f(x) \mathrm{d}x = \int_{\theta_1}^{+\infty} x^2 \frac{1}{\theta_2} \mathrm{e}^{-\frac{x-\theta_1}{\theta_2}} \mathrm{d}x$$

$$= -\int_{\theta_1}^{+\infty} x^2 \mathrm{d}(\mathrm{e}^{-\frac{x-\theta_1}{\theta_2}})$$

$$= -x^2 \mathrm{e}^{-\frac{x-\theta_1}{\theta_2}} \Big|_{\theta_1}^{+\infty} + \int_{\theta_1}^{+\infty} 2x \mathrm{e}^{-\frac{x-\theta_1}{\theta_2}} \mathrm{d}x$$

$$= \theta_1^2 + 2\theta_2 E(X) = \theta_1^2 + 2\theta_2(\theta_1 + \theta_2)$$

$$= (\theta_1 + \theta_2)^2 + \theta_2^2,$$

解方程组

$$\begin{cases} \mu_1 = \theta_1 + \theta_2, \\ \mu_2 = (\theta_1 + \theta_2)^2 + \theta_2^2, \end{cases}$$

得

$$\begin{cases} \theta_1 = \mu_1 - \sqrt{\mu_2^2 - \mu_1}, \\ \theta_2 = \sqrt{\mu_2^2 - \mu_1}, \end{cases}$$

用相应的样本矩 A_1，A_2 取代总体矩，得 θ_1，θ_2 的矩估计量

$$\hat{\theta}_1 = A_1 - \sqrt{A_2^2 - A_1} = \overline{X} - \sqrt{\frac{1}{n}\sum_{i=1}^{n}(X_i - \overline{X})^2},$$

$$\hat{\theta}_2 = \sqrt{A_2^2 - A_1} = \sqrt{\frac{1}{n}\sum_{i=1}^{n}(X_i - \overline{X})^2}.$$

（2）设$(x_1, x_2, \cdots, x_n)$为一个样本观察值，得似然函数为

$$L(\theta_1, \theta_2) = \begin{cases} \dfrac{1}{\theta_2^n}\exp\left(-\dfrac{1}{\theta_2}\sum_{i=1}^{n}(x_i - \theta_1)\right) & (x_i \geqslant \theta_1, i = 1, 2, \cdots, n), \\ 0 & （其\quad 他）, \end{cases}$$

对数似然方程组为

$$\begin{cases} \dfrac{\partial \ln L(\theta_1, \theta_2)}{\partial \theta_1} = \dfrac{n}{\theta_2} = 0, \\ \dfrac{\partial \ln L(\theta_1, \theta_2)}{\partial \theta_2} = -\dfrac{n}{\theta_2} + \dfrac{1}{\theta_2^2}\sum_{i=1}^{n}(x_i - \theta_1) = 0, \end{cases}$$

上述方程组无解. 因此只能从定义出发求 θ_1, θ_2 的最大似然估计. 由 $\dfrac{\partial \ln L}{\partial \theta_1} = \dfrac{n}{\theta_2} > 0$,
得 $L(\theta_1, \theta_2)$ 是 θ_1 的单调增函数, 但 $x_i \geqslant \theta_1 (i = 1, 2, \cdots, n)$. 因此 $\theta_1 = \min\limits_{1 \leqslant i \leqslant n}\{x_i\} = x_{(1)}$
时, $L(\theta_1, \theta_2)$ 取得最大值.

又从方程

$$\frac{\partial \ln L(\theta_1, \theta_2)}{\partial \theta_2} = -\frac{n}{\theta_2} + \frac{n}{\theta_2^2}(\overline{x} - \theta_2) = 0,$$

解得
$$\theta_2 = \overline{x} - \hat{\theta}_1 = \overline{x} - \min_{1 \leqslant i \leqslant n}\{x_i\},$$

同时当 $\theta_1 = \hat{\theta}_1, \hat{\theta}_2 = \overline{x} - \hat{\theta}_1$ 时, 由

$$\frac{\partial^2 \ln L(\hat{\theta}_1, \theta_2)}{\partial \theta_2^2} < 0,$$

知 $L(\hat{\theta}_1, \hat{\theta}_2)$ 在 $\theta_2 = \hat{\theta}_2$ 处达到最大, 故有

$$L(\hat{\theta}_1, \theta_2) \leqslant L(\hat{\theta}_1, \hat{\theta}_2),$$

最后求得 $\hat{\theta}_1, \hat{\theta}_2$ 的最大似然估计量为

$$\hat{\theta}_1 = \min_{1 \leqslant i \leqslant n}\{X_i\},$$

$$\hat{\theta}_2 = \overline{X} - \min_{1 \leqslant i \leqslant n}\{X_i\}.$$

【例7-8】 （1）设总体 X 服从超几何分布, 分布律为

$$P = (X = x) = \frac{C_M^x C_{N-M}^{n-x}}{C_N^n} \quad (x = 0, 1, \cdots, \min(M, n)),$$

其中 N 为未知参数. 现从总体 X 中抽得一个容量为 1 的样本 X_1,证明:未知参数 N 的最大似然估计量和矩估计量均为 $\hat{N}=\left[\dfrac{nM}{X_1}\right]$.

(2) 设湖中有鱼 N 条,现捕出 M 条,做上记号后放回湖中(假设记号不消失),过一段时间,再从湖中捕出 n 条,其中有 r 条标有记号,试根据上述结果估计湖中鱼的总数 N.

解 (1) 由于超几何分布的期望为

$$\mu_1 = E(X) = n\frac{M}{N},$$

解得

$$N = n\frac{M}{\mu_1},$$

然后用样本矩 $A_1 = \overline{X} = X_1$ 取代 μ_1,得 N 的矩估计量

$$\hat{N} = \left[n\frac{M}{X_1}\right],$$

其中 $[x]$ 表示取 x 的最大整数部分.

又设 x_1 为样本观察值,则似然函数为

$$L(N) = \frac{C_M^{x_1} C_{N-M}^{n-x_1}}{C_N^n}.$$

由最大似然估计法,当 $X=x_1$ 时,求 N 使得 $L(N)$ 达到最大. 为此考虑前后两项之比

$$\begin{aligned}
\frac{L(N)}{L(N-1)} &= \frac{C_M^{x_1} C_{N-M}^{n-x_1}}{C_N^n} \cdot \frac{C_{N-1}^n}{C_M^{x_1} C_{N-1-M}^{n-x_1}} \\
&= \frac{C_{N-M}^{n-x_1} C_{N-1}^n}{C_N^n C_{N-M-1}^{n-x_1}} \\
&= \frac{(N-M)(N-n)}{N(N-M-n+x_1)} \\
&= \frac{N^2 - NM - Nn + nM}{N^2 - NM - Nn + Nx_1},
\end{aligned}$$

当 $nM < Nx_1$ 时,$\dfrac{L(N)}{L(N-1)} < 1$,此时 $L(N)$ 是 N 的减函数;当 $nM > Nx_1$ 时, $\dfrac{L(N)}{L(N-1)} > 1$,$L(N)$ 是 N 的增函数;于是当 $N = \dfrac{nM}{x_1}$ 时,$L(N)=L(N-1)$,并且同时达到最大. 因此 N 的最大似然估计量为

$$\hat{N} = \left[\frac{nM}{X_1}\right].$$

(2) 设 X 为捕出 n 条鱼中有记号的鱼数,则 X 服从超几何分布. 根据上述结

果, N 的矩估计量与最大似然估计量均为 $\hat{N}=\left[\dfrac{nM}{X_1}\right]$. 最大在捕出的 n 条鱼中有 r 条是有记号的, 故样本观察值的均值为 $a_1=\bar{x}=x_1=r$, 有

$$\hat{N}=\left[\frac{nM}{r}\right].$$

【例 7 - 9】 设 $(X_1, X_2, \cdots, X_n)$ 是来自总体 X 的一个样本, 总体 X 服从 Cauchy 分布:

$$f(x, \theta)=\frac{1}{\pi[1+(x-\theta)^2]} \quad (-\infty<x<+\infty),$$

其中 θ 未知. 当 $n=1$ 和 $n=2$ 时, 分别求未知参数 θ 的最大似然估计.

分析 本题主要说明了两个问题, 一是使似然方程为零的解不一定是未知参数 θ 的最大似然估计, 同时, 若似然方程有多解, 在这种情况下要进行判断, 以确定最大点来作为未知参数 θ 的最大似然估计; 二是对同一未知参数 θ 的最大似然估计 $\hat{\theta}$ 不是唯一的.

解 设 $(x_1, x_2, \cdots, x_n)$ 为 X 的一个样本的观察值.

(1) 当 $n=1$ 时, 似然函数为

$$L(\theta)=\frac{1}{\pi[1+(x_1-\theta)^2]},$$

两边取对数后, 再对 θ 求导得到对数似然方程

$$\ln L(\theta)=-\ln\pi-\ln[1+(x_1-\theta)^2],$$

$$\frac{\mathrm{d}\ln L(\theta)}{\mathrm{d}\theta}=\frac{2(x_1-\theta)^2}{1-(x_1-\theta)^2}=0,$$

解方程得唯一解 $\theta=x_1$.

又 $$\frac{\mathrm{d}^2\ln L(\theta)}{\mathrm{d}\theta^2}\bigg|_{\theta=x_1}<0,$$

因此 θ 的最大似然估计量为

$$\hat{\theta}_L=X_1.$$

(2) 若 $n=2$, 则似然函数为

$$L(\theta)=\frac{1}{\pi^2[1+(x_1-\theta)^2][1+(x_2-\theta)^2]},$$

要使 $L(\theta)$ 达到最大, 只要使分母中 $g(\theta)=[1+(x_1-\theta)^2][1+(x_2-\theta)^2]$ 达到最小即可. 令

$$g'(\theta)=-2(x_1-\theta)[1+(x_2-\theta)^2]-2[1+(x_1-\theta)^2](x_2-\theta)$$
$$=-2(x_1+x_2-2\theta)[\theta^2-(x_1+x_2)\theta+x_1x_2+1]$$
$$=0$$

解得
$$\theta_1 = \frac{1}{2}(x_1 + x_2), \tag{1}$$

$$\theta_2 = \frac{(x_1 + x_2) \pm \sqrt{(x_1 + x_2)^2 - 4(x_1 x_2 + 1)}}{2}$$

$$= \frac{(x_1 + x_2) \pm \sqrt{(x_1 - x_2)^2 - 4}}{2}, \tag{2}$$

此时
$$g''(\theta) = 4[\theta^2 - (x_1 + x_2)\theta + x_1 x_2 + 1] + 2(x_1 + x_2 - 2\theta)^2, \tag{3}$$

当 $|x_1 - x_2| < 2$ 时,将式(1)代入式(3),得

$$g''(\theta)\Big|_{\theta = \frac{x_1 + x_2}{2}} = g''\left(\frac{x_1 + x_2}{2}\right) = 4\left[\frac{(x_1 + x_2)^2}{4} - \frac{(x_1 + x_2)^2}{2} + x_1 x_2 + 1\right]$$

$$= -(x_1 + x_2)^2 + 4x_1 x_2 + 4$$

$$= -(x_1 - x_2)^2 + 4 > 0,$$

$$g''(\theta)\Big|_{\theta = \theta_2} = g''(\theta_2) < 0.$$

由 $g''(\theta_1) > 0$,此时 $g(\theta_1)$ 达到最小值,因此 $\hat{\theta}_1 = \frac{1}{2}(x_1 + x_2)$ 为 θ 的最大似然估

计,而 θ_2 不是 θ 的最大似然估计.

当 $|x_1 - x_2| > 2$ 时
$$g''(\theta_1) < 0,$$

$$g''(\theta_2) = 2[x_1 + x_2 - (x_1 x_2 \pm \sqrt{(x_1 - x)^2 - 4})]^2 > 0,$$

因此 θ_1 不是 θ 的最大似然估计,而 θ_2 是 $g(\theta)$ 的最小值点.

又
$$g\left(\frac{x_1 + x_2 + \sqrt{(x_1 - x_2)^2 - 4}}{2}\right) = \frac{1}{16}\{4 + [(x_1 - x_2) - \sqrt{(x_1 - x_2)^2 - 4}]^2\}$$

$$= g\left(\frac{x_1 + x_2 - \sqrt{(x_1 - x_2)^2 - 4}}{2}\right),$$

即 θ_2 的两个解同时使 $g(\theta)$ 达到最小,此时

$$\hat{\theta}_2 = \frac{(x_1 + x_2) \pm \sqrt{(x_1 - x_2)^2 - 4}}{2}$$

是 θ 的两个最大似然估计.

【例 7 - 10】 设 $(X_1, X_2, \cdots, X_n)$ 是来自总体 X 的一个样本,$X \sim N(\mu, \sigma^2)$,μ,
σ^2 未知,求 $p = P(|\overline{X}| < t)$ 的最大似然估计.

分析 解本题要用到最大似然不变性原理.

解 由于 $\overline{X} \sim N\left(\mu, \frac{\sigma^2}{n}\right)$,有

$$p = P(-t < \overline{X} < t) = P\left(-\frac{t-\mu}{\frac{\sigma}{\sqrt{n}}} < \frac{\overline{X}-\mu}{\frac{\sigma}{\sqrt{n}}} < \frac{t-\mu}{\frac{\sigma}{\sqrt{n}}}\right)$$

$$= 2\Phi\left(\frac{t-\mu}{\frac{\sigma}{\sqrt{n}}}\right) - 1.$$

另外，μ, σ^2 的最大似然估计为

$$\hat{\mu}_L = \overline{X},$$

$$\hat{\sigma}_L^2 = S_n^2 = \frac{1}{n}\sum_{i=1}^{n}(X_i - \overline{X})^2,$$

根据最大似然不变性原理，得 p 的最大似然估计量为

$$\hat{p}_L = 2\Phi\left(\frac{t-\overline{X}}{\frac{S}{\sqrt{n}}}\right) - 1.$$

【例 7 - 11】 设 $(X_1, X_2, \cdots, X_n)$ 为来自总体 X 的一个样本，X 服从反射正态分布，其密度为

$$f(x) = \begin{cases} \sqrt{\frac{2}{\pi}}\frac{1}{\sigma}e^{-\frac{x^2}{2\sigma^2}} & (x > 0), \\ 0 & (x \leqslant 0), \end{cases}$$

其中 $\sigma > 0$ 未知，求 σ 与 σ^2 的矩估计量.

分析 最大似然估计具有不变性，而本题说明了对矩估计法来说不再具有不变性.

解 求 X 的 $E(X)$.

$$\mu_1 = E(X) = \int_0^{+\infty} x\sqrt{\frac{2}{\pi}}\frac{1}{\sigma}e^{-\frac{x^2}{2\sigma^2}}dx$$

$$= 2\sigma\int_0^{+\infty}\frac{1}{\sqrt{2\pi}}\left(\frac{x}{\sigma}\right)e^{-\frac{x^2}{2\sigma^2}}d\left(\frac{x}{\sigma}\right)$$

$$= -2\sigma\frac{1}{\sqrt{2\pi}}e^{-\frac{1}{2}\left(\frac{x}{\sigma}\right)^2}\Big|_0^{+\infty} = \sqrt{\frac{2}{\pi}}\sigma,$$

解得

$$\sigma = \sqrt{\frac{2}{\pi}}\mu_1,$$

用 $A_1 = \overline{X}$ 取代 μ_1 得 σ 的矩估计量

$$\hat{\sigma}_M = \sqrt{\frac{\pi}{2}}\overline{X}.$$

由 X 的 $E(X^2)$，得

$$\mu_2 = E(X^2) = \int_0^{+\infty} x^2 \sqrt{\frac{2}{\pi}} \frac{1}{\sigma} e^{-\frac{x^2}{2\sigma^2}} dx$$

$$= \sqrt{\frac{2}{\pi}} \int_0^{+\infty} \left(\frac{x}{\sigma}\right)^2 e^{-\frac{1}{2}\left(\frac{x}{\sigma}\right)^2} d\left(\frac{x}{\sigma}\right)$$

$$= \sqrt{\frac{2}{\pi}} \sigma^2 \int_0^{+\infty} y^2 e^{-\frac{y^2}{2}} dy = \sigma^2,$$

即
$$\sigma^2 = \mu_2,$$

用 $A_2 = \dfrac{1}{2} \sum\limits_{i=1}^n X_i^2$ 取代 μ_2 得 σ^2 的矩估计量

$$\hat{\sigma}_M^2 = \frac{1}{n} \sum_{i=1}^n X_i^2.$$

显然有 $\hat{\sigma}_M^2 \neq (\hat{\sigma}_M)^2$，这说明矩估计量不满足不变性.

【例 7 - 12】 设 $(X_1, X_2, \cdots, X_n)$ 为来自服从对数正态总体的样本，即 $Y = \ln X \sim N(\mu, \sigma^2)$，$\mu, \sigma^2$ 未知，求 $E(X), D(X)$ 的最大似然估计.

解 由 $Y = \ln X$，得 $X = e^Y$，然后再解

$$E(X) = E(e^Y) = \int_{-\infty}^{+\infty} e^y f_Y(y) dy$$

$$= \frac{1}{\sqrt{2\pi}\sigma} \int_{-\infty}^{+\infty} e^y e^{-\frac{(y-\mu)^2}{2\sigma^2}} dy$$

$$= \frac{1}{\sqrt{2\pi}\sigma} \int_{-\infty}^{+\infty} \exp\left\{-\frac{(y-\mu)^2}{2\sigma^2} + \frac{2y\sigma^2}{2\sigma^2}\right\} dy$$

$$= \frac{1}{\sqrt{2\pi}\sigma} \int_{-\infty}^{+\infty} \exp\left\{-\frac{1}{2\sigma^2}[y-(\mu+\sigma^2)]^2 + \mu + \frac{\sigma^2}{2}\right\} dy$$

$$= \frac{1}{\sqrt{2\pi}\sigma} \int_{-\infty}^{+\infty} e^{\mu+\frac{\sigma^2}{2}} \exp\left\{-\frac{1}{2\sigma^2}[y-(\mu+\sigma^2)]^2\right\} dy$$

$$= \frac{1}{\sqrt{2\pi}\sigma} e^{\mu+\frac{\sigma^2}{2}} \int_{-\infty}^{+\infty} \exp\left\{-\frac{1}{2\sigma^2}[y-(\mu+\sigma^2)]^2\right\} dy$$

$$= e^{\mu+\frac{\sigma^2}{2}}.$$

同理，有

$$E(X^2) = \frac{1}{\sqrt{2\pi}\sigma} \int_{-\infty}^{+\infty} e^{2y} e^{-\frac{(y-\mu)^2}{2\sigma^2}} dy$$

$$= \frac{1}{\sqrt{2\pi}\sigma} \int_{-\infty}^{+\infty} \exp\left\{-\frac{(y-\mu)^2}{2\sigma^2} + \frac{4y\sigma^2}{2\sigma^2}\right\} dy$$

$$= e^{2\mu+2\sigma^2},$$

得

$$D(X) = E(X^2) - E^2(X) = e^{2\mu + 2\sigma^2} - (e^{\mu + \frac{\sigma^2}{2}})^2$$

$$= e^{2\mu + 2\sigma^2} - e^{2\mu + \sigma^2} = e^{2(\mu + \frac{\sigma^2}{2}) + \sigma^2} - e^{2(\mu + \frac{\sigma^2}{2})}$$

$$= e^{2(\mu + \frac{\sigma^2}{2})}(e^{\sigma^2} - 1) = E^2(X)(e^{\sigma^2} - 1),$$

而 $Y \sim N(\mu, \sigma^2)$，则 μ, σ^2 的最大似然估计量为

$$\hat{\mu}_L = \bar{Y} = \frac{1}{n} \sum_{i=1}^{n} Y_i,$$

$$\hat{\sigma}_L^2 = \frac{1}{n} \sum_{i=1}^{n} (Y_i - \bar{Y})^2,$$

由最大似然估计量的不变性原理，得 $E(X), D(X)$ 的最大似然估计量为

$$\widehat{E(X)}_L = e^{\hat{\mu}_L + \frac{\hat{\sigma}_L^2}{2}},$$

$$\widehat{D(X)}_L = [\widehat{E(X)}_L]^2 (e^{\hat{\sigma}_L^2} - 1),$$

其中 $\hat{\mu}_L = \frac{1}{n} \sum_{i=1}^{n} \ln X_i, \hat{\sigma}_L^2 = \frac{1}{n} \sum_{i=1}^{n} (\ln X_i - \hat{\mu}_L)^2.$

3. 无偏性

【例 7 - 13】 设 $(X_1, X_2, \cdots, X_n)$ 为来自总体 X 的一个样本，总体 X 的分布律为

$$P(X = x) = C_m^x p^x (1-p)^{1-x} \quad (x = 0, 1, \cdots, m),$$

其中 $0 < p < 1$，未知，求 p^2 的无偏估计量.

解 由于
$$E(X) = mp, D(X) = mp(1-p) = mp - mp^2,$$
$$E(X^2) = D(X) + E^2(X) = mp - mp^2 + m^2 p^2$$
$$= E(X) - m(m-1)p^2,$$

解得
$$p^2 = \frac{1}{m(m-1)} [E(X) - E(X^2)].$$

用相应的样本矩取代上述中的总体矩得 p^2 的无偏估计量

$$\hat{p}_M^2 = \frac{1}{m(m-1)} \left(\bar{X} - \frac{1}{n} \sum_{i=1}^{n} X_i^2 \right),$$

或者可由
$$D(X) = mp - mp^2 = E(X) - mp^2,$$

得
$$p^2 = \frac{1}{m} (E(X) - D(X)),$$

然后用相应的样本矩取代总体矩可得 p^2 的无偏矩估计量

$$\hat{p}_M^2 = \frac{1}{m}(\overline{X} - S^2),$$

其中 $\overline{X} = \frac{1}{n}\sum_{i=1}^{n}X_i, S^2 = \frac{1}{n-1}\sum_{i=1}^{n}(X_i - \overline{X})^2$.

注 上例中可看到总体未知参数的无偏估计量也不是唯一的.

【例 7 - 14】 设 $\hat{\theta}$ 是总体 X 未知参数 θ 的一个无偏估计量,又 $D(\hat{\theta}) > 0$,证明:$\hat{\theta}^2$ 不是 θ^2 的无偏估计.

分析 本题说明了总体 X 未知参数 θ 的无偏估计量,不具备类似最大似然估计的不变性原理.

证明 由于 $\hat{\theta}$ 是 θ 的无偏估计量,即 $E(\hat{\theta}) = \theta$,而

$$E(\hat{\theta}^2) = D(\hat{\theta}) + E^2(\hat{\theta}) > E^2(\hat{\theta}) = \theta^2,$$

因此 $\hat{\theta}^2$ 不是 θ^2 的无偏估计量.

【例 7 - 15】 设 $(X_1, X_2, \cdots, X_n)$ 为来自总体 X 的一个样本,X 服从正态分布 $N(\mu, \sigma^2)$,其中 μ, σ^2 未知,证明:

$$S = \sqrt{\frac{1}{n-1}\sum_{i=1}^{n}(X_i - \overline{X})^2}$$

不是 σ 的无偏估计量.

证明 由于

$$Y = \frac{(n-1)S^2}{\sigma^2} \sim \chi^2(n-1),$$

此时 Y 的密度为

$$f_Y(y) = \begin{cases} \dfrac{1}{2^{\frac{n-1}{2}}\Gamma\left(\dfrac{n-1}{2}\right)} y^{\frac{n-1}{2}-1} e^{-\frac{y}{2}} & (y > 0), \\ 0 & (y \leqslant 0), \end{cases}$$

故

$$E(\sqrt{Y}) = \int_0^{+\infty} \frac{\sqrt{y}}{2^{\frac{n-1}{2}}\Gamma\left(\dfrac{n-1}{2}\right)} y^{\frac{n-1}{2}-1} e^{-\frac{y}{2}} \mathrm{d}y$$

$$\xrightarrow{\diamondsuit \frac{y}{2} = u} \int_0^{+\infty} \frac{1}{2^{\frac{n-1}{2}}\Gamma\left(\dfrac{n-1}{2}\right)} u^{\frac{n}{2}-1} e^{-u} \mathrm{d}u$$

$$= \frac{2^{\frac{n}{2}} \Gamma\left(\frac{n}{2}\right)}{2^{\frac{n-1}{2}} \Gamma\left(\frac{n-1}{2}\right)} = \frac{\sqrt{2}\, \Gamma\left(\frac{n}{2}\right)}{\Gamma\left(\frac{n-1}{2}\right)},$$

从而

$$E(S) = \sqrt{\frac{2}{n-1}} \frac{\Gamma\left(\frac{n}{2}\right)}{\Gamma\left(\frac{n-1}{2}\right)} \sigma \neq \sigma,$$

即 S 不是 σ 的无偏估计量.

【例 7 - 16】 设总体 $X \sim N(\mu, \sigma^2)$，μ, σ^2 未知，$(X_1, X_2, \cdots, X_n)$ 为来自总体 X 的一个样本，求 c 使得 $c \sum\limits_{i=1}^{n-1} (X_{i+1} - X_i)^2$ 为 σ^2 的无偏估计量.

解 由

$$E\left[c \sum_{i=1}^{n-1} (X_{i+1} - X_i)^2\right]$$

$$= cE\left\{\sum_{i=1}^{n-1} \left[(X_{i+1} - \mu) - (X_i - \mu)\right]^2\right\}$$

$$= c\sum_{i=1}^{n-1} \left\{E[(X_{i+1} - \mu)^2] - 2E[(X_{i+1} - \mu)(X_i - \mu)] + E[(X_i - \mu)^2]\right\}$$

$$= c\sum_{i=1}^{n-1} (\sigma^2 - 2 \times 0 + \sigma^2) = 2c(n-1)\sigma^2$$

因此取 $c = \dfrac{1}{2(n-1)}$ 时，$c \sum\limits_{i=1}^{n-1} (X_{i-1} - X_i)^2$ 为 σ^2 的无偏估计量.

【例 7 - 17】 设 $(X_1, X_2, \cdots, X_n)$ 为来自正态总体 $X \sim N(\mu, \sigma^2)$ 的一个样本，其中 μ, σ^2 未知，求 k 使得

$$\hat{\sigma} = k\sum_{i=1}^{n} |X_i - \overline{X}|$$

为 σ 的无偏估计量.

分析 要注意的是 $X_1 - \overline{X}, X_2 - \overline{X}, \cdots, X_n - \overline{X}$ 之间不是相互独立的，因此不能直接求 $D(X_i - \overline{X})$，应把 $X_i - \overline{X}$ 展开后，再求 $D(X_i - \overline{X})$.

解 由于

$$X_i - \overline{X} = X_i - \frac{X_1 + X_2 + \cdots + X_n}{n}$$

$$= \frac{1}{n}(X_1 + \cdots + (n-1)X_i + \cdots + X_n)$$

$$= -\frac{1}{n}\sum_{j=1}^{n} X_j + \frac{n-1}{n}X_i \quad (j \neq i, i = 1, 2, \cdots, n),$$

因此

$$E(X_i - \overline{X}) = 0,$$

$$D(X_i - \overline{X}) = D\left(-\frac{1}{n}\sum_{j=1}^{n}X_j + \frac{n-1}{n}X_i\right)$$

$$= \frac{1}{n^2}\sum_{j=1}^{n}D(X_j) + \frac{(n-1)^2}{n^2}D(X_i)$$

$$= \frac{n-1}{n^2}\sigma^2 + \frac{(n-1)^2}{n^2}\sigma^2$$

$$= \frac{n-1}{n}\sigma^2,$$

得
$$X_i - \overline{X} \sim N\left(0, \frac{n-1}{n}\sigma^2\right).$$

标准化变换后,得

$$Y_i = \frac{X_i - \overline{X}}{\sqrt{\dfrac{n-1}{n}}\sigma} \sim N(0,1),$$

从而

$$E(|Y_i|) = \int_{-\infty}^{+\infty}|y|\frac{1}{\sqrt{2\pi}}e^{-\frac{y^2}{2}}\,\mathrm{d}y$$

$$= \frac{2}{\sqrt{2\pi}}\int_{0}^{+\infty}ye^{-\frac{y^2}{2}}\,\mathrm{d}y$$

$$= \frac{2}{\sqrt{2\pi}},$$

最后,有

$$E(\hat{\sigma}) = E\left(k\sum_{i=1}^{n}|X_i - \overline{X}|\right)$$

$$= k\sqrt{\frac{n-1}{n}}\sigma E\left(\frac{1}{\sqrt{\dfrac{n-1}{n}}\sigma}\sum_{i=1}^{n}|X_i - \overline{X}|\right)$$

$$= k\sqrt{\frac{n-1}{n}}\sigma E\left(\sum_{i=1}^{n}|Y_i|\right) = k\sqrt{\frac{n-1}{n}}\sigma\frac{2}{\sqrt{2\pi}}n = \sigma,$$

得
$$k = \sqrt{\frac{\pi}{2n(n-1)}},$$

此时 $\hat{\sigma} = \sqrt{\dfrac{\pi}{2n(n-1)}}\sum_{i=1}^{n}|X_i - \overline{X}|$ 为 σ 的无偏估计量.

【例 7-18】 设总体 X 服从均匀分布 $U[\theta_1, \theta_2]$,θ_1, θ_2 未知. $(X_1, X_2, \cdots, X_n)$ 为总体 X 的一个样本,若未知参数 θ_1, θ_2 的估计量分别是 $\hat{\theta}_1 = X_{(1)} = \min\limits_{1 \leqslant i \leqslant n}\{X_i\}$,

$$\hat{\theta}_2 = X_{(n)} = \max_{1 \leqslant i \leqslant n}\{X_i\}.$$

(1) 问 $\hat{\theta}_1$, $\hat{\theta}_2$ 是否是 θ_1, θ_2 的无偏估计量;

(2) 如果不是无偏估计量,则如何修正后,得到 θ_1, θ_2 的无偏估计量.

分析 若求 $E(X_{(1)})$ 和 $E(X_{(n)})$,则要利用以下结果:

$$X_{(1)} \sim f_{(1)}(z) = n[1-F(z)]^{n-1}f(z),$$

$$X_{(n)} \sim f_{(n)}(z) = nF^{n-1}(z)f(z),$$

其中总体 X 的分布函数为 $F(x)$,密度为 $f(x)$.

解 (1) 已知 $X \sim U[\theta_1, \theta_2]$,则有

$$f(x) = \begin{cases} \dfrac{1}{\theta_2 - \theta_1} & (x \in [\theta_1, \theta_2]), \\ 0 & (x \notin [\theta_1, \theta_2]), \end{cases}$$

$$F(x) = \begin{cases} 0 & (x < \theta_1), \\ \dfrac{x - \theta_1}{\theta_2 - \theta_1} & (\theta_1 \leqslant x < \theta_2), \\ 1 & (x \geqslant \theta_2), \end{cases}$$

由此而得到

$$f_{(1)}(z) = \begin{cases} \dfrac{n}{\theta_2 - \theta_1}\left(1 - \dfrac{z - \theta_1}{\theta_2 - \theta_1}\right)^{n-1} & (z \in [\theta_1, \theta_2]) \\ 0 & (z \notin [\theta_1, \theta_2]) \end{cases}$$

$$= \begin{cases} \dfrac{n}{(\theta_2 - \theta_1)^n}(\theta_2 - z)^{n-1} & (z \in [\theta_1, \theta_2]), \\ 0 & (z \notin [\theta_1, \theta_2]), \end{cases}$$

$$f_{(n)}(z) = \begin{cases} \dfrac{n}{(\theta_2 - \theta_1)^n}(z - \theta_1)^{n-1} & (z \in [\theta_1, \theta_2]), \\ 0 & (z \notin [\theta_1, \theta_2]), \end{cases}$$

所以有

$$E(X_{(1)}) = \frac{n}{(\theta_2 - \theta_1)^n}\int_{\theta_1}^{\theta_2} z(\theta_2 - z)^{n-1}\mathrm{d}z$$

$$\xrightarrow{\theta_2 - z = u} \frac{n}{(\theta_2 - \theta_1)^n}\int_0^{\theta_2 - \theta_1}(\theta_2 - u)u^{n-1}\mathrm{d}u$$

$$= \frac{n\theta_1 + \theta_2}{n + 1},$$

$$E(X_{(n)}) = \frac{n}{(\theta_2 - \theta_1)^n}\int_{\theta_1}^{\theta_2} z(z - \theta_1)^{n-1}\mathrm{d}z$$

$$= \frac{n}{(\theta_2 - \theta_1)^n} \int_0^{\theta_2 - \theta_1} (\theta_1 + u) u^{n-1} \mathrm{d}u$$

$$= \frac{\theta_1 + n\theta_2}{n+1}.$$

显然
$$E(\hat{\theta}_1) = E(X_{(1)}) \neq \theta_1,$$

$$E(\hat{\theta}_2) = E(X_{(n)}) \neq \theta_2,$$

即 $\hat{\theta}_1 = X_{(1)}$ 与 $\hat{\theta}_2 = X_{(n)}$ 不是 θ_1, θ_2 的无偏估计量.

（2）从上述结果,得

$$E(X_{(1)}) = \frac{n\theta_1 + \theta_2}{n+1},$$

$$E(X_{(n)}) = \frac{\theta_1 + n\theta_2}{n+1},$$

然后分别用 $X_{(1)}$ 取代 $E(X_{(1)})$, $X_{(n)}$ 取代 $E(X_{(n)})$, $\hat{\theta}_1$ 取代 θ_1, $\hat{\theta}_2$ 取代 θ_2, 得

$$\begin{cases} X_{(1)} = \dfrac{n\hat{\theta}_1 + \hat{\theta}_2}{n+1}, \\[2mm] X_{(n)} = \dfrac{\hat{\theta}_1 + n\hat{\theta}_2}{n+1}, \end{cases}$$

解方程组,有

$$\hat{\theta}_1 = \frac{nX_{(1)} - X_{(n)}}{n-1},$$

$$\hat{\theta}_2 = \frac{nX_{(n)} - X_{(1)}}{n-1}.$$

可验证 $E(\hat{\theta}_1) = \theta, E(\hat{\theta}_2) = \theta_2$, 也就是 $\hat{\theta}_1$ 和 $\hat{\theta}_2$ 经过修正后成为 θ_1 和 θ_2 的无偏估计量.

4. 有效性

【例 7 - 19】　设 $(X_1, X_2, \cdots, X_n)$ 是总体 X 的一个样本,判别下列 2 个估计量中哪一个为更有效?

（1）$\overline{X} = \dfrac{1}{n} \sum\limits_{i=1}^{n} X_i$;

（2）$\overline{Y} = \sum\limits_{i=1}^{n} \alpha_i X_i, X_i \geqslant 0$ 为常数且 $\sum\limits_{i=1}^{n} \alpha_i = 1$.

分析　只能在无偏的估计量之间才能判别它们之间的有效性.

证明　因为
$$E(\overline{X}) = E(X) = \mu,$$

$$E(\overline{Y}) = E\left(\sum_{i=1}^{n} \alpha_i X_i\right) = \sum_{i=1}^{n} \alpha_i E(X) = \mu \sum_{i=1}^{n} \alpha_i = \mu,$$

即 $\overline{X}$ 与 $\overline{Y}$ 均为总体 X 的 $E(X)=\mu$ 的无偏估计量.

而

$$D(\overline{X}) = \frac{1}{n^2} \sum_{i=1}^{n} D(X_i) = \frac{1}{n} D(X) = \frac{\sigma^2}{n},$$

$$D(\overline{Y}) = \sum_{i=1}^{n} \alpha_i^2 D(X_i) = \left(\sum_{i=1}^{n} \alpha_i^2\right) D(X),$$

利用 Shwarz 不等式,有

$$\left(\sum_{i=1}^{n} x_i y_i\right)^2 \leqslant \sum_{i=1}^{n} x_i^2 \sum_{i=1}^{n} y_i^2,$$

$$\left(\sum_{i=1}^{n} \alpha_i\right)^2 \leqslant n \sum_{i=1}^{n} \alpha_i^2,$$

再用 $\sum_{i=1}^{n} \alpha_i = 1$ 代入上式,得

$$\sum_{i=1}^{n} \alpha_i^2 \geqslant \frac{1}{n},$$

也就是

$$D(\overline{X}) \leqslant D(\overline{Y}),$$

即 $\overline{X}$ 比 $\overline{Y}$ 有效.

这说明了在 $E(X)$ 所有形如 $\sum_{i=1}^{n} \alpha_i X_i$ 的无偏估计量中,以 $\overline{X}$ 为最有效.

【例 7 - 20】 从总体 X 中分别抽取容量为 n_1, n_2 的两独立样本,总体 X 的期望为 μ,方差为 σ^2,$\overline{X}_1$ 和 $\overline{X}_2$ 分别是两样本的均值.

(1) 证明对任意常数 $a, b(a+b=1)$,$\overline{Y}=a\overline{X}_1+b\overline{X}_2$ 也是 μ 的无偏估计量;

(2) 确定常数 a, b 使得 $D(Y)$ 达到最小.

证明 (1) 由于 $E(\overline{X}_1)=\mu, E(\overline{X}_2)=\mu$,则

$$E(\overline{Y})=E(a\overline{X}_1+b\overline{X}_2)=aE(\overline{X}_1)+bE(\overline{X}_2)$$
$$=a\mu+b\mu=(a+b)\mu=\mu,$$

即 $\overline{Y}=a\overline{X}_1+b\overline{X}_2$ 是 μ 的无偏估计量. 又

(2) $D(\overline{X}_1)=\dfrac{\sigma_1^2}{n_1}, D(\overline{X}_2)=\dfrac{\sigma_2^2}{n_2}$,所以

$$D(\overline{Y})=a^2 D(\overline{X}_1)+b^2 D(\overline{X}_2)=\left(\frac{a^2}{n_1}+\frac{b^2}{n_2}\right)\sigma^2,$$

求 $f(a,b)=\sigma^2\left(\dfrac{a^2}{n_1}+\dfrac{b^2}{n_2}\right)$ 在条件 $a+b=1$ 下的极值. 作函数

$$F(a,b) = \frac{a^2}{n_1} + \frac{b^2}{n_2} + \lambda(a+b-1),$$

有

$$\frac{\partial F}{\partial a} = \frac{2a}{n_1} + \lambda = 0,$$

$$\frac{\partial F}{\partial b} = \frac{2b}{n_2} + \lambda = 0,$$

$$\frac{\partial F}{\partial \lambda} = a+b-1 = 0,$$

解方程组,求得解为

$$\lambda = \frac{2}{n_1+n_2},$$

$$a = \frac{n_1}{n_1+n_2},$$

$$b = \frac{n_2}{n_1+n_2},$$

因此当 $a = \frac{n_1}{n_1+n_2}$, $b = \frac{n_2}{n_1+n_2}$ 时,$D(\overline{Y})$ 达到最小值,此时最小值为 $D(\overline{Y}) = \frac{\sigma^2}{n_1+n_2}$.

【例 7-21】 设 $(X_1, X_2, \cdots, X_n)$ 是总体 X 的样本,X 服从均匀分布 $U[0, \theta]$,其中 $\theta > 0$,未知.已知未知参数的矩估计量和极大似然估计量分别为 $\hat{\theta}_1 = 2\overline{X}$,$\hat{\theta}_2 = X_{(n)} = \max\limits_{1 \leqslant i \leqslant n}\{X_i\}$.

(1) 问 $\hat{\theta}_1$ 与 $\hat{\theta}_2$ 中哪一个较有效?

(2) 问 $\hat{\theta}_1$ 与 $\hat{\theta}_3 = \frac{n+1}{n}\hat{\theta}_2 = \frac{n+1}{2}X_{(n)}$ 中哪一个较有效?

分析 同解前例一样,在比较总体未知参数的估计量间的有效性之前,要先验证它们是否具有无偏性.

解 (1) 已知 X 的密度为

$$f(x, \theta) = \begin{cases} \dfrac{1}{\theta} & (x \in [0, \theta]), \\ 0 & (x \notin [0, \theta]), \end{cases}$$

求 $E(\hat{\theta}_1) = 2E(\overline{X}) = 2E(X) = 2 \times \dfrac{\theta}{2} = \theta$,因此 $\hat{\theta}_1$ 是 θ 的无偏估计量. $X_{(n)}$ 的密度为

$$f_{(n)}(z) = nF^{n-1}(z)f(z) = \begin{cases} \dfrac{nz^{n-1}}{\theta^n} & (z \in [0, \theta]), \\ 0 & (z \notin [0, \theta]), \end{cases}$$

得

$$E(\hat{\theta}_2) = E(X_{(n)}) = \int_0^\theta \frac{znz^{n-1}}{\theta^n}\,\mathrm{d}z = \frac{n}{n+1}\theta \neq \theta,$$

即 $\hat{\theta}_2$ 不是 θ 的无偏估计量,因此 $\hat{\theta}_1$ 与 $\hat{\theta}_2$ 不能比较有效性.

(2) 由 $E(\hat{\theta}_3) = E\left(\dfrac{n+1}{n}X_{(n)}\right) = \dfrac{n+1}{n}E(X_{(n)})$

$$= \frac{n+1}{n}\frac{n}{n+1}\theta = \theta,$$

因此 $\hat{\theta}_1$ 与 $\hat{\theta}_3$ 可以比较有效性. 求 $\hat{\theta}_1$ 的方差.

$$D(\hat{\theta}_1) = D(2\overline{X}) = 4D(\overline{X}) = \frac{4}{n}D(X)$$

$$= \frac{4}{n}\frac{\theta^2}{12} = \frac{1}{3n}\theta^2,$$

又

$$E(X_{(n)}^2) = \int_0^\theta \frac{z^2 n z^{n-1}}{\theta^n}\mathrm{d}z = \frac{n}{n+2}\theta^2,$$

$$D(\hat{\theta}_3) = D\left(\frac{n+1}{n}X_{(n)}\right) = \left(\frac{n+1}{2}\right)^2 D(X_{(n)})$$

$$= \left(\frac{n+1}{n}\right)^2 \left[E(X_{(n)}^2) - E^2(X_{(n)})\right]$$

$$= \left(\frac{n+1}{n}\right)^2 \left[\frac{n}{n+2}\theta^2 - \frac{n^2}{(n+1)^2}\theta^2\right]$$

$$= \frac{1}{n(n+2)}\theta^2,$$

所以当 $n=1$ 时,$D(\hat{\theta}_1) = D(\hat{\theta}_3) = \dfrac{\theta^2}{3}$,此时 $\hat{\theta}_1$ 与 $\hat{\theta}_3$ 同样有效;当 $n \geq 2$ 时,$D(\hat{\theta}_3) < D(\hat{\theta}_1)$,此时 $\hat{\theta}_3$ 比 $\hat{\theta}_1$ 有效.

【例 7 - 22】 设 (X_1, X_2) 为来自总体 X 的一个样本,总体 X 的密度为

$$f(x, \theta) = \begin{cases} \dfrac{3x^2}{\theta^3} & (x \in (0, \theta)), \\ 0 & (x \notin (0, \theta)), \end{cases}$$

其中 $\theta > 0$ 未知,问未知参数 θ 的 2 个估计量 $\hat{\theta}_1 = \dfrac{1}{3}(X_1 + X_2)$ 和 $\hat{\theta}_2 = \dfrac{7}{6}\max(X_1, X_2)$ 中哪一个较有效?

解 由 $E(X) = \displaystyle\int_0^\theta \frac{3x^3}{\theta^3}\mathrm{d}x = \frac{3}{4}\theta$,得

$$E(\hat{\theta}_1) = \frac{2}{3}\left[E(X_1) + E(X_2)\right] = \frac{2}{3}\left(\frac{3}{4}\theta + \frac{3}{4}\theta\right) = \theta,$$

所以 $\hat{\theta}_1$ 是 θ 的无偏估计量.

令 $Z = \max(X_1, X_2)$，则 Z 的密度为

$$f_Z(z, \theta) = \begin{cases} \dfrac{6z^5}{\theta^6} & (x \in (0, \theta)), \\ 0 & (x \notin (0, \theta)), \end{cases}$$

得

$$E(\hat{\theta}_Z) = \frac{7}{6} E(Z) = \frac{7}{6} \int_0^\theta \frac{6z^6}{\theta^6} \mathrm{d}z = \theta,$$

所以 $\hat{\theta}_Z$ 也是 θ 的无偏估计量. 然后分别求 $D(\hat{\theta}_1)$ 与 $D(\hat{\theta}_2)$：

$$E(X^2) = \int_0^\theta \frac{3}{\theta^3} x^4 \mathrm{d}x = \frac{3}{5} \theta^2,$$

$$D(X) = E(X^2) - E^2(X) = \frac{3}{5} \theta^2 - \frac{9}{16} \theta^2 = \frac{3}{80} \theta^2,$$

由此得

$$D(\hat{\theta}_1) = \frac{4}{9} \left[D(X_1) + D(X_2) \right] = \frac{4}{9} \times \frac{6}{80} \theta^2 = \frac{1}{30} \theta^2,$$

而

$$E(Z^2) = \int_0^\theta \frac{6z^7}{\theta^6} \mathrm{d}z = \frac{3}{4} \theta^2,$$

$$D(Z) = E(Z^2) - E^2(Z) = \frac{3}{4} \theta^2 - \frac{36}{49} \theta^2 = \frac{3}{196} \theta^2,$$

$$D(\hat{\theta}_2) = \frac{49}{36} D(Z) = \frac{49}{36} \times \frac{3}{196} \theta^2 = \frac{1}{48} \theta^2,$$

比较 $D(\hat{\theta}_1)$ 与 $D(\hat{\theta}_2)$ 的大小，得

$$D(\hat{\theta}_1) = \frac{\theta^2}{30} > D(\hat{\theta}_2) = \frac{\theta^2}{48},$$

因此 $\hat{\theta}_2$ 较 $\hat{\theta}_1$ 有效.

【例 7-23】 设总体 X 服从 $0-1$ 分布，即

$$P(x, p) = p^x (1-p)^{1-x} \quad (x = 0, 1),$$

其中 $0 < p < 1$ 未知，$(X_1, X_2, \cdots, X_n)$ 为来自 X 的一个样本，证明：$\hat{p} = \overline{X} = \dfrac{1}{n} \sum\limits_{i=1}^n X_i$ 是未知参数 p 的有效估计量.

分析　先验证 $\hat{p}$ 是 p 的一个无偏估计量，然后分别求出下界 G 和 $D(\hat{p})$，若 $G = D(\hat{p})$，则表示 $\hat{p}$ 是 p 未知参数的有效估计量.

证明　已知 $E(\hat{p}) = E(\overline{X}) = p$，显然 $\hat{p}$ 是 p 的无偏估计量.

然后求下界 G，对分布列取对数

$$\ln P(x, p) = x \ln p + (1-x) \ln(1-p),$$

再对 p 求导，得

$$\frac{\mathrm{d}}{\mathrm{d}p} \ln P(x, p) = \frac{x}{p} - \frac{1-x}{1-p},$$

平方后求期望

$$E\Big[\frac{\mathrm{d}}{\mathrm{d}p}\ln P(X,p)\Big]^2 = \sum_{x=0}^{1}\Big(\frac{x}{p}-\frac{1-x}{1-p}\Big)^2 p^x(1-p)^{1-x}$$

$$=\frac{1}{(1-p)^2}(1-p)+\frac{1}{p^2}p=\frac{1}{1-p}+\frac{1}{p}=\frac{1}{p(1-p)},$$

求得下界 G 为

$$G=\frac{1}{nE\Big[\dfrac{\mathrm{d}}{\mathrm{d}p}\ln P(X,p)\Big]^2}=\frac{p(1-p)}{n},$$

再由

$$D(\hat{p})=D(\overline{X})=\frac{\sigma^2}{n}=\frac{1}{n}p(1-p)=G,$$

因此证得 $\hat{p}=\overline{X}$ 是 p 的一个有效估计量.

【例 7-24】 设总体 X 服从参数 $\lambda>0$ 的 Poisson 分布，λ 未知，$(X_1,X_2,\cdots,X_n)$ 为来自 X 的一个样本，证明：$\hat{\lambda}=\overline{X}$ 是未知参数 λ 的一个有效估计量.

证明 显然由 $E(\hat{\lambda})=E(\overline{X})=\lambda$ 知 $\hat{\lambda}=\overline{X}$ 是 λ 的无偏估计量. 由于 X 的分布律为

$$P(x,\lambda)=\frac{\lambda^x}{x!}\mathrm{e}^{-\lambda},$$

取对数

$$\ln P(x,\lambda)=x\ln\lambda-\ln x!-\lambda,$$

求导

$$\frac{\mathrm{d}\ln P(x,\lambda)}{\mathrm{d}\lambda}=\frac{x}{\lambda}-1$$

再平方后求期望

$$E\Big[\frac{\ln P(X,\lambda)}{\mathrm{d}\lambda}\Big]^2=E\Big[\frac{X}{\lambda}-1\Big]^2$$

$$=\frac{1}{\lambda^2}E(X-\lambda)^2=\frac{1}{\lambda^2}D(X)=\frac{1}{\lambda},$$

此时下界 G 为

$$G=\frac{1}{nE\Big[\dfrac{\mathrm{d}P(X,\lambda)}{\mathrm{d}\lambda}\Big]^2}=\frac{\lambda}{n},$$

而

$$D(\overline{X})=\frac{\lambda}{n}=G,$$

所以 $\hat{\lambda}=\overline{X}$ 是 λ 的有效估计量.

【例 7-25】 设 $(X_1,X_2,\cdots,X_n)$ 为来自总体 X 的样本，X 服从正态分布 $N(\mu,\sigma^2)$，μ,σ^2 未知，证明：

(1) $\hat{\mu}=\overline{X}$ 是 μ 的有效估计量；

(2) $\hat{\sigma}^2 = S^2 = \dfrac{1}{n-1}\sum\limits_{i=1}^{n}(X_i - \overline{X})^2$ 不是 σ^2 的有效估计量.

证明　(1) 由 $E(\hat{\mu}) = E(\overline{X}) = \mu$, 得 $\hat{\mu} = \overline{X}$ 是 μ 的无偏估计量. X 的密度为

$$f(x, \mu, \sigma^2) = \frac{1}{\sqrt{2\pi}\,\sigma}e^{-\frac{(x-\mu)^2}{2\sigma^2}},$$

取对数得

$$\ln f(x, \mu, \sigma^2) = -\frac{1}{2}\ln(2\pi) - \frac{1}{2}\ln\sigma^2 - \frac{(x-\mu)^2}{2\sigma^2},$$

求导后有

$$\frac{\partial\ln f(x, \mu, \sigma^2)}{\partial\mu} = \frac{x-\mu}{\sigma^2},$$

平方后求期望

$$E\left[\frac{\partial\ln f(X, \mu, \sigma^2)}{\partial\mu}\right]^2 = E\left(\frac{X-\mu}{\sigma^2}\right)^2$$

$$= \frac{D(X)}{\sigma^4} = \frac{1}{\sigma^2},$$

下界为

$$G = \frac{1}{nE\left[\dfrac{\partial\ln f(X, \mu, \sigma^2)}{\partial\mu}\right]^2} = \frac{\sigma^2}{n},$$

又由

$$D(\overline{X}) = \frac{\sigma^2}{n} = G,$$

由此可证得 $\hat{\mu} = \overline{X}$ 是 μ 的有效估计量.

(2) 由于 $E(\hat{\sigma}^2) = E(S^2) = \sigma^2$, 可知 $\hat{\sigma}^2 = S^2$ 是 σ^2 的无偏估计量.

对密度取对数并求导：

$$\ln f(x, \mu, \sigma^2) = -\frac{1}{2}\ln(2\pi) - \frac{1}{2}\ln\sigma^2 - \frac{(x-\mu)^2}{2\sigma^2},$$

$$\frac{\partial\ln f(x, \mu, \sigma^2)}{\partial\sigma^2} = -\frac{1}{2\sigma^2} + \frac{(x-\mu)^2}{2\sigma^4},$$

平方后再求期望

$$E\left[\frac{\partial\ln f(X, \mu, \sigma^2)}{\partial\sigma^2}\right]^2 = E\left[-\frac{1}{2\sigma^2} + \frac{(X-\mu)^2}{2\sigma^4}\right]^2$$

$$= \frac{1}{4\sigma^4}E\left[1 - 2\frac{(X-\mu)^2}{\sigma^2} + \frac{(X-\mu)^4}{\sigma^4}\right],$$

进而可算得

$$E(X-\mu)^2 = D(X) = \sigma^2,$$

$$E(X-\mu)^4 = \int_{-\infty}^{+\infty}(x-\mu)^4\frac{1}{\sqrt{2\pi}\,\sigma}e^{-\frac{(x-\mu)^2}{2\sigma^2}}\mathrm{d}x = 3\sigma^4,$$

代入上式得

$$E\left[\frac{\partial \ln f(X,\mu,\sigma^2)}{\partial \sigma^2}\right]^2 = \frac{1}{4\sigma^4}\left[1-\frac{2}{2\sigma^2}D(X)+\frac{1}{\sigma^4}E(X-\mu)^4\right]$$

$$=\frac{1}{4\sigma^4}(1-2+3)=\frac{1}{2\sigma^4},$$

此时下界 G 为

$$G=\frac{1}{nE\left[\dfrac{\partial \ln f(X,\mu,\sigma^2)}{\partial \sigma^2}\right]^2}=\frac{2\sigma^4}{n}.$$

又 $$D(\hat{\sigma}^2)=D(S^2)=\frac{2\sigma^4}{n-1}>G=\frac{2\sigma^4}{n},$$

所以 S^2 不是 σ^2 的有效估计量.

注 由于 $\lim\limits_{n\to\infty}\dfrac{D(\hat{\sigma}^2)}{G}=\lim\limits_{n\to\infty}\dfrac{\dfrac{2\sigma^4}{n-1}}{\dfrac{2\sigma^4}{n}}=\lim\limits_{n\to\infty}\dfrac{n}{n-1}=1$,因此 $\hat{\sigma}^2=S^2$ 又称是 σ^2 的渐近有

效估计量.

5. 一致性

【例 7-26】 证明:马尔柯夫不等式. 若随机变量 X 的 $E(X^2)$ 存在,则对任意 $\varepsilon>0$,有

$$P(|X|\geqslant\varepsilon)\leqslant\frac{E(X^2)}{\varepsilon^2}.$$

证明 以连续随机变量 X 为例(离散型随机变量证法相同). 设 X 的密度为 $f_X(x)$,则对任意的 $\varepsilon>0$,有

$$P(|X|\geqslant\varepsilon)=\int_{|x|\geqslant\varepsilon}f_X(x)\mathrm{d}x\leqslant\int_{|x|\geqslant\varepsilon}\frac{x^2}{\varepsilon^2}f_X(x)\mathrm{d}x$$

$$\leqslant\frac{1}{\varepsilon^2}\int_{-\infty}^{+\infty}x^2f_X(x)\mathrm{d}x=\frac{E(X^2)}{\varepsilon^2}.$$

对任意 $\varepsilon>0$,与上式等价的形式为

$$P(|X|<\varepsilon)>1-\frac{E(Y^2)}{\varepsilon^2}.$$

【例 7-27】 设总体 X 服从正态分布 $N(\mu,\sigma^2)$,μ,σ^2 未知,$(X_1,X_2,\cdots,X_n)$ 为来自总体 X 的一个样本,证明:

(1) 估计量 $\hat{\mu}=\overline{X}$,$\hat{\sigma}_1^2=S^2=\dfrac{1}{n-1}\sum\limits_{i=1}^n(X_i-\overline{X})^2$ 分别是 μ,σ^2 的一致估计量;

(2) 估计量 $\hat{\sigma}_2^2=S_n^2=\dfrac{1}{n}\sum\limits_{i=1}^n(X_i-\overline{X})^2$ 也是 σ^2 的一致估计量.

分析 当 $\hat{\theta}$ 是 θ 的无偏估计量时,讨论 $\hat{\theta}$ 的一致性则要利用切贝雪夫不等式证明;而 $\hat{\theta}$ 不是 θ 的无偏估计量时,则要利用马尔柯夫不等式证明.

证明 (1) 已知

$$E(\hat{\mu})=E(\overline{X})=\mu,D(\hat{\mu})=D(\overline{X})=\frac{\sigma^2}{n},$$

$$E(\hat{\sigma}_1^2)=E(S^2)=\sigma^2,D(\hat{\sigma}_1^2)=D(S^2)=\frac{2\sigma^4}{n-1},$$

由于 $\hat{\mu}=\overline{X}$ 与 $\hat{\sigma}_1^2=S^2$ 均为 μ,σ^2 的无偏估计量,根据切贝雪夫不等式,对任意的 $\varepsilon>0$,有

$$0\leqslant P(|\hat{\mu}-\mu|\geqslant\varepsilon)=P(|\hat{\mu}-E(\hat{\mu})|\geqslant\varepsilon)$$

$$=P(|\overline{X}-E(\overline{X})|\geqslant\varepsilon)\leqslant\frac{D(\overline{X})}{\varepsilon^2}=\frac{\sigma^2}{n\varepsilon^2}\rightarrow0\quad(n\rightarrow+\infty),$$

即 $\hat{\mu}=\overline{X}$ 为 μ 的一致估计量.

同理,对任意的 $\varepsilon>0$,有

$$0\leqslant P(|\hat{\sigma}_1^2-\sigma^2|\geqslant\varepsilon)=P(|\hat{\sigma}_1^2-E(\hat{\sigma}_1^2)|\geqslant\varepsilon)$$

$$=P(|S^2-E(S^2)|\geqslant\varepsilon)\leqslant\frac{D(S^2)}{\varepsilon^2}=\frac{2\sigma^4}{(n-1)\varepsilon^2}\rightarrow0\quad(n\rightarrow\infty),$$

所以 $\hat{\sigma}_1^2=S^2$ 是 σ^2 的一致估计量.

(2) 由于 $\hat{\sigma}_2^2=S_n^2$ 不是 σ^2 的无偏估计量,因此要利用马尔柯夫不等式来证明.

先求

$$E(\hat{\sigma}_2^2-\sigma^2)^2=D(\hat{\sigma}_2^2-\sigma^2)+E^2(\hat{\sigma}_2^2-\sigma^2)$$

$$=D(\hat{\sigma}_2^2)+[E(\hat{\sigma}_2^2)-\sigma^2]^2$$

$$=\frac{2(n-1)\sigma^4}{n^2}+\left[\frac{n-1}{n}\sigma^2-\sigma^2\right]^2$$

$$=\frac{2n-1}{n^2}\sigma^4,$$

由马尔柯夫不等式,对任意 $\varepsilon>0$,有

$$0\leqslant P(|\hat{\sigma}_2^2-\sigma^2|\geqslant\varepsilon)\leqslant\frac{E(\hat{\sigma}_2^2-\sigma^2)^2}{\varepsilon^2}=\frac{(2n-1)\sigma^4}{n^2\varepsilon^2}\rightarrow0\quad(n\rightarrow\infty),$$

所以 $\hat{\sigma}_2^2=S_n^2$ 是 σ^2 的一致估计量.

【例7-28】 设 $(X_1,X_2,\cdots,X_n)$ 是总体 X 的样本,X 服从区间 $[0,\theta]$ 上的均匀分布,其中 $\theta>0$ 未知,证明:估计量 $\hat{\theta}_1=2\overline{X},\hat{\theta}_2=X_{(n)}=\max\limits_{1\leqslant i\leqslant n}\{X_i\}$ 均为未知参数 θ 的一致估计量.

证明 已知 X 的密度为

$$f(x,\theta)=\begin{cases}\dfrac{1}{\theta} & (x\in[0,\theta]),\\[2mm] 0 & (x\notin[0,\theta]).\end{cases}$$

(1) 由
$$E(\hat{\theta}_1)=E(2\overline{X})=2E(X)=2\cdot\frac{\theta}{2}=\theta,$$

$$D(\hat{\theta}_1)=D(2\overline{X})=4D(\overline{X})=\frac{4}{n}D(X)=\frac{4}{n}\frac{\theta^2}{12}=\frac{\theta^2}{3n}.$$

从上述结果可知 $\hat{\theta}_1$ 是 θ 的无偏估计量,根据切贝雪夫不等式,对任意的 $\varepsilon>0$,有

$$0\leqslant P(|\hat{\theta}_1-\theta|\geqslant\varepsilon)$$

$$=P(|\hat{\theta}_1-E(\hat{\theta}_1)|\geqslant\varepsilon)\leqslant\frac{D(\hat{\theta}_1)}{\varepsilon^2}=\frac{\theta^2}{3\varepsilon^2 n}\to 0\quad(n\to\infty),$$

即对任意的 $\varepsilon>0$,得

$$\lim_{n\to\infty}P(|\hat{\theta}_1-\theta|\geqslant\varepsilon)=0,$$

所以 $\hat{\theta}_1$ 是 θ 的一致估计量.

(2) 已知 $X_{(n)}$ 的密度

$$f_{(n)}(z)=nF^{n-1}(z)f(z)=\begin{cases}\dfrac{n}{\theta^n}z^{n-1} & (z\in[0,\theta]),\\[2mm] 0 & (z\notin[0,\theta]),\end{cases}$$

有
$$E(\hat{\theta}_2)=E(X_{(n)})=\int_0^\theta z\frac{n}{\theta^n}z^{n-1}\mathrm{d}z=\frac{n}{n+1}\theta\neq\theta,$$

即 $\hat{\theta}_2=X_{(n)}$ 不是 θ 的无偏估计量. 又

$$E(\hat{\theta}_2^2)=E(X_{(n)}^2)=\int_0^\theta z^2\frac{n}{\theta^n}z^{n-1}\mathrm{d}z=\frac{n}{n+2}\theta^2,$$

$$D(\hat{\theta}_2)=E(\hat{\theta}_2^2)-E^2(\hat{\theta}_2)=\frac{n}{n+2}\theta^2-\frac{n^2}{(n+1)^2}\theta^2$$

$$=\frac{n}{(n+2)(n+1)^2}\theta^2,$$

由马尔柯夫不等式,对任意的 $\varepsilon>0$,有

$$0\leqslant P(|\hat{\theta}_2-\theta|\geqslant\varepsilon)\leqslant\frac{E(\hat{\theta}_2-\theta)^2}{\varepsilon^2},$$

而
$$E(\hat{\theta}_2-\theta)^2=D(\hat{\theta}_2-\theta)+E^2(\hat{\theta}_2-\theta)$$

$$=D(X_{(n)}-\theta)+E^2(X_{(n)}-\theta)$$

$$=D(X_{(n)})+[E(X_{(n)}-\theta]^2$$

$$= \frac{n}{(n+2)(n+1)^2}\theta^2 + \frac{1}{(n+1)^2}\theta^2$$

$$= \frac{2}{(n+2)(n+1)}\theta^2 \rightarrow 0 \quad (n\rightarrow\infty),$$

于是对任意 $\varepsilon>0$,有

$$\lim_{n\rightarrow\infty}P(|\hat{\theta}_2-\theta|\geqslant\varepsilon)=0,$$

即 $\hat{\theta}_2$ 是 θ 的一致估计量.

【例 7-29】 设 $(X_1,X_2,\cdots,X_n)$ 为来自总体 X 的一个样本,总体 X 有以下密度

$$f(x,\theta)=\begin{cases} \theta x^{\theta-1} & (x\in(0,1)), \\ 0 & (x\notin(0,1)), \end{cases}$$

其中 $\theta>0$,未知,明:$\hat{\theta}=\dfrac{\overline{X}}{1-\overline{X}}$ 是未知参数 θ 的一致估计量.

分析 证明本题要用到以下结果:

若 $\hat{T}$ 是 t 的一致估计量,且 $y=g(t)$ 在 t 处连续,则 $\hat{Y}=g(\hat{T})$ 是 $y=g(t)$ 的一致估计量.

以上也称为一致估计量的不变性原理.

证明 设 $y=g(t)=\dfrac{t}{1-t}$. 先证明:$\hat{T}=\overline{X}$ 是 $t=\dfrac{\theta}{1+\theta}$ 的一致估计量.

由

$$E(X) = \int_0^1 \theta x^\theta \mathrm{d}x = \frac{\theta}{\theta+1},$$

$$E(X^2) = \int_0^1 \theta x^{\theta+1}\mathrm{d}x = \frac{\theta}{\theta+2},$$

故

$$D(X) = E(X^2) - E^2(X)$$

$$= \frac{\theta}{\theta+2} - \left(\frac{\theta}{\theta+1}\right)^2$$

$$= \frac{\theta}{(\theta+2)(\theta+1)^2},$$

从而有

$$E(\hat{T}) = E(\overline{X}) = \frac{\theta}{\theta+1},$$

$$D(\hat{T}) = D(\overline{X}) = \frac{\theta}{n(\theta+2)(\theta+1)^2},$$

由于 $\hat{T}=\overline{X}$ 是 $\dfrac{\theta}{\theta+1}$ 的无偏估计量,利用切贝雪夫不等式,对任意的 $\varepsilon>0$,有

$$0 \leqslant P(\mid \hat{T} - \frac{\theta}{1+\theta} \mid \geqslant \varepsilon)$$

$$= P(\mid \overline{X} - E(\overline{X}) \mid \geqslant \varepsilon) \leqslant \frac{D(\overline{X})}{\varepsilon^2} = \frac{\theta}{\varepsilon^2 n(\theta+2)(\theta+1)^2} \to 0 \quad (n \to \infty),$$

即 $\hat{T} = \overline{X}$ 是 $t = \frac{\theta}{1+\theta}$ 的一致估计量.

然后由一致估计量的不变性原理,得

$$\hat{Y} = g(\hat{T}) = \frac{\overline{X}}{1-\overline{X}}$$

为 $y = g\left(\frac{\theta}{1+\theta}\right) = \theta$ 的一致估计量.

【例 7-30】 设 $(X_1, X_2, \cdots, X_n)$ 为来自总体 X 的一个样本,X 服从均匀分布 $U[1,\theta]$,$\theta > 1$ 未知,证明:估计量 $\hat{\theta} = 2\overline{X} - 1$ 是 θ 的一致估计量.

证明 由于 $E(X) = \frac{1+\theta}{2}$,得 $E(\overline{X}) = \frac{1+\theta}{2}$,即 $\hat{T} = \overline{X}$ 是 $t = \frac{1+\theta}{2}$ 的无偏估计量.又

$$D(X) = \frac{1}{12}(\theta-1)^2,$$

$$D(\overline{X}) = \frac{1}{n}D(X) = \frac{(\theta-1)^2}{12n},$$

利用切贝雪夫不等式,对任意的 $\varepsilon > 0$,有

$$0 \leqslant P\left(\left|\hat{T} - \frac{1+\theta}{2}\right| \geqslant \varepsilon\right) = P(\mid \overline{X} - E(\overline{X}) \mid \geqslant \varepsilon)$$

$$\leqslant \frac{D(\overline{X})}{\varepsilon^2} = \frac{(\theta-1)^2}{12n\varepsilon^2} \to 0 \quad (aS_n \to \infty),$$

故 $\hat{T} = \overline{X}$ 是 $t = \frac{1+\theta}{2}$ 的一致估计量.

令 $y = g(t) = 2t - 1$,由一致估计量不变性原理,得

$$\overline{Y} = g(\hat{T}) = 2\overline{X} - 1$$

是 $y = g(t) = g\left(\frac{1+\theta}{2}\right) = \theta$ 的一致估计量.

6. 单个正态总体均值 μ 和方差 σ² 的区间估计

【例 7-31】 设 $(X_1, X_2, \cdots, X_n)$ 为总体 X 的一个样本,X 服从正态分布 $N(\mu, \sigma^2)$,μ, σ^2 未知,问:

(1) 未知参数 μ 的置信度为 $1 - \alpha$ 的置信区间是否唯一?

（2）若不唯一那么选什么样的置信区间为最好,也就是说精度最高?

解　（1）一般地,在同一置信度的条件下,得到的置信区间不是唯一的. 本题中,由于 σ^2 未知,可选枢轴量为

$$T = \frac{\overline{X} - \mu}{\frac{S}{\sqrt{n}}} \sim t(n-1),$$

当 α 给定以后 $(0 < \alpha < 1)$,若 α 平分,则有

$$1 - \alpha = P\left(-t_{\frac{\alpha}{2}}(n-1) < T < t_{\frac{\alpha}{2}}(n-1)\right)$$

$$= P\left(-t_{\frac{\alpha}{2}}(n-1) < \frac{\overline{X} - \mu}{\frac{S}{\sqrt{n}}} < t_{\frac{\alpha}{2}}(n-1)\right)$$

$$= P\left(\overline{X} - t_{\frac{\alpha}{2}}(n-1)\frac{S}{\sqrt{n}} < \mu < \overline{X} + t_{\frac{\alpha}{2}}(n-1)\frac{S}{\sqrt{n}}\right),$$

此时得置信度为 $1-\alpha$ 的置信区间

$$\left(\overline{X} - t_{\frac{\alpha}{2}}(n-1)\frac{S}{\sqrt{n}}, \overline{X} + t_{\frac{\alpha}{2}}(n-1)\frac{S}{\sqrt{n}}\right).$$

若 α 不平分,取 $t_{\frac{\alpha}{3}}(n-1), t_{1-\frac{2}{3}\alpha}(n-1)$ 则

$$1 - \alpha = P(T > t_{1-\frac{2}{3}\alpha}(n-1)) - P(T > t_{\frac{1}{3}\alpha}(n-1))$$

$$= P(t_{1-\frac{2}{3}\alpha}(n-1) < T < t_{\frac{1}{3}\alpha}(n-1))$$

$$= P\left(\overline{X} + t_{1-\frac{2}{3}\alpha}(n-1)\frac{S}{\sqrt{n}} < \mu < \overline{X} + t_{\frac{\alpha}{3}}(n-1)\frac{S}{\sqrt{n}}\right),$$

得置信度为 $1-\alpha$ 的置信区间

$$\left(\overline{X} + t_{1-\frac{2}{3}\alpha}(n-1)\frac{S}{\sqrt{n}}, \overline{X} + t_{\frac{1}{3}\alpha}(n-1)\frac{S}{\sqrt{n}}\right).$$

（2）本题是在置信度 $1-\alpha$ 的条件下,求平均长度为最短的 μ 的置信区间. 由于 σ^2 未知,取枢轴量

$$T = \frac{\overline{X} - \mu}{\frac{S}{\sqrt{n}}} \sim t(n-1),$$

先取 $a, b \in \mathscr{R}$,使得

$$1 - \alpha = P(a < T < b) = P\left(a < \frac{\overline{X} - \mu}{\frac{S}{\sqrt{n}}} < b\right)$$

$$= P\left(\overline{X} - b\frac{S}{\sqrt{n}} < \mu < \overline{X} + a\frac{S}{\sqrt{n}}\right),$$

得 μ 的置信度为 $1-\alpha$ 的置信区间

$$\left(\overline{X}-b\frac{S}{\sqrt{n}}, \overline{X}-a\frac{S}{\sqrt{n}}\right),$$

区间长度为

$$L = \left(\overline{X}-a\frac{S}{\sqrt{n}}\right) - \left(\overline{X}-b\frac{S}{\sqrt{n}}\right) = (b-a)\frac{S}{\sqrt{n}},$$

平均长度为

$$l = E(L) = (b-a)\frac{E(S)}{\sqrt{n}},$$

选 a, b 使 L 达到最小,另外还有

$$1-\alpha = P(a < T < b) = F(b) - F(a),$$

其中 $F(t)$ 为 $t(n-1)$ 分布的分布函数,因此合起来有

$$\begin{cases} l = (b-a)\dfrac{E(S)}{\sqrt{n}}, & \textcircled{1} \\[3mm] F(b) - F(a) = 1-\alpha, & \textcircled{2} \end{cases}$$

令 $b = b(a)$,式 ① 和式 ② 对 a 求导,得

$$\begin{cases} \dfrac{\mathrm{d}l}{\mathrm{d}a} = \dfrac{E(S)}{\sqrt{n}}\left(\dfrac{\mathrm{d}b}{\mathrm{d}a} - 1\right), & \textcircled{3} \\[3mm] f(b)\dfrac{\mathrm{d}b}{\mathrm{d}a} - f(a) = 0, & \textcircled{4} \end{cases}$$

其中 $f(t)$ 是 $t(n-1)$ 分布的密度.

将式 ④ 代入式 ③,并且令 $\dfrac{\mathrm{d}l}{\mathrm{d}a} = 0$,得

$$\frac{\mathrm{d}l}{\mathrm{d}a} = \frac{E(S)}{\sqrt{n}}\left(\frac{f(b)}{f(a)} - 1\right) = 0.$$

从上式中知,只有 $f(a) = f(b)$ 时 l 为最小,由于 $f(t)$ 是偶函数且为单峰的,故要使 $f(b) = f(a)$,只有 $a = b$ 或 $a = -b$. $a = b$ 舍去,于是由式 ②,得

$$\begin{aligned} 1-\alpha &= F(b) - F(a) = F(b) - F(-b) \\ &= [1 - P(T > b)] - [1 - P(T > -b)] \\ &= P(T > b) - P(T > -b), \end{aligned}$$

再由 $f(t)$ 的对称性,于是

$$\begin{aligned} 1-\alpha &= P(T > b) - P(T > -b) \\ &= P(T > b) - (1 - P(T > b)) \\ &= 1 - 2P(T > b), \end{aligned}$$

得

$$P(T > b) = \frac{\alpha}{2},$$

所以有 $b=t_{\frac{a}{2}}(n-1),a=-t_{\frac{a}{2}}(n-1)$,可见 μ 的置信度为 $1-\alpha$ 平均长度最短的置信区间就是 α 平分以后,得

$$\left(\overline{X}-t_{\frac{a}{2}}(n-1)\frac{S}{\sqrt{n}},\overline{X}+t_{\frac{a}{2}}(n-1)\frac{S}{\sqrt{n}}\right).$$

注 同理,可证得当 σ^2 已知的条件下,给定 α 以后再平分,有

$$\left(\overline{X}-z_{\frac{a}{2}}\frac{\sigma}{\sqrt{n}},\overline{X}+z_{\frac{a}{2}}\frac{\sigma}{\sqrt{n}}\right),$$

此 μ 的置信度为 $1-\alpha$ 的平均长度最短的置信区间.

【例 7-32】 设 $(X_1,X_2,\cdots,X_n)$ 为来自正态分布 X 的样本,X 的分布为 $N(\mu,\sigma^2)$,μ,σ^2 未知. $S^2=\dfrac{1}{n-1}\sum\limits_{i=1}^{n}(X_i-\overline{X})^2$ 为样本方差,求 $a,b(0<a<b)$ 使得 σ^2 的置信度为 $1-\alpha$ 的置信区间

$$\left(\frac{(n-1)S^2}{a},\frac{(n-1)S^2}{b}\right)$$

的平均长度为最短.

解 设 $Y=\dfrac{(n-1)S^2}{\sigma^2}$,则 $Y\sim\chi^2(n-1)$,其密度为

$$f_Y(y)=\begin{cases}\dfrac{1}{2^{\frac{n-1}{2}}\Gamma\left(\dfrac{n-1}{2}\right)}y^{\frac{n-3}{2}}\mathrm{e}^{-\frac{y}{2}} & (y>0),\\ \\ 0 & (y\leqslant0),\end{cases}$$

且 $F_Y(y)$ 为 Y 的分布函数,此时有

$$1-\alpha=P\left(\frac{(n-1)S^2}{a}<\sigma^2<\frac{(n-1)S^2}{b}\right)$$

$$=P\left(a<\frac{(n-1)S^2}{\sigma^2}<b\right)$$

$$=F_Y(b)-F_Y(a),$$

则 σ^2 置信度为 $1-\alpha$ 的长度为

$$L=\left(\frac{1}{b}-\frac{1}{a}\right)(n-1)S^2,$$

平均长度

$$l=F(L)=\left(\frac{1}{b}-\frac{1}{a}\right)(n-1)E(S^2)=\left(\frac{1}{b}-\frac{1}{a}\right)(n-1)\sigma^2,$$

为要使 l 为最小,考虑

$$\begin{cases}l=\left(\dfrac{1}{a}-\dfrac{1}{b}\right)(n-1)\sigma^2, & ① \\ \\ F_Y(a)-F_Y(b)=1-\alpha, & ②\end{cases}$$

设 b 是 a 的函数,即 $b = b(a)$,然后对式 ① 和式 ② 对 a 求导,并使其为零,则

$$\begin{cases} \dfrac{\mathrm{d}l}{\mathrm{d}a} = \left(-\dfrac{1}{a^2} + \dfrac{1}{b^2}\dfrac{\mathrm{d}b}{\mathrm{d}a} \right)(n-1)\sigma^2 = 0, \\ F'_Y(a) - F'_Y(b)\dfrac{\mathrm{d}b}{\mathrm{d}a} = 0, \end{cases}$$

$$\begin{cases} \qquad b^2 = a^2 \dfrac{\mathrm{d}b}{\mathrm{d}a}, & \text{③} \\ \dfrac{\mathrm{d}b}{\mathrm{d}a} = \dfrac{F'_Y(a)}{F'_Y(b)} = \dfrac{f_Y(a)}{f_Y(b)}, & \text{④} \end{cases}$$

将式 ④ 代入式 ③,得

$$b^2 = \frac{a^2 f(a)}{f(b)}.$$

因此,a 与 b 满足上式时,得到置信度为 $1-\alpha$ 的 σ^2 的置信区间的精度为最高.

【例 7 - 33】 设 $(X_1, X_2, \cdots, X_n)$ 为来自正态总体 $X \sim N(\mu, \sigma^2)$ 的一个样本,其中 μ, σ^2 未知,求 n 使得 μ 的置信度为 $1-\alpha$ 的置信区间的长度不大于 $a(a > 0)$.

解 由于 σ^2 已知,此时 μ 的置信度为 $1-\alpha$ 的置信区间为

$$\left(\overline{X} - z_{\frac{\alpha}{2}} \frac{\sigma}{\sqrt{n}}, \overline{X} + z_{\frac{\alpha}{2}} \frac{\sigma}{\sqrt{n}} \right),$$

其区间的长度为 $l = 2z_{\frac{\alpha}{2}} \dfrac{\sigma}{\sqrt{n}}$. 由题意知

$$l = 2z_{\frac{\alpha}{2}} \frac{\sigma}{\sqrt{n}} \leqslant a,$$

解得

$$n \geqslant \frac{4\sigma^2 z_{\frac{\alpha}{2}}^2}{a^2}.$$

【例 7 - 34】 鱼被汞污染后,鱼的组织中含汞量 $X \sim N(\mu, \sigma^2)$,从这批鱼中随机地抽出 6 条进行检验,测得鱼组织的含汞量(ppm 或 10^{-6}) 为

$$2.06, 1.93, 2.12, 2.16, 1.98, 1.95$$

(1) 根据以往历史资料知道 $\sigma = 0.10$,求这批鱼的组织中平均含汞量 μ 的置信度为 0.95 的置信区间;

(2) 若 σ^2 未知,求 μ 的置信度为 0.95 的置信区间.

分析 求解此类问题,只要记住相应公式,直接代入公式计算,即可求得结果.

解 (1) 这是一个正态总体 $X \sim N(\mu, \sigma^2)$,σ^2 已知,求总体未知参数 μ 的区间估计问题. 由已知条件算得

$$\overline{x} = 2.02(\text{ppm}), \sigma = 0.10,$$

且由 $\alpha = 0.05$,查表得 $z_{0.025} = 1.96$, $n = 6$,于是 μ 的置信度为 0.95 的置信区间为

$$\left(\bar{x} - z_{\frac{\alpha}{2}} \frac{\sigma}{\sqrt{n}}, \bar{x} + z_{\frac{\alpha}{2}} \frac{\sigma}{\sqrt{n}} \right)$$

$$= \left(2.02 - 1.96 \times \frac{0.1}{\sqrt{6}}, 2.02 + 1.96 \times \frac{0.1}{\sqrt{6}} \right)$$

$$= (1.94, 2.10).$$

(2) 这是一个正态总体为 $X \sim N(\mu, \sigma^2)$、方差未知的求总体未知参数 μ 的区间估计问题. 由已知条件算得

$$\bar{x} = 2.02(\text{ppm}), s^2 = \frac{1}{n-1} \left(\sum_{i=1}^{n} x_i^2 - n\bar{x}^2 \right) = 0.11^2,$$

且由 $n = 6$ 和 $\alpha = 0.05$,查 t 分布表,得

$$t_{\frac{\alpha}{2}}(n-1) = t_{0.025}(5) = 2.57,$$

于是 μ 的置信度为 0.95 的置信区间为

$$\left(\bar{x} - t_{\frac{\alpha}{2}}(n-1) \frac{S}{\sqrt{n}}, \bar{x} + t_{\frac{\alpha}{2}}(n-1) \frac{S}{\sqrt{n}} \right)$$

$$= \left(2.02 - 2.57 \times \frac{0.11}{\sqrt{6}}, 2.02 + 2.57 \times \frac{11}{\sqrt{6}} \right)$$

$$= (1.90, 2.14).$$

【例 7 - 35】 食品厂用自动线包装饼干,为检查自动线工作情况,现从一批产品中抽取 16 袋饼干,称得重量(单位:克)如下:

$$506 \quad 508 \quad 499 \quad 503 \quad 504 \quad 510 \quad 497 \quad 512$$
$$514 \quad 505 \quad 493 \quad 496 \quad 506 \quad 502 \quad 509 \quad 496$$

设每袋重量 X 服从正态分布 $N(\mu, \sigma^2)$,求:

(1) 总体 μ 的置信度为 0.95 的置信区间;

(2) 总体 σ 的置信度为 0.95 的置信区间.

解 (1) 本题是正态总体方差 σ^2 未知、求 μ 的区间估计问题. 由样本值求得

$$\bar{x} = 503.75, s = 6.2022, n = 15, \alpha = 0.05,$$

查表得

$$t_{\frac{\alpha}{2}}(n-1) = t_{0.025}(15) = 2.1315,$$

故均值 μ 的置信度为 0.95 的置信区间为

$$\left(\bar{x} - t_{\frac{\alpha}{2}}(n-1) \frac{S}{\sqrt{n}}, \bar{x} + t_{\frac{\alpha}{2}}(n-1) \frac{S}{\sqrt{n}} \right)$$

$$= \left(503.75 - 2.131\,5\,\frac{6.202\,2}{\sqrt{16}}, 503.75 + 2.131\,5\,\frac{6.202\,2}{\sqrt{16}} \right)$$

$$= (500.4, 507.1).$$

（2）本题是求总体均值 μ 未知求 σ 的区间估计，由 $n=16$，且 $\alpha=0.05$，查表得

$$\chi^2_{0.025}(15) = 27.488, \chi^2_{0.975}(15) = 6.262,$$

则 σ^2 的置信度为 0.95 的置信区间为

$$\left(\frac{(n-1)s^2}{\chi^2_{\frac{\alpha}{2}}(n-1)}, \frac{(n-1)s^2}{\chi^2_{1-\frac{\alpha}{2}}(n-1)} \right)$$

$$= \left(\frac{15 \times 6.202\,2^2}{27.488}, \frac{15 \times 6.202\,2^2}{6.262} \right)$$

$$= (20.99, 92.14),$$

故 σ 的置信区间为

$$(4.58, 9.60).$$

7. 两个正态总体均值差 $\mu_1 - \mu_2$ 和方差比 $\frac{\sigma_1}{\sigma_2}$ 的区间估计

【例 7-36】 设新型纺机所纺的纱的断裂强度 X 服从正态分布 $N(\mu, 2.18^2)$，而普通纺机所纺的纱的断裂强度 Y 服从正态分布 $N(\mu^2, 1.76^2)$。现从总体 X 中抽取 $n=200$ 的样本 $(X_1, X_2, \cdots, X_{200})$ 算得 $\bar{x}=5.32$（单位：千克），从总体 Y 抽取容量 $n=100$ 的样本 $(Y_1, Y_2, \cdots, Y_{100})$ 算得 $\bar{y}=5.76$，求 $\mu_1 - \mu_2$ 置信度为 0.95 的置信区间.

解 本题是方差已知，求两正态总体期望差 $\mu_1 - \mu_2$ 的置信区间，要用到以下结果

$$\left(\bar{X} - \bar{Y} - z_{\frac{\alpha}{2}}\sqrt{\frac{\sigma_1^2}{n_1} + \frac{\sigma_2^2}{n_2}}, \bar{X} - \bar{Y} + z_{\frac{\alpha}{2}}\sqrt{\frac{\sigma_1^2}{n_1} + \frac{\sigma_2^2}{n_2}} \right).$$

由已知条件 $\bar{x}=5.32, \bar{y}=5.76, \sigma_1^2 = 2.18^2, \sigma_2^2 = 1.76^2, n_1 = 200, n_2 = 100$，算得

$$\bar{x} - \bar{y} = 5.32 - 5.76 = -0.44,$$

$$\sqrt{\frac{\sigma_1^2}{n_1} + \frac{\sigma_2^2}{n_2}} = \sqrt{\frac{2.18^2}{200^2} + \frac{1.76^2}{100^2}} = 0.234,$$

查表得 $z_{\frac{\alpha}{2}} = z_{0.025} = 1.96$，所以 $\mu_1 - \mu_2$ 的置信度为 0.95 的置信区间为

$$\left(\bar{x} - \bar{y} - z_{\frac{\alpha}{2}}\sqrt{\frac{\sigma_1^2}{n_1} + \frac{\sigma_2^2}{n_2}}, \bar{x} - \bar{y} + z_{\frac{\alpha}{2}}\sqrt{\frac{\sigma_1^2}{n_1} + \frac{\sigma_2^2}{n_2}} \right)$$

$$= (-0.44 - 1.96 \times 0.234, -0.44 + 1.96 \times 0.234)$$

$$= (-0.899, 0.019).$$

区间 $(-0.899, 0.019)$ 偏于原点左侧，说明新型纺机平均断裂强度低于普通纺

机的平均断裂强度.

【例 7 - 37】　设有甲、乙两种安眠药,现在要比较它们之间的疗效,X 与 Y 分别表示失眠者服用甲、乙两种药后睡眠时间的延长数.假设 X 服从正态分布 $N(\mu_1,\sigma^2)$,Y 服从正态分布 $N(\mu,\sigma^2)$,从中随机地抽取 20 个病人进行观测,其中有 11 个病人服用甲种药,9 个病人服用乙种药,测得数据如下:

$$\overline{x}=2.33,s_1^2=3.61$$
$$\overline{y}=0.75,s_2^2=2.89$$

求 $\mu_1-\mu_2$ 的置信度为 0.95 的置信区间.

解　由于两总体方差未知但它们相等,此时 $\mu_1-\mu_2$ 的置信度为 $1-\alpha$ 的置信区间为

$$\left(\overline{X}-\overline{Y}-t_{\frac{\alpha}{2}}(n_1+n_2-2)S_W\sqrt{\frac{1}{n_1}+\frac{1}{n_2}},\ \overline{X}-\overline{Y}+t_{\frac{\alpha}{2}}(n_1+n_2-2)S_W\sqrt{\frac{1}{n_1}+\frac{1}{n_2}}\right),$$

其中 $S_W^2=\sqrt{\dfrac{n_1S_1^2+n_2S_2^2}{n_1+n_2-2}}$.由已知条件 $n_1=11,n_2=9,\alpha=0.05$ 查 T 分布表,得

$$t_{\frac{\alpha}{2}}(n_1+n_2-2)=t_{0.025}(8)=2.10,$$

又　　　　　　　　　　$\overline{x}-\overline{y}=1.58,$

$$S_W\sqrt{\frac{1}{n_1}+\frac{1}{n_2}}=\sqrt{\frac{11\times3.61+9\times2.89}{11+9-2}}\sqrt{\frac{1}{11}+\frac{1}{9}}$$
$$=1.92\times0.45=0.864,$$

于是 $\mu_1-\mu_2$ 的置信度为 0.95 的置信区间是

$$\left(\overline{x}-\overline{y}-t_{\frac{\alpha}{2}}(n_1+n_2-2)S_W\sqrt{\frac{1}{n_1}+\frac{1}{n_2}},\ \overline{x}-\overline{y}+t_{\frac{\alpha}{2}}(n_1+n_2-2)S_W\sqrt{\frac{1}{n_1}+\frac{1}{n_2}}\right)$$
$$=(1.58-2.10\times0.864,1.58+2.10\times0.864)$$
$$=(-0.21,3.39).$$

注　所得置信区间 $(-0.21,3.39)$ 偏于原点的右侧,表示甲种药的平均药效比乙种药平均药效好,但置信区间中包含了原点,说明甲种药的平均药效未必比乙种药的平均药效显著.

【例 7 - 38】　从甲、乙两厂生产同一种型号的蓄电池中分别抽取一个样本,测得蓄电池的电容量($A\cdot h$)如下:

　　　　　甲厂:144,141,138,142,141,143,138,137
　　　　　乙厂:142,143,139,140,138,141,140,138,142,136

设两厂的蓄电池电容量 X,Y 分别服从正态分布 $N(\mu_1,\sigma_1^2)$ 和 $N(\mu_2,\sigma_2^2)$,求:

(1) 电容量的方差比 $\dfrac{\sigma_1^2}{\sigma_2^2}$ 的置信度为 0.95 的置信区间;

（2）电容量的均值差 $\mu_1-\mu_2$ 的置信度为 0.95 的置信区间（假定 $\sigma_1^2=\sigma_2^2$）.

分析 本题要检查 $\mu_1-\mu_2$ 的置信区间，如果事先没有假定方差的齐性，即 $\sigma_1^2=\sigma_2^2$，则应该进行假设检验：

$$H_0:\sigma_1^2=\sigma_2^2;H_1:\sigma_1^2\neq\sigma_2^2,$$

若具有方差齐性，再进行求 $\mu_1-\mu_2$ 的区间估计. 但是，如果两样本容易 n_1,n_2 都充分大，则不必进行方差齐性的检验，同时两总体可以服从任意分布，此时利用中心极限定理，得

$$U=\frac{\overline{X}-\overline{Y}-(\mu_1-\mu_2)}{\sqrt{\dfrac{S_1^2}{n_1}+\dfrac{S_2^2}{n_2}}}\xrightarrow{\text{近似分布}}N(0,1),$$

然后，对任意的 $\alpha(0<\alpha<1)$，有

$$P(|U|<z_{\frac{\alpha}{2}})=1-\alpha,$$

得到 $\mu_1-\mu_2$ 的置信度为 $1-\alpha$ 的近似置信区间为

$$\left(\overline{X}-\overline{Y}-z_{\frac{\alpha}{2}}\sqrt{\frac{S_1^2}{n_1}+\frac{S_2^2}{n_2}},\overline{X}-\overline{Y}+z_{\frac{\alpha}{2}}\sqrt{\frac{S_1^2}{n_1}+\frac{S_2^2}{n_2}}\right).$$

解 由已知条件算得

$$\overline{x}=140.5,s_1^2=2.563^2,$$
$$\overline{y}=139.9,s_2^2=2.183^2.$$

（1）已知 $n_1=8,n_2=10,\alpha=0.05$，查表得 $F_{0.025}(7,9)=4.20,F_{0.025}(9,7)=4.82$，又 $\dfrac{s_1^2}{s_2^2}=1.378$，故 $\dfrac{\sigma_1^2}{\sigma_2^2}$ 的置信度为 0.95 的置信区间

$$\left(\frac{s_1^2}{s_2^2}F_{1-\frac{\alpha}{2}}(n_2-1,n_1-1),\frac{s_1^2}{s_2^2}F_{\frac{\alpha}{2}}(n_2-1,n_1-1)\right)$$
$$=\left(\frac{s_1^2}{s_2^2}\frac{1}{F_{\frac{\alpha}{2}}(n_1-1,n_2-1)},\frac{s_1^2}{s_2^2}F_{\frac{\alpha}{2}}(n_2-1,n_1-1)\right)$$
$$=\left(1.378\times\frac{1}{4.20},1.378\times4.82\right)$$
$$=(0.328,6.642).$$

注 从以上看出 $\dfrac{\sigma_1^2}{\sigma_2^2}$ 的区间估计中包含 1，大致可认为两总体的方差具有齐性.

（2）由已知条件算得 $\overline{x}-\overline{y}=0.6$，

$$S_W=\sqrt{\frac{7\times2.563^2+9\times2.183^2}{16}}=2.357,$$
$$\sqrt{\frac{1}{n_1}+\frac{1}{n_2}}=0.474,$$

查表得
$$t_{\frac{\alpha}{2}}(n_1+n_2-2)=t_{0.025}(16)=2.1199,$$

最后求得 $\mu_1-\mu_2$ 的置信度为 0.95 的置信区间是

$$\left(\bar{x}-\bar{y}-t_{\frac{\alpha}{2}}(n_1+n_2-2)s_W\sqrt{\frac{1}{n_1}+\frac{1}{n_2}},\bar{x}-\bar{y}+t_{\frac{\alpha}{2}}(n_1+n_2-2)s_W\sqrt{\frac{1}{n_1}+\frac{1}{n_2}}\right)$$

$$=(0.6-2.1199\times2.357\times0.474,0.6+2.1199\times2.357\times0.474)$$

$$=(-1.768,2.968).$$

8. 单侧置信区间

【例 7-39】　为研究某种汽车轮胎的磨损特性,从一批轮胎中任选 16 只作试验,每只轮胎行驶到磨损为止,此时记录所行驶的路程(单位:km)如下:

　　　41 250, 40 187, 43 175, 41 010, 39 265, 41 872

　　　42 654, 41 287, 38 970, 40 200, 42 550, 41 095

　　　40 680, 43 500, 39 775, 40 400

设轮胎行驶路程 X 服从正态分布 $N(\mu,\sigma^2)$,μ,σ^2 未知,求 μ 的置信度为 0.95 的单侧置信下限.

解　本题为方差 σ^2 未知,求 μ 的单侧置信下限问题,只要从双侧置信区间的下限中 $t_{\frac{\alpha}{2}}(n-1)$ 改成 $t_{\alpha}(n-1)$ 即可求得. 由已知条件算得

$$\bar{x}=41117,s^2=1347^2,n=16,$$

且查表得 $t_{0.05}(15)=1.7531$,从而得 μ 的置信度为 0.95 的单侧置信下限为

$$\bar{x}-t_{\frac{\alpha}{2}}(n-1)\frac{S}{\sqrt{n}}=41117-1.7531\times\frac{1347}{\sqrt{15}}=40526.$$

【例 7-40】　某厂的一车间有甲、乙两条生产线,生产同一型号的导线. 为比较两生产线所生产导线的质量,现分别从甲、乙两生产线加工的产品中抽取 4 根和 5 根导线,测得电阻(单位:Ω)为

　　　甲生产线:0.143, 0.142, 0.143, 0.137

　　　乙生产线:0.140, 0.142, 0.136, 0.138, 0.140

设测量值 X 和 Y 分别服从正态分布 $N(\mu,\sigma^2)$ 和 $N(\mu,\sigma^2)$,且两样本相互独立,μ_1,μ_2 和 σ^2 均未知,求 $\mu_1-\mu_2$ 的置信度为 0.95 的置信上限.

解　本题为单侧置信区间问题,只要把 $\mu_1-\mu_2$ 的置信度为 $1-\alpha$ 的双侧置信区间的右端点中 $t_{\frac{\alpha}{2}}(n_1+n_2-2)$ 改成 $t_{\alpha}(n_1+n_2-2)$,即可求得 $\mu_1-\mu_2$ 的单侧置信上限. 由已知条件,得

$$\bar{x}=0.1413,\bar{y}=0.1392,$$

$$s_1^2=0.0032^2,s_2^2=0.0003742,$$

$$\overline{x} - \overline{y} = 0.002\,1,$$

$$\sqrt{\frac{1}{n_1} + \frac{1}{n_2}} = 0.671,$$

$$s_w^2 = \frac{(n_1-1)s_1^2 + (n_2-1)s_2^2}{n_1+n_2-2} = 6.509 \times 10^{-6},$$

$$s_w = \sqrt{6.509 \times 10^{-6}} = 2.551 \times 10^{-3},$$

又 $n_1 = 4, n = 5, \alpha = 0.05$, 查表得

$$t_\alpha(n_1+n_2-2) = t_{0.05}(7) = 1.894\,6,$$

最后求得 $\mu_1 - \mu_2$ 的置信度为 0.95 的单侧置信上限

$$\overline{x} - \overline{y} + t_\alpha(n_1+n_2-2)s_w\sqrt{\frac{1}{n_1} + \frac{1}{n_2}}$$

$$= 0.002\,1 + 1.894\,6 \times 2.551 \times 10^{-3} \times 0.677$$

$$= 0.002\,1 + 0.003\,272 = 0.005\,4.$$

【例 7 - 41】 设有两位化验员 A, B 独立地对某种液态化合物中含氯量用相同方法各作 10 次测定, 其测定值的样本方差 $s_1^2 = 0.541\,9, s_2^2 = 0.606\,5$. 同时又设 A, B 两人所测定值 X, Y 服从正态分布 $N(\mu_1, \sigma_1^2)$ 和 $N(\mu_2, \sigma_2^2)$, 求 $\dfrac{\sigma_1^2}{\sigma_2^2}$ 的置信度为 0.95 的置信上限.

解 本题是求方差比的置信上限问题, 只要在相应的方差比双侧置信区间的上限中的 $F_{\frac{\alpha}{2}}(n_2-1, n_1-1)$ 换成 $F_\alpha(n_2-1, n_1-1)$ 即可. 已知

$$s_1^2 = 0.541\,9, s_2^2 = 0.606\,5, n_1 = 10, n_2 = 10, \alpha = 0.05,$$

查表得

$$F_{0.05}(9,9) = 3.18,$$

此时 $\dfrac{\sigma_1^2}{\sigma_2^2}$ 的置信度为 0.95 的置信上限为

$$\frac{s_1^2}{s_2^2} F_\alpha(n_2-1, n_1-1) = \frac{0.541\,9}{0.606\,5} \times 3.18 = 2.84.$$

9. 非正态总体中未知参数的区间估计

【例 7 - 42】 设 $(0.50, 1.25, 0.80, 2.00)$ 为来自总体 X 的一个样本观察值. 已知 $Y = \ln X$ 服从正态分布 $N(\mu, 1), \mu$ 未知.

(1) 求 X 的期望 $E(X) = b$;

(2) 求 μ 的置信度为 0.95 的置信区间;

(3) 求 b 的置信度为 0.95 的置信区间.

分析 称 X 服从对数正态分布, 是讨论非正态总体的区间估计问题. 首先求

出函数的期望 $E(X)=E(\mathrm{e}^Y)$，以及正态总体 Y 的 μ 的区间估计，再利用函数 $b=\mathrm{e}^{\mu+\frac{1}{2}}$ 的递增性，可得 b 的置信度为 0.95 的置信区间.

解　(1) 已知 Y 的密度为

$$f_Y(y)=\frac{1}{\sqrt{2\pi}}\mathrm{e}^{-\frac{(y-\mu)^2}{2}}\quad(-\infty<y<+\infty),$$

于是

$$b=E(X)=E(\mathrm{e}^Y)=\frac{1}{\sqrt{2\pi}}\int_{-\infty}^{+\infty}\mathrm{e}^y\mathrm{e}^{-\frac{(y-\mu)^2}{2}}\,\mathrm{d}y$$

$$\xrightarrow{t=y-\mu}\frac{1}{\sqrt{2\pi}}\int_{-\infty}^{+\infty}\mathrm{e}^{t+\mu}\mathrm{e}^{-\frac{t^2}{2}}\,\mathrm{d}t$$

$$=\mathrm{e}^{\mu+\frac{1}{2}}\int_{-\infty}^{+\infty}\frac{1}{\sqrt{2\pi}}\mathrm{e}^{-\frac{1}{2}(t-1)^2}\,\mathrm{d}t$$

$$=\mathrm{e}^{\mu+\frac{1}{2}}.$$

(2) 由 $\alpha=0.05$，查表得 $z_{\frac{\alpha}{2}}=z_{0.025}=1.96$，又

$$\bar{y}=\sum_{i=1}^{4}\ln x_i=\frac{1}{4}(\ln 0.5+\ln 0.8+\ln 1.25+\ln 2)$$

$$=\frac{1}{4}\ln 1=0,$$

算得 μ 的置信度为 0.95 的置信区间

$$\left(\bar{y}-z_{0.025}\frac{\sigma}{\sqrt{n}},\bar{y}+z_{0.025}\frac{\sigma}{\sqrt{n}}\right)$$

$$=\left(-1.96\times\frac{1}{2},1.96+\frac{1}{2}\right)=(-0.98,0.98).$$

(3) 由 e^x 的严格递增性，有

$$0.95=P\left(-0.48<\mu+\frac{1}{2}<1.48\right)$$

$$=P(\mathrm{e}^{-0.48}<\mathrm{e}^{\mu+\frac{1}{2}}<\mathrm{e}^{1.48}),$$

因此 $b=E(X)$ 的置信度为 0.95 的置信区间为

$$(\mathrm{e}^{-0.48},\mathrm{e}^{1.48}).$$

【例 7-43】　设 $(X_1,X_2,\cdots,X_n)$ 为来自总体 X 的一个样本，样本容量 n 很大 $(n>30)$，总体 X 的分布未知，X 的期望 $\mu=E(X)$，方差 $\sigma^2=D(X)$ 存在，但 μ 未知，求：

(1) 当 σ^2 已知时，求 μ 的置信度为 $1-\alpha$ 的置信区间；

(2) 当 σ^2 未知时，求 μ 的置信度为 $1-\alpha$ 的置信区间.

解 已知 $E(\overline{X})=\mu, D(\overline{X})=\dfrac{\sigma^2}{n}$, 根据中心极限定理, 当 n 很大时, 有

$$\frac{\overline{X}-E(\overline{X})}{\sqrt{D(\overline{X})}}=\frac{\overline{X}-\mu}{\dfrac{\sigma}{\sqrt{n}}} \xrightarrow{\text{近似分布}} N(0,1),$$

因此对任意的 $\alpha(0<\alpha<1)$, 有

$$P\left\{\left|\frac{\overline{X}-\mu}{\dfrac{\sigma}{\sqrt{n}}}\right|<z_{\frac{\alpha}{2}}\right\}=1-\alpha,$$

得总体 X 的未知参数 μ 的置信度为 $1-\alpha$ 的置信区间

$$\left(\overline{X}-z_{\frac{\alpha}{2}}\frac{\sigma}{\sqrt{n}}, \overline{X}+z_{\frac{\alpha}{2}}\frac{\sigma}{\sqrt{n}}\right).$$

(2) 当 σ^2 未知时, $\dfrac{\overline{X}-\mu}{\dfrac{\sigma}{\sqrt{n}}}$ 不再是枢轴量. 这时用样本的均方差 S 取代 σ, 由于 S

是 σ 的一致估计量, 利用中心极限定理可得, 当 n 充分大时 $(n>30)$, 有

$$\frac{\overline{X}-\mu}{\dfrac{\sigma}{\sqrt{n}}}\approx\frac{\overline{X}-\mu}{\dfrac{S}{\sqrt{n}}} \xrightarrow{\text{近似分布}} N(0,1),$$

则对任意的 $\alpha(0<\alpha<1)$, 有

$$P\left\{\left|\frac{\overline{X}-\mu}{\dfrac{S}{\sqrt{n}}}\right|<z_{\frac{\alpha}{2}}\right\}=1-\alpha,$$

得 μ 的置信度为 $1-\alpha$ 的置信区间是

$$\left(\overline{X}-z_{\frac{\alpha}{2}}\frac{S}{\sqrt{n}}, \overline{X}+z_{\frac{\alpha}{2}}\frac{S}{\sqrt{n}}\right).$$

【例 7 - 44】 设总体 X 服从 $0-1$ 分布, 即 $X\sim P(X=k)=p^k(1-p)^{1-k}(k=0,$ $1)$, 其中 p 未知, $0<p<1$. $(X_1,X_2,\cdots,X_n)$ 为来自总体 X 的一个样本, 求当 n 很大时 $(n>30)$, 未知参数 p 的置信度为 $1-\alpha$ 的置信区间.

分析 本题是总体 X 服从非正态分布, 求未知参数 p 的区间估计问题, 由于 n 很大可利用上例的结果求解. 值得注意的是总体 X 的方差 $D(X)=p(1-p)$ 是未知的, 应该用 S 取代 σ 作为枢轴量, 即当 n 很大时, 有

$$Z=\frac{\overline{X}-p}{\dfrac{S}{\sqrt{n}}} \xrightarrow{\text{近似分布}} N(0,1).$$

解 已知 $\mu=E(X)=p, \sigma^2=D(X)=p(1-p)$. 由于样本 $(X_1,X_2,\cdots,X_n)$ 中的

每个分量 X_i 取 0 或者取 1,因此可设 $(X_1, X_2, \cdots, X_n) = (1, 0, 0, 1, \cdots, 1, 0)$ 中有 m 个 1,$n-m$ 个 0,此时有

$$\overline{X} = \frac{m}{n},$$

$$S^2 = \frac{1}{n-1} \Big[\underbrace{\Big(1 - \frac{m}{n}\Big)^2 + \Big(1 - \frac{m}{n}\Big)^2 + \cdots + \Big(1 - \frac{m}{n}\Big)^2}_{m \text{个} 1} +$$

$$\underbrace{\Big(0 - \frac{m}{n}\Big)^2 + \Big(0 - \frac{m}{n}\Big)^2 + \cdots + \Big(0 - \frac{m}{n}\Big)^2}_{n-m \text{个} 0} \Big]$$

$$= \frac{1}{n-1} \Big[m \Big(1 - \frac{m}{n}\Big)^2 + (n-m) \Big(\frac{m}{n}\Big)^2 \Big]$$

$$= \frac{1}{n-1} \Big[m \Big(1 - 2\frac{m}{n} + \frac{m^2}{n^2}\Big) + n\frac{m^2}{n^2} - m\frac{m^2}{n^2} \Big]$$

$$= \frac{1}{n-1} m \Big(1 - \frac{m}{n}\Big) = \frac{n}{n-1} \overline{X}(1 - \overline{X}),$$

取枢轴量 $Z = \dfrac{\overline{X} - p}{\dfrac{S}{\sqrt{n}}}$,因此当 n 很大时 $(n > 30)$,对任意的 $\alpha (0 < \alpha < 1)$,有

$$1 - \alpha = P \left(\left| \frac{\overline{X} - p}{\frac{S}{\sqrt{n}}} \right| < z_{\frac{\alpha}{2}} \right)$$

$$= P \left(\overline{X} - z_{\frac{\alpha}{2}} \frac{S}{\sqrt{n}} < p < \overline{X} + z_{\frac{\alpha}{2}} \frac{S}{\sqrt{n}} \right),$$

即未知参数 p 的置信度为 $1 - \alpha$ 的置信区间是

$$\left(\overline{X} - z_{\frac{\alpha}{2}} \frac{S}{\sqrt{n}}, \overline{X} + z_{\frac{\alpha}{2}} \frac{S}{\sqrt{n}} \right),$$

其中 $\overline{X} = \dfrac{m}{n}, S^2 = \dfrac{n}{n-1} \overline{X}(1 - \overline{X})$.

【例 7-45】　某射击手对一快速移动靶射击 100 次,结果有 8 次命中,求该射手命中率 p 的置信度为 0.95 的置信区间.

　　解　由于 n 很大 $(n > 30)$,可利用上题的结果求解. 由 $n = 100, m = 8$,求得

$$\overline{x} = \frac{n}{m} = \frac{8}{100} = 0.08,$$

$$s^2 = \frac{n}{n-1} \overline{x}(1 - \overline{x}) = \frac{100}{99} \times 0.08 \times (1 - 0.08) = 1.01 \times 0.073\,6$$

$$= 0.074\,3 = 0.273^2,$$

$\alpha=0.05$，查表得 $z_{\frac{\alpha}{2}}=z_{0.025}=1.96$. 最后算得未知参数 p 的置信度为 0.95 的置信区间

$$\left(\overline{x}-z_{\frac{\alpha}{2}}\frac{s}{\sqrt{n}},\overline{x}+z_{\frac{\alpha}{2}}\frac{s}{\sqrt{n}}\right)$$

$$=\left(0.08-1.96\times\frac{0.273}{10},0.08+1.96\times\frac{0.273}{10}\right)$$

$$=(0.026,0.134).$$

【例 7 - 46】 设总体 X 服从指数分布，其密度为

$$f(x)=\begin{cases}\lambda e^{-\lambda x} & (x\geqslant 0),\\ 0 & (x<0),\end{cases}$$

其中 $\lambda>0$ 未知. $(X_1,X_2,\cdots,X_n)$ 为来自总体 X 的一个样本.

(1) 证明：$2n\lambda\overline{X}\sim\chi^2_{(2n)}$；

(2) 求未知参数 λ 的置信度为 $1-\alpha$ 的置信区间.

分析 虽然本题是求非正态分布的未知参数 λ 的区间估计，并且样本容量 n 也没有确定，但若能求出 $2n\lambda\overline{X}$ 的分布，也可求出 λ 的区间估计.

证明 (1) 我们知道 X 服从指数分布

$$f(x)=\begin{cases}\lambda e^{-\lambda x} & (x>0),\\ 0 & (x\leqslant 0),\end{cases}$$

是 Γ 分布的一个特例，也就是 $X\sim\Gamma(1,\lambda)$. 根据 Γ 分布的可加性：

$$Y=\sum_{i=1}^{n}X_i\sim\Gamma(n,\lambda),$$

此时 Y 的密度为

$$f_Y(y)=\begin{cases}\dfrac{\lambda^n}{\Gamma(n)}y^{n-1}e^{-\lambda y} & (y>0),\\ 0 & (y\leqslant 0).\end{cases}$$

令 $Z=2\lambda n\overline{X}=2\lambda\sum_{i=1}^{n}X_i=2\lambda Y$，则 Z 的密度为

$$f_Z(z)=f_Y\left(\frac{z}{2\lambda}\right)\left(\frac{z}{2\lambda}\right)'=\begin{cases}\dfrac{1}{2^n\Gamma(n)}z^{n-1}e^{-\frac{z}{2}} & (z>0),\\ 0 & (y\leqslant 0),\end{cases}$$

这正是 $\chi^2_{(2n)}$ 的密度，因此 $2\lambda n\overline{X}\sim\chi^2_{(2n)}$.

(2) **解** 由于 $2\lambda n\overline{X}\sim\chi^2_{(2n)}$，对任意的 $\alpha(0<\alpha<1)$：

$$1-\alpha=P(\chi^2_{1-\frac{\alpha}{2}}(2n)<2\lambda n\overline{X}<\chi^2_{\frac{\alpha}{2}}(2n))$$

$$=P\left(\frac{\chi^2_{1-\frac{\alpha}{2}}(2n)}{2n\overline{X}}<\lambda<\frac{\chi^2_{\frac{\alpha}{2}}(2n)}{2n\overline{X}}\right),$$

得到 λ 的置信度为 $1-\alpha$ 的置信区间是

$$\left(\frac{\chi^2_{1-\frac{\alpha}{2}}(2n)}{2n\overline{X}},\frac{\chi^2_{\frac{\alpha}{2}}(2n)}{2n\overline{X}}\right).$$

【例 7 - 47】 设某型号的电器产品寿命 X 服从参数为 λ 的指数分布(λ 未知,$\lambda>0$). 现从中抽取了 50 件产品,测得它们的使用寿命的均值为 1 200h,求 λ 的置信度为 0.99 的置信区间.

解 利用上题的结果,由已知条件 $n=50,\overline{x}=1\,200,\alpha=0.01$,查表得 $\chi^2_{\frac{\alpha}{2}}(2n)=\chi^2_{0.005}(100)=129.56,\chi^2_{1-\frac{\alpha}{2}}(2n)=\chi^2_{0.975}(100)=74.22$,算得 λ 的置信度为 0.99 的置信区间是

$$\left(\frac{\chi^2_{1-\frac{\alpha}{2}}(2n)}{2n\overline{x}},\frac{\chi^2_{\frac{\alpha}{2}}(2n)}{2n\overline{x}}\right)$$

$$=\left(\frac{74.22}{100\times 1\,200},\frac{129.56}{100\times 1\,200}\right)=(0.000\,6,0.001\,1).$$

【例 7 - 48】 设总体 $X\sim U[0,\theta],\theta>0$ 未知. $(X_1,X_2,\cdots,X_n)$ 为来自 X 的一个样本,且 $X_{(n)}=\max\limits_{1\leqslant i\leqslant n}\{X_i\}$,求:

(1) $U=\dfrac{X_{(n)}}{\theta}$ 的密度 $f_U(u)$;

(2) 对任意 $\alpha(0<\alpha<1)$,未知参数 θ 的置信度为 $1-\alpha$ 的置信区间.

分析 本题也是一个非正态分布总体求未知参数 θ 的区间估计问题,但只要求出 $U=\dfrac{X_{(n)}}{\theta}$ 的精确分布,也可得到 θ 的区间估计.

解 (1) 已知 X 的密度 $f_X(x)$ 和分布函数 $F_X(x)$ 为

$$f_X(x)=\begin{cases}\dfrac{1}{\theta} & (x\in(0,\theta)),\\[2mm] 0 & (x\notin(0,\theta)),\end{cases}$$

$$F_X(x)=\begin{cases}0 & (x<0),\\[2mm]\dfrac{x}{\theta} & (0\leqslant x<\theta),\\[2mm] 1 & (x\geqslant\theta),\end{cases}$$

此时,$X_{(n)}$ 的密度为

$$f_{(n)}(z)=nF_X^{n-1}(z)f_X(z)=\begin{cases}\dfrac{nz^{n-1}}{\theta^n} & (z\in(0,\theta)),\\[2mm] 0 & (z\notin(0,\theta)),\end{cases}$$

$U=\dfrac{X_{(n)}}{\theta}$ 的密度为

$$f_U(u) = f_{(n)}(\theta u)(\theta u)' = \begin{cases} nu^{n-1} & (u \in (0,1)), \\ 0 & (u \notin (0,1)). \end{cases}$$

(2) 对任意 $\alpha(0 < \alpha < 1)$，有

$$\frac{\alpha}{2} = P(U > u_{\frac{\alpha}{2}}) = \int_{u_{\frac{\alpha}{2}}}^{1} nu^{n-1} \mathrm{d}u = 1 - (u_{\frac{\alpha}{2}})^n,$$

解得
$$u_{\frac{\alpha}{2}} = \sqrt[n]{1 - \frac{\alpha}{2}}.$$

同理，有

$$1 - \frac{\alpha}{2} = P(U > u_{1-\frac{\alpha}{2}}) = \int_{u_{1-\frac{\alpha}{2}}}^{1} nu^{n-1} \mathrm{d}u = 1 - (u_{1-\frac{\alpha}{2}})^n,$$

解得
$$u_{1-\frac{\alpha}{2}} = \sqrt[n]{\frac{\alpha}{2}}.$$

综合以上两个结果，有

$$\begin{aligned} 1 - \alpha &= P(U > u_{1-\frac{\alpha}{2}}) - P(U > u_{\frac{\alpha}{2}}) \\ &= P(u_{1-\frac{\alpha}{2}} < U < u_{\frac{\alpha}{2}}) \\ &= P\left(u_{1-\frac{\alpha}{2}} < \frac{X_{(n)}}{\theta} < u_{\frac{\alpha}{2}}\right) \\ &= P\left(\frac{X_{(n)}}{u_{\frac{\alpha}{2}}} < \theta < \frac{X_{(n)}}{u_{1-\frac{\alpha}{2}}}\right), \end{aligned}$$

最后得未知参数 θ 的置信度为 $1-\alpha$ 的置信区间

$$\left(\frac{X_{(n)}}{u_{\frac{\alpha}{2}}}, \frac{X_{(n)}}{u_{1-\frac{\alpha}{2}}}\right),$$

其中 $X_{(n)} = \max\limits_{1 \leqslant i \leqslant n}\{X_i\}$，$u_{\frac{\alpha}{2}} = \sqrt[n]{1 - \frac{\alpha}{2}}$，$u_{1-\frac{\alpha}{2}} = \sqrt[n]{\frac{\alpha}{2}}$.

【例 7-49】 设某人在早晨 7 点到 8 点之间到达公共汽车站乘汽车上班，等候时间 X（单位：min）服从均匀分布 $U(0, \theta)$ $(\theta > 0)$，未知. 现在抽得一个样本的观察值

$$(x_1, x_2, \cdots, x_5) = (2.1, 1.8, 1.7, 2.2, 2.4)$$

求未知参数 θ 的置信度为 0.95 的置信区间.

解 已知 $x_{(n)} = 2.4, \alpha = 0.05, n = 5$，然后利用上题的结果可算得 θ 的置信度为 0.95 的置信区间

$$\left(\frac{x_{(n)}}{u_{\frac{\alpha}{2}}}, \frac{x_{(n)}}{u_{1-\frac{\alpha}{2}}}\right) = \left(\frac{x_{(n)}}{\sqrt[n]{1-\frac{\alpha}{2}}}, \frac{x_{(n)}}{\sqrt[n]{\frac{\alpha}{2}}}\right)$$

$$= \left(\frac{2.4}{\sqrt[5]{0.975}}, \frac{2.4}{\sqrt[5]{0.025}} \right) = (2.41, 5.02).$$

【例 7-50】 某种新大米要上市了,超市为掌握用户对该大米的需求量,事先调查了 100 个用户,得出每户平均每月需要该种大米 10kg,并且根据以往的经验得出用户需求量的方差 $\sigma_0^2 = 9(\text{kg}^2)$. 若该超市供应一万户:

(1) 就用户对这种大米的平均需求量 μ 进行区间估计($\alpha = 0.01$);

(2) 并依此求至少要进多少公斤大米才能满足用户的需求($\alpha = 0.01$).

解 (1) 设 X 为用户对该种大米的需求量,X 的分布未知,且 μ 未知,σ^2 已知. 本题是对总体 X 的 $E(X) = \mu$ 作区间估计,由于 $n = 100$ 很大,利用中心极限定理,有

$$\frac{\overline{X} - \mu}{\frac{\sigma}{\sqrt{n}}} \xrightarrow{\text{近似分布}} N(0, 1).$$

已知 $\sigma = 3, n = 100, \overline{x} = 10$,且 $\alpha = 0.01$,查表得 $z_{\frac{\alpha}{2}} = z_{0.005} = 2.58$,有未知参数 μ 的置信度 0.95 的置信区间为

$$\left(\overline{x} - z_{\frac{\alpha}{2}} \frac{\sigma}{\sqrt{n}}, \overline{x} + z_{\frac{\alpha}{2}} \frac{\sigma}{\sqrt{n}} \right)$$

$$= \left(10 - 2.58 \times \frac{3}{10}, 10 + 2.58 \times \frac{3}{10} \right)$$

$$= (9.226, 10.774),$$

则一万户居民对该种大米的平均需求量的 0.99 置信区间为

$$(10\,000 \times 9.226, 10\,000 \times 10.774)$$

$$= (92\,260, 10\,774).$$

(2) 本题是求 μ 的单侧置信下限,只要把相应的双侧置信区间下限中的 $z_{\frac{\alpha}{2}}$ 换成 z_α 即可求得. $z_\alpha = z_{0.01} = 2.33$,有

$$\overline{x} - z_\alpha \frac{\sigma}{\sqrt{n}} = 10 - 2.33 \frac{3}{10} = 9.301.$$

由此可得,对一万户用户最少需要准备 $10\,000 \times 9.301 = 93\,010\text{kg}$ 大米,可信程度是 0.99.

第八章　　假设检验

一、基本概念和基本性质

1. 实际推断原理

小概率事件在一次试验中几乎是不可能发生的.

2. 假设检验问题

顾名思义,即先作假设,然后利用样本所提供的信息,依据实际推断原理检验作出的假设是真还是假。假设检验又分为参数假设检验和非参数假设检验.

3. 原假设

由反证法,假设结论成立称为原假设,记为 H_0.

4. 备择假设

与原假设对立的结论称为备择假设,记为 H_1.

假设检验的基本步骤:

(1) 根据题意,提出 H_0 和 H_1.

(2) 当 H_0 为真的条件下,构造合适的检验统计量 V.

(3) 对给定的检验水平 $\alpha(0 < \alpha < 1)$,确定拒绝域.

(4) 根据样本的观察值 $(x_1, x_2, \cdots, x_n)$,计算检验统计值 V_0,然后由 $V_0 \in W$ 或 $V_0 \notin W$ 作出判断拒绝 H_0 还是接受 H_0.

5. 第一类错误

当 H_0 为真时,却拒绝接受 H_0,称犯了第一类错误,也称为犯拒真错误,此时犯第一类错误的概率为

$$\alpha = P(拒绝\ H_0 \mid H_0\ 为真).$$

6. 第二类错误

当 H_0 为假时,却接受 H_0,此时称犯了第二类错误也称受伪错误.犯第二类错误的概率为

$$\beta = P(\text{接受 } H_0 \mid H_0 \text{ 为假}).$$

当样本容量 n 固定,α 加大,则 β 减小;α 减小则 β 加大,只有加大 n 才能使 α 与 β 同时都小.

二、习题分类、解题方法和示例

本章的习题可分为以下几类:

(1) 单个正态总体参数的假设检验.

(2) 两个正态总体参数的假设检验.

(3) 非参数的假设检验.

① χ^2 拟合优度检验法.

② 秩合检验法.

1. 单个正态总体参数的假设检验

设总体 $X \sim N(\mu,\sigma^2)$,$(X_1,X_2,\cdots,X_n)$ 为来自总体 X 的一个样本,样本的均值和方差分别为

$$\overline{X} = \frac{1}{n}\sum_{i=1}^{n}X_i, \quad S^2 = \frac{1}{n-1}\sum_{i=1}^{n}(X_i - \overline{X})^2,$$

1) 检验 μ

(1) 双侧假设

$$H_0: \mu = \mu_0; H_1: \mu \neq \mu_0,$$

当 H_0 为真,检验统计量为

σ^2 已知,$U = \dfrac{\overline{X} - \mu_0}{\sigma/\sqrt{n}} \sim N(0,1)$,

σ^2 未知,$T = \dfrac{\overline{X} - \mu_0}{S/\sqrt{n}} \sim t(n-1)$,

对给定的 $\alpha(0 < \alpha < 1)$,查表求相应的分位点,$u_{\frac{\alpha}{2}}$,$t_{\frac{\alpha}{2}}(n-1)$,得拒绝域:

σ^2 已知,$W = (-\infty, -u_{\frac{\alpha}{2}}] \bigcup [u_{\frac{\alpha}{2}}, +\infty)$

σ^2 未知,$W = (-\infty, -t_{\frac{\alpha}{2}}(n-1)] \bigcup [t_{\frac{\alpha}{2}}(n-1), +\infty)$.

(2) 单侧假设

右侧假设,$H_0 : \mu = \mu_0$;$H_1 : \mu > \mu_0$,

左侧假设,$H_0 : \mu = \mu_0$;$H_1 : \mu < \mu_0$,

当 H_0 为真,检验统计量同上.

对给定的 $\alpha(0 < \alpha < 1)$,查表求分位点 u_α,$t_\alpha(n-1)$,得拒绝域:

① σ^2 已知:

右侧拒绝域,$W = [u_\alpha, +\infty)$,

左侧拒绝域,$W = (-\infty, -u_\alpha]$.

② σ^2 未知:

右侧拒绝域,$W = [t_\alpha(n-1), +\infty)$,

左侧拒绝域,$W = (-\infty, -t_\alpha(n-1)]$.

2) 检验 σ^2

(1) 双侧假设

$$H_0 : \sigma^2 = \sigma_0^2 ; H_1 : \sigma^2 \neq \sigma_0^2,$$

当 H_0 成立,检验统计量为

$$\mu \text{已知},\chi^2 = \sum_{i=1}^n \frac{(X_i - \mu)^2}{\sigma_0^2} \sim \chi^2(n)$$

$$\mu \text{未知},\chi^2 = \frac{(n-1)S^2}{\sigma_0^2} \sim \chi^2(n-1).$$

对任意给定的 $\alpha(0 < \alpha < 1)$,查表求分位点 $\chi^2_{\frac{\alpha}{2}}(n)$,$\chi^2_{\frac{\alpha}{2}}(n-1)$,得双侧拒绝域:

μ 已知,$W = [0, \chi^2_{1-\frac{\alpha}{2}}(n)] \bigcup [\chi^2_{\frac{\alpha}{2}}(n), +\infty)$,

μ 未知,$W = [0, \chi^2_{1-\frac{\alpha}{2}}(n-1)] \bigcup [\chi^2_{\frac{\alpha}{2}}(n-1), +\infty)$.

(2) 单侧假设

右侧假设,$H_0 : \sigma^2 = \sigma_0^2$;$H_1 : \sigma^2 > \sigma_0^2$,

左侧假设,$H_0 : \sigma^2 = \sigma_0^2$;$H_1 : \sigma^2 < \sigma_0^2$,

当 H_0 为真时,检验统计量,同上.

对给定的 $\alpha(0 < \alpha < 1)$,查表求分位点 $\chi^2_\alpha(n)$,$\chi^2_{1-\alpha}(n)$,$\chi^2_\alpha(n-1)$,$\chi^2_{1-\alpha}(n-1)$,得如下拒绝域,

① μ 已知:

右侧拒绝域为,$W = [\chi^2_\alpha(n), +\infty)$,

左侧拒绝域为,$W = [0, \chi^2_{1-\alpha}(n)]$.

② μ 未知:

右侧拒绝域为,$W = [\chi^2_\alpha(n-1), +\infty)$,

左侧拒绝域为,$W = [0, \chi^2_{1-\alpha}(n-1)]$.

【例 8-1】 设 $(X_1, X_2, \cdots, X_n)$ 为来自正态总体 $X \sim N(\mu, \sigma^2)$ 的一个样本,μ,σ^2 均未知. 在任意给定的 $\alpha(0 < \alpha < 1)$ 下,检验下列假设:

$$H_0 : \mu \leqslant \mu_0 ; H_1 : \mu > \mu_0.$$

分析 对于假设

$$H_0 : \mu = \mu_0 ; H_1 : \mu > \mu_0,$$

当 H_0 成立,此时可构造一个检验统计量并且其分布也完全确定了,即

$$T = \frac{\overline{X} - \mu_0}{S/\sqrt{n}} \sim t(n-1).$$

所以 $H_0 : \mu = \mu_0$ 称为简单假设,除此以外的假设称为复合假设,本题中的假设 $H_0 : \mu \leqslant \mu_0$ 为复合假设. 当 $H_0 : \mu \leqslant \mu_0$ 成立,μ 还未确定,因此没有相应的检验统计量. 只能借助于简单假设 $H_0 : \mu = \mu_0$ 得到的结果,来判断拒绝 $H_0 : \mu \leqslant \mu_0$ 还是接受 $H_0 : \mu \leqslant \mu_0$.

解 对于下列简单右侧假设

$$H_0 : \mu = \mu_0 ; H_1 : \mu > \mu_0,$$

当 H_0 成立,检验统计量为

$$T = \frac{\overline{X} - \mu_0}{S/\sqrt{n}} \sim t(n-1),$$

对给定的 $\alpha(0 < \alpha < 1)$,查 T 分布表得 $t_\alpha(n-1)$,此时拒绝域为

$$W = [t_\alpha(n-1), +\infty),$$

而复合右侧假设

$$H_0 : \mu \leqslant \mu_0 ; H_1 : \mu > \mu_0,$$

当 H_0 成立时,由于 μ 仍未确定,得不到检验统计量,但是注意到

$$T' = \frac{\overline{X} - \mu}{S/\sqrt{n}} \sim t(n-1),$$

$$E(T' - T) = E\left(\frac{\overline{X} - \mu}{S/\sqrt{n}} - \frac{\overline{X} - \mu_0}{S/\sqrt{n}}\right) = (\mu_0 - \mu)\sqrt{n}E\left(\frac{1}{S}\right) = a \geqslant 0,$$

即 T' 和 T 服从相同分布且 T' 的密度就是 T 的密度向右平移 a 个单位.

在相同的 $\alpha(0 < \alpha < 1)$ 下,得 $t'_\alpha(n-1) = t_\alpha(n-1) + a$,拒绝域为

$$W' = [t'_\alpha(n-1), +\infty),$$

所以根据样本观察值而求得 T 的检验统计值

$$T_0 = \frac{\overline{x} - \mu_0}{s/\sqrt{n}} \in W,$$

近似等于

$$T'_0 = T_0 + \frac{(\mu_0 - \mu)\sqrt{n}}{s} \in W',$$

此时可认为拒绝 $H_0 : \mu \leqslant \mu_0$.

如果

$$T_0 = \frac{\overline{x} - \mu_0}{s/\sqrt{n}} \notin W,$$

近似等于

$$T'_0 = T_0 + \frac{(\mu_0 - \mu)\sqrt{n}}{s} \notin W',$$

故接受 $H_0 : \mu \leqslant \mu_0$.

【例 8-2】 设总体 X 服从正态分布 $N(\mu, \sigma^2)$,其中 μ 只取 μ_0 或 $\mu_1(\mu_0 < \mu_1)$,σ^2 已知,又 $(X_1, X_2, \cdots, X_n)$ 为来自总体的一个样本,$\overline{X}$ 为样本的均值. 在给定检验水平 α 下,检验假设

$$H_0 : \mu = \mu_0 ; H_1 : \mu < \mu_0 (\mu = \mu_1),$$

且 β 为犯第二类错误的概率.

(1) 验证:

① $\beta = \Phi\left(u_\alpha + \dfrac{\mu_1 - \mu_0}{\sigma/\sqrt{n}}\right)$;

② $u_\alpha + u_\beta = -\dfrac{\mu_1 - \mu_0}{\sigma/\sqrt{n}}$;

③ $n = (u_\alpha + u_\beta)^2 \dfrac{\sigma^2}{(\mu_1 - \mu_2)^2}$.

(2) 问当 n 固定 α 减少时 β 的值如何变化?以及 β 减少时 α 的值又如何变化?

(3) 当 $\sigma = 0.12, \mu_1 - \mu_0 = -0.02, \alpha = 0.05, \beta = 0,025$ 时,求 n.

分析 一般情况下,α 给定后不能计算出犯第二类错误的概率,即 $\beta = P$(接受 $H_0 \mid H_1$ 为真),因此本题是个特例.

解 (1) 当 H_0 成立,检验统计量为

$$U = \frac{\overline{X} - \mu_0}{\sigma/\sqrt{n}} \sim N(0,1),$$

对给定的 $\alpha(0 < \alpha < 1)$,得左侧拒绝域

$$W = (-\infty, -u_\alpha],$$

此时犯第二类错误的概率为

① $\beta = P$(接受 $H_0 \mid H_1$ 为真)$= P\left(\dfrac{\overline{x} - \mu_0}{\sigma/\sqrt{n}} \in \overline{W} \,\middle|\, \mu = \mu_1\right)$

$$= P\left(\frac{\overline{x} - \mu_0}{\sigma/\sqrt{n}} > -u_\alpha \,\middle|\, \mu = \mu_1\right)$$

$$= P\left(\frac{\overline{x} - \mu_1}{\sigma/\sqrt{n}} > -u_\alpha - \frac{\mu_1 - \mu_0}{\sigma/\sqrt{n}}\right)$$

$$= 1 - P\left(\frac{\overline{x} - \mu_1}{\sigma/\sqrt{n}} \leqslant -u_\alpha - \frac{\mu_1 - \mu_0}{\sigma/\sqrt{n}}\right)$$

$$= 1 - \Phi\left(-u_\alpha - \frac{\mu_1 - \mu_0}{\sigma/\sqrt{n}}\right) = \Phi\left(u_\alpha + \frac{\mu_1 - \mu_0}{\sigma/\sqrt{n}}\right).$$

又根据分位点定义：

$$P(U > u_\beta) = 1 - \Phi(u_\beta) = \Phi(-u_\beta) = \beta,$$

从而有 $-u_\beta = u_\alpha + \dfrac{\mu_1 - \mu_0}{\sigma/\sqrt{n}}$，故有

② $u_\alpha + u_\beta = -\dfrac{\mu_1 - \mu_0}{\sigma/\sqrt{n}}.$

上式两边平方，得

③ $n = (u_\alpha + u_\beta)^2 \dfrac{\sigma^2}{(\mu_1 - \mu_0)^2}.$

（2）当 n 固定时，α 减少，由

$$P\left(\frac{\overline{x} - \mu_0}{\sigma/\sqrt{n}} > u_\alpha\right) = \alpha,$$

得出 u_α 会增大，又由 $u_\alpha + u_\beta = \dfrac{\mu_0 - \mu_1}{\sigma/\sqrt{n}} =$ 常数，可知 u_β 必然减少，则 $-u_\beta$ 增大，从而导致 β 增大. 同理，当 n 固定，β 减少时，$-u_\beta$ 减少，因而 u_β 增大使得 u_α 减小，从而导致 α 增大.

（3）由 $\alpha = 0.05, \beta = 0.025$，查表得 $u_\alpha = u_{0.05} = 1.645, u_\beta = u_{0.025} = 1.96$，且 $\sigma = 0.12, \mu_1 - \mu_0 = -0.12$ 代入式(1)，得

$$n = (u_\alpha + u_\beta)^2 \frac{\sigma^2}{(\mu_1 - \mu_0)^2} = (1.645 + 1.96)^2 \frac{0.12^2}{(-0.02)^2} = 467.86,$$

即 n 至少要取 468.

【例 8-3】 某厂生产的一种螺钉，标准长度是 68cm. 实际生产的产品长度 $X \sim N(\mu, 3.6^2)$，提出假设检验：

$$H_0 : \mu = 68; H_1 : \mu \neq 68,$$

按下列方式进行假设检验：

当 $|\overline{X} - 68| > 1$ 时，拒绝 H_0，

当 $|\overline{X} - 68| \leqslant 1$ 时，接受 H_0.

(1) 当 $n = 36, 64$ 时,求犯第一类错误的概率 α;

(2) 当 $n = 36, 64$ 并且 H_1 为真,即 $\mu = 70$ 时,求犯第二类错误的概率 β.

分析   本题所要求的结果说明,样本容量 n 增大都使 α 与 β 同时减小.

解   (1) 当 $n = 36$ 时,$\overline{X} \sim N\left(\mu, \dfrac{\sigma^2}{n}\right) = N\left(\mu, \dfrac{3.6^2}{36}\right) = N(\mu, 0.6^2)$,

$$\alpha = P(\text{拒绝 } H_0 \mid H_0 \text{ 为真}) = P(\mid \overline{X} - 68 \mid > 1 \mid H_0 \text{ 为真})$$

$$= P(\overline{X} < 67 \mid \mu = 68) + P(\overline{X} > 69 \mid \mu = 68)$$

$$= P\left(\frac{\overline{X} - \mu}{\sigma / \sqrt{n}} < \frac{67 - 68}{0.6}\right) + P\left(\frac{\overline{X} - \mu}{\sigma / \sqrt{n}} > \frac{69 - 68}{0.6}\right)$$

$$= \Phi\left(\frac{67 - 68}{0.6}\right) + \Phi\left(\frac{69 - 68}{0.6}\right)$$

$$= 2[1 - \Phi(1.67)] = 2[1 - 0.952\,5] = 0.095\,0.$$

当 $n = 64$ 时,$\overline{X} \sim N\left(\mu, \dfrac{\sigma^2}{n}\right) = N\left(\mu, \dfrac{3.6^2}{64}\right) = N(68, 0.45^2)$,

$$\alpha = P(\mid \overline{X} - 68 \mid > 1 \mid H_0 \text{ 为真})$$

$$= \Phi\left(\frac{67 - 68}{0.45}\right) + \Phi\left(\frac{69 - 68}{0.45}\right) = 2[1 - \Phi(2.22)]$$

$$= 2(1 - 0.986\,8) = 0.026\,4.$$

(2) 当 $n = 36$ 时,H_1 成立并且 $\mu = 70$ 时,$X \sim N(70, 0.6^2)$,

$$\beta = P(\text{接受 } H_0 \mid H_1 \text{ 为真})$$

$$= P(67 \leqslant \overline{X} \leqslant 69) = P\left(\frac{67 - 70}{0.6} \leqslant \frac{\overline{X} - 70}{0.6} \leqslant \frac{69 - 70}{0.6}\right)$$

$$= \Phi\left(\frac{69 - 70}{0.6}\right) - \Phi\left(\frac{67 - 70}{0.6}\right)$$

$$= \Phi(-1.67) - \Phi(-5) = \Phi(5) - \Phi(1.67)$$

$$= 1 - 0.952\,5 = 0.047\,5.$$

当 $n = 64$, H_1 成立并且 $\mu = 70$ 时

$$\beta = P(\text{接受 } H_0 \mid H_1 \text{ 为真})$$

$$= P(67 \leqslant \overline{X} \leqslant 69) = \Phi\left(\frac{69 - 70}{0.45}\right) - \Phi\left(\frac{67 - 70}{0.45}\right)$$

$$= \Phi(-2.22) - \Phi(-6.67) = \Phi(6.67) - \Phi(2.22)$$

$$= 1 - 0.986\,8 = 0.013\,2.$$

【例 8 - 4】   某种型号自动切割机在正常工作时,切割每段金属棒的平均长度为 10.5cm. 设切割机切割每段金属棒的长度 X 服从正态分布,且根据长期经验知方差 $\sigma_0^2 = 0.15^2 (\text{cm}^2)$. 为了检验切割机的工作情况,现抽取 15 段进行测量,测得如下结果(单位:cm):

10.4，10.6，10.1，10.4，10.5，10.3，10.3，10.2

10.9，10.6，10.8，10.5，10.7，10.2，10.7

问该机器工作是否正常($\alpha = 0.05$)？

分析 本题是正态总体方差 σ^2 已知，未知参数 μ 的双侧假设检验问题.

解 （1）提出假设
$$H_0：\mu = \mu_0 = 10.5；H_1：\mu \neq \mu_0 = 10.5.$$

（2）当 H_0 为真时，检验统计量为
$$U = \frac{\overline{X} - \mu_0}{\sigma_0/\sqrt{n}} \sim N(0,1).$$

（3）求 W. 已知 $\alpha = 0.05$，查表得 $u_{\frac{\alpha}{2}} = u_{0.025} = 1.96$，此时双侧拒绝域为
$$W = (-\infty, -u_{\frac{\alpha}{2}}] \bigcup [u_{\frac{\alpha}{2}}, +\infty) = (-\infty, -1.96] \bigcup [1.96, +\infty).$$

（4）计算检验统计值. 由 $n = 15, \overline{x} = 10.48, \sigma_0 = 0.15$，得
$$U_0 = \frac{\overline{x} - \mu_0}{\sigma_0/\sqrt{n}} = \frac{10.48 - 10.5}{0.15} \times \sqrt{15} = -0.52 \notin W,$$

因此接受 H_0，即认为切割机工作正常.

【例 8-5】 某中学全体高二年级进行了数学期末考试，学生的成绩服从正态分布 $N(\mu, \sigma^2)$. 已知期中考试的数学平均成绩为 $\mu = 65$ 分，方差为 $\sigma^2 = 15^2$，现抽取了 36 位学生的数学期末考试成绩，算得平均成绩为 66.5 分，设方差 $\sigma^2 = 15^2$，检验在 $\alpha = 0.05$ 下，这次期末考试的数学平均成绩是否是显著提高.

分析 本题是正态总体方差已知 μ 的单侧假设检验问题. 至于如何确定左侧还是右侧检验，则可由样本观察值的均值 $\overline{x}$ 与被检验的均值 μ_0 的大小来决定. 本题中 $\overline{x} = 66.5 > \mu_0 = 65$，因此是右侧假设检验问题.

解 （1）提出假设
$$H_0：\mu = \mu_0 = 65；H_1：\mu > \mu_0 = 65.$$

（2）当 H_0 为真，检验统计量为
$$U = \frac{\overline{X} - \mu_0}{\sigma_0/\sqrt{n}} \sim N(0,1).$$

（3）求 W，已知 $\alpha = 0.05$ 查得单侧分位点 $u_\alpha = u_{0.05} = 1.645$，拒绝域 W 为
$$W = [u_\alpha, +\infty) = [1.645, +\infty).$$

（4）计算检验统计值. 由 $n = 36, \overline{x} = 66.5, \sigma_0 = 15$，得
$$U_0 = \frac{\overline{x} - \mu_0}{\sigma_0/\sqrt{n}} = \frac{66.5 - 65}{15} \times \sqrt{36} = 0.6 \notin W.$$

因此接受 H_0，认为这次期末考试数学成绩提高不显著.

【例 8-6】 一自动机床加工零件的长度 X 服从正态分布，机床正常工作时加

工零件的平均长度 $\mu = 10.5$. 为检查自动机床的工作情况,现抽取了 31 个零件,测得数据如下:

零件长度	10.1	10.3	10.6	11.2	11.5	11.8	12.0
频数 n_i	1	2	7	10	6	3	1

若加工零件长度的方差不变,但未知. 问该机床工作是否正常($\alpha = 0.05$)?

分析 本题是方差 σ^2 未知,正态总体 X 的均值 μ 的双侧假设检验问题.

解 (1)提出假设
$$H_0 : \mu = \mu_0 = 10.5 ; H_1 : \mu \neq \mu_0 = 10.5.$$

(2)当 H_0 成立时,检验统计量为
$$T = \frac{\overline{X} - \mu_0}{S/\sqrt{n}} \sim t(n-1).$$

(3)求拒绝域 W. $\alpha = 0.05$, $n = 31$,查表得 $t_{\frac{\alpha}{2}}(n-1) = t_{0.025}(30) = 2.042\,3$,
$$W = (-\infty, -t_{\frac{\alpha}{2}}(n-1)] \bigcup [t_{\frac{\alpha}{2}}(n-1, +\infty)$$
$$= (-\infty, -2.042\,3] \bigcup [2.042\,3, +\infty).$$

(4)求 T_0. 由 $\overline{x} = 11.08$, $s = 0.516$, $n = 31$,有
$$T_0 = \frac{\overline{x} - \mu_0}{s/\sqrt{n}} = \frac{11.08 - 10.5}{0.516/\sqrt{31}} = 6.258 \in W.$$

T_0 落在 W 内,拒绝 H_0,认为自动机床工作不正常.

【例 8 - 7】 某炼钢厂长期以来用某种钢来制造钢筋强度平均为 $50.00 (\text{kg/mm}^2)$,现在改变了炼钢配方,利用该新配方炼出 5 炉钢,现从这 5 炉钢生产的钢筋中每炉抽一根,测得其强度(kg/mm^2)分别为
$$32, 41, 42, 49, 53$$
若 σ^2 不变,但未知,且设钢筋强度服从正态分布,问新配方所生产的钢筋强度有无变化($\alpha = 0.10$)?

分析 本题为正态总体方差 σ^2 未知,为 μ 的双侧假设检验问题. 又由 $\overline{x} = 43.4 < \mu_0 = 50$,因此可认为是 μ 的左侧假设检验问题也不违背题意.

解 **方法一** (1)提出假设
$$H_0 : \mu = \mu_0 = 50 ; H_1 : \mu \neq \mu_0 = 50.$$

(2)当 H_0 为真,检验统计量为
$$T = \frac{\overline{X} - \mu_0}{S/\sqrt{n}} \sim t(n-1).$$

(3)求 W. $\alpha = 0.1$, $n = 5$,查表得

$$t_{\frac{\alpha}{2}}(n-1)=t_{0.05}(4)=2.131\,8,$$

$$W=(-\infty,-2.131\,8]\bigcup[2.131\,8,+\infty).$$

(4) 计算 T_0. $n=5,\bar{x}=43.4,s=8.08$,得

$$T_0=\frac{\bar{x}-\mu_0}{s/\sqrt{n}}=\frac{43.4-50}{8.08}\times\sqrt{5}=1.83\notin W,$$

接受 H_0,即认为钢筋强度没有变化.

方法二 (1) 提出假设

$$H_0:\mu=\mu_0=50;H_1:\mu<\mu_0=50.$$

(2) 当 H_0 为真时,检验统计量为

$$T=\frac{\bar{X}-\mu_0}{S/\sqrt{n}}\sim t(n-1).$$

(3) 求 W. $\alpha=0.1,n=5$,查表得

$$t_\alpha(n-1)=t_{0.1}(4)=1.533\,2,$$

$$W=(-\infty,-1.533\,2].$$

(4) 计算 T_0. 由 $n=5,\bar{x}=43.4,s=8.08$,得

$$T_0=\frac{43.4-50}{8.08}\times\sqrt{5}=-1.83\in W,$$

因此拒绝 H_0,即认为钢筋强度有变化,也就是显著变小.

点评 虽然两种解的结果相反,但两种解法都是正确的,在实际中若碰到以上情况,可采取重新取样以及加大样本容量 n 的方法,以便得出正确的判断.

【例 8-8】 在日常生活中经常会看到各种矩形的物体,例如房屋的门窗、各种镜框、各种卡片、工作证、身份证和信用卡等. 如果一矩形的长度 a 与宽度 b 之比 $b/a=\frac{1}{2}(\sqrt{5}-1)\approx0.618$,这种分割称黄金分割,看上去会给人有一种美好的感觉. 某工艺品厂从生产的各种类型的矩形镜框中随机地选了 20 种矩形镜框,测得如下长度与宽度的比值:

0.693, 0.749, 0.654, 0.670, 0.662, 0.672, 0.615

0.606, 0.690, 0.628, 0.668, 0.611, 0.606, 0.609

0.601, 0.553, 0.570, 0.844, 0.576, 0.933

设长度与宽度之比 X 服从正态分布,检验期望 μ 是否为 0.618.

分析 本题是正态总体 σ^2 未知 μ 的假设检验问题. 从题意来看又是双侧假设检验问题.

解 (1) 提出假设

$$H_0:\mu=0.618;H_1:\mu\neq0.618,$$

(2)当 H_0 成立时,检验统计量为

$$T = \frac{\overline{X} - \mu_0}{S/\sqrt{n}} \sim t(n-1).$$

(3)求拒绝域 W,$\alpha = 0.05$,$n = 20$,查表得

$$t_{\frac{\alpha}{2}}(n-1) = t_{0.025}(19) = 2.0930,$$

$$W = (-\infty, -2.0930] \bigcup [2.0930, +\infty).$$

(4)求检验统计值并判断结果

$$n = 20, \overline{x} = 0.6605, s^2 = 85.58 \times 10^{-4},$$

$$T_0 = \frac{\overline{x} - \mu_0}{s/\sqrt{n}} = \frac{0.6605 - 0.618}{9.25 \times 10^{-2}} \times \sqrt{20} = -2.0548 \notin W,$$

故接受 H_0,认为长度与宽度之比符合 0.618.

【例 8-9】　一枚硬币掷了 495 次,得到下列结果:出现正面 220 次,出现反面 275 次,试在显著性水平 $\alpha = 0.05$ 下检验这个硬币是否均匀.

分析　设总体 $X = \begin{cases} 1 & (出现正面), \\ 0 & (出现反面), \end{cases}$ 即 $X \sim B(1,p)$,其中 p 未知. 检验这枚硬币的均匀性,就是检验假设

$$H_0: p = \frac{1}{2}; H_1: p \neq \frac{1}{2},$$

由于是一个非正态总体均值 $E(X) = p$ 的假设检验问题,注意到样本容量 $n = 495$ 足够大,利用中心极限定理

$$\frac{\overline{X} - E(X)}{\sqrt{\dfrac{D(X)}{n}}} = \frac{\overline{X} - p}{\sqrt{\dfrac{p(1-p)}{n}}} \underset{\text{近似分布}}{\underline{\qquad\qquad}} N(0,1),$$

因此可用 U 检验法.

解　(1)提出假设

$$H_0: p = \frac{1}{2}; H_1: p \neq \frac{1}{2}.$$

(2)当 H_0 为真时,检验统计量是

$$U = \frac{\overline{X} - E(X)}{\sqrt{\dfrac{D(X)}{n}}} = \frac{\overline{X} - p}{\sqrt{\dfrac{p(1-p)}{n}}} \underset{\text{近似分布}}{\underline{\qquad\qquad}} N(0,1).$$

(3)求拒绝域 W,$\alpha = 0.05$,查表得

$$u_{\frac{\alpha}{2}} = u_{0.025} = 1.96,$$

$$W = (-\infty, -1.96] \bigcup [1.96, +\infty).$$

(4)求 U_0

$$n = 495, \overline{x} = \frac{1}{n}\sum_{i=1}^{n} x_i = \frac{220}{495} = 0.444\,4,$$

$$U_0 = \frac{\overline{x} - p}{\sqrt{\dfrac{p(1-p)}{n}}} = \frac{0.444\,4 - 0.5}{\sqrt{\dfrac{0.5 \times 0.5}{495}}} = -2.472 \in W,$$

故拒绝 H_0，认为这枚硬币是不均匀的.

【例 8 - 10】 某厂生产了一批产品，按规定次品率 $p \leqslant 0.05$ 才能出厂，否则不能出厂. 现从产品中随机抽查 50 件，发现 4 件是次品，问该批产品能否出厂（$\alpha = 0.05$）？

分析 设总体 $X \sim B(1, p)$，其中 $p > 0$ 未知，$(X_1, X_2, \cdots, X_n)$ 为来自总体 X 的一个样本，且样本分量 X_i 中有 m 个取 1，$n - m$ 个取 0，则

$$\overline{X} = \frac{1}{n}\sum_{i=1}^{n} X_i = \frac{m}{n},$$

$$S^2 = \frac{1}{n-1}\sum_{i=1}^{n}(X_i - \overline{X})^2 = \frac{1}{n-1}\left[(n-m)\left(\frac{m}{n}\right)^2 - m\left(1 - \frac{m}{n}\right)^2\right]$$

$$= \frac{1}{n-1}m\left(1 - \frac{m}{n}\right) = \frac{n}{n-1}\overline{X}(1 - \overline{X}).$$

不能出厂意味着该批产品的次品率 $p > 0.05$，因此提出假设，

$$H_0 : p = p_0 ; H_1 : p > p_0 = 0.05,$$

当 H_0 成立时，$n = 50$，此时可用近似 U 检验法. 但是 $p = p_0$，$D(X)$ 为未知，要用 S^2 来取代 $D(X)$. 此时，

$$U = \frac{\overline{X} - p_0}{S / \sqrt{n}} \xrightarrow{\text{近似分布}} N(0, 1).$$

解 （1）提出假设

$$H_0 : p = p_0 = 0.05 ; H_1 : p > p_0 = 0.05.$$

（2）当 H_0 为真，检验统计量为

$$U = \frac{\overline{X} - p_0}{S / \sqrt{n}} \xrightarrow{\text{近似分布}} N(0, 1).$$

（3）求拒绝域 W，$\alpha = 0.05$ 查表得

$$u_\alpha = u_{0.05} = 1.645,$$
$$W = [1.645, +\infty).$$

（4）计算 U_0 并且判断结果

$$n = 50, m = 4, \overline{x} = 0.08, s^2 = 0.274^2,$$

$$U_0 = \frac{0.08 - 0.05}{0.274} \times \sqrt{50} = 0.774\,2 \notin W,$$

故接受 H_0，即认为这批产品可以出厂.

2. 两个正态总体参数的假设检验

设有两个相互独立的总体 $X \sim N(\mu_1, \sigma_1^2)$，$Y \sim N(\mu_2, \sigma_2^2)$，$(X_1, X_2, \cdots, X_{n_1})$ 和 $(Y_1, Y_2, \cdots, Y_{n_2})$ 分别来自总体 X 与 Y 的两个样本，其样本均值和样本方差分别为

$$\overline{X} = \frac{1}{n_1} \sum_{i=1}^{n_1} X_i, \quad S_1^2 = \frac{1}{n_1 - 1} \sum_{i=1}^{n_1} (X_i - \overline{X})^2,$$

$$\overline{Y} = \frac{1}{n_2} \sum_{i=1}^{n_2} Y_i, \quad S_2^2 = \frac{1}{n_2 - 1} \sum_{i=1}^{n_2} (Y_i - \overline{Y})^2.$$

1) 检验 $\mu_1 - \mu_2$.

（1）双侧假设

$$H_0: \mu_1 - \mu_2 = 0; H_1: \mu_1 - \mu_2 \neq 0,$$

当 H_0 为真时，检验统计量

① σ_1^2, σ_2^2 已知，$\quad U = \dfrac{\overline{X} - \overline{Y}}{\sqrt{\dfrac{\sigma_1^2}{n_1} + \dfrac{\sigma_2^2}{n_2}}} \sim N(0, 1)$.

② σ_1^2, σ_2^2 未知并且 $\sigma_1^2 = \sigma_2^2$，$T = \dfrac{\overline{X} - \overline{Y}}{S_W \sqrt{\dfrac{1}{n_1} + \dfrac{1}{n_2}}} \sim t(n_1 + n_2 - 2)$，

其中 $S_W^2 = \dfrac{(n_1 - 1)S_1^2 + (n_2 - 1)S_2^2}{n_1 + n_2 - 2}$.

对给定的 $\alpha(0 < \alpha < 1)$，得双侧拒绝域

（a）σ_1^2, σ_2^2 已知，$W = (-\infty, -u_{\frac{\alpha}{2}}] \cup [u_{\frac{\alpha}{2}}, +\infty)$.

（b）σ_1^2, σ_2^2 未知并且 $\sigma_1^2 = \sigma_2^2$，$W = (-\infty, -t_{\frac{\alpha}{2}}(n_1 + n_2 - 2)] \cup [t_{\frac{\alpha}{2}}(n_1 + n_2 - 2), +\infty)$.

（2）单侧假设

右侧假设　　　　　$H_0: \mu_1 - \mu_2 = 0; H_1: \mu_1 - \mu_2 > 0$.

左侧假设　　　　　$H_0: \mu_1 - \mu_2 = 0; H_1: \mu_1 - \mu_2 < 0$.

当 H_0 为真时，检验统计量同上.

对任意给定的 $\alpha(0 < \alpha < 1)$，查表求相应的分位点 $u_\alpha, t_\alpha(n_1 + n_2 - 2)$，得单侧拒绝域

① σ_1^2, σ_2^2 已知.

右侧拒绝域，　　　　　　　$W = [u_\alpha, +\infty)$，

左侧拒绝域，　　　　　　　$W = (-\infty, -u_\alpha]$.

② σ_1^2,σ_2^2 未知,但 $\sigma_1^2=\sigma_2^2$.

右侧拒绝域, $\qquad W=[t_a(n_1+n_2-2),+\infty)$,

左侧拒绝域, $\qquad W=(-\infty,-t_a(n_1+n_2-2)]$.

2)检验 σ_1^2/σ_2^2.

(1)双侧假设

$$H_0:\sigma_1^2=\sigma_2^2;H_1:\sigma_1^2\neq\sigma_2^2,$$

当 H_0 为真时,检验统计量为

$$F=\frac{S_1^2}{S_2^2}\sim F(n_1-1,n_2-1),$$

对给定的 $\alpha(0<\alpha<1)$,查表求分位点 $F_{\frac{\alpha}{2}}(n_1-1,n_2-1),F_{1-\frac{\alpha}{2}}(n_1-1,n_2-1)$,得拒绝域,

$$W=[0,F_{1-\frac{\alpha}{2}}(n_1-1,n_2-1)]\bigcup[F_{\frac{\alpha}{2}}(n_1-1,n_2-1),+\infty)$$

(2)单侧假设

右侧假设 $\qquad H_0:\sigma_1^2=\sigma_2^2;H_1:\sigma_1^2>\sigma_2^2$,

左侧假设 $\qquad H_0:\sigma_1^2=\sigma_2^2;H_1:\sigma_1^2<\sigma_2^2$,

当 H_0 成立时,检验统计量同上.

对任意给定的 $\alpha(0<\alpha<1)$,查表求分位点,

$$F_\alpha(n_1-1,n_2-1),F_{1-\alpha}(n_1-1,n_2-1)$$

得

右侧拒绝域 $\qquad W=[F_\alpha(n_1-1,n_2-1),+\infty)$,

左侧拒绝域 $\qquad W=[0,F_{1-\alpha}(n_1-1,n_2-1)]$.

【例 8 - 11】 第一纺织厂所生产的某种细纱支数的标准差为 1.2,现从即将出厂的产品中,随机抽取 16 缕进行支数测量,测得样本观察值的标准差为 2.1,设细纱的支数 X 服从正态分布,问纱的均匀度有无显著变化($\alpha=0.05$)?

分析 本题是正态总体 X 的期望 μ 未知,方差 σ^2 的双侧假设检验问题.

解 (1)提出假设

$$H_0:\sigma^2=\sigma_0^2=1.2^2;H_1:\sigma^2\neq\sigma_0^2=1.2^2.$$

(2)当 H_0 为真时,检验统计量为

$$\chi^2=\frac{(n-1)S^2}{\sigma_0^2}\sim\chi^2(n-1).$$

(3)求拒绝域 W,已知 $n=16,\alpha=0.05$,查表得

$$\chi_{\frac{\alpha}{2}}^2(n-1)=\chi_{0.025}^2(15)=27.5,$$

$$\chi_{1-\frac{\alpha}{2}}^2(n-1)=\chi_{0.975}^2(15)=6.25,$$

$$W=[0,6.25]\bigcup[27.5,+\infty).$$

(4) 求检验统计值 χ_0^2. 已知 $n=16,s^2=2.1^2,\sigma_0^2=1.2^2$, 得

$$\chi_0^2 = \frac{(n-1)s^2}{\sigma_0^2} = \frac{15 \times 2.1^2}{1.2^2} = 45.9 \in W,$$

拒绝 H_0, 则认为纱的均匀度有显著变化.

【例 8-12】 上海电器公司生产某种导线,要求电阻的标准差不得超过 0.005Ω. 今在一批产品中抽取 9 根导线,测得 $s=0.007\Omega$,设总体 X 服从正态分布,在 $\alpha=0.05$ 条件下,能认为这批导线的标准差是否显著偏大?

分析 本题是导线的电阻 X 服从正态分布 $N(\mu,\sigma^2)$,其中 μ 未知,方差 σ^2 的单侧假设检验问题. 由于样本的标准差 $s^2=0.007^2>\sigma_0^2=0.005^2$,因此是右侧假设检验问题.

解 (1) 提出假设

$$H_0 : \sigma^2 = \sigma_0^2 = 0.05^2; H_1 : \sigma^2 > \sigma_0^2 = 0.05^2.$$

(2) 当 H_0 成立,检验统计量为

$$\chi^2 = \frac{(n-1)S^2}{\sigma_0^2} \sim \chi^2(n-1).$$

(3) 求拒绝域 W,当 $\alpha=0.05,n=9$,查表得

$$\chi_\alpha^2(n-1) = \chi_{0.05}^2(8) = 15.507,$$
$$W = [15.507, +\infty).$$

(4) 计算 χ_0^2 并判断结果,由于 $n=9,s^2=0.007^2,\sigma_0^2=0.005^2$,算得

$$\chi_0^2 = \frac{(n-1)s^2}{\sigma_0^2} = \frac{8 \times 0.007^2}{0.005^2} = 15.68 \in W,$$

因此拒绝 H_0,认为标准差偏大.

【例 8-13】 为研究矮个子人的寿命与高个子人的寿命长短问题,统计了美国历史上 31 个自然死亡总统,把他们的身高分成两大类,其寿命列表如下:

矮个子总统　　$85, 79, 67, 90, 80$

高个子总统　　$68, 53, 63, 70, 88, 74, 64, 66, 60, 60, 78, 71, 67, 90, 73,$
　　　　　　　$71, 77, 72, 57, 78, 67, 56, 63, 64, 83, 65$

设两类人寿命总体 X,Y 均服从正态分布且方差相等,推测矮个子总统的平均寿命要比高个子总统的平均寿命要长一些,检验推测是否正确($\alpha=0.05$).

分析 本题是两正态总体方差未知,但具相等的期望差 $\mu_1-\mu_2$ 的单侧假设检验问题,至于是左侧还是右侧可由算得的样本观察值的均值之间的大小来决定.

解 由样本观察值算得

$$n_1 = 5, \quad \bar{x} = 80.2, \quad s_1 = 8.585$$
$$n_2 = 26, \quad \bar{y} = 69.15, \quad s_2 = 9.315$$

根据 $\bar{x} = 80.2 > \bar{y} = 69.15$，本题应为右侧假设检验问题.

（1）提出假设
$$H_0 : \mu_1 = \mu_2 ; H_1 : \mu_1 > \mu_2.$$

（2）当 H_0 成立，检验统计量为
$$T = \frac{\overline{X} - \overline{Y} - (\mu_1 - \mu_2)}{S_w \sqrt{\dfrac{1}{n_1} + \dfrac{1}{n_2}}} \sim t(n_1 + n_2 - 2).$$

（3）当 $\alpha = 0.05$ 时，$n_1 = 85, n_2 = 26$，查表知
$$t_\alpha(n_1 + n_2 - 2) = t_{0.05}(30) = 1.699\,1,$$

拒绝域为
$$W = [1.699\,1, +\infty).$$

（4）计算检验统计值，由
$$n_1 = 5, \quad \bar{x} = 80.2, \quad s_1^2 = 8.585^2,$$
$$n_2 = 26, \quad \bar{y} = 69.15, \quad s_2^2 = 9.315^2,$$

算得
$$s_W^2 = \frac{(n_1 - 1)s_1^2 + (n_2 - 1)s_2^2}{n_1 + n_2 - 2} = \frac{294.8 + 2\,169.44}{29} = 84.97,$$
$$s_W = 9.22$$
$$T_0 = \frac{\bar{x} - \bar{y}}{s_W \sqrt{\dfrac{1}{n_1} + \dfrac{1}{n_2}}} = \frac{80.2 - 69.2}{9.22 \sqrt{\dfrac{1}{5} + \dfrac{1}{26}}} = 5.013 \in W,$$

因此拒绝 H_0，即认为矮个子总统比高个子总统的寿命要长一些.

【例 8-14】　为比较甲、乙两种橡胶轮胎的耐磨性，各随机地抽取了 28 个轮胎，配成 8 对，分别装在卡车上，经过行驶一段时间后，测得轮胎的磨损量的数据（单位:mg）如下：

χ_i（甲种轮胎）　4 900, 5 220, 5 000, 6 020, 6 340, 7 660, 8 650, 4 870

y_i（乙种轮胎）　4 930, 4 900, 5 140, 5 700, 6 110, 6 880, 7 930, 5 010

设轮胎的磨损量均服从正态分布，问这两种轮胎的磨损性有无显著性差异（$\alpha = 0.05$）？

分析　有时为了比较两种产品或两种方法等的差异，对得到的一批成对的观察值要分析观察数据并作出判断，这种方法称为逐对比较法. 本题中如果把 X 与 Y 看成两个总体，以上数据可看成来自两个正态总体的样本观察值，那么检验两种轮胎的磨损性有否显著差异，可认为检验两总体均值是否相等. 由于是两种轮胎装在同一辆汽车上，行驶的条件几乎一样，所以不能认为两个样本相互独立. 因此作变换 $Z = X - Y$，作为单个正态总体，检验 $\mu = 0$ 的问题.

解 设 $Z = X - Y$,得新样本观察值为

-30,320,360,320,230,780,720,-140

(1) 提出假设

$$H_0:\mu = \mu_0 = 0;H_1:\mu \neq \mu_0 = 0.$$

(2) 当 H_0 为真,又总体 Z 的方差 σ^2 未知,检验统计量为

$$T = \frac{\overline{Z}}{S/\sqrt{n}} \sim t(n-1).$$

(3) 求拒绝域 $\alpha = 0.05$ 查表得

$$t_{\frac{\alpha}{2}}(n-1) = t_{0.025}(7) = 2.365,$$

$$W = (-\infty, -2.365] \bigcup [2.365, +\infty).$$

(4) 计算 T_0 并判断结果 $n = 8, \bar{z} = 320, s^2 = 89\,425$,得

$$T_0 = \frac{\bar{z}}{s/\sqrt{n}} = \frac{320}{\sqrt{89\,425/7}} = 2.83 \in W,$$

故拒绝 H_0,即认为两种轮胎的耐磨性有显著的差异.

【例 8-15】 冶炼某种金属有两种方法,为了检验用这两种方法生产的产品中所含杂质的波动性是否有明显的差异,各取一个样本,得数据(含杂质的百分数)如下:

甲种方法:26.9,22.8,25.7,23.0,22.3,24.2,26.1
26.4,27.2,30.2,24.5,29.5,25.1

乙种方法:22.6,22.5,20.6,23.5,24.3,21.9,20.6
23.2,23.4

由经验知道,产品中的杂质含量服从正态分布,问两种方法生产的产品中所含杂质的波动性有否明显差异?

分析 若甲、乙两种冶炼方法所生产的产品中杂质含量分别为 X, Y,则 $X \sim N(\mu_1, \sigma_1^2), Y \sim N(\mu_2, \sigma_2^2)$,并且 X 与 Y 相互独立.检验杂质含量的波动性的大小,也就是两个正态总体期望未知,两个方差大小的假设检验问题.

解 **方法一** (1) 提出假设

$$H_0:\sigma_1^2 = \sigma_2^2;H_1:\sigma_1^2 \neq \sigma_2^2.$$

(2) 当 H_0 为真时,检验统计量

$$F = \frac{S_1^2}{S_2^2} \sim F(n_1-1, n_2-1).$$

(3) 求拒绝域 W,由已知条件 $\alpha = 0.05, n_1 = 13, n_2 = 9$,查表得

$$F_{\frac{\alpha}{2}}(n_1-1, n_2-1) = F_{0.025}(12,8) = 4.20, F_{1-\frac{\alpha}{2}}(n_1-1, n_2-1) =$$

$$F_{0.975}(12,8) = \frac{1}{F_{0.025}(8,12)} = \frac{1}{3.51} = 0.285,$$

$$W = [0, 0.285] \bigcup [4.20, +\infty).$$

（4）求检验统计值 F_0 并判断结果，已知

$$n_1 = 13, n_2 = 9, \bar{x} = 25.26, \bar{y} = 22.51, s_1^2 = 5.862, s_2^2 = 1.641,$$

$$F_0 = \frac{s_1^2}{s_2^2} = \frac{5.862}{1.641} = 3.572 \notin W,$$

因此接受 H_0，认为甲、乙两种方法所生产的杂质含量波动性无显著差异.

又注意到 $s_1^2 = 5.862 > s_2^2 = 1.641$，可考虑作右侧假设检验.

方法二 （1）提出假设

$$H_1 : \sigma_1^2 = \sigma_2^2 ; H_1 : \sigma_1^2 > \sigma_2^2.$$

（2）当 H_0 为真时，检验统计量

$$F = \frac{S_1^2}{S_2^2} \sim F(n_1 - 1, n_2 - 1).$$

（3）求拒绝域 $W, \alpha = 0.05, n_1 = 13, n_2 = 8$，查表得

$$F_\alpha(n_1 - 1, n_2 - 1) = F_{0.05}(12, 8) = 3.28,$$
$$W = [3.28, +\infty).$$

（4）计算 F_0 并判断结果

$$s_1^2 = 5.862, s_2^2 = 1.641,$$

$$F_0 = \frac{s_1^2}{s_2^2} = \frac{5.862}{1.641} = 3.572 \in W,$$

故应拒绝 H_0，接受 H_1，认为甲种方法生产的杂质含量的波动性较大.

点评 虽然以上两种解法所得结论相反，但解法均为正确的.

【例 8-16】 甲、乙两台机床加工同一种轴. 为比较两机床的加工精度，从两台机床所加工的轴中分别抽取了 8 根与 7 根轴，测得直径（单位：mm）为

甲机床：20.5，19.7，19.8，20.4，20.1，20.0，19.0，19.9

乙机床：19.7，20.8，20.5，19.8，19.4，20.6，19.2

假定两台机床加工轴的直径分别服从正态分布，比较甲、乙两机床加工的精度有无显著差异（$\alpha = 0.05$）？

分析 本题是两正态总体期望未知，比较两个方差大小的双侧假设检验问题. 对于双侧的假设检验，在求拒绝域的时候要分别查两个分位点. 由于左侧分位点 $F_{1-\frac{\alpha}{2}}(n_1 - 1, n_2 - 1)$ 不能在表上直接查到，可利用以下简便方法，由于 F 分布表中 $F_\alpha(n_1, n_2)$ 的值都大于 1，因而右侧分位点 $F_{\frac{\alpha}{2}}(n_1 - 1, n_2 - 1) > 1$，此时左侧分位点

$$F_{1-\frac{\alpha}{2}}(n_1 - 1, n_2 - 1) = \frac{1}{F_{\frac{\alpha}{2}}(n_2 - 1, n_1 - 1)} < 1,$$

接受域 $\overline{W}$ 包含 1，即

$$1 \in \overline{W} = \left(F_{1-\frac{\alpha}{2}}(n_1-1,n_2-1), F_{\frac{\alpha}{2}}(n_1-1,n_2-1)\right).$$

又两总体的顺序可随意确定,不妨取样本方差大的总体为第一总体,也就是作为 F 统计量的分子,样本方差小的为第二总体,有

$$F = \frac{s_1^2}{s_2^2} > 1,$$

此时只需查表求右侧分位点 $F_{\frac{\alpha}{2}}(n_1-1,n_2-1)$,得右半侧的拒绝域为

$$W = \left[F_{\frac{\alpha}{2}}(n_1-1,n_2-1),+\infty\right),$$

如果检验统计值

$$F_0 \in W,$$

则拒绝 H_0,否则接受 H_0.

解　由样本观察值,算得

$$n_1 = 7, \quad \overline{x}_1 = 20, \qquad s_1^2 = 0.397$$
$$n_2 = 8, \quad \overline{x}_2 = 19.93, \quad s_2^2 = 0.216$$

由于 $s_1^2 > s_2^2$,可取乙机床加工轴的直径为第一总体,甲机床加工轴的直径为第二总体.

(1) 提出假设

$$H_0: \sigma_1^2 = \sigma_2^2; H_1: \sigma_1^2 \neq \sigma_2^2.$$

(2) 当 H_0 成立时,检验统计量是

$$F = \frac{S_1^2}{S_2^2} \sim F(n_1-1,n_2-1).$$

(3) 求拒绝域 W,$\alpha = 0.05$,查表得

$$F_{\frac{\alpha}{2}}(6,7) = 5.17,$$
$$W = [5.17,+\infty).$$

(4) 计算 F_0 并且判断结果

$$F_0 = \frac{s_1^2}{s_2^2} = \frac{0.397}{0.216} = 1.84 \notin W,$$

故接受 H_0,即认为两个正态总体的方差无显著差异.

【例 8-17】　有两批棉纱,为比较其断裂强力(单位:kg),从中各取一个样本,测试后经过计算,得

第一批: $n_1 = 200$, $\overline{x} = 0.532$, $s_1 = 0.218$

第二批: $n_2 = 100$, $\overline{y} = 0.576$, $s_2 = 0.198$

设棉纱的断裂强力服从正态分布,检验两批棉纱断裂强力的均值有无显著差异($\alpha = 0.05$)?

分析 设第一批棉纱的断裂强力 $X \sim N(\mu_1, \sigma_1^2)$,第二批棉纱的断裂强力 $Y \sim N(\mu_2, \sigma_2^2)$,且认为两样本相互独立,因此是两正态总体的方差未知,μ_1 与 μ_2 是有显著差异的双侧假设检验问题. 由于方差 σ_1^2, σ_2^2 未知,又不知道它们是否相等,必须要检验两方差的齐性.

解 首先检验两方差的齐性.

(1) 提出假设
$$H_0 : \sigma_1^2 = \sigma_2^2 ; H_1 : \sigma_1^2 \neq \sigma_2^2.$$

(2) 当 H_0 为真,检验统计量
$$F = \frac{S_1^2}{S_2^2} \sim F(n_1 - 1, n_2 - 1).$$

(3) 求拒绝域,$\alpha = 0.05, n_1 = 200, n_2 = 100$ 并且注意到 $s_1^2 > s_2^2$,查表得
$$F_{\frac{\alpha}{2}}(n_1 - 1, n_2 - 1) = F_{0.025}(199, 99)$$
$$\approx \frac{1}{2}\left[F_{0.025}(\infty, 120) + F_{0.025}(\infty, 60) \right]$$
$$= \frac{1}{2}(1.31 + 1.48) = 1.395,$$

得拒绝域
$$W = [1.395, +\infty).$$

(4) 计算 F_0,并判断结果
$$F_0 = \frac{s_1^2}{s_2^2} = \frac{0.218^2}{0.198^2} = 1.212 \notin W,$$

故接受 H_0,可认为两个正态总体具有方差齐性.

再提出假设

(1) $$H_0 : \mu_1 = \mu_2 ; H_1 : \mu_1 \neq \mu_2.$$

(2) 当 H_0 为真,此时问题为方差 σ_1^2, σ_2^2 均未知,但 $\sigma_1^2 = \sigma_2^2$ 的 $\mu_1 - \mu_2$ 的假设检验,检验统计量为
$$T = \frac{\overline{X} - \overline{Y} - (\mu_1 - \mu_2)}{S_W \sqrt{\dfrac{1}{n_1} + \dfrac{1}{n_2}}} = \frac{\overline{X} - \overline{Y}}{S_W \sqrt{\dfrac{1}{n_1} + \dfrac{1}{n_2}}} \sim t(n_1 + n_2 - 2).$$

(3) 求拒绝域 $\alpha = 0.05, n_1 = 200, n_2 = 100$ 查 T 分布表,得
$$t_{\frac{\alpha}{2}}(n_1 + n_2 - 2) = t_{0.025}(298) \approx u_{0.025} = 1.96,$$
$$W = (-\infty, -1.96] \bigcup [1.96, +\infty).$$

(4) 计算检验统计值 T_0,并判断结果
$$s_W = \sqrt{\frac{(n_1 - 1)s_1^2 + (n_2 - 1)s_2^2}{n_1 + n_2 - 2}}$$

$$= \sqrt{\frac{199 \times 0.218^2 + 99 \times 0.198^2}{298}} = 0.2116,$$

$$T_0 = \frac{\bar{x} - \bar{y}}{s_w \sqrt{\frac{1}{n_1} + \frac{1}{n_2}}} = \frac{0.532 - 0.576}{0.2116\sqrt{\frac{1}{200} + \frac{1}{100}}} = -1.7044 \notin W,$$

所接受 H_0，即认为两批棉纱的断裂强力的平均值无显著差异.

点评　注意到本题中，$n = \min(n_1, n_2) = 100$，足够大，利用中心极限定理

$$\frac{\bar{X} - \bar{Y} - (\mu_1 - \mu_2)}{\sqrt{\frac{S_1^2}{n_1} + \frac{S_2^2}{n_2}}} \xrightarrow{\text{近似分布}} N(0,1),$$

因此近似的作 U 检验，无需检验方差的齐性.

（1）提出假设

$$H_0 : \mu_1 = \mu_2 ; H_1 : \mu_1 \neq \mu_2.$$

（2）当 H_0 为真，检验统计量

$$U = \frac{\bar{X} - \bar{Y}}{\sqrt{\frac{S_1^2}{n_1} + \frac{S_2^2}{n_2}}}. \xrightarrow{\text{近似分布}} N(0,1).$$

（3）求拒绝域，$\alpha = 0.05$，查表得

$$u_{\frac{\alpha}{2}} = u_{0.025} = 1.96$$

$$W = (-\infty, -1.96] \bigcup [1.96, +\infty).$$

（4）求 U_0 并且判断结果

$$U_0 = \frac{\bar{x} - \bar{y}}{\sqrt{\frac{s_1^2}{n_1} + \frac{s_2^2}{n_2}}} = \frac{0.532 - 0.576}{\sqrt{\frac{0.218^2}{200} + \frac{0.198^2}{100}}} = 1.7530 \notin W,$$

故接受 H_0.

【例 8-18】　美国的 Jones 医生于 1974 年观察了母亲在妊娠时曾患慢性酒精中毒的 7 岁儿童 6 名（称为甲组），为了比较，以母亲的年龄、文化程度及婚姻状况与前 6 名儿童的母亲相同或相近但不饮酒的 46 名 7 岁儿童（称为乙组），测定两组儿童的智商，结果如下

组别	智商平均数 $\bar{x}$	标本标准差 s	人　数
甲组	78	19	6
乙组	99	16	46

假设两组儿童的智商服从正态分布，由以上结果来推断产妇嗜酒是否影响下一代的智力，若有影响，推断其影响的程度有多大（$\alpha = 0.05$）？

解 设两组儿童的智商服从 $X \sim N(\mu_1, \sigma_1^2)$，$Y \sim N(\mu_2, \sigma_2^2)$，由于 σ_1^2 和 σ_2^2 未知，因此首先要检验两正态总体方差的齐性.

（1）提出假设

$$H_0 : \sigma_1^2 = \sigma_2^2 ; H_1 : \sigma_1^2 \neq \sigma_2^2.$$

（2）当 H_0 为真，检验统计量

$$F = \frac{S_1^2}{S_2^2} \sim F(n_1 - 1, n_2 - 1).$$

（3）求拒绝域 W　$\alpha = 0.05, n_1 = 6, n_2 = 46$，查表得

$$F_{\frac{\alpha}{2}}(n_1 - 1, n_2 - 1) = F_{0.025}(5, 45) = 2.90,$$

$$W = [2.90, +\infty).$$

（4）求 F_0 并判断结果

$$F_0 = \frac{19^2}{16^2} = 1.41 \notin W,$$

接受 H_0，可认为两总体的方差相等.

注意到 $\bar{x} < \bar{y}$，提出假设

（1）　　　　　　　　$H_0 : \mu_1 = \mu_2 ; H_1 : \mu_1 < \mu_2.$

（2）当 H_0 为真时，检验统计量

$$T = \frac{\bar{X} - \bar{Y} - (\mu_1 - \mu_2)}{S_W \sqrt{\dfrac{1}{n_1} + \dfrac{1}{n_2}}} \sim t(n_1 + n_2 - 2),$$

其中 $S_W^2 = \dfrac{(n_1 - 1)S_1^2 + (n_2 - 1)S_2^2}{n_1 + n_2 - 2}.$

（3）求拒绝域 W　$\alpha = 0.05, n_1 = 6, n_2 = 46$，查表得

$$t_\alpha(n_1 + n_2 - 2) = t_{0.05}(50) \approx u_{0.05} = 1.645,$$

$$W = (-\infty, -1.645].$$

（4）计算 T_0 并判断结果

$$s_W^2 = \frac{5 \times 19^2 + 45 \times 16^2}{50} = 16.325^2, \sqrt{\frac{1}{n_1} + \frac{1}{n_2}} = \sqrt{\frac{1}{6} + \frac{1}{46}} = 0.4341$$

$$T_0 = \frac{\bar{x} - \bar{y}}{S_W \sqrt{\dfrac{1}{n_1} + \dfrac{1}{n_2}}} = \frac{78 - 99}{16.325 \times 0.434} = -2.964 \in W,$$

故拒绝 H_0，认为甲组儿童的智商比乙组儿童的智商显著偏小. 又 $\mu_2 - \mu_1$ 的置信度为 $1 - \alpha$ 的置信区间为

$$\left(\bar{X} - \bar{Y} - t_{\frac{\alpha}{2}}(n_1 + n_2 - 1)S_W \sqrt{\frac{1}{n_1} + \frac{1}{n_2}}, \bar{X} - \bar{Y} + t_{\frac{\alpha}{2}}(n_1 + n_2 - 1)S_W \sqrt{\frac{1}{n_1} + \frac{1}{n_2}} \right),$$

将相应数据代入上式后，置信度为 0.95 的置信区间为

$$(7.113, 34.887).$$

可以断言,在 0.95 的置信度下,甲组儿童的智商要比乙组儿童的智商平均要低 7.113 到 34.887.

【例 8 - 19】 设有两个总体 $X \sim N(\mu_1, \sigma^2)$,$Y \sim N(\mu_2, \lambda \sigma^2)$,其中 σ^2 未知,$\lambda > 0$ 已知,又 $(X_1, X_2, \cdots, X_{n_1})$ 与 $(Y_1, Y_2, \cdots, Y_{n_2})$ 为来自 X 与 Y 的两个独立样本,证明:

(1) $T = \dfrac{(\overline{X} + d\overline{Y}) - (c\mu_1 + d\mu_2)}{S_W} \sqrt{\dfrac{n_1 n_2}{\lambda d^2 n_1 + c^2 n_2}} \sim t(n_1 + n_2 - 2),$

其中,$S_W^2 = \dfrac{\lambda(n_1 - 1)S_1^2 + (n_2 - 1)S_2^2}{\lambda(n_1 + n_2 - 2)}$($c, d$ 为已知常数).

(2) 对以下假设

① $H_0 : c\mu_1 + d\mu_2 = \delta$;$H_1 : c\mu_1 + d\mu_2 \neq \delta$,

② $H_0 : c\mu_1 + d\mu_2 = \delta$;$H_1 : c\mu_1 + d\mu_2 > \delta$,

③ $H_0 : c\mu_1 + d\mu_2 = \delta$;$H_1 : c\mu_1 + d\mu_2 < \delta$.

求检验统计量与拒绝域 W(δ 为已知常数)

证 (1) 因为 $\overline{X} \sim N\left(\mu_1, \dfrac{\sigma^2}{n_1}\right)$,$\overline{Y} \sim N\left(\mu_2, \dfrac{\lambda \sigma^2}{n_2}\right)$,则

$$c\overline{X} + d\overline{Y} \sim N\left(c\mu_1 + d\mu_2, \left(\dfrac{c^2}{n_1} + \dfrac{\lambda d^2}{n_2}\right)\sigma^2\right) \quad (c, d \text{ 为已知常数}),$$

标准化变换后

$$Z = \dfrac{(\overline{X} + d\overline{Y} - (c\mu_1 + d\mu_2)}{\sigma \sqrt{\dfrac{c^2}{n_1} + \dfrac{\lambda d^2}{n_2}}} \sim N(0, 1),$$

又 $\dfrac{(n_1 - 1)S_1^2}{\sigma^2} \sim \chi^2(n_1 - 1)$,$\dfrac{(n_2 - 1)S_2^2}{\lambda \sigma^2} \sim \chi^2(n_2 - 1)$,

故 $U = \dfrac{1}{\sigma^2}\left[(n_1 - 1)S_1^2 + \dfrac{1}{\lambda}(n_2 - 1)S_2^2\right] \sim \chi^2(n_1 + n_2 - 2)$,

由 T 分布的定义,得

$$T = \dfrac{Z}{\sqrt{\dfrac{U}{n_1 + n_2 - 2}}} = \dfrac{c\overline{X} + d\overline{Y} - (c\mu_1 + d\mu_2)}{S_W} \sqrt{\dfrac{n_1 n_2}{\lambda d^2 n_1 + c^2 n_2}} \sim t(n_1 + n_2 - 2),$$

其中 $S_W^2 = \dfrac{\lambda(n_1 - 1)S_1^2 + (n_2 - 1)S_2^2}{\lambda(n_1 + n_2 - 2)}$.

(2) ① 当 H_0 为真,检验统计量

$$T = \dfrac{c\overline{X} + d\overline{Y} - \delta}{S_W} \sqrt{\dfrac{n_1 n_2}{\lambda d^2 n_1 + c^2 n_2}} \sim t(n_1 + n_2 - 2),$$

当 α 给定后($0 < \alpha < 1$),得拒绝域

$$W = (-\infty, -t_{\frac{a}{2}}(n_1 + n_2 - 2)] \bigcup [t_{\frac{a}{2}}(n_1 + n_2 - 2), +\infty).$$

同理可得右侧与左侧假设检验的拒绝域,

② $W = [t_\alpha(n_1 + n_2 - 2), +\infty).$

③ $W = (-\infty, -t_\alpha(n_1 + n_2 - 2)].$

【例 8-20】 (1) 设二总体 $X \sim N(\mu_1, \sigma_1^2)$,$Y \sim N(\mu_2, \sigma_2^2)$,其中 $\mu_1, \mu_2, \sigma_1^2, \sigma_2^2$ 均未知,又 $(X_1, X_2, \cdots, X_{n_1})$ 与 $(Y_1, Y_2, \cdots, Y_{n_2})$ 分别来自总体 X, Y 的样本,并且两样本相互独立,对任意 $\alpha(0 < \alpha < 1)$ 进行下列假设检验:

$$H_0 : c\mu_1 + d\mu_2 = \delta; H_1 : c\mu_1 + d\mu_2 > \delta,$$

其中 c, d, δ 为已知常数.

(2) 某药厂生产一种新的止痛片,厂方希望验证服用新药片后至开始起作用的时间间隔较原有止痛片至少缩短些,因此厂方提出需检验假设:

$$H_0 : \mu_1 - \mu_2 = 10; H_1 : \mu_1 - \mu_2 > 10,$$

此处 μ_1, μ_2 分别是服用原有止痛片和服用新止痛片后至起作用的时间间隔的总体的均值,现分别在两总体中各取一个样本:

原时间间隔:81, 165, 97, 134, 92, 87, 114(单位:s)

新时间间隔:102, 86, 98, 109, 92(单位:s)

设两样本均服从正态分布且相互独立,方差 σ_1^2, σ_2^2 未知,$\alpha = 0.05$.

解　(1) 先计算 $\bar{x}, \bar{y}, s_1^2, s_2^2$,再取一数 λ 使得 $\lambda \approx \frac{s_1^2}{s_2^2}$,然后提出假设

$$H_0 : \sigma_1^2 = \lambda\sigma_2^2; H_1 : \sigma_1^2 \neq \lambda\sigma_2^2,$$

当 H_0 为真时,检验统计量

$$F = \frac{S_1^2}{\lambda S_2^2} \sim F(n_1 - 1, n_2 - 1),$$

对任意的 $\alpha(0 < \alpha < 1)$,拒绝域为

$$W = [0, F_{1-\frac{a}{2}}(n_1 - 1, n_2 - 1)] \bigcup [F_{\frac{a}{2}}(n_1 - 1, n_2 - 1, +\infty),$$

调整 λ 使得检验统计量

$$F_0 = \frac{s_1^2}{\lambda s_2^2} \notin W,$$

因此接受 H_0,然后再提出假设,

$$H_0 : c\mu_1 + d\mu_2 = \delta; H_1 : c\mu_1 + d\mu_2 > \delta,$$

由上例可知,当 H_0 为真时,检验统计量为

$$T = \frac{c\bar{X} + d\bar{Y} - \delta}{S_W} \sqrt{\frac{n_1 n_2}{\lambda d^2 n_1 + c^2 n_2}} \sim t(n_1 + n_2 - 2),$$

其中 $S_W^2 = \frac{\lambda(n_1 - 1)S_1^2 + (n_2 - 1)S_2^2}{n_1 + n_2 - 2}.$

对任意的 $\alpha(0 < \alpha < 1)$,拒绝域为

$$W = [t_\alpha(n_1 + n_2 - 2), +\infty).$$

解 (2)由样本观察值,算得

$$n_1 = 7, \quad \bar{x} = 110, \quad s_1^2 = 30.22^2 = 913.25$$

$$n_2 = 5, \quad \bar{y} = 97.4, \quad s_2^2 = 8.877^2 = 78.801$$

并且 $\lambda = 10 \approx \dfrac{s_1^2}{s_2^2} = \dfrac{913.25}{78.801}$,提出假设

$$H_0 : \sigma_1^2 = 10\sigma_2^2 ; H_1 : \sigma_1^2 \neq 10\sigma_2^2,$$

当 H_0 为真,检验统计量为

$$F = \frac{S_1^2}{\lambda S_2^2} \sim \chi^2(n_1 - 1, n_2 - 1),$$

对 $\alpha = 0.05, n_1 = 7, n_2 = 5$ 查表得

$$F_\alpha(n_1 - 1, n_2 - 1) = F_{0.05}(6, 4) = 6.16,$$

$$W = [6.16, +\infty),$$

计算 F_0,得

$$F_0 = \frac{s_1^2}{\lambda s_2^2} = \frac{913.25}{10 \times 78.801} = 1.158\,9 \notin W,$$

故接受 H_0,即可认为 $\sigma_1^2 = 10\sigma_2^2$.

此时 $X \sim N(\mu_1, \sigma_1^2), Y \sim N(\mu_2, 10\sigma_1^2)$,提出假设

$$H_0 : \mu_1 - \mu_2 = 10 = \delta ; H_1 : \mu_1 - \mu_2 > 10 = \delta,$$

当 H_0 为真,检验统计量为

$$T = \frac{\bar{X} - \bar{Y} - \delta}{S_W} \sqrt{\frac{n_1 n_2}{\lambda n_1 + n_2}} \sim t(n_1 + n_2 - 2),$$

其中 $\lambda = 10, S_W^2 = \dfrac{10(n_1 - 1)S_1^2 + (n_2 - 1)S_2^2}{n_1 + n_2 - 2}$.

当 $\alpha = 0.05, n_1 = 7, n_2 = 5$,查表得

$$t_\alpha(n_1 + n_2 - 2) = t_{0.05}(10) = 1.812\,5.$$

$$W = [1.812\,5, +\infty),$$

计算 T_0 并且判断结果

$$s_W = \sqrt{\frac{10 \times 6 \times 913.25 + 4 \times 78.801}{10 \times 10}} = 23.475,$$

$$\sqrt{\frac{n_1 n_2}{\lambda n_1 + n_2}} = \sqrt{\frac{7 \times 5}{10 \times 7 + 5}} = 0.683,$$

$$T_0 = \frac{\bar{x} - \bar{y} - \delta}{s_W} \sqrt{\frac{n_1 n_2}{\lambda n_1 + n_2}} = \frac{110 - 97.4 - 10}{23.475} \times 0.683 = 0.075\,6 \notin W,$$

故接受 H_0.

【例 8 - 21】 某大城市为了确定城市养猫灭鼠的效果,进行了调查,得如下结果:

养猫户: $n_1 = 119$,有老鼠活动的有 15 户

无猫户: $n_2 = 418$,有老鼠活动的有 58 户

问养猫与不养猫对大城市家庭灭鼠有无显著差异($\alpha = 0.05$)?

分析 设 $X = \begin{cases} 0 & (养猫户中无老鼠活动的家庭), \\ 1 & (养猫户中有老鼠活动的家庭), \end{cases}$

$Y = \begin{cases} 0 & (无猫户中无老鼠活动的家庭), \\ 1 & (无猫户中有老鼠活动的家庭), \end{cases}$

即 $X \sim B(1, p_1)$,$Y \sim B(1, p_2)$,其中 $0 < p_1, p_2 < 1$ 均未知且 X 与 Y 相互独立. 因此本题归结为两非正态总体方差未知,两总体均值 p_1 与 p_2 之间有否显著差异的假设检验问题. 注意到 $\min(n_1, n_2) > 100$ 很大,可利用大样本的方法求解.

解 (1) 提出假设

$$H_0 : p_1 - p_2 = 0; H_1 : p_1 - p_2 \neq 0.$$

(2) 当 H_0 为真,求检验统计量. 由于 $n_1, n_2 > 100$ 很大,利用中心极限定理

$$\overline{X} \xrightarrow{\text{近似分布}} N\left(p_1, \frac{p_1(1-p_1)}{n_1}\right), \overline{Y} \xrightarrow{\text{近似分布}} N\left(p_2, \frac{p_2(1-p_2)}{n_2}\right)$$

$$\overline{X} - \overline{Y} \xrightarrow{\text{近似分布}} N\left(0, \frac{p_1(1-p_1)}{n_1} + \frac{p_2(1-p_2)}{n_2}\right),$$

因为方差 $\sigma_1^2 = p_1(1-p_1)$,$\sigma_2^2 = p_2(1-p_2)$ 均未知,用样本的方差 S_1^2, S_2^2 分别取代 σ_1^2, σ_2^2,然后标准化变换,得

$$U = \frac{\overline{X} - \overline{Y}}{\sqrt{\dfrac{S_1^2}{n_1} + \dfrac{S_2^2}{n_2}}} \xrightarrow{\text{近似分布}} N(0, 1)$$

为 U 检验统计量.

(3) 求拒绝域 $\alpha = 0.05$,查表得

$$u_{\frac{\alpha}{2}} = u_{0.025} = 1.96,$$

$$W = (-\infty, -1.96] \bigcup [1.96, +\infty).$$

(4) 计算 U_0 并判断结果

$$\overline{x} = \frac{1}{n_1} \sum_{i=1}^{n_1} x_i = \frac{15}{119} = 0.126, \quad \overline{y} = \frac{58}{184} = 0.139,$$

$$s_1^2 = \frac{1}{n_1 - 1} \sum_{i=1}^{n_1} (x_i - \overline{x})^2 = \frac{1}{118}(15 \times 0.874^2 + 104 \times 0.126^2) = 0.111 1,$$

$$s_2^2 = \frac{1}{n_2-1}\sum_{i=1}^{n_2}(y_i-\bar{y})^2 = \frac{1}{417}(58\times0.861^2+360\times0.139^2)=0.119\,8,$$

$$U_0 = \frac{\bar{x}-\bar{y}}{\sqrt{\dfrac{s_1^2}{n_1}+\dfrac{s_2^2}{n_2}}} = \frac{0.126-0.139}{\sqrt{\dfrac{0.111\,1}{119}+\dfrac{0.119\,8}{418}}}=-0.372\,1\notin W,$$

故接受 H_0,认为大城市养猫与不养猫对家庭灭鼠无显著差异.

3. 非参数的假设检验

前面讨论的问题是总体 X 的分布已确定,即服从正态分布,则对分布中的未知参数进行假设检验.本节讨论的问题是如果总体 X 的分布未知,如何根据来自总体 X 的样本来检验 X 是否服从某一确定的分布.

一般地,先根据样本的观察值作出直方图,根据直方图推测总体 X 大致服从某一确定的分布,再进一步利用本节的方法检验所推测的分布的真与假.

1) χ^2 拟合优度检验法

检验总体 X 的分布函数为未知 $F(x)$,检验步骤如下:

(1) 提出假设:
$$H_0:F(x)=F_0(x);H_1:F(x)\neq F_0(x),$$
其中 $F_0(x)$ 为已知的,若其中有未知参数,则可用最大似然估计法求出未知参数的估计值.

(2) 在实数轴上取 $k+1$ 个分点:
$$t_0<t_1<\cdots<t_{k-1}<t_k,$$
其中 $t_0=-\infty,t_k=+\infty$,将实数轴划分成 k 个区间
$$(-\infty,t_1],(t_1,t_2],\cdots,(t_{k-1},+\infty),$$
并求样本值 $x_1,x_2,\cdots,x_n$ 中落入第 i 个区间内的个数 $v_i(1\leqslant i\leqslant k)$.

(3) 当 H_0 为真时,计算总体 X 落在 $(t_{i-1},t_i]$ 区间内的概率 p_i,即
$$p_i=F_0(t_i)-F_0(t_{i-1})\quad(i=1,2,\cdots,k),$$
再依据 $v_i\geqslant5,np_i\geqslant5$ 调整区间,使每个区间相对均匀.

(4) 求拒绝域 W,对给定 $\alpha(0<\alpha<1)$,查表求 $\chi_\alpha^2(k-r-1)$,得
$$W=[\chi_\alpha^2(k-r-1),+\infty),$$
其中 k 为划分区间的个数,r 为总体分布 $F_0(x)$ 中未知参数的个数.

(5) 计算检验统计值 χ_0^2 并判断结果,若
$$\chi_0^2=\sum_{i=1}^{k}\frac{(v_i-np_i)^2}{np_i}\in W,$$

则拒绝 H_0,否则接受 H_0.

【例8-22】 某汽车销售商对近两个月的家用轿车销售情况进行调查,以下是各种颜色的汽车的销售情况.

颜　色	红	黄	蓝	银　色	黑
车辆数	40	64	46	36	14

试检验顾客对这些颜色是否有偏爱,即检验销售情况是否均匀的($\alpha = 0.05$)?

解 提出假设

$$H_0 : p_1 = p_2 = p_3 = p_4 = p_5 = \frac{1}{5},$$

$\alpha = 0.05, k = 5$,查表求 $\chi_\alpha^2(k-1) = \chi_{0.05}^2(4) = 9.488$,拒绝域为

$$W = [9.488, +\infty),$$

计算检验统计值 χ_0^2 并判断结果

$$\chi_0^2 = \sum_{i=1}^n \frac{v_i - np_i}{np_i} = \frac{\left(40 - 200 \times \frac{1}{5}\right)^2}{200 \times \frac{1}{5}} + \frac{\left(64 - 200 \times \frac{1}{5}\right)^2}{200 \times \frac{1}{5}}$$

$$+ \frac{\left(46 - 200 \times \frac{1}{5}\right)^2}{200 \times \frac{1}{5}} + \frac{\left(36 - 200 \times \frac{1}{5}\right)^2}{200 \times \frac{1}{5}} + \frac{\left(14 - 200 \times \frac{1}{5}\right)^2}{200 \times \frac{1}{5}}$$

$$= \frac{1}{40}(576 + 36 + 16 + 676) = 32.6 \in W,$$

故拒绝 H_0,即认为顾客对这些颜色有偏爱.

【例8-23】 某食品厂为检查罐头食品自动生产线的工作情况,对一天中生产的产品中抽取 100 个,测得重量(单位:g)如下:

342, 340, 348, 346, 343, 342, 346, 341, 344, 348

346, 346, 340, 344, 342, 344, 345, 340, 344, 344

336, 348, 344, 345, 332, 342, 342, 340, 350, 343

347, 340, 344, 353, 340, 340, 356, 346, 345, 346

340, 339, 342, 352, 342, 350, 348, 344, 350, 335

340, 338, 345, 345, 349, 336, 342, 338, 343, 343

341, 347, 341, 347, 344, 339, 347, 348, 343, 347

346, 344, 343, 344, 342, 343, 345, 339, 350, 337

345, 345, 350, 341, 338, 343, 339, 343, 346, 342

339, 343, 350, 341, 346, 341, 345, 344, 342, 349

试根据以上数据检验总体 X 是否服从正态分布($\alpha = 0.05$).

分析 设罐头的重量 $X \sim N(\mu, \sigma^2)$,但 μ, σ^2 未知,应用最大似然估计法求出 μ, σ^2,然后再划分区间. 为划分区间,先找出样本值中的最小数 $x_{(1)}$ 和最大数 $x_{(n)}$,然后取比 $x_{(1)}$ 略小的数作为 a,比 $x_{(n)}$ 略大的数作为 b,将区间 (a, b) 作 k 等分,得 $a_0 < a < a_1 < a_2 < \cdots < a_{k-1} < b < a_k$ 其中 $a_0 = -\infty, a_k = +\infty$. 至于 k 应取多大,没有硬性规定,一般地当样本容量 n 较小时,k 也应取小一些,当 n 较大时,k 可应取得大一些,通常,$k = 7$ 到 15 之间.

解 本题要检验假设 $H_0 : X \sim N(\mu, \sigma^2)$,由于 μ, σ^2 均未知. 先用最大似然估计法估计未知参数 μ, σ^2,即

$$\hat{\mu}_L = \bar{x} = 343.7,$$

$$\hat{\sigma}_L^2 = s^2 = 4.049^2.$$

(1) 提出假设

$$H_0 : X \sim N(343.7, 4.049^2).$$

(2) 划分区间,对于本题中 $x_{(1)} = 335, x_{(n)} = 356$,取 $a = 331.5, b = 357.5$,然后将区间 $(331.5, 357.5)$ 13 等分作初始划分,即 $(-\infty, 333.5], (333.5, 335.5], \cdots, (355.5, +\infty)$.

(3) 设 H_0 成立,计算出相应的 v_i, np_i 以及 χ_0^2.

$$F(-\infty) = 0,$$

$$F(a_1) = F(333.5) = \Phi\left(\frac{333.5 - 343.7}{4.049}\right) = 0.005\,87,$$

$$F(a_2) = F(335.5) = \Phi\left(\frac{335.5 - 343.7}{4.049}\right) = 0.021\,18,$$

$$\cdots \quad \cdots \quad \cdots \quad \cdots$$

$$F(a_{13}) = F(+\infty) = 1.$$

组号	范　　围	v_i	$p_i = F(a_i) - F(a_{i-1})$	np_i	$v_i - np_i$	$\dfrac{(v_i - np_i)^2}{np_i}$
1	$(-\infty, 333.5]$	1	0.005 87	0.587		
2	$(333.5, 335.5]$	1	0.015 31	1.531		
3	$(335.5, 337.5]$	3	0.031 83	3.183	-0.301	0.017
4	$(337.5, 339.5]$	8	0.086 19	8.619	-0.619	0.044
5	$(339.5, 341.5]$	15	0.145 40	14.540	0.460	0.015
6	$(341.5, 343.5]$	20	0.185 50	18.550	1.450	0.113
7	$(343.5, 345.5]$	21	0.189 90	18.990	2.010	0.212

（续表）

组号	范　围	v_i	$p_i = F(a_i) - F(a_{i-1})$	np_i	$v_i - np_i$	$\dfrac{(v_i - np_i)^2}{np_i}$
8	$(345.5, 347.5]$	14	0.153 80	15.380	−1.380	0.124
9	$(347.5, 349.5]$	8	0.099 84	9.984	−1.984	0.394
10	$(349.5, 351.5]$	6	0.049 56	4.956	} −0.364	0.015
11	$(351.5, 353.5]$	2	0.019 04	1.904		
12	$(353.5, 355.5]$	0	0.005 95	0.595		
13	$(355.5, +\infty)$	1	0.011 81	1.181		
合计		100	1			0.934

将前 3 组合并成一组，后 4 组合并成一组，共剩下 8 组，即 $k = 8$.

（4）求拒绝域 W 并判断结果　$\alpha = 0.05, k = 8, r = 2$ 查表得 $\chi_\alpha^2(k - r - 1) = \chi_{0.05}^2(5) = 2.151$，有

$$\chi_0^2 = 0.934 \notin W = [2.151, +\infty),$$

故接受 H_0，认为 $X \sim N(\mu, \sigma^2)$，其中 $\mu = 343.7, \sigma^2 = 4.049^2$.

【**例 8 - 24**】　自 1965 年 1 月 1 日至 1971 年 2 月 9 日的 2 231 天中，世界上记录到里氏震级 4 级和 4 级以上地震计 162 次，统计如下：

x	$0 \sim 4$	$5 \sim 9$	$10 \sim 14$	$15 \sim 19$	$20 \sim 24$	$25 \sim 29$	$30 \sim 34$	$35 \sim 39$	$\geqslant 40$
n_i	50	31	26	17	10	8	6	6	8

x 表示相继两次地震间隔的天数，n_i 表示第 i 段时间中地震的次数，试检验相继两次地震间隔的天数 X 服从指数分布（$\alpha = 0.05$）.

解　为要检验假设 H_0：X 服从参数为 $\dfrac{1}{\theta}$ 的指数分布，其中 θ 未知. 先用最大似然估计法求出 θ 的估计值.

$$\hat{\theta}_L = \bar{x} = \frac{2\,231}{162} = 13.77.$$

（1）提出假设

H_0：X 的分布函数为

$$F(x) = \begin{cases} 1 - e^{-\frac{x}{13.77}} & (x > 0), \\ 0 & (x \leqslant 0). \end{cases}$$

（2）划分区间，由于 $x_{(1)} = 0, x_{(n)} = 40$ 取 $a = -0.5, b = 44.5$，然后将区间 $(-0.5, 44.5)$ 9 等分，得

$$-\infty = a_0 < a < a_1 < \cdots < a_8 < a_9 = +\infty,$$

其中 $a_1 = 4.5, a_2 = 9.5, \cdots, a_8 = 39.5$. 也就是得到 9 个互不相交的区间
$$(-\infty, 4.5], (4.5, 9.5], \cdots, (39.5, +\infty).$$

(3) 当 H_0 成立,计算相应的 v_i, np_i 以及 χ_0^2:

$$F(a_0) = F(-\infty) = 0,$$
$$F(a_1) = F(4.5) = 0.2788,$$
$$F(a_2) = F(9.5) = 0.4984,$$
$$\cdots \qquad \cdots \qquad \cdots$$
$$F(a_9) = F(+\infty) = 1.$$

组号	范围	v_i	$p_i = F(a_i) - F(a_{i-1})$	np_i	$v_i - np_i$	$\dfrac{(v_i - np_i)^2}{np_i}$
1	$(-\infty, 4.5]$	50	0.2788	45.1656	4.8344	0.5175
2	$(4.5, 9.5]$	31	0.2196	35.5752	-4.5752	0.5884
3	$(9.5, 14.5]$	26	0.1527	24.7374	1.2626	0.0644
4	$(14.5, 19.5]$	17	0.1062	17.2044	-0.2044	0.0024
5	$(19.5, 24.5]$	10	0.0739	11.9718	-1.9718	0.3248
6	$(24.5, 29.5]$	8	0.0514	8.3268	-0.3268	0.0126
7	$(29.5, 34.5]$	6	0.0358	5.7996	0.2004	
8	$(34.5, 39.5]$	6	0.0248	4.0176	1.9824	$\Big\}$ 0.4853
9	$(39.5, +\infty)$	8	0.0568	9.2016	-1.2016	0.1563
合计		162	1			$\chi_0^2 = 2.1523$

因为 $np_8 = 4.0176 < 5$,与上一组合并,所以 $k = 8$.

(4) 求拒绝域 W 并判断结果 $\alpha = 0.05, k = 8, r = 1$,查表得 $\chi_\alpha^2(k-r-1) = \chi_{0.05}^2(6) = 12.592$,

$$\chi_0^2 = 2.1523 \notin W = [12.592, +\infty),$$

故接受 H_0,即认为 X 服从指数分布.

【例 8-25】   某大型购物超市,自开办有奖销售以来的 13 期中奖号码中,各数码出现的频数如下表所示:

数码	0	1	2	3	4	5	6	7	8	9	合计
频数	21	28	37	36	31	45	30	37	33	52	

试问在出现这样结果的情况下,该商场的摇奖结果是否公平($\alpha = 0.05$)?

解 如果摇奖机工作正常,则每次摇出各号球的可能性(概率)应是相等的,即均为 $\frac{1}{10}$. 设 X 为每次摇出球的号码数,则

$$p_k = p(X = k) = \frac{1}{10} \quad (k = 0, 1, \cdots, 9).$$

(1) 提出假设

$$H_0 : X \text{ 的分布律 } p_k = P(X = k) = \frac{1}{10} \quad (k = 0, 1, \cdots, 9).$$

(2) 当 H_0 为真,计算相应的 v_i, np_i, χ_0^2,列表如下:

数码	v_i	np_i	$n_i - np_i$	$\dfrac{(v_i - np_i)^2}{np_i}$
0	21	35	-14	5.600
1	28	35	-7	1.400
2	37	35	2	0.114
3	36	35	1	0.029
4	31	35	-4	0.457
5	45	35	10	2.857
6	30	35	-5	0.714
7	37	35	2	0.114
8	33	35	2	0.114
9	52	35	17	8.257
合计	350			$\chi_0^2 = 19.656$

(3) 求拒绝域 W 并判断结果 $k = 10$, $\alpha = 0.05$,查表得 $\chi_\alpha^2(k-1) = \chi_{0.05}^2(9) = 16.919$,

$$\chi_0^2 = 19.656 \in W = [16.919, +\infty),$$

故拒绝 H_0,即认为摇奖过程有问题.

2) 秩和检验法

秩和检验法是检验两个总体是否具有相同分布. 设有两个连续型总体,它们的密度为 $f_1(x)$ 和 $f_2(x)$ 均未知,但 $f_1(x) = f_2(x-a)$,其中 a 为未知常数. 检验下列假设:

(1) $H_0 : a = 0$; $H_1 : a \neq 0$.

(2) $H_0 : a = 0$; $H_1 : a > 0$.

(3) $H_0 : a = 0$; $H_1 : a < 0$.

当两总体均值 μ_1 与 μ_2 存在,此时也可检验下列假设:

(1) $H_0 : \mu_1 = \mu_2$;$H_1 : \mu_1 \neq \mu_2$.

(2) $H_0 : \mu_1 = \mu_2$;$H_1 : \mu_1 > \mu_2$.

(3) $H_0 : \mu_1 = \mu_2$;$H_1 : \mu_1 < \mu_2$.

然后用秩和检验法检验上述假设.

秩——若 $(x_1, x_2, \cdots, x_n)$ 为来自总体 X 的一个样本观察值,然后按每个分量值从小到大的顺序排成一行,

$$x_{(1)} \leqslant x_{(2)} \leqslant \cdots \leqslant x_{(n)},$$

则称 $x_{(i)}$ 的足标 $i(i = 1, 2, \cdots, n)$ 为 $x_{(i)}$ 的秩,记为 $r(x_{(i)}) = i$.

秩和检验法的计算步骤:

(1) 设有两个分别来自两总体相互独立的样本观察值,然后比较两样本值容量的大小,容量小的记为 n_1,作为第一样本;容量大的记为 n_2,作为第二样本,因此总有 $n_1 \leqslant n_2$.

(2) 求秩和.

将两个样本值放在一起共 $n_1 + n_2$ 个值,按从小到大的顺序排成一行,确定每个观察值分量的秩,并把第一样本观察值每个分量的秩相加求和,记为 R_1,也称 R_1 为秩和,即

$$R_1 = \sum_{i=1}^{n_1} r(x_{(i)}).$$

第二样本观察值分量的秩和为

$$R_2 = \sum_{i=1}^{n_2} r(y_{(i)}),$$

R_1 与 R_2 均为随机变量且 $R_1 + R_2 = \dfrac{1}{2}(n_1 + n_2)(n_1 + n_2 + 1)$.

(3) 求拒绝域 W 并判断结果

$$H_0 : a = 0;H_1 : a \neq 0,$$

当 H_0 为真时,有 $f_1(x) = f_2(x)$,对给定的 $\alpha(0 < \alpha < 1)$,有

$$P\left(C_V\left(\frac{\alpha}{2}\right) < R_1 < C_L\left(\frac{\alpha}{2}\right)\right) = 1 - \alpha,$$

其中 $C_V\left(\dfrac{\alpha}{2}\right), C_L\left(\dfrac{\alpha}{2}\right)$ 为秩和分布的分位点,可通过查秩和分布表得到,拒绝域为

$$W = \left(R_1 \leqslant C_V\left(\frac{\alpha}{2}\right)\right) \cup \left(R_1 \geqslant C_L\left(\frac{\alpha}{2}\right)\right).$$

同理,可得单侧秩和检验问题相应拒绝域:

左侧:$W = (R_1 \leqslant C_V(\alpha))$,

右侧：$W = (R_1 \geqslant C_L(\alpha))$.

注 (1) 若 $x_{(1)} < \cdots < x_{(t_1)} = x_{(t_2)} = \cdots = x_{(t_k)} < \cdots < x_{(n)}$，

即有 k 个值相同，此时每个 $x_{(t_m)}$ 的秩均为 $r(x_{(t_m)}) = \dfrac{1}{k}\sum\limits_{m=1}^{k} t_m$.

(2) 当 H_0 为真时，

$$\mu_{R_1} = E(R_1) = \frac{1}{2} n_1(n_1 + n_2 + 1),$$

$$\sigma_{R_1}^2 = D(R_1) = \frac{1}{12} n_1 n_2(n_1 + n_2 + 1),$$

当 $n_1, n_2 \geqslant 10$ 时，且 H_0 为真时，有

$$U = \frac{R_1 - \mu_{R_1}}{\sigma_{R_1}} \underset{\text{近似分布}}{\longrightarrow} N(0,1),$$

此时 U 可作为检验统计量，对任意给定 $\alpha(0 < \alpha < 1)$，得拒绝域：

双侧：$W = (-\infty, -u_{\frac{\alpha}{2}}] \bigcup [u_{\frac{\alpha}{2}}, +\infty)$，

左侧：$W = (-\infty, -u_\alpha]$，

右侧：$W = [u_\alpha, +\infty)$.

【例 8 - 26】 下面给出两个工人在 5 天生产同一种产品每天生产的件数：

工人甲	49	52	53	47	50
工人乙	56	48	58	46	55

设两样本独立且两样本取自两总体的密度仅相差一个平移，问甲、乙两工人平均每天完成的件数有否显著差异（$\alpha = 0.1$）？

解 设两总体的均值分别为 μ_1, μ_2，提出假设

$$H_0: \mu_1 = \mu_2; H_1: \mu_1 \neq \mu_2,$$

求秩和 R_1.

秩	1	2	3	4	5	6	7	8	9	10
工人甲		47		49	50	52	53			
工人乙	46		48					55	56	58

将两样本的观察值按从小到大顺序排列，如表所示，得到对应于 $n_1 = 5$ 的样本的秩和为

$$R_1 = 2 + 4 + 5 + 6 + 7 = 24,$$

求拒绝域并判断结果 当 H_0 为真，对 $\alpha = 0.1$，查表得 $C_V(0.05) = 18, C_L(0.05) = 37$，有

$$R_1 \in \overline{W} = (18, 37),$$

R_1 落在接受域内,故接受 H_0,即认为差异不显著.

【例 8 - 27】 用甲、乙两种材料的灯丝制造灯泡,今分别随机地抽取若干个进行寿命试验,测得结果如下(单位:h):

甲种灯泡寿命	1 610	1 650	1 680	1 700	1 750	1 720	1 800
乙种灯泡寿命	1 580	1 600	1 640	1 640	1 700		

问用甲、乙两种材料制成的灯泡,它们的平均寿命有无显著差异($\alpha = 0.05$)?

解 设用甲、乙两种材料制成的灯泡总体的密度仅相差一个平移,并且 μ_1 与 μ_2 为两总体的平均寿命,因此要检验假设

$$H_0 : \mu_1 = \mu_2; H_1 : \mu_1 \neq \mu_2,$$

注意到 $n_1 = 7 > n_2 = 5$,所以应对来自乙种灯泡的样本的秩和 R_2 进行检验.

求秩和 R_2,将两样本值混合后,按从小到大排序如下:

序号	1	2	3	4	5	6	7	8	9	10	11	12
甲			1 610			1 650	1 680	1 700		1 720	1 750	1 800
乙	1 580	1 600		1 640	1 640			1 700				

其中第 4、5 号位上都是 1 640,它们的秩要取平均值 $r(y_{(3)}) = r(y_{(4)}) = \dfrac{1}{2}(4+5) =$ 4.5,第 8 号位上甲、乙都是 1 700,它们的秩要取平均值 $r(y_{(5)}) = \dfrac{1}{2}(8+9) = 8.5$,

所以 $\qquad R_2 = 1 + 2 + 4.5 + 4.5 + 8.5 = 20.5.$

当 H_0 为真,$\alpha = 0.05$,查表求 $C_V(0.025) = 20, C_L(0.025) = 45$,得

$$R_2 = 20.5 \in \overline{W} = (20, 45),$$

R_2 落在接受域内,故接受 H_0,可以认为甲,乙两种材料对灯泡的寿命影响无显著差异.

【例 8 - 28】 某超市为了确定向甲、乙两家公司购买某种商品,将甲、乙两公司以往各次进货的次品率进行比较,数据如下表.设两样本相互独立,并且两公司商品的次品率的密度只相差一个平移,问两公司的商品质量有无显著差异($\alpha = 0.05$)?

甲公司	7.0	3.5	9.6	8.1	6.3	3.5	10.4	3.5	2.0	10.5			
乙公司	5.7	3.2	6.2	11.0	9.7	6.9	3.6	4.8	5.6	8.4	10.1	5.5	12.3

分析 当 $n_1, n_2 \geqslant 10$ 时 $(n_1 \leqslant n_2)$，H_0 为真，近似地有

$$R_1 \sim N(\mu_{R_1}, \sigma_{R_1}^2),$$

其中

$$\mu_{R_1} = \frac{1}{2}[n_1(n_1 + n_2 + 1)],$$

$$\sigma_{R_1}^2 = \frac{1}{12}[n_1 n_2(n_1 + n_2 + 1)].$$

若出现秩相同的值，设其中有 t_i 个数的秩 $r_i (i = 1, \cdots, k)$，$r_1 < r_2 < \cdots < r_k$，且当 H_0 为真时，μ_{R_1} 不变，$\sigma_{R_1}^2$ 要修正，即

$$\sigma_{R_1}^2 = \frac{n_1 n_2 \left[n(n^2 - 1) - \sum_{i=1}^{k} t_i(t_i^2 - 1) \right]}{12n(n-1)}.$$

解 设 μ_1, μ_2 分别为甲、乙两公司的商品次品率总体的均值，因此检验的假设是

$$H_0: \mu_1 = \mu_2; H_1: \mu_1 \neq \mu_2,$$

注意到 $n_1 = 10 < n_2 = 13$，将数据按大小次序排列，求秩和 R_1，列表如下：

数据	2.0	3.2	3.5	3.5	3.5	3.6	4.8	5.5	5.6	5.7	6.2	6.2
秩	1	2	4	4	4	6	7	8	9	10	11.5	11.5

数据	6.9	7.0	8.1	8.4	9.6	9.7	10.1	10.4	10.5	11.0	12.3
秩	13	14	15	16	17	18	19	20	21	22	23

其中属于甲公司的数据作记号"____".求得

$$R_1 = 1 + 4 + 11.5 + 14 + 15 + 17 + 20 + 21 = 103.5,$$

并且 $k = 2, \sum_{i=1}^{k} t_i(t_i^2 - 1) = 3 \times (9 - 1) + 2 \times (4 - 1) = 30.$

又，当 H_0 为真时

$$\mu_{R_1} = E(R_1) = \frac{1}{2}n_1(n_1 + n_2 + 1) = 120,$$

$$\sigma_{R_1}^2 = D(R_1) = \frac{n_1 n_2 \left[n(n^2 - 1) - \sum_{i=1}^{k} t_i(t_i^2 - 1) \right]}{12n(n-1)}$$

$$= \frac{10 \times 13 \times [23(23^2 - 1) - 30]}{12 \times 23 \times 22} = 259.36 = 16.10^2,$$

故近似地有

$$R_1 \sim N(120, 16.10^2),$$

对 $\alpha = 0.05$,查表 $u_{\frac{\alpha}{2}} = u_{0.025} = 1.96$,得拒绝域

$$W = (-\infty, -1.96] \bigcup [1.96, +\infty),$$

算得 U_0 为

$$U_0 = \frac{103.5 - 120}{16.10} = -1.025 \notin W,$$

故接受 H_0,即认为两个公司商品的质量无显著差异.

第九章　　方差分析和回归分析

一、基本概念和基本性质

试验指标 —— 试验中要考察的指标.

因素 —— 影响试验指标的条件称为因素. 因素又分为可控与不可控因素,以下均指可控因素.

因素所处的状态称为该因素的水平.

单因素 —— 在一项试验中只有一个因素在改变,称单因素试验,而多于一个因素在改变称为多因素试验.

方差分析 —— 根据对试验结果的分析来鉴别各个有关因素对试验结果影响的一种方法.

1. 单因素试验方差分析

1) 数学模型

设因素 A 有 s 个水平 $A_1, A_2, \cdots, A_s$,在水平 A_j 下进行 $n_j (n_j \geqslant 2)$ 次独立试验,得样本
$$(X_{1j}, X_{2j}, \cdots, X_{nj}).$$

设 $X_{ij} \sim N(\mu_j, \sigma^2)$,则试验数据的数学模型为
$$X_{ij} = \mu + \delta_j + \varepsilon_{ij} \quad (i = 1, 2, \cdots, n_j, j = 1, 2, \cdots, s),$$

其中 $\varepsilon_{ij} \sim N(0, \sigma^2)$,各个 ε_{ij} 相互独立,$\mu = \dfrac{1}{n} \sum_{j=1}^{s} n_j \mu_j, n = \sum_{j=1}^{s} n_j, \delta_j = \mu_j - \mu, \delta_j$ 称为水平 A_j 的效应且 $\sum_{j=1}^{s} n_j \delta_j = 0$.

2) 检验 s 个总体 $N(\mu_j, \sigma^2)(j = 1, 2, \cdots, s)$ 的均值是否相等,即检验下列假设
$$H_0: \mu_1 = \mu_2 = \cdots = \mu_s;$$
$$H_1: \mu_1, \mu_2, \cdots, \mu_s \text{ 不全相等}$$

或等价于检验下列假设:

$$H_0 : \delta_1 = \delta_2 = \cdots = \delta_s = 0;$$
$$H_1 : \delta_1, \delta_2, \cdots, \delta_s \text{ 不全为零.}$$

3）统计分析

设

$$\overline{X} = \frac{1}{n} \sum_{j=1}^{s} \sum_{i=1}^{n_j} X_{ij},$$

$$\overline{X}_{\cdot j} = \frac{1}{n_j} \sum_{i=1}^{n_j} X_{ij},$$

则有平方和分解公式，

$$S_T = S_E + S_A,$$

其中 $S_T = \sum\limits_{j=1}^{s} \sum\limits_{i=1}^{n_j} (X_{ij} - \overline{X})^2$ 称为总离差平方和；$S_E = \sum\limits_{j=1}^{s} \sum\limits_{i=1}^{n_j} (X_{ij} - \overline{X}_{\cdot j})^2$ 称为误差平方和；$S_A = \sum\limits_{j=1}^{s} n_j (\overline{X}_{\cdot j} - \overline{X})^2$ 称为组间离差平方和.

当 H_0 为真时

$$\frac{S_A}{\sigma^2} \sim \chi^2(s-1), \frac{S_E}{\sigma^2} \sim \chi^2(n-s),$$

$$F = \frac{S_A/s-1}{S_E/n-s} \sim F(s-1, n-s),$$

对任意给定 $\alpha(0 < \alpha < 1)$，则拒绝域为

$$W = [F_\alpha(s-1, n-s), +\infty).$$

通常在 $\alpha = 0.05$ 下拒绝 H_0，则称因素 A 的效应为显著的，用"$*$"表示。在 $\alpha = 0.01$ 下拒绝 H_0，则称因素 A 的效应是高度显著的，用"$**$"表示。

4）平方和的计算

设

$$T_{\cdot j} = \sum_{i=1}^{n_j} x_{ij} \quad (j = 1, 2, \cdots, s),$$

$$T_{\cdot \cdot} = \sum_{j=1}^{s} \sum_{i=1}^{n_j} x_{ij},$$

有

$$S_T = \sum_{j=1}^{s} \sum_{i=1}^{n_j} x_{ij}^2 - \frac{T_{\cdot \cdot}^2}{n},$$

$$S_A = \sum_{j=1}^{s} \frac{T_{\cdot j}^2}{n_j} - \frac{T_{\cdot \cdot}^2}{n},$$

$$S_E = S_T - S_A.$$

5）单因素试验的方差分析表

方差来源	平方和	自由度	F 值	分位点	显著性
组间	S_A	$s-1$	$F=\dfrac{S_A/n-s}{S_E/s-1}$	$F_\alpha(s-1,n-s)$	
误差	S_E	$n-s$			
总和	S_T	$n-1$			

6）未知参数的估计

（1）$\hat{\sigma}^2=\dfrac{S_E}{n-s}$ 是 σ^2 的无偏估计.

（2）$\hat{\mu}=\overline{x},\hat{\mu}_j=\overline{x}._{j}$ 分别是 μ 与 μj 的无偏估计.

（3）拒绝 H_0 时,则效应 $\delta_1,\delta_2,\cdots,\delta_s$ 不全为 0,$\sigma_j=\mu_j-\mu$,此时 $\hat{\delta}_j=\overline{x}._{j}-\overline{x}$ 是 δ_j 的无偏估计.

（4）拒绝 H_0 时,两总体 $N(\mu_j,\sigma^2),N(\mu_k,\sigma^2),(j=k)$ 均值差 $\mu_j-\mu_k=\delta_j-\delta_k$ 的置信度为 $1-\alpha$ 的置信区间为

$$\left(\overline{x}._{j}-\overline{x}._{k}\pm t_{\frac{\alpha}{2}}(n-s)\sqrt{\overline{S}_E\left(\frac{1}{n_j}+\frac{1}{n_k}\right)}\right),$$

其中 $\overline{S}_E=\dfrac{S_E}{n-s}$.

2. 两因素无重复试验的方差分析

1）数学模型

设有 A,B 两个因素,因素 A 有 r 个水平 $A_1,A_2,\cdots,A_r$,因素 B 有 s 个水平 $B_1,B_2,\cdots,B_s$. 对因素 A,B 的每对组合 $(A_i,B_j)(i=1,2,\cdots,r,j=1,2,\cdots,s)$ 做一次试验,即无重复试验. 对无重复试验不考虑交互作用,试验数据为 X_{ij},则 $X_{ij}\sim N(\mu_{ij},\sigma^2)$,$X_{ij}$ 的数学模型为

$$X_{ij}=\mu+\alpha_i+\beta_j+\varepsilon_{ij},$$
$$\begin{cases}\varepsilon_{ij}\sim N(0,\sigma^2)\text{ 且相互独立},\\ i=1,2,\cdots,r,j=1,2,\cdots,s,\\ \displaystyle\sum_{i=1}^{r}\alpha_i=0,\sum_{j>1}^{s}\beta_j=0.\end{cases}$$

方差分析的问题就是检验下列假设,

$$\begin{cases}H_{01}:\alpha_1=\alpha_2=\cdots=\alpha_r=0;\\ H_{11}:\alpha_1,\alpha_2,\cdots,\alpha_r\text{ 不全为零}.\end{cases}$$

$$\begin{cases} H_{02}: \beta_1 = \beta_2 = \cdots = \beta_s = 0; \\ H_{12}: \beta_1, \beta_2, \cdots, \beta_s \text{ 不全为零}. \end{cases}$$

2）统计分析

$$S_T = S_E + S_A + S_B,$$

$$S_T = \sum_{i=1}^{r} \sum_{j=1}^{s} (X_{ij} - \overline{X})^2 = \sum_{i=1}^{r} \sum_{j=1}^{s} X_{ij}^2 - \frac{T_{..}^2}{rs}$$

称为总离差平方和.

$$S_A = s \sum_{i=1}^{r} (\overline{X}_{i.} - \overline{X})^2 = \frac{1}{s} \sum_{i=1}^{r} T_{i.}^2 - \frac{T_{..}^2}{rs}$$

称为 A 的组间离差平方和.

$$S_B = r \sum_{j=1}^{s} (\overline{X}_{.j} - \overline{X})^2 = \frac{1}{r} \sum_{j=1}^{s} T_{.j}^2 - \frac{T_{..}^2}{rs}$$

称为 B 的组间离差平方和.

$$S_E = \sum_{i=1}^{r} \sum_{j=1}^{s} (X_{ij} - \overline{X}_{i.} - \overline{X}_{.j} + \overline{X})^2 = S_T - S_A - S_B.$$

称为误差平方和.

其中
$$T_{..} = \sum_{i=1}^{r} \sum_{j=1}^{s} X_{ij};$$

$$T_{i.} = \sum_{j=1}^{s} X_{ij} \quad (j = 1, 2, \cdots, r);$$

$$T_{.j} = \sum_{i=1}^{r} X_{ij} \quad (i = 1, 2, \cdots, s);$$

$$\overline{X} = \frac{T_{..}}{rs}, \overline{X}_{i.} = \frac{1}{s} \sum_{j=1}^{s} X_{ij}, \overline{X}_{.j} = \frac{1}{r} \sum_{i=1}^{r} X_{ij}.$$

S_T, S_A, S_B, S_E 的自由度分别依次为

$$rs - 1, r - 1, s - 1, (r-1)(s-1).$$

当 H_{01} 成立时

$$F_A = \frac{(s-1)S_A}{S_E} \sim F(r-1, (r-1)(s-1)),$$

当 H_{02} 成立时

$$F_B = \frac{(r-1)S_B}{S_E} \sim F(s-1, (r-1)(s-1)).$$

以下为双因素无重复试验方差分析表.

方差来源	平方和	自由度	F 值	分位点	显著性
A	S_A	$r-1$	$F_A = \dfrac{(s-1)S_A}{S_E}$	$F_\alpha(r-1,(r-1)(s-1))$	
B	S_B	$s-1$	$F_B = \dfrac{(r-1)S_B}{S_E}$	$F_\alpha(s-1,(r-1)(s-1))$	
误差	S_E	$(r-1)(s-1)$			
合计	S_T	$rs-1$			

3) 参数估计

$$\hat{\mu} = \overline{X}, \hat{\mu}_{i\cdot} = \overline{X}_{i\cdot}, \hat{\mu}_{\cdot j} = \overline{X}_{\cdot j},$$

$$\hat{\alpha}_i = \overline{X}_{i\cdot} - \overline{X}, \hat{\beta}_j = \overline{X}_{\cdot j} - \overline{X},$$

$$\hat{\sigma}^2 = \frac{1}{(r-1)(s-1)} S_E.$$

3. 两因素等重复试验的方差分析

1) 数学模型

设有 A,B 两个因素作用于试验的指标,因素 A 有 r 个水平 $A_1,A_2,\cdots,A_r$,因素 B 有 s 个水平 $B_1,B_2,\cdots,B_s$,对因素 A,B 的水平的每对组合 $(A_i,B_j)(i=1,2,\cdots,r;$ $j=1,2,\cdots,s)$ 都做 $t(t \geqslant 2)$ 次试验,试验数据记为 X_{ijk}. 设 $X_{ijk} \sim N(\mu_{ij},\sigma^2)(i=1,2,\cdots,r;j=1,2,\cdots,s;k=1,2,\cdots,t)$.

$$\begin{cases} X_{ijk} = \mu + \alpha_i + \beta_j + \delta_{ij} + \varepsilon_{ijk}, \\ \varepsilon_{ijk} \sim N(0,\sigma^2) \text{且相互独立}, \end{cases}$$

其中

$$\mu = \frac{1}{rs} \sum_{i=1}^{r} \sum_{j=1}^{s} \mu_{ij};$$

$$\mu_{r\cdot} = \frac{1}{s} \sum_{j=1}^{s} \mu_{ij} \quad (i=1,2,\cdots,r);$$

$$\mu_{\cdot j} = \frac{1}{r} \sum_{i=1}^{r} \mu_{ij} \quad (j=1,2,\cdots,s);$$

$$\alpha_i = \mu_{i\cdot} - \mu \quad (i=1,2,\cdots,r);$$

$$\beta_j = \mu_{\cdot j} - \mu \quad (j=1,2,\cdots,s);$$

$$\delta_{ij} = \mu_{ij} - \mu_{i\cdot} - \mu_{\cdot j} + \mu \quad (i=1,2,\cdots,r;j=1,2,\cdots,s);$$

$$\sum_{i=1}^{r} \alpha_i = 0, \sum_{j=1}^{s} \beta_j = 0, \sum_{i=1}^{r} \delta_{ij} = 0, \sum_{j=1}^{r} \delta_{ij} = 0.$$

两因素等重复试验的方差分析就是检验以下 3 个假设:

$$\begin{cases} H_{01}: \alpha_1 = \alpha_2 = \cdots = \alpha_r = 0; \\ H_{11}: \alpha_1, \alpha_2, \cdots, \alpha_r \ \text{不全为零}. \end{cases}$$

$$\begin{cases} H_{02}: \beta_1 = \beta_2 = \cdots = \beta_s = 0; \\ H_{12}: \beta_1, \beta_2, \cdots, \beta_s \ \text{不全为零}. \end{cases}$$

$$\begin{cases} H_{03}: \delta_{11} = \delta_{12} = \cdots = \delta_{rs} = 0; \\ H_{13}: \delta_{11}, \delta_{12}, \cdots, \delta_{rs} \ \text{不全为零}. \end{cases}$$

2）统计分析

$$S_T = S_A + S_B + S_{A \times B} + S_E,$$

$$S_T = \sum_{i=1}^{r} \sum_{j=1}^{s} \sum_{k=1}^{t} (X_{ijk} - \overline{X})^2,$$

$$S_A = st \sum_{i=1}^{r} (\overline{X}_{i\cdot\cdot} - \overline{X})^2,$$

$$S_B = rt \sum_{j=1}^{s} (\overline{X}_{\cdot j\cdot} - \overline{X})^2,$$

$$S_{A \times B} = t \sum_{i=1}^{r} \sum_{j=1}^{s} (\overline{X}_{ij\cdot} - \overline{X}_{i\cdot\cdot} - \overline{X}_{\cdot j\cdot} + \overline{X})^2,$$

$$S_E = \sum_{i=1}^{r} \sum_{j=1}^{s} \sum_{k=1}^{t} (X_{ijk} - \overline{X}_{ij\cdot})^2,$$

其中

$$\overline{X} = \frac{1}{rst} \sum_{i=1}^{r} \sum_{j=1}^{t} \sum_{k=1}^{t} X_{ijk};$$

$$\overline{X}_{ij\cdot} = \frac{1}{t} \sum_{k=1}^{t} X_{ijk} \quad (i = 1, 2, \cdots, r; j = 1, 2, \cdots, s);$$

$$\overline{X}_{i\cdot\cdot} = \frac{1}{st} \sum_{j=1}^{s} \sum_{k=1}^{t} X_{ijk} \quad (i = 1, 2, \cdots, r);$$

$$\overline{X}_{\cdot j\cdot} = \frac{1}{rt} \sum_{i=1}^{r} \sum_{k=1}^{t} X_{ijk} \quad (j = 1, 2, \cdots, s).$$

$S_T, S_A, S_B, S_{A \times B}, S_E$ 的自由度分别依次为

$m_T = rst - 1, m_A = r - 1, m_B = s - 1, m_{A \times B} = (r-1)(s-1), m_E = rs(t-1).$

当 H_{01} 成立时

$$F_A = \frac{rs(t-1)S_A}{(r-1)S_E} \sim F(r-1, rs(t-1)).$$

当 H_{02} 成立时

$$F_B = \frac{rs(t-1)S_B}{(s-1)S_E} \sim F(s-1, rs(t-1)).$$

当 H_{03} 成立时

$$F_{A\times B} = \frac{rs(t-1)S_{A\times B}}{(r-1)(s-1)S_E} \sim F((r-1)(s-1), rs(t-1)).$$

以下为双因素等重复试验的方差分析表：

方差来源	平方和	自由度	F 值	分位点	显著性
A	S_A	$m_A = r-1$	$F_A = \dfrac{m_E S_A}{m_A S_E}$	$F_\alpha(m_A, m_E)$	
B	S_B	$m_B = s-1$	$F_B = \dfrac{m_E S_B}{m_B S_E}$	$F_\alpha(m_B, m_E)$	
$A\times B$	$S_{A\times B}$	$m_{A\times B} = (r-1)(s-1)$	$F_{A\times B} = \dfrac{m_E S_{A\times B}}{m_{A\times B} S_E}$	$F_\alpha(m_{A\times B}, m_E)$	
误差	S_E	$m_E = rs(t-1)$			
合计	S_T	$m_T = rst-1$			

二、一元线性回归分析

统计相关——若一个变量的值确定以后,得不出另一变量与之对应的确定的值,但两者有一定联系,这种不完全确定性关系的变量间联系称为统计相关.

回归关系——在具有统计相关的两变量中,一个是可控变量,另一个是随可控变量变化的随机变量,则这两变量间的关系称为回归关系;如果两变量都是随机变量,则它们间的关系称作相关关系. 两种关系虽在含义上有区别,但在实际计算上差别不大.

回归分析——用来处理变量之间的相关关系的数学方法. 它利用观测数据建立具有相关关系变量之间的经验公式,然后检验所建立的经验公式是否有效,最后再利用有效经验公式进行预测和控制.

(1) 数学模型.

设随机变量 y 和非随机变量 x 之间满足如下关系：

$$y \sim N(a+bx, \sigma^2),$$

即

$$y = a+bx+\varepsilon, \varepsilon \sim N(0, \sigma^2),$$

其中 a, b 和 σ^2 为未知参数并且都不依赖于 x,则上式称为一元线性回归模型,为方便起见,随机变量用小写.

如果由样本 $(x_1, y_1), (x_2, y_2), \cdots, (x_n, y_n)$ 得到 a, b 的估计 $\hat{a}, \hat{b}$,则对于给定的 x,用 $\hat{y} = \hat{a} + \hat{b}x$ 作为 $y = a+bx$ 的估计,方程

$$\hat{y} = \hat{a} + \hat{b}x$$

称为 y 关于 x 的线性回归方程.

(2) 参数估计.

设给定 x 的 n 个不完全相同值 $x_1, x_2, \cdots, x_n$ 作为独立试验得到样本 (x_1, y_1), (x_2, y_2), $\cdots$, (x_n, y_n). 通常,用使残差 $\varepsilon_j = y_j - (a + bx_j)$ $(j = 1, 2, \cdots, n)$ 的平方和

$$Q(a, b) = \sum_{j=1}^{n} \varepsilon_j^2 = \sum_{j=1}^{n} [y_j - (a + bx_j)]^2$$

取最小值的统计量 $\hat{a}$ 和 $\hat{b}$ 来估计回归系数 a 和 b 的值,即 $\hat{a}$ 和 $\hat{b}$ 满足

$$Q(\hat{a}, \hat{b}) = \min_{a, b} Q(a, b),$$

此时称 $\hat{a}$ 和 $\hat{b}$ 相应为 a 和 b 的最小二乘估计量,这种求估计量的方法称做最小二乘估计法.

回归系数 a 和 b 的最小二乘估计为

$$\begin{cases} \hat{b} = s_{xy}/s_{xx}, \\ \hat{a} = \dfrac{1}{n}\sum_{i=1}^{n} y_i - \dfrac{1}{n}\left(\sum_{i=1}^{n} x_i\right)\hat{b}, \end{cases}$$

其中

$$s_{xx} = \sum_{i=1}^{n} x_i^2 - \frac{1}{n}\left(\sum_{i=1}^{n} x_i\right)^2;$$

$$s_{xy} = \sum_{i=1}^{n} x_i y_i - \frac{1}{n}\left(\sum_{i=1}^{n} x_i\right)\left(\sum_{i=1}^{n} y_i\right);$$

$$s_{yy} = \sum_{i=1}^{n} y_i^2 - \frac{1}{n}\left(\sum_{i=1}^{n} y_i^2\right).$$

(3) σ^2 的估计.

令 $\hat{y}_i = \hat{a} + \hat{b}x_i$,称 $y_i - \hat{y}_i$ 为 x_i 处的残差,而称

$$Q_e = \sum_{i=1}^{n} (y_i - \hat{y}_i)^2 = \sum_{i=1}^{n} (y_i - \hat{a} - \hat{b}x_i)^2$$

为残差平方和. 可求得 $Q_e = s_{yy} - \hat{b}s_{xy}$. 可证明

$$\frac{Q_e}{\sigma^2} \sim \chi^2(n-2),\quad E\left(\frac{Q_e}{\sigma^2}\right) = n - 2,$$

得 σ^2 的无偏估计为

$$\hat{\sigma}^2 = \frac{Q_e}{n-2}.$$

(4) 回归效果的显著性检验.

通常采用 F 检验,也可采用 T 检验,对一元线性回归两者完全等价. 提出假设

$$H_0: b = 0; H_1: b \neq 0,$$

① 用 F 检验法.

当 H_0 为真时,检验统计量

$$F = \frac{U}{Q_e/n-2} \sim F(1, n-2),$$

其中 $U = \hat{b} s_{xy} = s_{xy}^2 / s_{xx}$.

对给定 $\alpha(0 < \alpha < 1)$,如果 $F \geqslant F_\alpha(1, n-2)$,则拒绝 H_0,即认为线性关系显著,否则接受 H_0,认为不存在线性关系.

② 用 t 检验法.

当 H_0 为真时,检验统计量

$$T = \frac{\hat{b}}{\hat{\sigma}} \sqrt{s_{xx}} \sim t(n-2),$$

对给定的 $\alpha(0 < \alpha < 1)$,如果

$$|T| = \frac{|\hat{b}|}{\hat{\sigma}} \sqrt{s_{xx}} \geqslant t_{\frac{\alpha}{2}}(n-2),$$

则拒绝 H_0,认为回归效果显著,反之就认为回归效果不显著.实际上上述两种检验法是完全等价的.

③ 相关系数 R 检验法.

$$R = \frac{s_{xy}}{s_{xx}s_{yy}},$$

当 $|R|$ 接近于 1 时,否定原假设 $H_0: b = 0$,即认为 x 与 y 线性相关显著.

(5) 系数 b 的置信区间.

当回归效果显著时,对系数 b 区间估计,得 b 的置信度为 $1-\alpha$ 的置信区间是

$$\left(\hat{b} - t_{\frac{\alpha}{2}}(n-2) \frac{\hat{\sigma}}{\sqrt{s_{xx}}}, \hat{b} + t_{\frac{\alpha}{2}}(n-2) \frac{\hat{\sigma}}{\sqrt{s_{xx}}} \right).$$

(6) 预测.

回归方程的重要应用是对给定的点 $x = x_0$,以一定的置信度预测对应的 y_0 的观察值的取值范围(即预测区间). 当 $x = x_0$ 时,y_0 的置信度为 $1-\alpha$ 的预测区间为

$$\left(\hat{y_0} \pm t_{\frac{\alpha}{2}}(n-2)\hat{\sigma} \sqrt{1 + \frac{1}{n} + \frac{(x_0 - \overline{x})^2}{s_{xx}}} \right).$$

(7) 控制.

控制是预测的反问题,即如果要使 y 的值落在指定范围 (y_1, y_2) 内,应该将 x 的值控制在什么范围内. 对给定的置信度 $1-\alpha$,求出相应的 x_1, x_2. 使得当 $x_1 < x < x_2$ 时,x 所对应的观察值 y 落在 (y_1, y_2) 内的概率不小于 $1-\alpha$. 当 n 很大时,令

$$y_1 = \hat{y_1} - \hat{\sigma} u_{\frac{\alpha}{2}} = \hat{a} + \hat{b} x_1 - \hat{\sigma} u_{\frac{\alpha}{2}},$$

$$y_2 = \hat{y_2} + \hat{\sigma} u_{\frac{\alpha}{2}} = \hat{a} + \hat{b} x_2 + \hat{\sigma} u_{\frac{\alpha}{2}},$$

分别解出 x_1 与 x_2 来作为控制 x 的下限和上限.

注意:区间 (y_1, y_2) 的长度必须大于 $2\hat{\sigma} u_{\frac{\alpha}{2}}$,即

$$y_2 - y_1 > 2\hat{\sigma} u_{\frac{\alpha}{2}}$$

三、习题分类、解题方法和示例

本章的习题可分为以下几类
(1) 单因素试验方差分析.
(2) 两因素无重复试验的方差分析.
(3) 两因素等重复试验的方差分析.
(4) 一元线性回归分析.
下面分别讨论各类问题的解题方法,并举例加以说明.

1. 单因素试验方差分析

【例 9-1】 某中学初中三年级有 3 个小班,进行了一次数学期中考试,现从 3 个班级中各随机地抽取了 4 份试卷,记录成绩见下表,试在显著性水平 $\alpha = 0.05$ 下检验各班级的平均成绩有无显著差异,设各个总体服从正态分布,且方差相等.

	A_1 班	A_2 班	A_3 班
1	74	79	82
2	69	81	85
3	73	75	80
4	67	78	79

解 本题是单因素试验的方差分析问题,设各班级学生数学考试成绩分别为 Y_1, Y_2, Y_3 且相互独立,服从正态分布 $N(\mu_i, \sigma^2)(i = 1,2,3)$. 提出如下假设

$$H_0 : \mu_1 = \mu_2 = \mu_3; H_1 : \mu_1, \mu_2, \mu_3 \text{ 不全相等},$$

当 H_0 为真时,对得到的数据进行平方和计算时,可通过线性变换

$$X'_{ij} = \frac{X_{ij} - a}{b}$$

(其中 a, b 为常数且 $b \neq 0$)来简化数据,以减少计算工作量. 此时方差分析结果

不变.

（1）计算.

先将每个观测值减去 77，然后列出计算表如下：

序号 班级	1	2	3	4	$\sum\limits_{i=1}^{4} x_{ij}$	$(\sum\limits_{i=1}^{4} x_{ij})^2$	$\dfrac{(\sum\limits_{i=1}^{4} x_{ij})^2}{4}$	$\sum\limits_{i=1}^{4} x_{ij}^2$
A_1 班	-3	-8	-4	-10	-25	625	156.25	189
A_2 班	2	4	-2	1	5	25	6.25	25
A_3 班	5	8	3	2	18	324	81	102
					-2	974	243.5	316

$$n = \sum_{j=1}^{6} n_j = 12,\ T_{\cdot j} = \sum_{i=1}^{n_j} x_{ij},\ T_{\cdot\cdot} = \sum_{j=1}^{s} \sum_{i=1}^{n_j} x_{ij} = -2,$$

算得
$$s_T = \sum_{j=1}^{s} \sum_{i=1}^{n_j} x_{ij}^2 - \frac{T_{\cdot\cdot}^2}{n} = 316 - \frac{(-2)^2}{12} = 315.67,$$

$$s_A = \sum_{j=1}^{s} \frac{T_{\cdot j}^2}{n_j} - \frac{T_{\cdot\cdot}^2}{n} = 243.5 - \frac{(-2)^2}{12} = 243.17,$$

$$s_E = s_T - s_A = 315.67 - 243.17 = 72.5,$$

s_A 和 s_E 的自由度分别为 $s-1=2, n-s=9$.

（2）统计分析.

当 H_0 为真，$\alpha = 0.05$，得下列方差分析表：

方差来源	平方和	自由度	均方	F 值	分位点	显著性
组间	243.17	2	121.585	15.09	$F_{0.05}(2,9) = 4.26$	*
组内	72.5	9	8.055			
总和	315.67				$F_{0.01}(2,9) = 8.02$	* *

结论：由于 $F > F_{0.01}(2,9) = 8.02$，故拒绝 H_0，说明 3 个班的平均成绩有高度显著差异.

【例 9 - 2】　在中、小型棉花加工厂中，籽棉的输送多采用气力输送的方法，也就是在一定直径及线路的输送管道内，借助于空气的压力差运送籽棉的一种输送方式.

从经验中得知，当输送量一定时，若管径过小，则容易造成阻滞；若管径过大，虽然输送畅通，但又造成能量浪费。因此管道内径是能耗的重要参数. 为了节约能源，降低动力消耗，现把管径分成 3 组，各组的试验结果如下表所示，试用方差分析的方法比较各组的效果.

管径(mm)	单 位 功 耗					
230	0.030 8	0.047 6	0.050 4			
250～260	0.053 2	0.032	0.021 8	0.028	0.028	
	0.042	0.033 6	0.042	0.042	0.028	
280～320	0.07	0.07	0.064 4	0.031 2	0.075 6	0.075 6
	0.07	0.058 8	0.058 8	0.042	0.030 8	0.036 4
	0.044 8	0.21	0.154	0.106 4	0.128 8	0.111 2
	0.106 4	0.128 8	0.075 6	0.064 4	0.050 4	0.064 4
	0.050 4	0.030 8				

分析 本题为单因素试验的方差分析,考虑的因素是管径,有3个水平对指标(单位功耗)Y有影响.同时本题没有指定显著性水平,通常要对 $\alpha = 0.05$ 和 $\alpha = 0.01$ 进行检验.

解 设3个水平 A_1,A_2 和 A_3 的平均功耗为 μ_1,μ_2 和 μ_3,故提出假设:

$$\mathrm{H}_0: \mu_1 = \mu_2 = \mu_3; \mathrm{H}_1: \mu_1, \mu_2, \mu_3 \text{ 全不相等},$$

① 计算.

因素 A	A_1(230)	A_2(250～260)	A_3(280～320)	合 计
$T_{\cdot j}$	0.218 8	0.350 6	2.010 8	2.490 2
n_j	3	10	26	39
$\sum\limits_{i=1}^{n_j} x_{ij}^2$	0.005 75	0.013 10	0.200 43	0.219 28

$$T = \sum_{j=1}^{3} \sum_{i=1}^{n_j} x_{ij}^2 - \frac{T_{\cdot\cdot}^2}{39} = 0.219\,28 - \frac{(2.490\,2)^2}{39} = 0.060\,28,$$

$$A = \sum_{j=1}^{3} \frac{T_{\cdot j}^2}{n_j} - \frac{T_{\cdot\cdot}^2}{39} = 0.173\,33 - \frac{(2.490\,2)^2}{39} = 0.014\,33,$$

$$E = T - A = 0.045\,95,$$

T,A,E 的自由度依次为 $n-1 = 38, s-1 = 2, n-s = 36$.

② 统计分析.

当 H_0 为真时,对给定的 $\alpha = 0.05, \alpha = 0.01$,依次的自由度为 2,36,查表得分位点 $F_{0.05}(2,36) = 3.26, F_{0.01}(2,36) = 5.264$,由此得方差分析表如下:

方差来源	平方和	自由度	均方	F	分位点	显著性
s_A	0.0143 3	2	0.007 165		$F_{0.05}(2,36)=3.26$	*
s_E	0.045 95	36	0.001 28	5.597 7	$F_{0.01}(2,36)=5.264$	**
总和	0.060 28					

结论：由于 $F=5.597\,7>F_{0.01}(2,36)=5.264$，可以认为选用 3 组不同的管径对平均节能有高度显著的影响.

（2）为进一步判定哪两组管径对平均节能指数有显著差异，先判定 A_1 和 A_3，故提出假设：

$$H_0：\mu_1=\mu_3；H_1：\mu_1\neq\mu_3.$$

① 计算.

因素 A 的水平	$A_1(230)$	$A_3(280\sim320)$	合计
$T_{\cdot j}$	0.128 8	2.010 8	2.139 6
n_j	3	26	29
$\sum\limits_{j=1}^{n_j}x_{ij}^2$	0.005 75	0.200 43	0.206 18

$$
\begin{aligned}
T &= \sum_{j=1}^{2}\sum_{i=1}^{n_j}x_{ij}^2 - \frac{T_{\cdot\cdot}^2}{n}\\
&= (0.005\,75+0.200\,43) - \frac{(0.128\,8+2.010\,8)^2}{29}\\
&= 0.048\,32,\\
A &= \sum_{j=1}^{2}\frac{T_{\cdot j}}{n_j} - \frac{T_{\cdot\cdot}^2}{n}\\
&= \frac{0.128\,8^2}{3} + \frac{2.010\,8^2}{26} - \frac{2.139\,6^2}{29}\\
&= 0.003\,18,\\
E &= T-A = 0.045\,14.
\end{aligned}
$$

T,A,E 的自由度依次为 $n-1=28,s-1=1,n-s=27$.

② 统计分析.

当 H_0 为真时，对给定的 $\alpha=0.05,\alpha=0.01$，依次的自由度为 $1,27$，查表得分位点 $F_{0.05}(1,27)=4.21,F_{0.01}(1,27)=7.68$，从而得方差分析表如下：

方差来源	平方和	自由度	均方	F
s_A	0.003 18	1	0.003 18	1.902 1
s_E	0.045 14	27	0.001 67	
总和	0.048 32			

结论:由于 $F = 1.902 1 < F_{0.01}(1,27) = 7.68$,故接受 H_0,即认为 230mm 和 $(280 \sim 320)$mm 这两组管径的平均节能指数无显著差异.

③ 再判定 A_2 和 A_3,故提出假设:

$$H_0: \mu_2 = \mu_3; H_1: \mu_2 \neq \mu_3,$$

(a) 计算

$$s_T = 0.058 64, s_A = 0.012 91, s_E = 0.045 73,$$

s_T, s_A, s_E 的自由度依次为 $n-1 = 35, s-1 = 1, n-s = 34$.

(b) 统计分析

当 H_0 为真,$\alpha = 0.01$,依次自由度为 1,34,查表得 $F_{0.01}(1,34) = 7.46$,得

$$F_0 = \frac{s_A/1}{s_E/34} = \frac{0.012 91/1}{0.045 73/34} = 9.598 > F_{0.01}(1,34) = 7.46,$$

因此拒绝 H_0,即认为第 2,第 3 组管径对平均节能指数有高度显著差异.

最后结论是,由比较 $\bar{x}_{\cdot 1} - \bar{x}_{\cdot 2} = 0.007 87, \bar{x}_{\cdot 3} - \bar{x}_{\cdot 2} = 0.042 28$,可知在 3 组管径管道中,以 $250 \sim 260$mm 管径的管道平均节能效果最好.

2. 两因素无重复试验的方差分析

【例 9 - 3】   某汽车轮胎厂在研制新型车胎橡胶配方中,考虑 3 种不同的促进剂:(A)4 种不同份量的氧化锌;(B)每种配方各做一次试验,测得 300% 定强如下:

定强 氧化锌 促进剂	B_1	B_2	B_3	B_4
A_1	31	34	35	39
A_2	33	36	37	38
A_3	35	37	39	42

试检验促进剂,氧化锌对定强有无显著的影响?

分析   促进剂、氧化锌是要考察的两个因素,两个因素的不同水平搭配各做一次试验.因此本题是两个因素无交互作用无重复试验的方差分析问题.其数学模型为

$$X_{ij} = \mu + \alpha_i + \beta_j + \varepsilon_{ij} \quad (i = 1, 2, 3, 4; j = 1, 2, 3).$$

解 提出假设：

$$\begin{cases} H_{01}: \alpha_1 = \alpha_2 = \alpha_3 = \alpha_4 = 0; \\ H_{11}: \alpha_1, \alpha_2, \alpha_3, \alpha_4 \ \text{不全为零}. \end{cases}$$

$$\begin{cases} H_{02}: \beta_1 = \beta_2 = \beta_3 = 0; \\ H_{12}: \beta_1, \beta_2, \beta_3 \ \text{不全为零}. \end{cases}$$

（1）计算.

因素 B	因素 A			$\sum\limits_{j=1}^{3} x_{ij}$	$\left(\sum\limits_{j=1}^{3} x_{ij}\right)^2$
	A_1	A_2	A_3		
B_1	31	33	35	99	9 801
B_2	34	36	37	107	11 449
B_3	35	37	39	111	12 321
B_4	39	38	42	119	14 161
$\sum\limits_{i=1}^{4} x_{ij}$	139	144	153	436	47 732
$\left(\sum\limits_{i=1}^{4} x_{ij}\right)^2$	19 321	20 736	23 409	63 466	
$\sum\limits_{i=1}^{4} x_{ij}^2$	4 863	5 198	5 879	15 940	

由上表算得

$$s_A = \frac{1}{4} \sum_{j=1}^{3} \left(\sum_{i=1}^{4} x_{ij}\right)^2 - \frac{1}{3 \times 4} \left(\sum_{i=1}^{4} \sum_{j=1}^{3} x_{ij}\right)^2$$

$$= \frac{1}{4} \times 63\,466 - \frac{1}{12} \times (436)^2 = 25.17,$$

$$s_B = \frac{1}{3} \sum_{i=1}^{4} \left(\sum_{j=1}^{3} x_{ij}\right)^2 - \frac{1}{3 \times 4} \left(\sum_{i=1}^{4} \sum_{j=1}^{3} x_{ij}\right)^2$$

$$= \frac{1}{3} \times 47\,732 - \frac{1}{12} \times (436)^2 = 69.34,$$

$$s_T = \sum_{i=1}^{4} \sum_{j=1}^{3} x_{ij}^2 - \frac{1}{12} \left(\sum_{i=1}^{4} \sum_{j=1}^{3} x_{ij}\right)^2$$

$$= 15\,940 - \frac{1}{12} \times (436)^2 = 98.67,$$

$$s_E = s_T - s_A - s_B = 98.67 - 25.17 - 69.34 = 4.16.$$

（2）统计分析.

当 H_0 为真,列表如下:

方差来源	平方和	自由度	F 值	分位点	显著性
A	$s_A = 25.17$	2	$F_A = 18.15$	$F_{0.01}(2,6) = 10.92$	＊＊
B	$s_B = 69.34$	3	$F_B = 33.34$	$F_{0.01}(3,6) = 9.78$	＊＊
误差	$s_E = 4.16$	16			
总和	$s_T = 98.17$	11			

由 $F_A = 18.15 > F_{0.01}(2,6) = 10.92$,故拒绝 H_{01},即认为促进剂对定强的影响是高度显著的.

又由 $F_B = 33.34 > F_{0.01}(3,6) = 9.78$,故拒绝 H_{02},即认为氧化锌对定强的影响是高度显著的.

3. 两因素等重复试验的方差分析

【例 9-4】 考察合成纤维中对纤维弹性有影响的两个因素:收缩率 A 和总拉伸倍数 B. A 和 B 各取 4 个水平,整个试验重复 1 次,试验结果如下:

因素 B ＼ 因素 A	$(B_1)460$	$(B_2)520$	$(B_3)580$	$(B_4)640$
(A_1) 0	71,73	72,73	75,73	77,75
(A_2) 4	73,75	76,74	78,77	74,74
(A_3) 8	76,73	79,77	74,75	74,73
(A_4) 12	75,73	73,72	70,71	69,69

检验收缩率和总拉伸倍数分别对纤维弹性有无显著影响,并检验两者对纤维弹性有无显著交互作用($\alpha = 0.05$)?

解 这是两因素重复试验的方差分析问题. 数学模型为

$$X_{ijk} = \mu + \alpha_i + \beta_j + \delta_{ij} + \varepsilon_{ijk} \quad (i = 1,2,3,4; j = 1,2,3,4; k = 1,2).$$

提出假设:

$$\begin{cases} H_{01}: \alpha_1 = \alpha_2 = \alpha_3 = \alpha_4 = 0; \\ H_{11}: \alpha_1, \alpha_2, \alpha_3, \alpha_4 \text{ 不全为零.} \end{cases}$$

$$\begin{cases} H_{02}: \beta_1 = \beta_2 = \beta_3 = \beta_4 = 0; \\ H_{12}: \beta_1, \beta_2, \beta_3, \beta_4 \text{ 不全为零.} \end{cases}$$

$$\begin{cases} H_{03}: \delta_{11} = \cdots = \delta_{44} = 0; \\ H_{13}: \delta_{11}, \delta_{12}, \cdots, \delta_{44} \text{ 不全为零.} \end{cases}$$

（1）计算，列表如下：

A \ B	B_1	B_2	B_3	B_4	$x_{i\cdot\cdot}$	$x_{i\cdot\cdot}^2$
A_1	71,73 (144)	72,73 (145)	75,73 (148)	77,75 (152)	589	346 921
A_2	73,75 (148)	76,74 (150)	78,77 (155)	74,74 (148)	601	361 201
A_3	76,73 (149)	77,79 (156)	74,75 (149)	74,73 (147)	601	361 201
A_4	75,73 (148)	73,72 (145)	70,71 (141)	69,69 (138)	572	327 184
$x_{\cdot j\cdot}$	589	596	593	585	$\sum_i \sum_j \sum_k x_{ijk} = 2\,363$	$\sum_i x_{i\cdot\cdot}^2 = 1\,396\,507$
$x_{\cdot j\cdot}^2$	346 921	355 216	351 649	342 225	$\sum_i x_{\cdot j\cdot}^2 = 1\,396\,011$	

$$r = 4, s = 4, t = 2, n = rst = 32.$$

$$\sum_i \sum_j \sum_k x_{ijk}^2 = 174\,673, \frac{1}{32}\left(\sum_i \sum_j \sum_k x_{ijk}\right)^2 = 174\,492.781,$$

$$\sum_i \sum_j x_{ij\cdot}^2 = 349\,303,$$

$$s_T = 174\,673 - 174\,492.781 = 180.219,$$

$$s_A = \frac{1}{8} \times 1\,396\,507 - 174\,492.781 = 70.594,$$

$$s_B = \frac{1}{8} \times 1\,396\,011 - 174\,492.781 = 8.594,$$

$$s_{A \times B} = \frac{1}{2} \times 349\,303 - 174\,492.781 - 70.594 - 8.594 = 79.531,$$

$$s_E = s_T - s_A - s_B - s_{A \times B} = 21.500.$$

（2）统计分析.

当 H_{01}, H_{02}, H_{03} 为真时，得下列方差分析表：

方差来源	平方和	自由度	F 值	分位点	显著性
A	70.594	3	$F_A = 17.5$	$F_{0.05}(3,16) = 3.24$	*
B	8.594	3	$F_B = 2.1$	$F_{0.05}(9,16) = 2.54$	
$A \times B$	79.531	9	$F_{A \times B} = 6.6$		*
误差	21.500	16			
总和	180.219	31			

结论：由 $F_A > F_{0.05}(3,16) = 3.24, F_B < F_{0.05}(3,16) = 3.24, F_{A \times B} > F_{0.05}(9,16) = 2.54$，拒绝 H_{01} 表示合成纤维收缩率对弹性有显著影响；接受 H_{02}，表示总拉伸倍数对弹性无显著影响；拒绝 H_{03}，表示收缩率与总拉伸倍数对弹性有显著的交互作用.

注 在实际应用中，若交互作用不显著，可将 $A \times B$ 一栏的平方和与自由度分别加到误差一栏中，重新计算 F_A, F_B，用新的 F_A, F_B 对因素 A 和因素 B 进行检验，可得到较准确的结果.

4. 一元线性回归分析

【例 9 - 5】 设某种电子通信设备的使用年限 x 和所支出的维修费用 y 有如下统计资料：

使用年限 x	2	3	4	5	6
维修费用 y	2.2	3.8	5.5	6.5	7.0

（1）建立关于 (x, y) 的统计数据的散点图，并确定 y 对 x 是否有线性关系.

（2）假设 y 对 x 有线性关系，求回归系数 a, b 和 σ^2 的无偏估计.

（3）假设 y 对 x 有线性关系，试检验回归效果的显著性，并对 $x = 7$ 时求维修费用 y 的 0.95 预测区间.

解 （1）将上述表中的数据标在坐标系中，得散点图. 由散点图可见，所给数据具有线性关系.

（2）估计 a, b, σ^2

列表计算如下：

序号	x_i	y_i	x_i^2	y_i^2	$x_i y_i$
1	2	2.2	4	4.84	4.4
2	3	3.8	9	14.44	11.4
3	4	5.5	16	30.25	22.0
4	5	6.5	25	42.25	32.5
5	6	7	36	49	42.0
合计	20	25	90	140.78	112.3

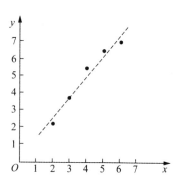

$$s_{xx} = \sum_{i=1}^{n} x_i^2 - \frac{1}{n} \left(\sum_{i=1}^{n} x_i \right)^2 = 90 - \frac{1}{5} \times 20^2 = 10,$$

$$s_{yy} = \sum_{i=1}^n y_i^2 - \frac{1}{n}(\sum_{i=1}^n y_i)^2 = 140.78 - \frac{1}{5} \times 25^2 = 15.78,$$

$$s_{xy} = \sum_{i=1}^n x_i y_i - \frac{1}{n}\sum_{i=1}^n x_i \sum_{i=1}^n y_i = 112.3 - \frac{1}{5} \times 20 \times 25 = 12.3,$$

于是有

$$\hat{b} = \frac{s_{xy}}{s_{xx}} = \frac{12.3}{10} = 1.23, \bar{x} = \frac{1}{n}\sum_{i=1}^n x_i = \frac{1}{5} \times 20 = 4,$$

$$\hat{y} = \frac{1}{n}\sum_{i=1}^n y_i = \frac{1}{5} \times 25 = 5,$$

$$\hat{a} = \hat{y} - \hat{b}\bar{x} = 5 - 1.23 \times 4 = 0.08,$$

由此可得 y 关于 x 的线性回归方程

$$\hat{y} = 0.08 + 1.23x$$

σ^2 的无偏估计为

$$\hat{\sigma}^2 = \frac{s_{yy} - \hat{b}s_{xy}}{n-2} = \frac{15.78 - 1.23 \times 12.3}{5-2} = 0.217 = 0.4658^2.$$

（3）显著检验.

提出假设

$$H_0: b = 0; H_1: b \neq 0,$$

当 H_0 为真时，选取统计量

$$T = \frac{\hat{b}\sqrt{s_{xx}}}{\hat{\sigma}} \sim t(n-1),$$

对给定 $\alpha = 0.05$ 查 t 分布表 $t_{0.025}(3) = 3.1824$，由于

$$T_0 = \frac{1.23 \times \sqrt{10}}{0.4658} = 8.3504 > t_{0.025}(3) = 3.1824,$$

故拒绝 H_0，即认为线性假设是显著的.

利用所建立的回归方程，求使用年限为 $x = 7$ 时应支付维修费用的预测区间

$$\hat{y}_7 = \hat{a} + \hat{b} \times 7 = 8.69,$$

$$\delta_{(x)} = t_{\frac{\alpha}{2}}(n-1)\hat{\sigma}\sqrt{1 + \frac{1}{n} + \frac{(x-\bar{x})^2}{s_{xx}}}$$

$$= 3.1824 \times 0.4658 \times \sqrt{1 + \frac{1}{5} + \frac{(x-4)^2}{10}}$$

$$= 0.4688\sqrt{12 + (x-4)^2},$$

用 $x = 7$ 代入，得

$$\delta_{(7)} = 0.468\ 8\sqrt{12+(7-4)^2} = 1.815\ 7,$$

此时得使用 7 年应支付费用的 0.95 的预测区间为

$$(\hat{y}_7 - \delta_{(7)}, \hat{y}_7 + \delta_{(7)}) = (6.874\ 3, 10.505\ 7).$$

【例 9-6】 某矿脉中 13 个相邻样本点处某种金属的含量 y 与样本点对原点的距离 x 有如下实测值：

x_i	2	3	4	5	7	8	10	11	14	15	16	18	19
y_i	106.42	108.20	109.58	109.50	110.00	109.93	110.49	110.59	110.60	110.90	110.76	111.00	111.20

如果作出散点图,可看出分别按

(1) $y = a + b\sqrt{x}$,

(2) $y = a + b\ln x$,

(3) $y = a + \dfrac{b}{x}$.

建立 y 对 x 的回归方程都可能是合理的,试分别建立其回归方程.

分析 把样本值

$$(x_1, y_1), (x_2, y_2), \cdots, (x_n, y_n)$$

作为平面上 n 个点,描出它的散点图,有时可明显地看出这 n 个点不在一条直线附近,这时可根据散点图的形状、变化趋势,对照有函数的图形可看出 y 与 x 有某种非线性相关关系,此时可通过相应非线性函数关系作为变量代换,化为线性相关关系.

常用的非线性函数有

① $y = a + be^{cx}$(c 为已知常数),令 $t = e^{cx}$,则线性方程为 $y = a + bt$.

② $y = ab^x$,令 $z = \ln y, \alpha = \ln a, \beta = \ln b$,则线性方程为 $z = \alpha + \beta x$.

③ 双曲函数 $\dfrac{1}{y} = a + \dfrac{b}{x}$,令 $z = \dfrac{1}{y}, t = \dfrac{1}{x}$,得 $z = a + bt$.

④ 幂函数 $y = ax^b$,令 $z = \ln y, \alpha = \ln a, t = \ln x$,得 $z = \alpha + bt$.

⑤ 指数函数 $y = ae^{bx}$,令 $z = \ln y, \alpha = \ln a$,得 $z = \alpha + bx$.

⑥ 对数函数 $y = a + b\lg x$,令 $t = \lg x$,得 $y = a + bt$.

⑦ S 型曲线 $y = \dfrac{1}{a + be^{-x}}$,令 $z = \dfrac{1}{y}, t = e^{-x}$,得 $z = a + bt$.

当然,样本值也应作相应的变换,在例本题(1)中 $y = a + b\sqrt{x}$,令 $t = \sqrt{x}$,则方程为 $y = a + bt$,此时 $(x_1, y_1), (x_2, y_2), \cdots, (x_n, y_n)$ 转化为 $(\sqrt{x_1}, y_1), (\sqrt{x_2}, y_2), \cdots, (\sqrt{x_n}, y_n)$,利用它们作出 a 与 b 的估计 $\hat{a}, \hat{b}$.

由于本题中选择了 3 个不同非线性变换,得到了同一问题的 3 个不同回归方程,可通过计算相应的线性相关系数,则线性相关系数绝对值最大的为最优回归方程.

解 对(1),(2),(3)三种情况分别作变量代换

$$t = \sqrt{x}, u = \ln x, v = \frac{1}{x},$$

则(1),(2),(3)三种情况分别按

(1) $y = a + bt$,(2) $y = a + bu$,(3) $y = a + bv$

依次建立 y 对 t,u,v 的一元线性回归方程,算出下列表中数据:

x_i	y_i	t_i	t_i^2	u_i	u_i^2	v_i	v_i^2	$t_i y_i$	$u_i y_i$	$v_i y_i$	u_i^2
2	106.42	1.414	2	0.693	0.480	0.500	0.250	150.478	73.749	53.210	11 325.22
3	108.20	1.732	3	1.099	1.207	0.333	0.111	187.402	118.868	36.031	11 707.24
4	109.58	2.000	4	1.386	1.922	0.250	0.063	219.160	151.878	27.395	12 007.78
5	109.50	2.236	5	1.609	2.590	0.200	0.040	244.840	176.229	21.900	11 990.25
7	110.00	2.646	7	1.946	3.787	0.143	0.020	291.060	214.049	15.730	12 100.00
8	109.93	2.848	8	2.079	4.324	0.125	0.016	310.882	228.588	13.741	12 084.60
10	110.49	3.162	10	2.303	5.302	0.100	0.010	349.369	254.414	11.049	12 208.04
11	110.59	3.317	11	2.398	5.750	0.091	0.008	366.827	265.184	10.064	12 230.15
14	110.60	3.742	14	2.639	6.965	0.071	0.005	413.865	291.873	7.853	12 232.36
15	110.90	3.873	15	2.708	7.334	0.067	0.004	429.516	300.317	7.430	12 298.81
16	110.76	4.000	16	2.773	7.687	0.063	0.004	443.040	307.093	6.978	12 267.78
18	111.00	4.243	18	2.890	8.354	0.056	0.003	470.973	320.834	6.216	12 321.00
19	111.20	4.359	19	2.944	8.670	0.053	0.003	484.721	327.417	5.894	12 365.44
$\sum$	1 429.17	39.552	132	27.467	64.372	2.052	0.538	4 362.180	3 030.493	223.491	157 138.67

(1) ① 统计计算.

$$s_{tt} = \sum t_i^2 - n\bar{t}^2 = 132 - 13 \times \left(\frac{39.55^2}{13}\right)^2 = 11.665,$$

$$s_{ty} = \sum t_i y_i - n\bar{t}\bar{y}$$

$$= 4362.180 - 13 \times \frac{39.552}{13} \times \frac{1429.17}{13} = 13.985,$$

$$\hat{b} = \frac{s_{ty}}{s_{tt}} = \frac{13.985}{11.665} = 1.199,$$

$$\hat{a} = \bar{y} - \hat{b}t = \frac{1\,429.17}{13} - 1.199 \times \frac{39.552}{13} = 106.288,$$

得 $$\hat{y} = 106.288 + 1.199t = 106.288 + 1.199\sqrt{x}.$$

② 显著性检验.

提出假设

$$H_0 : b = 0; H_1 : b \neq 0,$$

当 H_0 为真时,用 F 检验法,检验统计量

$$F = \frac{(n-2)U}{Q_e} \sim F(1, n-2),$$

对给定 $\alpha = 0.01$,查表得

$$F_{0.01}(1, 11) = 9.65,$$

算得检验统计值为

$$s_{yy} = \sum y_i^2 - n\bar{y}^2 = 157\,138.67 - 13 \times \left(\frac{1\,429.17}{13}\right)^2 = 21.217,$$

$$F_0 = \frac{(n-2)\hat{b}s_{ty}}{s_{yy} - \hat{b}s_{ty}} = \frac{11 \times 1.199 \times 13.985}{21.217 - 1.199 \times 13.985} = 41.458,$$

由于 $F = 41.458 > F_{0.01}(1, 11) = 9.65$,拒绝 H_0,即认为回归效果高度显著.

(2) ① 统计计算.

$$s_{uu} = \sum u_i^2 - n\bar{u}^2 = 64.372 - 13 \times \left(\frac{27.467}{13}\right)^2 = 10.877,$$

$$s_{uy} = \sum u_i y_i - n\bar{u}\bar{y}$$

$$= 3\,030.493 - 13 \times \frac{27.467}{13} \times \frac{1\,429.17}{13} = 10.877,$$

$$\hat{b} = \frac{s_{uy}}{s_{uu}} = \frac{10.877}{6.338} = 1.716,$$

$$\hat{a} = \bar{y} - \hat{b}\bar{u} = \frac{1\,429.17}{13} - 1.716 \times \frac{27.467}{13} = 106.311,$$

得 $$\hat{y} = 106.311 + 1.716u = 106.311 + 1.716\ln x.$$

② 显著性检验.

提出假设

$$H_0 : b = 0; H_1 : b \neq 0,$$

当 H_0 成立时,用 F 检验法:

对给定的 $\alpha = 0.01$,有 $F_{0.01}(1, 11) = 9.65, s_{yy} = 21.217$,算得检验统计值为

$$F_0 = \frac{(n-2)\hat{b}s_{uy}}{s_{yy} - \hat{b}s_{uy}} = \frac{11 \times 1.716 \times 10.877}{21.217 - 1.716 \times 10.877} = 80.45,$$

由 $F_0 = 80.45 > F_{0.01}(1,11) = 9.65$,拒绝 H_0,即认为线性回归高度显著.

（3）① 统计计算.

$$s_{vv} = \sum v_i^2 - n\bar{v} = 0.538 - 13 \times \left(\frac{2.053}{13}\right)^2 = 0.214,$$

$$s_{vy} = \sum v_i y_i - n\bar{v}\bar{y}$$

$$= 223.491 - 13 \times \frac{2.052}{13} \times \frac{1\,429.17}{13} = -2.098,$$

$$\hat{b} = \frac{s_{vy}}{s_{vv}} = \frac{-2.098}{0.214} = -9.804,$$

$$\hat{a} = \bar{y} - \hat{b}\bar{v} = \frac{1\,429.17}{13} + 9.804 \times \frac{2.052}{13} = 111.484,$$

得线性回归方程

$$\hat{y} = 111.484 - 9.804u = 111.484 - 9.804 \frac{1}{x}.$$

② 显著性检验.

提出假设

$$H_0 : b = 0; H_1 : b \neq 0,$$

当 H_0 为真时,用 F 检验法:

对给定的 $\alpha = 0.01$,有 $F_{0.01}(1,11) = 9.65, s_{yy} = 21.217$,

得检验统计值

$$F_0 = \frac{(n-2)\hat{b}s_{vy}}{s_{yy} - \hat{b}s_{vy}} = \frac{11 \times (-9.804) \times (-2.098)}{21.217 - (-9.804) \times (-2.098)} = 225.61,$$

由于 $F_0 = 225.61 > F_{0.01}(1,11) = 9.65$,则拒绝 H_0,认为线性回归高度显著.

以下通过计算线性相关关系的办法求得最优回归方程,由

$$s_{yy} = 21.217,$$

ⓐ $R_{ty} = \frac{s_{ty}}{\sqrt{s_{tt}}\sqrt{s_{yy}}} = \frac{13.985}{\sqrt{11.665 \times 21.217}} = 0.889.$

ⓑ $R_{uy} = \frac{s_{uy}}{\sqrt{s_{uu}}\sqrt{s_{yy}}} = \frac{10.877}{\sqrt{6.338 \times 21.217}} = 0.938.$

ⓒ $R_{vy} = \frac{s_{vy}}{\sqrt{s_{vv}}\sqrt{s_{yy}}} = \frac{-2.098}{\sqrt{0.214 \times 21.217}} = -0.985.$

从以上可得 $|R_{vy}| = 0.985$ 为最大,所以

$$\hat{y} = 111.84 - \frac{9.804}{x}$$

是 3 个回归方程中最优的回归方程.

主要参考文献

［1］上海交通大学数学系(冯卫国、武爱文). 概率论和数理统计习题与精解［M］. 上海：上海交通大学出版社，2005.

［2］上海交通大学数学系(贺才兴、童品苗、王纪林、李世栋). 概率论与数理统计［M］. 北京：科学出版社，2007.

［3］上海交通大学数学系(冯卫国、孙祝岭). 概率论与数理统计［M］. 上海：上海交通大学出版社，2003.

［4］陈希孺. 概率论与数理统计［M］. 合肥：中国科学技术大学出版社，2002.

［5］茆诗松、程依明等. 概率论与数理统计教程［M］. 北京：高等教育出版社，2004.

［6］李贤平等. 概率论与数理统计［M］. 上海：复旦大学出版社，2003.

［7］威廉·费勒. 概率论及其应用［M］. 吴迪鹤等译. 北京：科学出版社，1964.

［8］毕克尔. 数理统计［M］. 李泽慧等译. 兰州：兰州大学出版社，1991.

［9］华东师范大学数学系(茆诗松、程依明等). 概率论与数理统计习题集［M］. 北京：高等教育出版社，1982.

［10］程依明、张新生、周纪乡. 概率统计习题精解.［M］. 北京：科学出版社，2002.

［11］上海交通大学数学系(冯卫国、武爱文). 概率论与数理统计试卷剖析［M］. 上海：上海交通大学出版社，2005.

［12］上海交通大学数学系(冯卫国、武爱文). 概率论与数理统计攻关［M］. 上海：上海交通大学出版社，2005.